FLUE GAS DEDUSTING TECHNOLOGY AND APPLICATION

烟气除尘技术及应用

主　编　吕群

副主编　啜广毅　王铁军

中国电力出版社
CHINA ELECTRIC POWER PRESS

内 容 提 要

　　本书依据除尘技术绿色发展理念及超低排放促进的技术进步，以大型烟气除尘装置为重点，介绍了除尘技术的应用现状与发展趋势、含尘气体特征、除尘设备设计、除尘设备安装与调试、影响除尘效率的因素、典型除尘设备的故障及处理、除尘超低排放技术等内容。

　　本书以实用为主，可作为工业除尘领域工程技术人员、生产管理人员的专用工具书，也可供大专院校环境工程及相关专业教学参考。

图书在版编目（CIP）数据

烟气除尘技术及应用/吕群主编．—北京：中国电力出版社，2021.4
ISBN 978-7-5198-5405-8

Ⅰ．①烟… Ⅱ．①吕… Ⅲ．①消烟除尘 Ⅳ．①X701.2

中国版本图书馆 CIP 数据核字（2021）第 040529 号

出版发行：中国电力出版社
地　　址：北京市东城区北京站西街 19 号（邮政编码 100005）
网　　址：http://www.cepp.sgcc.com.cn
责任编辑：赵鸣志（010-63412385）　马雪倩
责任校对：黄　蓓　朱丽芳
装帧设计：赵姗姗
责任印制：吴　迪

印　　刷：三河市万龙印装有限公司
版　　次：2021 年 4 月第一版
印　　次：2021 年 4 月北京第一次印刷
开　　本：787 毫米×1092 毫米　16 开本
印　　张：18.25
字　　数：448 千字
印　　数：0001—1500 册
定　　价：80.00 元

编　写　人　员

主　编　吕　群

副主编　啜广毅　王铁军

参　编　蔡　晶　李志同　曲红建　孙　钰

　　　　　张彦婷　张军强　王　刚

前　言

　　早在公元前 2 世纪，我国西汉中山靖王刘胜使用的"长信宫灯"，就以其精美的造型、巧妙的设计、环保的理念，体现了中国人民在烟尘治理方面的聪明智慧，这也是世界较早应用重力沉降和湿式水膜处理烟尘的古代环保装置实物之一。

　　尽管我国在烟尘处理技术领域，拥有着极其悠久的历史，但真正意义上的工业化道路的烟尘治理技术发展，却是在新中国成立以后才开始的。20 世纪五六十年代，新中国开始孕育环境保护事业。1972 年 6 月，我国政府派代表团参加了首次联合国人类环境会议，会议通过了《人类环境宣言》，环境保护工作开始被提上了国家议事日程，国家环保事业也开始走上明确的发展道路。1973 年 8 月，国务院召开第一次全国环境保护工作会议，审议通过了"全面规划、合理布局、综合利用、化害为利、依靠群众、大家动手、保护环境、造福人民"的环境保护工作 32 字方针和我国第一个环境保护文件——《关于保护和改善环境的若干规定》（简称《若干规定》），这次会议成为我国环保事业发展的第一个里程碑。同时，《若干规定》提出的防治污染措施必须与主体工程同时设计、同时施工、同时投产的"三同时"原则，后来也成为我国第一项环境管理制度。至此，我国环境保护事业正式起步。1974 年 1 月，我国颁布试行了《工业三废排放试行标准》（GBJ 4—1973），首次以国家标准的方式对火电厂大气污染物排放提出限值。1978 年，全国人大五届一次会议通过的《中华人民共和国宪法》规定，"国家保护环境和自然资源，防治污染和其他公害"，这是新中国历史上第一次在宪法中对环境保护做出明确的规定，为我国环境法制建设和环境保护事业的发展奠定了基础。1979 年《中华人民共和国环境保护法（试行）》颁布实行，环境保护工作步入法制轨道，我国环境保护事业得以进一步加快发展。改革开放后，由于电力工业的快速发展，火电厂烟尘排放日益成为大气污染物治理的重点领域，国家于 1991 年颁布了《燃煤电厂大气污染物排放标准》（GB 13223—1991），替代 GBJ 4—1973 中关于火电厂大气污染物排放标准的部分，随后该项标准经过名称变更和历年多次修改提升，形成了现行的《火电厂大气污染物排放标准》（GB 13223—2011），火电厂烟气治理技术也从较长时期内单一的烟尘治理，发展成为集烟尘、二氧化硫、氮氧化物综合治理的系统化工程治理技术。在火电厂大气污染物排放治理取得的巨大成果引领下，我国各个行业领域的烟气治理技术也得到了快速的发展与完善。2014 年 9 月，国家发展改革委员会（以下简称"国家发展改革委"）等三部委联合印发了《煤电节能减排升级与改造行动计划（2014—2020 年）》，规定了燃煤机组排放达到或者接近燃气轮机组标准排放的超低排放要求，这也使我国火力发电厂大气污染物排放标准超过了发达国家标准。截至 2018 年，我国火力发电厂提前 2 年全部实现了"超低排放"目标，同时自 2018 年起，我国冶金、化工、建材等各个领域的烟气治理，也全面掀起了"超低排放"治理的攻坚战役，相信在不久的将来，"建设美丽中国""人与自然和谐共生"的美好愿景，必将成为中国特色社会主义新时代的丰硕成果，载入人类历史发展的史册。

我国工业化发展催生的烟气治理技术起始于烟尘治理。20世纪五六十年代，烟气治理技术主要是低效的重力沉降除尘、惯性碰撞沉降除尘、离心碰撞沉降以及水力除尘，而火电厂烟气除尘装置也仅采用了离心水膜除尘器。70年代初期，滤袋材料208涤纶绒布研制成功，袋式除尘器在机械、轻工、化工、仓储、市政等领域得到了广泛应用，我国袋式除尘器发展也进入了新的历史时期，但由于受当时滤料技术的制约，袋式除尘器在电力、冶金、水泥领域还难以得到更好应用。自80年代始，电除尘器因其效率高、运行安全稳定、维护简单方便，在电力、冶金、水泥等领域迅速得到推广应用。"十一五"期间，国产化PPS以及PPS+PTFE滤料技术逐渐成熟，国产袋式除尘器攻克了技术瓶颈，并以其除尘效率高、不受煤种影响、可实现在线检修等诸多优点，逐渐在电力、冶金、水泥等领域占据了半壁江山。近年来，为顺应烟气超低排放治理的要求，超净袋式除尘器、高效电源电除尘器、电袋复合除尘器、移动电极电除尘器、低低温电除尘器、湿式电除尘器、脱硫脱硝除尘一体化技术等，一系列满足超低排放技术要求的高效烟气除尘装置得以快速发展。回首往昔，新中国成立的70余年来，在党和政府的领导与重视下，我国烟气除尘技术与装备水平已经达到了国际先进水平，部分领域甚至处于国际领先地位。

回顾历史的发展，环保政策与标准的提升，以及广大人民群众对美好生活的需求，是推动除尘技术发展的直接动力。从技术原理上看，早期对除尘的定义主要是指粉尘从烟气中分离的技术与装备，但是伴随科学技术的发展以及社会文明的进步，仅仅局限于粉尘和烟气已经远远不能涵盖现代除尘技术，更确切地讲，现代除尘技术实际已经扩展为颗粒从气体中分离等更加广泛的含义，而这里的颗粒也包含固态、液态、气溶胶等在一定条件下具有一定形状的几何体，而气体的范畴更是包括烟气、空气等所有的工艺产生与工艺需求的气体。另外，如何更好地做到除尘技术本身的节能增效，如何更好地实现除尘产物综合利用，如何更好地实现烟气一体化治理等，这些问题仍值得深入研究。科学技术没有止境，科技创新没有止境，可以预见未来除尘技术理论与应用的发展，依然具有非常重要的价值与地位。

鉴于除尘技术与应用的发展现状，在诸多方面已经产生了较大的突破，因此有必要为除尘技术与应用方面的书籍注入新的内容。为促进除尘技术进步贡献出微薄力量，这也是我们编写本书的美好初衷。

本书旨在为除尘领域的工程技术人员、设计研发人员、运行维护以及生产管理人员提供具有实用性的有关除尘技术、装备、运行维护等方面的知识，对于脱硫脱硝除尘一体化技术，因主导内容已经突破除尘技术与应用的范畴，本书没有设立专门的章节进行介绍，读者若需了解这方面的内容，可从有关文献中查阅。由于除尘技术与应用涉及的内容与范围非常广泛，经过长期的研究与发展，各领域、各种常用除尘装置均有专业书籍介绍，本书若将各种除尘技术与应用进行分册罗列，难以突出超低排放治理以来主流除尘技术与应用的新内容，且本书编者也处于不断探索和学习的过程中，因此，本书在概述除尘技术理论与常用除尘装置的基础上，结合编者在超低排放工程治理实践经验，重点以超低排放工程大型除尘装置技术与应用为主。鉴于我们的研究范围与深度的不足，书中难免存在叙述不清、论述不周的地方，不妥之处，恳请广大读者批评指正，我们由衷地表示感谢！

本书在编写过程中，参考和引用了一些科研、教学、设计、生产等部门的专业技术人员的成果与数据，在此深表谢意。

编　者

2020 年 10 月

目 录

除尘技术概述

第一节　除尘技术理论及设备

除尘技术是一种从含尘气体中去除颗粒物的技术措施，与之相应的装置或设备称为除尘器。有关除尘的理论非常繁杂，而且不同的理论在实际除尘过程中也会发生复合或交替的现象，所以任何除尘过程都不是单一理论能够完全解释的过程。

除尘技术理论主要有重力沉降除尘、惯性除尘、离心碰撞除尘、电除尘、过滤除尘、湿式除尘等，这些除尘理论所对应的典型除尘设备有重力沉降室、惯性除尘器、旋风除尘器、电除尘器、滤袋和滤筒除尘器、洗涤除尘器等。另外，综合上述除尘技术理论的复合除尘技术也得到了广泛的应用，典型的代表设备有电袋复合除尘器、湿式电除尘器、惯性电除尘器、旋风电除尘器、静电增强过滤除尘器、电凝聚电除尘器等。

一、重力沉降除尘

（一）重力沉降除尘原理

重力沉降除尘是指通过重力作用使粉尘自然沉降并分离的除尘技术。静止气体中的单个颗粒，在重力作用沉降时，重力方向上所受到的作用力有沉降力 F_g、气体浮力 F_f 和黏性阻力 F_d，其合力 F_G 可表示为：

$$F_G = F_g - F_f - F_d \tag{1-1}$$

气体浮力 F_f 和黏性阻力 F_d 合称为气体阻力，用 F 表示，式（1-1）可表示为：

$$F_G = F_g - F \tag{1-2}$$

当 $F_G > 0$ 时，颗粒做加速运动。随着颗粒运动速度的增加，气体对颗粒的阻力 F 也相应增加，使合力 F_G 值不断减小，直至使 $F_G = 0$，此时作用在颗粒上的重力沉降力 F_g、气体阻力 F 均处于平衡状态，颗粒开始做等速运动，这一运动速度称为终末沉降速度，简称沉降速度，以 v_g 表示。

当气流流动的通流截面积突然增大时，气流流速迅速下降，气体阻力 F 减小，粉尘借助重力作用开始进行重力沉降。图 1-1 为粒子在水平气流中的理想重力沉淀示意图。

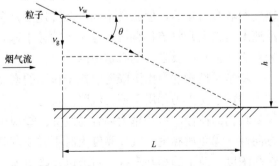

图 1-1　粒子在水平气流中的理想重力沉降

由重力产生的粒子沉降力 F_g 可用式（1-3）表示，即

$$F_g = \frac{\pi}{6} d^3 (\rho_s - \rho) g \qquad (1-3)$$

式中　F_g ——粒子沉降力，kg・m/s；

　　　　d ——粒子直径，m；

　　　　ρ_s ——粒子密度，kg/m³；

　　　　ρ ——气体密度，kg/m³；

　　　　g ——重力加速度，m/s²。

假定粒子为球形，粒径在 3～100μm，且颗粒的运动符合斯托克斯定律，则粒子从气体中分离时所受的气体阻力 F 为

$$F = 3\pi \mu d v_g \qquad (1-4)$$

式中　F ——气体阻力，Pa；

　　　　μ ——气体黏度，Pa・s；

　　　　d ——粒子直径，m；

　　　　v_g ——粒子分离速度，m/s。

含尘气体中的粒子能否分离取决于粒子的沉降力和气体阻力的关系，在 $F_G = 0$ 时，由式（1-2）得到 $F_g = F$，由此得到粒子分离速度 v_g 为

$$v_g = \frac{d^2 (\rho_s - \rho)}{18\mu} \qquad (1-5)$$

在实际情况下，由于 ρ_s 远大于 ρ，因此可以忽略气体浮力的影响，将式（1-5）简化为

$$v_g = \frac{d^2 \rho_s}{18\mu} \qquad (1-6)$$

对于小颗粒，应修正为

$$v_g = \frac{d^2 \rho_s}{18\mu} \cdot C \qquad (1-7)$$

式中　C ——坎宁汉滑动修正系数。

当颗粒以速度 v_s 沉降时，遇到垂直向上的速度为 v_w 的均匀气流，若 $v_w = v_s$，则颗粒将处于悬浮状态，此时的气流速度 v_w 称为悬浮速度。因此，对同一颗粒而言，其沉降速度与悬浮速度两者数值相等，但意义不同。沉降速度是颗粒在重力作用下所能达到的最大速度，而悬浮速度是指上升气流使颗粒悬浮所需的最小速度。如果上升气流速度大于颗粒的悬浮速度，颗粒必然上升；反之，则必定下降。

粉尘颗粒物的自由沉降还取决于粒子的密度。如果粒子密度比周围气体介质大，气体介质中的粒子在重力作用下便会沉降；反之，粒子则上升。此外，影响粒子沉降的因素还有：①颗粒物的粒径，粒径越大越容易沉降；②粒子形状，圆形粒子最容易沉降；③粒子运动的方向性；④介质黏度，气体黏度大时不容易沉降；⑤与重力无关的影响因素，如粒子变形、在高浓度下粒子的相互干扰、对流以及除尘器密封状况等。

在图 1-1 中，假设气体水平流速为 v_0，颗粒 d 从高度 h 处开始沉降，那么当颗粒沉降到

水平距离 L 的位置时，粒子分离速度与气体水平流速的比值 v_g / v_0 的关系式为

$$\tan\theta = \frac{v_g}{v_0} = \frac{d^2(\rho_s - \rho)g}{18\mu v_0} = \frac{h}{L} \tag{1-8}$$

从式（1-8）可以看出，当被处理的气体速度越低，沉降纵向长度越大，沉降高度越低，细小粉尘就越容易被捕集。

（二）重力沉降除尘效率计算

图 1-2 是简单的理想状态重力沉降室模型，假设其沉降室入口粉尘浓度是均匀的，且尘粒恰好落在沉降室出口下端被捕集，尘粒运动轨迹也被称为"极限轨迹"。

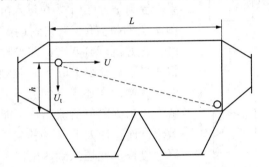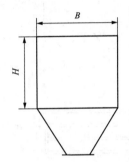

图 1-2　理想状态重力沉降室模型

按照图 1-2 的假设条件，结合紊流状态下的影响因素，重力沉降除尘效率通常采用式（1-9）计算，即

$$\eta = 1 - \frac{c}{c_t} = 1 - \exp\left(-\frac{v_t L}{vH}\right) \tag{1-9}$$

式中　η ——除尘效率，%；

　　　c ——沉降后气体中粉尘浓度，mg/m^3；

　　　c_t ——沉降前气体中粉尘浓度，mg/m^3；

　　　v_t ——重力沉降速度，m/s；

　　　v ——沉降室内气流速度，m/s；

　　　L ——沉降室长度，m；

　　　H ——沉降室高度，m。

重力沉降速度计算式为

$$v_t = h/t = \sigma \cdot g \tag{1-10}$$

式中　h ——尘粒沉降距离，m；

　　　t ——气流在沉降室内停留时间，s；

　　　σ ——张弛时间，s；

　　　g ——重力加速度，m/s^2。

（三）重力沉降除尘器

重力沉降除尘器通常称为重力沉降室，其主要优点是结构简单、维护容易、阻力小和使用寿命长。缺点是除尘效率低，一般除尘效率只有 40%～50%，适合于捕集大于 50μm 的粉尘粒子；并且设备占用空间较大，常用于多级除尘的预除尘。重力沉降除尘器应用方式和设

计种类很多，常见的有烟道式重力除尘器、隔板式重力除尘器、降尘管式重力除尘器、仓式重力除尘器。按照沉降室内状态重力沉降除尘器可分为干式重力沉降室和湿式沉降室，当采用湿式沉降室时，除尘效率可达 60%～80%。

重力沉降除尘器是一种最简单的除尘设备。当含尘气体从气管进入沉降室时，由于气体流动通道断面积的突然增大，使气体流速成倍下降，粉尘便借本身重力的作用，逐渐下沉到室底，达到粉尘与气体分离的目的。沉到室底的粉尘，应定期进行清扫，或在沉降室下面采用集尘斗，经输送机械排出沉降室。

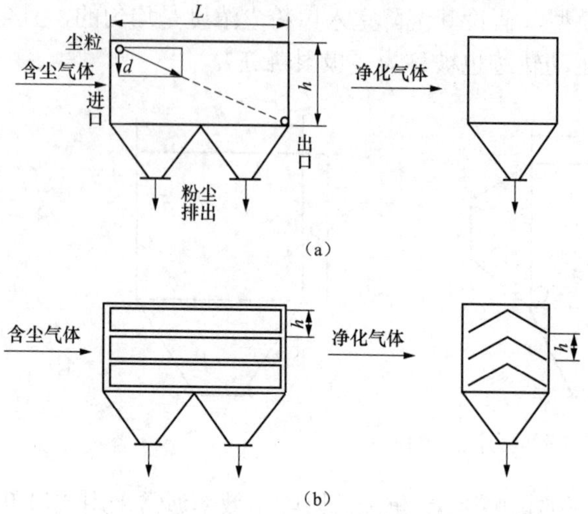

图 1-3 是重力除尘原理示意图。如果直径为 d 的粉尘颗粒进入沉降室（如图所示的位置），当它到达沉降室出口时，正好沉降到底部，即被收集下来。很明显，直径小于 d 的粉尘颗粒由于沉降速度慢，在还未沉到沉降室底部前，就在出口处随气流流出，不能达到收集效果；而直径大于 d 的粉尘颗粒由于沉降速度快，在还未到达出口时就已沉降到沉降室底部。由此可见，密度相同的粉尘，直径大的颗粒沉降在靠近进口端处；直径小的颗粒沉降在靠近出口端处。

在一些迷宫型重力沉降除尘装置中，由于其独特的结构，极易引起粉尘的堵塞，因此要充分掌握粉尘的性质，并考虑用冲击、洗涤等方法来清除粉尘。

图 1-3　重力除尘原理示意图
（a）重力沉降室；（b）多层沉降室

二、惯性除尘

由于运动的气流中尘粒与气体具有不同的惯性力，含尘气体突然改变流动方向或者与某种障碍物碰撞，此时尘粒的运动轨迹将被分离出来，从而使气体得以净化，这种除尘方式称为惯性除尘。惯性除尘器是使含尘气体与挡板撞击或者急剧改变气流方向，利用惯性力来分离并捕集粉尘的除尘设备。

（一）惯性除尘相关的效率计算

1. 圆弧形通道流动沉降效率计算

工程应用中，在忽略重力影响的假设条件下，可以认为通道中气流的流态为层流，假设截面为矩形的圆弧形通道内的气流流速是均匀的，各截面上粒子浓度分布也是均匀的。

含尘气流绕圆弧形通道流动的惯性分离机理如图 1-4 所示。

如图所示含尘气流绕圆弧形通道的流动中，如果粒径为 d 的粒子恰好落在出口下端 $r_\theta = r_2$ 处被捕集，则在虚线所示的"极限轨迹"以下同样大小的粒子均可被捕集，那么效率可以用式（1-11）表示，即

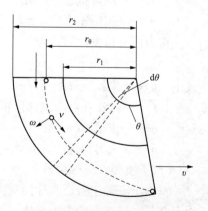

图 1-4　含尘气流绕圆弧形通道流动的惯性分离机理

$$\eta = \frac{r_2 - r_\theta}{r_2 - r_1} \tag{1-11}$$

式（1-11）中重要的问题是如何确认 r_θ。

粒子存在两个速度分量，即与回旋气流一致的切向速度 ν 和径向离心沉降速度 ω，在时间 $\mathrm{d}t$ 内，粒子的切向和径向上移动的距离分别为

$$\mathrm{d}r = \omega\mathrm{d}t,\ r\mathrm{d}\theta = \nu\mathrm{d}t \tag{1-12}$$

由式（1-12）得到

$$\frac{\mathrm{d}r}{\mathrm{d}\theta} = r\frac{\omega}{\nu} \tag{1-13}$$

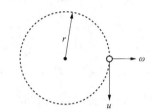

另外，如图 1-5 所示，粒子 d 在围绕半径 r 的圆周做圆周运动时，其离心力计算可由式（1-14）表示，即

$$F_\mathrm{t} = \frac{\pi}{6}\rho_\mathrm{p}d_\mathrm{p}^3\frac{u^2}{r} \tag{1-14}$$

图 1-5 离心力作用下的粒子运动

式中 u——旋转气流的切向速度，m/s。

如果把粒子看作稳态，并符合斯托克斯流体阻力公式，则其离心沉降速度 ω 为

$$\omega = \tau\frac{u^2}{r} \tag{1-15}$$

式中 τ——张弛时间，s。

设粒子所受阻力服从斯托克斯定律，将离心沉降速度计算式（1-15）代入式（1-13）并积分得到

$$\int_{r_\theta}^{r_2}\mathrm{d}r = \int_{\nu}^{\theta}\tau\nu\mathrm{d}\theta \tag{1-16}$$

$$r_\theta = r_2 - \tau\nu\theta \tag{1-17}$$

将式（1-17）代入式（1-11），得到匀速层流下绕圆弧形通道流动的惯性除尘分级效率，即

$$\eta - \frac{r_2 - r_\theta}{r_2 - r_1} = \frac{\tau\nu\theta}{r_2 - r_1} \tag{1-18}$$

如果圆弧形通道的流动服从自由涡流，则单位厚度上的速度分布为

$$\nu = \frac{Q}{r\ln(r_2/r_1)} \tag{1-19}$$

式中 Q——单位厚度上进入圆弧形通道的流量。

将式（1-19）代入式（1-16）积分得到

$$r_\theta^2 = r_2^2 - \frac{2Q}{\ln(r_2/r_1)}\tau\theta \tag{1-20}$$

将式（1-20）代入式（1-11）中，得到非匀速层流下绕圆弧形通道流动的惯性除尘分级效率

$$\eta - [1 - \sqrt{1 - 2Q\tau\theta/\ln(r_2/r_1)}]/(1 - r_1/r_2) \tag{1-21}$$

如果流动为紊流，假设流速均一，各截面粒子浓度分布均匀，采用推导紊流状态下重力沉降室的效率分析方法，设在临近底板表面有一边层（厚度 $\mathrm{d}r$），进入此边层的所有粒子均

被捕集，则得到式（1-22），即

$$\frac{dr}{r_2 - r_1} = \frac{-dc}{c} \tag{1-22}$$

则边层厚度为

$$dr = \omega dt = \omega \frac{r_2 - dr}{v} d\theta \approx \omega \frac{r_2}{v} d\theta = \tau v d\theta$$

代入式（1-22）并进行积分得

$$\int_{c_i}^{c} \frac{dc}{c} = \int_0^\theta \frac{\tau v}{r_2 - r_1} d\theta$$

$$\frac{c}{c_i} = \exp\left(-\frac{\tau v \theta}{r_2 - r_1}\right)$$

式中　c——浓度，mg/m^3。

由效率定义得到

$$\eta = 1 - \frac{c}{c_i} = 1 - \exp\left(-\frac{\tau v \theta}{r_2 - r_1}\right) \tag{1-23}$$

如果圆弧形通道的流动为紊流，且流速服从自由涡分布形式，将式（1-19）代入式（1-23）得到

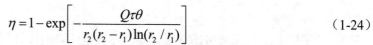

$$\eta = 1 - \exp\left[-\frac{Q\tau\theta}{r_2(r_2 - r_1)\ln(r_2 / r_1)}\right] \tag{1-24}$$

2. 绕平面壁流动沉降效率计算

图 1-6 是颗粒绕平面壁流动的分离原理图。

由气体对平面壁扰流的分析可知，绕平面壁流动的函数为

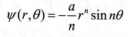

$$\psi(r, \theta) = -\frac{a}{n} r^n \sin n\theta$$

当 $n=1/2$ 时，切向法速度为

$$v = -\frac{\partial \psi}{\partial r} = a r^{1/2} \sin(\theta / 2) \tag{1-25}$$

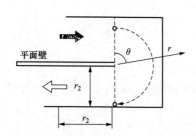

图 1-6　绕平面壁流动的惯性分离原理

式中　a——系数。

对于层流状态，可由式（1-16）计算，此时 $r_1 = 0$，于是有

$$\int_{r_\theta}^{r_2} r^{1/2} dr = \int_0^\pi a\tau \sin(\theta / 2) d\theta$$

$$\frac{2}{3}(r_2^{1.5} - r_\theta^{1.5}) = 2\tau a \tag{1-26}$$

假设图 1-6 中进入模型的流量为 Q，则在 $\theta = \pi$ 的平面上有

$$Q = \int_0^{r_2} v dr = \sqrt{2} a r_2^{1/2}$$

于是可以确定常数 a，将式（1-26）和 a 值代入式（1-11）得到层流时绕平面壁流动的惯性分离效率，即

$$\eta = \frac{r_2 - r_\theta}{r_2} = 1 - \frac{[r_2^{3/2} - 3\tau Q(2r_2)^{-1/2}]^{2/3}}{r_2} = 1 - \left(1 - \frac{3\tau Q}{\sqrt{2}r_2}\right)^{2/3} \tag{1-27}$$

无论何种情况，效率随着半径 r_2 的增大而减小。

3. 绕直角通道流动沉降效率计算

绕直角通道的流动如图 1-7 所示。

对垂直壁绕流分析可知其函数为

$$\psi(x,y) = -axy$$

式中　a——特定常数。

其速度分量为

$$v_x = \frac{\partial \psi}{\partial y} = -ax, \quad v_y = -\frac{\partial \psi}{\partial x} = ay \qquad (1\text{-}28)$$

在图 1-7 所示的坐标系中，当 $x = b$、
$v_2 = v_0$ 时，常数 $a = v_0 / b$。

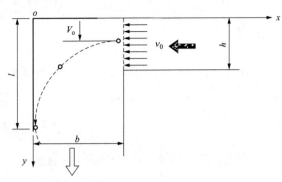

图 1-7　绕直角通道流动的惯性分离原理

用粒子运动轨迹分析法建立绕直角通道
流动的惯性分离效率。在直角坐标系中，其粒子的运动方程为

$$-3\pi \mu d_p (\omega_x - v_x) = m \frac{\mathrm{d}\omega_x}{\mathrm{d}t}$$

$$-3\pi \mu d_p (\omega_y - v_y) = m \frac{\mathrm{d}\omega_y}{\mathrm{d}t}$$

式中　m——粒子的质量，kg；

　　　μ——气体黏度，Pa·s；

　　ω_x、ω_y——粒子在 x 方向和 y 方向的速度分量。

此时，根据式（1-28）并引入张弛时间 τ，得到

$$x'' + \frac{1}{\tau} x' + \frac{v_0}{\tau b} x = 0$$

$$y'' + \frac{1}{\tau} y' - \frac{v_0}{\tau b} y = 0$$

微分方程满足下述条件：

$$t = 0, x = b, y = y_0, \omega_x = \frac{\mathrm{d}x}{\mathrm{d}t} = -v_0, \omega_y = \frac{\mathrm{d}y}{\mathrm{d}t} = 0$$

解微分方程得到粒子轨迹如下：

$$x = \frac{2\tau v_0 + (\beta+1)b}{2\beta} \exp\left[\frac{(\beta-1)t}{2\tau}\right] - \frac{2\tau v_0 - (\beta-1)b}{2\beta} \times \exp\left[\frac{(\beta+1)t}{2\tau}\right]$$

$$y = \frac{y_0}{2\beta}\left\{(\beta+1)\exp\left[\frac{(\beta-1)t}{2\tau}\right] + (\beta-1)\exp\left[-\frac{(\beta+1)t}{2\tau}\right]\right\}$$

$$\beta = \sqrt{1 + 4\tau v_0 / b}$$

因为

$$(\beta+1)\exp\left[-\frac{(\beta-1)t}{2\tau}\right] \gg (\beta-1)\exp\left[-\frac{(\beta+1)t}{2\tau}\right]$$

故粒子轨迹可简化为

$$y = \frac{y_0}{2\beta}(\beta+1)\exp\left[-\frac{(\beta-1)t}{2\tau}\right] \qquad (1\text{-}29)$$

假定粒子一旦与垂直板接触即被捕集，即 $x=0$、$y=L$ 所在的极限轨迹线和 $x \geq 0$、$y \geq 0$ 包围的区域内，所有粒径为 d_p 的粒子全被捕集，同时分离高度为 y_0，于是分离效率计算式为

$$\eta = y_0 / h \tag{1-30}$$

在式（1-29）中，令 $y=l$，得到分离高度为

$$y_0 = \frac{2\beta l}{(\beta+1)\exp\left[-\dfrac{(\beta-1)t_0}{2\tau}\right]} \tag{1-31}$$

于是，绕直角通道流动的惯性分离效率为

$$\eta = y_0 / h = \frac{2\beta l}{h(\beta+1)\exp\left[\dfrac{(\beta-1)b}{2\tau v_0}\right]} \tag{1-32}$$

对于多级除尘同时存在的复合情况，其除尘效率可以表达为

$$\eta = 1-(1-\eta_1)(1-\eta_2)\cdots(1-\eta_n) \tag{1-33}$$

（二）惯性除尘器原理与主要类型

运动气流中尘粒与气体具有不同的惯性力，如图 1-8 所示，当含尘气流遇到障碍物阻挡时气流撞击障碍物会发生折转，此时尘粒在离心加速度作用下产生惯性力与惯性加速度，进而产生尘粒分离的惯性碰撞沉降作用。惯性碰撞机理已应用在除尘设备和大气颗粒物粒度分级采样器上。在多数除尘设备中，惯性碰撞是大颗粒捕集的重要途径。

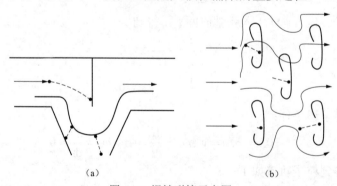

图 1-8　惯性碰撞示意图

（a）挡板式惯性除尘器；（b）槽形挡板式惯性除尘器

按照除尘原理，惯性除尘可分为碰撞式和回流式两种。碰撞式惯性除尘是沿气流方向装设一道或多道挡板，含尘气体碰撞到挡板上使尘粒从气体中分离出来。气体在撞到挡板之前速度越高，碰撞后就越低，则携带的粉尘就越少，除尘效率越高。回流式惯性除尘则是使含尘气体多次改变方向，在转向过程中把粉尘分离出来。气体转向的曲率半径越小，转向速度越大，则除尘效率越高。图 1-9 是碰撞式和回流式惯性除尘原理示意图。

惯性除尘器的种类较多，常用的有碰撞式惯性除尘器、回流式惯性除尘器和复合式惯性除尘器。

1. 碰撞式惯性除尘器

碰撞式惯性除尘器的特点是用一个或多个挡板阻挡含尘气流，使气流中的尘粒分离出

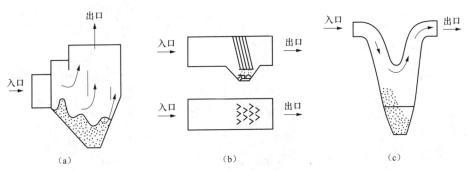

图 1-9 碰撞式和回流式惯性除尘原理示意图

（a）单级碰撞型；（b）多级碰撞型；（c）回流型

来。图 1-10 是双挡板碰撞式惯性除尘器机理。含尘气体以一定的进口速度冲击到挡板 B_1 上，其中具有较大惯性力的大尘粒被分离捕集，小尘粒则随气流绕过挡板 B_1，由于挡板 B_2 的作用，使气流转向，小尘粒借助离心力和惯性力的作用被分离捕集。因此粉尘粒径越大，气流速度越高，挡板板数越多和间距越小，除尘效率就越高。碰撞式惯性除尘器对气流速度要求较高，为 18～20m/s，气流基本上处于紊流状态。

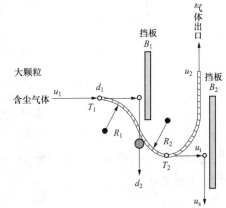

图 1-10 双挡板碰撞式惯性除尘器机理

u—圆周速度，m/s；T—运动时间，s；

Q—曲率半径，m；d—运动距离，m

采用多级设置时，挡板应交错布置，让含尘气流从两板之间的缝隙以较高的速度喷向下一排挡板，增加粉尘撞击挡板的几率。多级式一般可设置 3～6 排挡板，也可选择更多排数。这类除尘器的阻力一般在 100Pa 以下，除尘效率可达 65%～75% 以上。

2. 回流式惯性除尘器

回流式惯性除尘一般是通过各种途径使气流急剧折转，利用气体和尘粒在折转时具有不同惯性力的特性，使尘粒在折转处从气流中分离出来。

回流式惯性除尘器常用的有百叶窗式惯性除尘器、钟罩式惯性除尘器等。当回流式惯性除尘器采用各种百叶挡板结构时，称为百叶窗型回流式惯性除尘器。采用锥形隔烟罩的阻挡而急速改变流向，同时因为截面扩大烟气流速锐减，从而有部分烟尘受重力作用沉降分离出来的，称为钟罩回流式惯性除尘器。

图 1-11 是百叶窗型回流式和钟罩回流式惯性除尘器原理示意图。

惯性除尘器结构简单，阻力较小，但除尘效率不高，这一类设备适用于大颗粒（20μm 以上）的干性颗粒，多用作多级除尘的预除尘。

图 1-12 是一种常见的百叶窗型回流式惯性除尘器原理示意图。

百叶式挡板的尺寸对分离效率有较大的影响，一般采用挡板的长度为 20mm，挡板的倾角为 30°左右，使气流回转角有 150°左右。百叶式挡板能提高气流急剧转折前的速度，有效地提高分离效率。但速度不宜过高，否则会引起已捕集的颗粒粉尘的二次飞扬，所以一般都选用 12～15m/s 的气流速度。

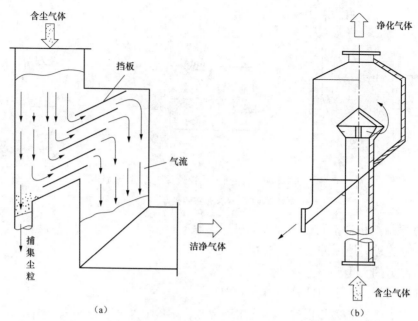

图 1-11　百叶窗回流式和钟罩回流式惯性除尘原理示意图

（a）百叶窗型回流式惯性除尘器；（b）钟罩回流式惯性除尘器

图 1-13 是一种锥体的百叶窗型回流式惯性除尘器，通常也称为粉尘浓缩器，常与其他类型的除尘器串联使用。

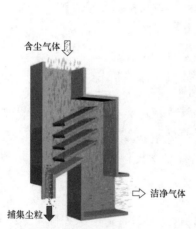

图 1-12　百叶窗型回流式惯性
除尘器原理示意图

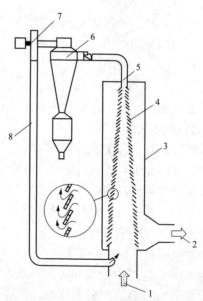

图 1-13　锥体百叶窗型回流式惯性除尘装置示意图

1—含尘气体入口；2—净气出口；3—惯性除尘器；4—百叶式圆锥体；

5—浓缩气体出口；6—旋风除尘器；7—风机；8—管道

　　锥体百叶窗型回流式惯性除尘器由许多直径逐渐变小的圆锥环构成一个下大上小的百叶式圆锥体，每个环间缝隙一般不大于 6mm，以提高气流折转的分离能力。含尘气体从百叶式圆锥体底部进入，随着气流的向上运动，约有 90% 以上的含尘气流，通过百叶之间的缝隙，然后折转 120°～150°与粉尘脱离后排出。气流中的粉尘在通过百叶缝隙时，在惯性力的作用下撞击到百叶的斜面上，然后经过反射返回到中心气流中，此部分中心气流约占总气流量的 10%，从而使粉尘得到浓缩。这股浓缩了的气流从百叶式圆锥体顶部引入到旋风除尘器（或其他除尘器）中，使尘粒进一步分离，旋风除尘器排出的气体再汇入含尘气流中。这种串联使用的除尘器的总效率可达 80%～90%，阻力为 500～700Pa。

一般来说，惯性除尘器内气流速度越高，气流折转角越大，折转次数越多，其除尘效率也就越高，但阻力也随之增大。惯性除尘器一般多用于密度大、颗粒粗的金属或矿物性粉尘的处理，对密度小、粒度细的粉尘或纤维性粉尘一般不宜采用。惯性除尘器一般作为多级除尘系统的前级处理，用以捕集 10～20μm 以上的尘粒。

3. 复合式惯性除尘器

复合式惯性除尘器可以是惯性除尘器与其他除尘原理相组合的除尘器，单分开来仍然是各自独立的碰撞式惯性除尘器和回流式惯性除尘器。也可以是其他除尘方式与惯性除尘方式相结合的除尘器，如静电吸附与惯性除尘结合的方式称为静电惯性除尘器、旋风除尘与百叶窗式惯性除尘结合的称为旋风惯性除尘器。

静电惯性除尘器是在惯性除尘器内增加电晕线，在静电力作用下使粉尘产生凝聚，形成较大颗粒，大颗粒粉尘在惯性除尘器内更容易被分离。图 1-14 给出了静电惯性除尘器原理示意，其基本结构是在圆筒内设置百叶窗，圆筒中心设置高压电晕线，百叶窗挡板带正电荷，电晕线带负电荷。百叶窗在捕集受静电力与惯性力的粉尘同时，可以有效地制止粉尘的二次扬尘。静电惯性除尘器在风速 2.5～7m/s 时，除尘效率可达到 97%～99%。

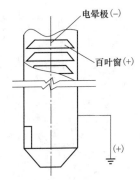

图 1-14　静电惯性除尘器原理示意图

旋风惯性除尘器是旋风离心除尘和惯性除尘方式结合的除尘设备，其典型的结构如图 1-15 所示。含尘气体切向进入除尘器筒体，大颗粒粉尘因离心力较大，被甩向筒壁，细小粉尘因惯性力作用碰到百叶窗，并被反弹至筒壁，随同大颗粒粉尘一同滑落至灰斗，由此增加了惯性除尘器捕捉细小粉尘的能力。理论上讲，烟气流速越大，旋风惯性除尘器的除尘效率越高。但实践证明，过高的烟速不仅带来更大的压力损失，而且使除尘效率增幅趋缓。图 1-16 给出的旋风惯性除尘器特性曲线描述了除尘效率、进口气速、压力损失间的曲线关系，通常旋风惯性除尘器风速控制在 16～28m/s 为宜。

三、离心碰撞除尘

离心碰撞除尘是利用旋转的含尘气体所产生的离心力，将粉尘从气流中分离出来的一种除尘方式，离心碰撞除尘主要以传统的旋风除尘器为主。旋风除尘器自应用于工业生产以来，已有百余年的历史，对于捕集、分离 10μm 以上的颗粒效率较高，应用范围广泛，可作为除尘、分选等多用途使用。

（一）离心碰撞除尘原理

颗粒被气流送入离心旋转空间后，将受到三维流场中典型的离心力、摩擦力以及其他力的作用。离心力是由流体的旋转运动产生的，摩擦力是由于在径向上运动的流体向旋转轴心运动产生的，通常离心力对颗粒产生的加速度要比地球引力产生的加速度高 100 倍以上。在垂直旋转轴心的同一截面内,在离心力和摩擦力的作用下,颗粒都是以螺旋状的轨迹运动的。图 1-17 是旋转轴心水平截面上大小颗粒的轨迹示意图,大的颗粒按照螺旋向外运动,小的颗粒按照螺旋向里运动。向外运动的大颗粒从气体中被分离出来,与除尘器内壁碰撞后被捕集,向内运动的小颗粒被气流携带排出。

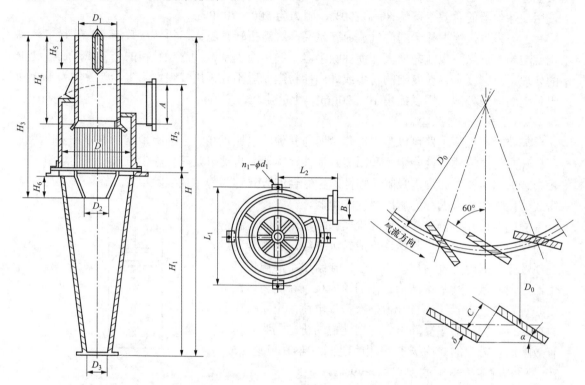

图 1-15　旋风惯性除尘器原理及其百叶片结构示意图

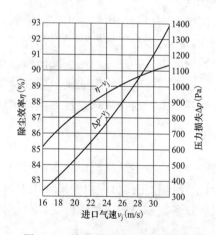

图 1-16　旋风惯性除尘器特性曲线

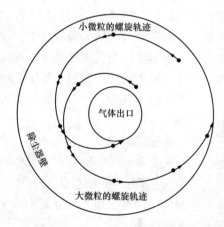

图 1-17　旋转轴心水平截面上大小颗粒的轨迹示意图

（二）旋风除尘器工作原理

如图 1-18 所示,当含尘气流以一定速度由进气管 4 进入旋风除尘器时,气流将由直线运动变为圆周运动。旋转气流的绝大部分沿器壁自圆筒体 3 呈螺旋形向下,向锥体流动,通常称之为外旋气流。含尘气体在旋转过程中产生离心力,将密度大于气体的尘粒甩向器壁。尘粒一旦与器壁接触,便会失去惯性力而靠入口速度的动量和向下的重力沿壁面下落,进入排灰管1。旋转下降的外旋气流在到达锥体时,因圆锥形的收缩而向除尘器中心靠拢。根据"旋转矩"不变的原理,其切向速度不断提高。当气流到达锥体下端某一位置时,即以同样的旋转方向从旋风除尘器中部,由下而上继续做螺旋形流动,即内旋气流。最后净化气经排气管5排出器外,一部分未被捕集的尘粒也由此逃逸。

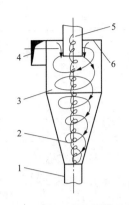

图1-18 旋风除尘器工作原理
1—排灰管;2—圆锥体;3—圆筒体;
4—进气管;5—排气管;6—顶盖

气体通过旋风除尘器的压力损失和气体的进口速度的平方成正比。所以,进口气速增大虽然可能会使除尘效率稍有提高(有时不提高甚至下降),但压力损失却急剧上升,能量耗损也将大大增加。因此,在设计旋风除尘器的进口截面时,必须保证进口气速为一适宜值,这样既保证旋风的除尘效率,又考虑了能量的消耗。如果进口气速过大,也会加速旋风除尘器本体的磨损,降低旋风除尘器的使用寿命。一般取进口气速为10~25m/s,最好不超过35m/s。

气体旋转运动压力场在靠近除尘器内壁处最大,在旋转轴线处最小。通过对径向的压力梯度$\mathrm{d}p/\mathrm{d}r$积分,可以得到内壁压力、气体速度、气体密度的关系式,即

$$p = \rho \cdot u^2 \cdot \ln r + C \tag{1-34}$$

式中 C——常数。

从式中可以看出,压力p随流体密度ρ、切向速度u、离心旋转半径r的增大而增加。当不计除尘器内壁速度为零的情况时,式(1-34)就是计算除尘器内壁压力的计算式。

如图1-19所示,旋风除尘器由进气管、圆筒体、圆锥体、排气管、排灰管等构成,任何部位的变化,都会对旋风除尘器效率产生影响。旋风除尘器进气口通常为矩形,进口形式不同,在一定程度上决定了旋风除尘器形式的不同,图1-20是常见的旋风除尘器的入口形式。表1-1是旋风除尘器各构成部分结构尺寸增加时对除尘器效率及造价等的影响。

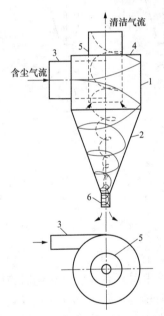

图1-19 旋风除尘器的构造示意图
1—圆筒体;2—圆锥体;3—进气管;
4—顶盖;5—排气管;6—排灰管

表1-1 旋风除尘器结构尺寸增加的影响

参 数 增 加	阻 力	效 率	造 价
除尘器直径D	降低	降低	增加
进口面积(风量不变)	降低	降低	—
圆筒长度L_c	略降	增加	增加

续表

参 数 增 加	阻 力	效 率	造 价
圆锥长度	略降	增加	增加
圆锥开口	略降	增加或降低	—
排气管插入长度	增加	增加或降低	—
排气管直径 D_e	降低	降低	增加
相似尺寸比例	几乎无影响	降低	—
圆锥角 $2\tan^{-1}\left(\dfrac{D-D_e}{H-L_c}\right)$	降低	20°～30°为宜	增加

注 H——旋风除尘器高度，m。

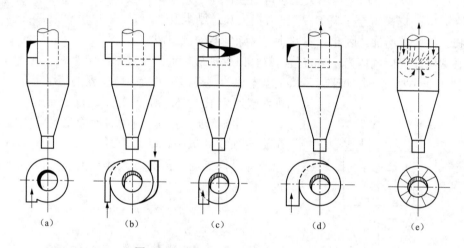

图 1-20　常见的旋风除尘器的入口形式

（a）普通切向进口；（b）双入口蜗壳进口；（c）斜顶板进口；（d）蜗壳切向进口；（e）轴向进口

（三）旋风除尘器的分类

旋风除尘器的种类繁多，分类方法也各有不同。

1. 按性能分类

可分为高效旋风除尘器、高流量旋风除尘器和通用旋风除尘器。高效旋风除尘器的筒体直径较小，用于分离较细的粉尘，除尘效率在95%以上。高流量旋风除尘器筒体直径较大，用于处理较大气体流量，其除尘效率为50%～80%。介于上述两者之间的通用旋风除尘器，用于处理适当的中等气体流量，其除尘效率在80%～95%之间。

2. 按旋风结构形式分类

可分为长锥体、圆筒体、扩散式和旁通型。

3. 按照除尘器构造分类

可分为普通旋风除尘器、异形旋风除尘器、双旋风除尘器和组合式旋风除尘器。

4. 按组合、安装情况分类

可分为内旋风除尘器（安装在反应器或其他设备内部）、外旋风除尘器、立式与卧式旋风除尘器以及单筒与多管旋风除尘器。

5. 按照清灰方式分类

可分为干式旋风除尘器和湿式旋风除尘器。

6. 按照排灰方式分类

可分为轴向排灰旋风除尘器和周边排灰旋风除尘器。

7. 按气流导入情况分类

可分为切向导入和轴向导入两种。气流进入旋风除尘器后的流动形式，可概括地分为以下几种：

（1）切流反转式旋风除尘器。切流反转式旋风除尘器是旋风除尘器最常用的形式。含尘气体由筒体的侧面沿切线方向导入，气流在圆筒部上旋转向下，进入锥体，到达锥体的端点前反转向上。清洁气流经排气管排出旋风除尘器。

（2）轴流式旋风除尘器。轴流式旋风除尘器是利用导流叶片使气流在旋风除尘器内旋转。除尘效率比切流反转式旋风除尘器低，但处理流量较大。

图 1-21 是几种典型的旋风除尘器。

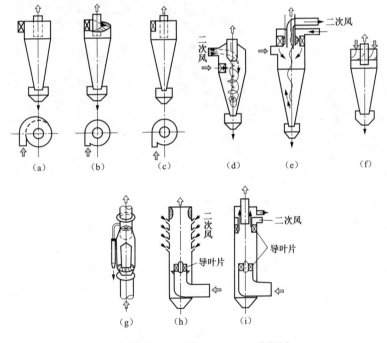

图 1-21　几种典型的旋风除尘器原理示意图

（a）蜗壳进口切向反转式旋风除尘器；（b）螺旋面进口切向反转式旋风除尘器；（c）狭缝进口切向反转式旋风除尘器；（d）切流二次风反转式旋风除尘器；（e）轴流二次风反转式旋风除尘器；（f）轴流反转式旋风除尘器；（g）轴流直流式旋风除尘器；（h）切流二次风轴流式旋风除尘器；（i）轴流二次风轴流式旋风除尘器

常用的旋风除尘器种类很多，并且新型的旋风除尘器还在不断涌现。国外旋风除尘器有用研究者的姓名命名的，也有用公司的生产型号来命名的。国内的旋风除尘器通常是根据结构特点用汉语拼音来命名。如吸入式用汉语拼音字母"X"表示，压入式用汉语拼音字母"Y"表示，进气是顺时针方向的用汉语拼音字母"S"表示，进气是逆时针方向的用汉语拼音字母"N"表示。

（四）旋风除尘器重要参数的关系曲线

旋风除尘器重要参数的关系曲线如图1-22～图1-25所示。

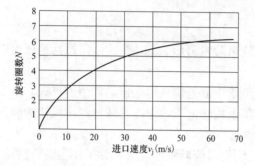

图1-22 进口速度和旋转圈数的关系曲线

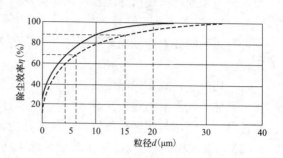

图1-23 粉尘粒径和除尘效率的关系曲线

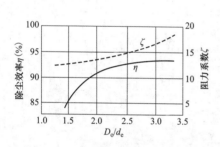

图1-24 筒径和排气口比值与除尘效率和
阻力系数的关系曲线

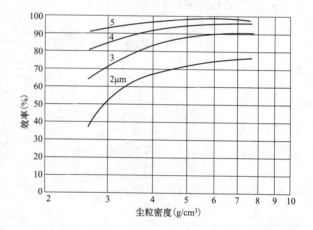

图1-25 尘粒密度和除尘效率的关系曲线

由于旋风除尘器种类繁多，结构和尺寸也千差万别，针对具体设计的旋风除尘器产品都会有其特定的关系曲线。旋风除尘器关系曲线是旋风除尘器选型配套，以及故障判断的关键参数。

（五）旋风除尘效率计算

旋风除尘效率计算式为

$$\eta = \int_0^{+\infty} \eta_i(x) f(x) \mathrm{d}x \tag{1-35}$$

式中 x——分割粒径；

$\eta_i(x)$——旋风除尘分级效率；

$f(x)$——含尘气体中粉尘的质量分布密度。

$f(x)$一般可以用 R-R 分布函数或对数正态分布函数表示，实际应用中一般采用粒级分布累计质量表示，分为 n 个粒级给出。

除尘效率也可按式（1-36）计算，即

16

$$\eta = \sum_{i=1}^{n} \eta_i(\mathrm{d}p_i, \mathrm{d}p_{i+1}) Q(\mathrm{d}p_i, \mathrm{d}p_{i+1}) \tag{1-36}$$

$$Q(\mathrm{d}p_i, \mathrm{d}p_{i+1}) = \int_{\mathrm{d}p_i}^{\mathrm{d}p_{i+1}} f(x)\mathrm{d}x \quad i = 1,2,3,\cdots,n$$

其中，$\eta_i(\mathrm{d}p_i, \mathrm{d}p_{i+1})$ 指粒级除尘效率，可以取 $n_i[k\mathrm{d}p_i + (1-k)\mathrm{d}p_{i+1}]$，$0 < k < 1.0$，通常取 k 为 0.5。

对于某些场合，采用理论计算出的除尘效率往往误差比较大，通常可以采用计算与实际应用相结合的办法修正，也可参照类似工程进行判定。

对于已知某一工况 B 的旋风除尘器，在估算工况 A 时的除尘效率 η_A，可以对已知除尘效率 η_B 进行工况修正，见式（1-37）。

$$(1-\eta_A)/(1-\eta_B) = (\eta_A/\eta_B)^{0.5}(\rho_{PB}/\rho_{PA})^{0.5}(v_{0B}/v_{0A})^{0.5}(C_{0B}/C_{0A})^{0.5} \tag{1-37}$$

对于同类型但直径大小不同的旋风除尘器，除尘效率可按式（1-38）进行计算，即

$$(1-\eta_A)/(1-\eta_B) = (D_{LA}/D_{1B})^{0.5} \tag{1-38}$$

旋风除尘阻力按式（1-39）计算式为

$$\Delta P = \xi P_d \; ; \quad p_{d0} = \rho v_0^2/2$$

或者

$$p_{dA} = \rho v_A^2/2 \tag{1-39}$$

式中 ΔP ——旋风器阻力，Pa；

      P_d ——气流动压；

p_{d0}、p_{dA} ——分别为对应于进口截面和筒体面的气流动压，Pa；

      ρ ——气体密度，kg/m^3；

      ξ ——旋风除尘阻力系数。

实验表明，对于一定结构的旋风除尘器，ξ 是一个常数，通常在 2~9 之间，不同制造商、不同类型的旋风除尘器，其阻力系数也不相同。常见旋风除尘器的阻力系数见表 1-2。

表 1-2   常见旋风除尘器的阻力系数

除尘器主要参数		阻力系数	除尘器主要参数		阻力系数
进口流速 (m/s)	压力损失 (Pa)	ξ	进口流速 (m/s)	压力损失 (Pa)	ξ
15	1250	8.0	20	1450	6.0
15	900	6.6	20	950	4.0
16	1240	8.0	21	1470	5.6
16	1000	6.3	21	960	3.7
16	880	5.7	26	1460	3.6
18	1450	7.5	28	1300	2.8
18	795	4.1	32	1530	2.5

注   普通旋风除尘器压力损失不大于 1000Pa，高效旋风除尘器压力损失不大于 1600Pa。

四、电除尘技术

（一）静电吸附与清灰除尘原理

静电吸附与清灰除尘是利用静电力（库仑力），将气体中的粉尘或液滴分离出来，之后

采取有效的清灰措施进行除尘的技术。如图 1-26 所示，静电吸附与清灰除尘原理包括以下四个相互有关的重要过程：①气体电离；②电晕放电与粉尘荷电；③荷电粉尘向电极移动与荷电粉尘的捕集；④清灰。

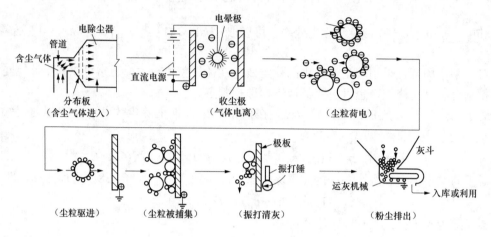

图 1-26　静电吸附与清灰除尘原理

1. 气体电离

通常情况下，气体的原子或分子都是不带电的，而气体中自由电子的数量又微乎其微，

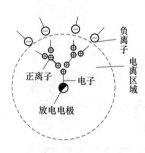

图 1-27　气体电离

几乎可以忽略不计，所以气体中没有电流。如图 1-27 所示，当气体分子获得能量时，在外界能量作用下，最初气体中微量的自由电子获得足够的能量，而被加速到很高的速度。当高速电子与中性气体分子相碰撞时，可以将分子外层轨道上的电子撞击出来，形成正离子和自由电子。这些电子又被加速，再轰击气体分子，产生更多的电子和正离子。这个过程非常短暂，经过迅速重复，就使大量的气体分子中的电子脱离产生自由电子，在这些自由电子的作用下，原来的中性气体分子成为一个带负电的电子和一个带正电的正离子，此时气体就具有了导电功能，这种使气体具有导电功能的过程称为气体电离。

气体电离分为自发性电离和非自发性电离两类。气体的非自发性电离是由外部能量激发的。使气体电离的能量称为电离能，气体中的电子和阴、阳离子间发生的运动形成了电晕电流，气体的自发性电离和非自发性电离与通过气体的电流不一定与电位差成正比关系。当电流增大到一定程度时，即使再增加电位差，电流也不再增大，而是达到一种饱和状态，在饱和状态下的电流称为饱和电流。

气体电离常见的形式有碰撞电离、光电离、热电离以及电极表面发射。供给电子逸出金属电极表面所需能量的方法有加热阴极的热电子发射、具有高能量质点碰撞引起的二次电子发射、用短波长射线照射阴极表面的光电子辐射以及由强电场引起的自由电子发射。

2. 电晕放电与粉尘荷电

气体通过曲率半径相差很大的非均匀电场空间时，随着电场强度的不断增加，活动度较大的自由电子或负离子将获得足够的能量，并碰撞中性气体分子或原子，使带电离子越来越多，电流急剧增大，这个自由电子快速形成的过程称为电子雪崩。

　　电子雪崩发生后，一部分离子在复合同时伴有光波辐射。但是，复合比较微弱，发射光波暗淡，听不到任何声响，被称为无声放电或光芒放电。当再行升高电场强度，活动度较小的正离子也因获得足够能量而开始碰撞别的中性分子或原子，则电流又有所增加，同时在电场强度高的放电极附近，离子复合特别激烈，此时，肉眼可见金属丝表面附近有蓝色亮点，且伴有咝咝和噼啪声，这种伴有发光、发声的现象就是电晕放电现象。只有曲率半径非常小的电极在产生非均匀电场的情况下，才会产生电晕放电现象，均匀电场不发生电晕放电现象，但均匀电场能量达到一定程度也要发生气体击穿现象。

　　随着正负两极空间距离的增加，电场强度迅速下降，离子移动速度减慢，因而，不会因气体中某点被击穿而引起整个空间击穿，这就是不均匀电场电晕放电或电晕现象的固有特点。

　　电晕放电所围绕的电极称为电晕电极（又称电晕极、放电极或阴极），另一电极称为沉尘电极（又称沉尘极、收尘极、集尘极、除尘极或阳极）。气体产生电离区域称为电晕区或电离区。电晕区离子数目每立方米超过 1 亿个离子。开始产生电晕放电时的电压称为临界（始发）电压或临界（始发）电位差，相应的电场强度称为临界（始发）电场强度。在两个电极间产生的电流称为电晕电流。再继续升高电压，电晕区随之扩大，当电压升至某一数值时，整个电极空间都成为电晕区，即整个空间被击穿，相应的电压称为击穿（终结）电压。此时，通过电场的电流急剧增加，电压趋近于 0，电场无法建立。

　　粉尘荷电性受粉尘的种类、温度和湿度影响较大。导电性强的粉尘荷电和失电均较快，故不稳定，导电性弱的粉尘荷电和失电均较慢，故较稳定；温度升高带电能力增强；湿度增加带电能力减小。

　　在电除尘电场中，尘粒的荷电机理基本有两种；一种是电场中离子的吸附荷电，这种荷电机理通常称为电场荷电或碰撞荷电；另一种则是由于离子扩散现象的荷电过程，通常这种荷电过程称为扩散荷电。尘粒的荷电量与尘粒的粒径、电场强度和停留时间等因素有关。就大多数实际应用的工业电除尘器所捕集的尘粒范围而言，尘粒的荷电以电场荷电为主。

　　粉尘荷电是静电吸附除尘过程中最基本的过程。虽然多种物理、化学方式都可以使尘粒荷电，但是大多数方式不能满足净化大量含尘气体的要求。因为在电除尘中使尘粒分离的力主要是静电力（即库仑力），而库仑力与尘粒所带的电荷量和除尘区电场强度的乘积成一定比例，所以要尽量使尘粒多荷电，如果荷电量加倍，则库仑力也会加倍。若其他因素相同，这意味着电除尘器的尺寸可以缩小一半。虽然在双极性条件下能实现尘粒荷电，但是理论和实践证明，单极性高压电晕放电使尘粒荷电效果更好，并能使尘粒荷电达到很高的程度，所以电除尘器都是采用单极性荷电。

　　电除尘的正、负电极均可作为电晕极。但由于荷负电离子在电场中运动速度比荷正电离子快，而且负电晕极的击穿电压、电流比正电晕要高，稳定性也优于正电晕，因此工业用电除尘器一般都是负电极作电晕极，正电极作沉尘极。空调和除菌用电除尘器则利用产生臭氧少的正电极作电晕极。

　　如图 1-28 所示，粉尘进入电场空间以后，在电离、电晕、荷电的作用下，使粉尘颗粒表面产生电荷，此时电场内部分电力线被粉尘阻断，电力线被阻断的部分称为电场变形。如果电场中是导电体粉尘，则电场变形最大，如果是可以被外加电场极化而导电的介电体，电场变形同样将随粉尘介电常数的增大而增大。沿着放电极和收尘极间电力线运动的气体离子，如果在极限范围内，就会与未荷电的粉尘碰撞附着进行荷电，粉尘荷电后具有了荷电粉尘间的排斥

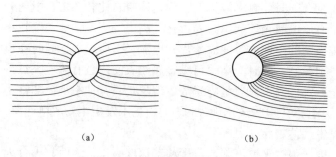

图 1-28　粉尘荷电与电场变形

（a）未荷电；（b）饱和荷电

力，使粉尘附近的电力线变形，从而减少粉尘再附电荷的概率。

3．荷电粉尘向电极移动与荷电粉尘的捕集

图 1-29 是气体电离与粉尘荷电运动过程示意图，在两个曲率半径相差较大的金属阳极和阴极上，通过高压直流电，维持一个足以使气体电离的电场，气体电离后所产生的电子，即阴离子和阳离子，吸

附在通过电场的粉尘上，使粉尘获得电荷。荷电极性不同的粉尘在电场力的作用下，分别向不同极性的电极运动，随后沉积在电极上，从而达到粉尘和气体分离的目的。不论电场结构存在何种差异，粉尘荷电后在电场空间内运动规律是一致的。图 1-30 是不同电场结构下粉尘荷电及荷电粉尘向收尘极运动示意图。

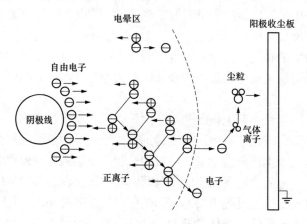

图 1-29　气体电离与粉尘荷电运动过程

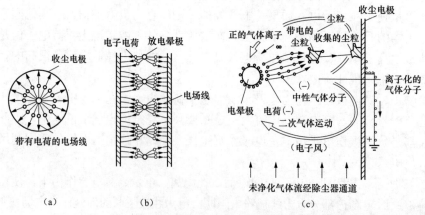

图 1-30　不同电场结构下粉尘荷电及荷电粉尘向收尘极运动

（a）管式静电除尘器中的电场线；（b）板式静电除尘器中的电场线；

（c）粉尘荷电在电场中沿着电场线移向收尘电极的情况

20

荷电尘粒在电场中运动的重力影响忽略不计的条件下，荷电尘粒在电场内的运动速度称为驱进速度 ω，对于电除尘器，驱进速度与粒子半径、电场强度平方成正比，与气体黏度成反比，其方向指向集尘电极，与气流方向垂直。驱进速度按式（1-40）计算。

$$\omega = \frac{D E_R E_P}{6\pi\mu} r \tag{1-40}$$

式中　ω ——驱进速度，cm/s；

　　　E_P ——沉淀极电场强度，V/cm；

　　　E_R ——电晕极电场强度，V/cm；

　　　r ——粒子半径，cm；

　　　μ ——含尘气体黏度，Pa·s；

　　　D ——与粉尘介电常数有关的常数。

$$D = 1 + 2\frac{\varepsilon - 1}{\varepsilon + 2} \tag{1-41}$$

式中　ε ——粉尘介电常数，气体，$\varepsilon=1$；石英、硫磺、粉煤灰、水泥，$\varepsilon=4$；石膏，$\varepsilon=5$；金属氧化物，$\varepsilon=12\sim18$；金属 $\to\infty$。

在一般电除尘器中，E_P、E_R 是相近的，即 $E_R \approx E_R = E$，当 D 取 2 时，驱进速度的简便计算方法见式（1-42），但由于忽略了重力影响、二次扬尘、气流分布质量、电场结构等影响因素，该计算值比实际驱进速度要高出很多。

$$\omega = \frac{0.11 E^2}{\mu} r \tag{1-42}$$

不同窑炉电除尘器电场风速和有效驱进速度取值见表 1-3。

表 1-3　　　　　　　　　不同窑炉电除尘器电场风速和有效驱进速度

主要工业窑炉的电除尘器			电场风速 v（m/s）	有效驱进速度 ω_e（cm/s）
燃煤电厂锅炉飞灰			0.8～1.5	6.0～23
纸浆和造纸工业黑液回收锅炉			0.9～1.8	6.0～10
钢铁工业	烧结机		1.2～1.5	2.3～11.5
	高炉		2.7～3.6	9.7～11.3
	吹氧平炉		1.0～1.5	7.0～9.5
	碱性氧气顶吹转炉		1.0～1.5	7.0～9.0
	焦炭炉		0.6～1.2	6.7～16.1
水泥工业	湿法窑		0.9～1.2	8.0～11.5
	立波尔窑		0.8～1.0	6.5～8.6
	干法窑	增湿	0.7～1.0	6.0～12
		不增湿	0.4～0.7	4.0～6.0
	烘干机		0.8～1.2	10～12
	磨机		0.7～0.9	9～10
	熟料算式冷却机		1.0～1.2	11～13.5

主要工业窑炉的电除尘器		电场风速 v（m/s）	有效驱进速度 ω_e（cm/s）
	都市垃圾焚烧炉	1.1～1.4	4.0～12
	接触分解过程	1.0～1.4	3.0～11.8
	铝煅烧炉	0.7～1.2	8.2～12.4
水泥工业	铜焙烧炉	0.8～1.4	3.6～4.2
	有色金属转炉	0.6	7.3
	冲天炉（灰口铁）	15	3.0～3.6
	硫酸雾	0.9～1.5	6.1～9.1

在较为理想的状态下，计算电除尘器性能的多依奇（Deutsch）公式中，驱进速度 ω 的确定有着非常重要的作用，即使在其他多依奇修正计算中，对驱进速度 ω 的修正与计算，也是非常重要的工作。式（1-43）为传统的多依奇（Deutsch）计算公式。

$$\eta = 1 - e^{-\frac{\omega L}{bv}} = 1 - e^{-\frac{A}{Q}\omega} = 1 - e^{-f\omega} \qquad (1\text{-}43)$$

式中　　η ——除尘效率，%；

　　　　L ——除尘器电场长度，m；

　　　　b ——除尘器异极距，m；

　　　　v ——烟气流速，m/s；

　　　　A ——收尘面积，m^2；

　　　　Q ——烟气流量，m^3/s；

　　　　f ——比集尘面积或比收尘面积，$m^2/(m^3 \cdot s)$，其中 $f = A/Q$。

粉尘的捕集与许多因素有关，如粉尘的比电阻、介电常数和密度，气体的流速、温度和湿度，电场的伏安特性，以及收尘极的表面状态等。

粉尘的电阻乘以电流流过的横截面积并除以粉尘层厚度称为粉尘的比电阻，单位为 $\Omega \cdot cm$。简言之，面积为 $1cm^2$、厚度为 1cm 的粉尘层的电阻值称为粉尘的比电阻。粉尘的比电阻与组成粉尘的各种成分的电阻有关，而且与粉尘粒径、分散度、湿度、温度、空隙率以及空隙气体的导电性等因素有关，它对电除尘器的除尘效率有着重要的影响。电除尘器容易适应的粉尘比电阻值在 10^4～$10^{11}\Omega \cdot cm$ 之间，低于 $10^4\Omega \cdot cm$ 或高于 $10^{11}\Omega \cdot cm$ 的范围，电除尘器性能及性价比将降低。

4. 清灰

电除尘器阳极板、阴极线在工作一段时间后，捕集到的粉尘将达到一定厚度，之后需对极板和极线进行清灰，否则会使电除尘器效率下降。因此，通过电除尘器清灰装置使捕集到的粉尘脱离阴阳极并及时排出除尘器，以保证电除尘器能够有效工作。清灰装置的任务就是随时清除黏附在阴、阳极上的粉尘，以保证电除尘器的正常运行。

干式电除尘器和湿式电除尘器的清灰方式分别对应干式和湿式清灰。干式电除尘器清灰装置主要有振打清灰装置、滚刷清灰装置和声波清灰装置。在振打清灰装置中又分为机械式振打清灰装置、气动式振打清灰装置和电磁振打清灰装置。在火力发电等大型电除尘器应用领域，常用清灰方式为机械式振打清灰、电磁振打清灰以及滚刷清灰，各种清灰装置的结构与原理如图 1-31 所示。

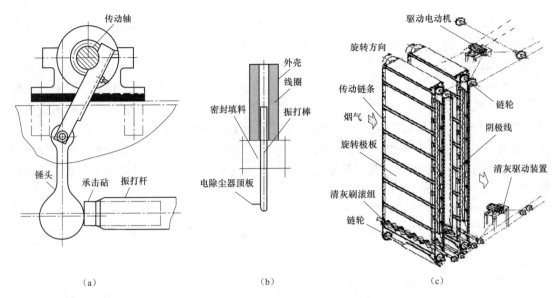

图 1-31 大型电除尘器常用振打清灰装置原理示意图
(a) 机械式振打清灰；(b) 电磁振打清灰；(c) 滚刷清灰装置

电除尘器通过电离、荷电、粉尘捕集过程后，伴随电除尘器阳极捕集的粉尘厚度增加，细小颗粒的数量也会增加，粉尘在极板或极线上的附着力也随之改变，因此针对应用普遍的振打清灰来讲，清灰的振打加速度和频率大小的设计需视具体的工况而定，同样的除尘器在不同的工况中所需的振打力度和频率也不相同。加速度过大，将使粉尘层过碎，特别是细小粉尘，其后果是使被击碎的粉尘引起二次扬灰。另外，过大的加速度和频率会加快电除尘器运动部件及连接部件的耗损，减小寿命，增加能耗；加速度过小，则清灰力度不足。因此，对振打装置有最基本的要求。

在 DL/T 461—2019《燃煤电厂电除尘器运行维护导则》中，对振打加速度要求：收尘极板振打加速度不小于 $1470m/s^2$，且不大于 $1960m/s^2$；放电极框架周边上最小振打加速度不小于 $1960m/s^2$，且不大于 $2450m/S^2$；管型芒刺线半圆管上最小振打加速度不小于 $490m/s^2$，且不大于 $980m/s^2$。DL/T 11267《顶部电磁锤振打电除尘器》中规定：阳极最小振打加速度不小于 $100g$，阴极最小振打加速度不小于 $50g$"。事实上不论电除尘器采取何种振打方式，只要阳极板排上最小法向加速度不小于 $100g$，就可以满足绝大部分燃煤锅炉烟气除尘清灰的要求，同样阴极法向最小振打加速度不小于 $50g$ 也是可以满足要求的。

（二）电除尘器分类

1. 按照处理烟气温度与烟气酸露点温度的关系分类

电除尘器按照处理烟气温度与烟气酸露点温度的关系，电除尘器可划分为低低温电除尘器、低温电除尘器和高温电除尘器。

（1）低低温电除尘器。低低温电除尘通过热回收器将入口烟气温度降至烟气酸露点以下。由于电除尘器内温度在烟气酸露点以下，烟气中大部分 SO_3 冷凝成硫酸雾并黏附在粉尘表面，粉尘性质发生很大变化，粉尘比电阻得以大幅降低，从而可有效避免发生反电晕现象；同时由于烟气温度降低导致烟气量下降，电除尘器电场内烟气流速降低，增加了粉尘在电场的停留时间，比集尘面积也相应提高，除尘效率得以较大幅度的提升。

（2）低温电除尘器。低温电除尘器是指处理的烟气温度在酸露点以上，但不高于250℃的电除尘器，在低低温电除尘器没有出现以前，常规电除尘器都属于低温电除尘器的范畴。

（3）高温电除尘器。高温电除尘器是指处理烟气温度大于 250℃ 的电除尘器。随着电除尘器技术的发展，烟气温度达到 450℃ 的电除尘器也得到了发展与应用。电除尘器对粉尘比电阻最为敏感，而粉尘比电阻是随着温度变化而变化的，粉尘比电阻过高或过低都会引起除尘效率的降低，理想的粉尘比电阻范围大致为 $1 \times 10^4 \sim 5 \times 10^{10} \Omega \cdot cm$，图 1-32 是某一粉尘比电阻与温度的关系曲线，从关系曲线可以看出，烟气温度在 400℃ 以上时，粉尘比电阻反而下降到与 100℃ 烟温时接近，所以，在适应粉尘比电阻方面，高温电除尘器优于低温电除尘器。

2. 按集尘极（阳极）的型式分类

电除尘器按集尘极的型式可分为管式和板式电除尘器，其原理示意图如图 1-33 所示。

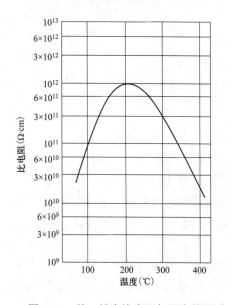

图 1-32　某一粉尘比电阻与温度的关系曲线

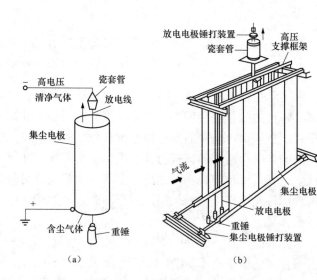

图 1-33　管式电除尘器和板式电除尘器原理示意图
（a）管式电除尘器；（b）板式电除尘器

（1）管式电除尘器。管式电除尘器集尘极（阳极）通常为直径150～300mm 的圆形金属管或导玻璃钢管，采用多根圆管或六边形管并列的结构。放电极极线（阴极线）用重锤悬吊在集尘极（阳极管）圆管中心。含尘气体由除尘器下部进入，净化后的气体由顶部排出。管式电除尘器电场强度高且变化均匀，多用于净化气量较小或含雾滴的含尘气体。

（2）板式电除尘器。板式电除尘器集尘极（阳极）由多块经轧制成不同断面形状的钢板组合而成，放电极（阴极线）均布在平行阳极板排间。两平行阳极板排间的距离一般为200～500mm，极板长度可根据除尘效率、空间布置尺寸来确定，一般长度不宜大于 16m。板式电除尘器电场强度变化不均匀，清灰方便，制作安装较容易。

3. 按气流流动方向分类

按气流流动方向分类，电除尘器可分为立式和卧式电除尘器，其结构示意图如图 1-34 所示。

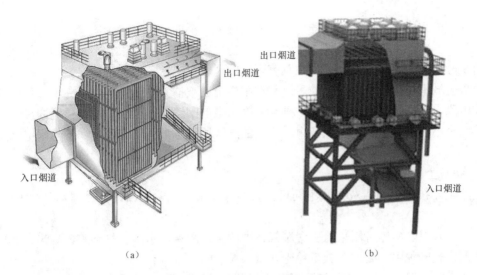

图 1-34 立式电除尘器和卧式电除尘器结构示意图

（a）卧式电除尘器；（b）立式电除尘器

（1）立式电除尘器。立式电除尘器通常是气流自下而上流动的，管式电除尘器一般都是立式的。立式电除尘器具有占地面积小、捕集效率高等优点。

（2）卧式电除尘器。卧式电除尘器是含尘气流沿水平方向运动来完成净化过程的电除尘器。卧式电除尘器可分电场供电，容易实现对不同粒径粉尘的分离，有利于提高总除尘效率，且安装高度比立式电除尘器低，操作和维修较方便。在工业废气除尘中，卧式的板式电除尘器是应用最广泛的一种。

4. 按阴、阳极在除尘器空间配置分类

按阴、阳极在除尘器空间配置不同，电除尘器分为单区和双区电除尘器，其原理示意图如图 1-35 所示。

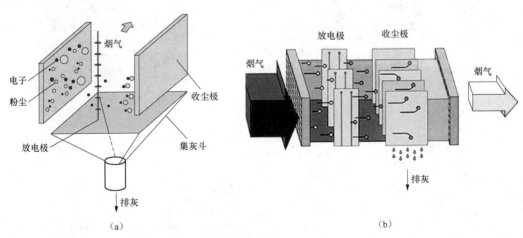

图 1-35 单区电除尘器和双区电除尘器原理示意图

（a）单区电除尘器原理；（b）双区电除尘器原理

（1）单区电除尘器。单区电除尘器的阳极和阴极装在同一区域内，粉尘粒子荷电和捕集

25

在同一区域内完成。单区电除尘器是当今应用最为广泛的一种电除尘器。

（2）双区电除尘器。在双区电除尘器中，粉尘粒子的荷电和收尘不是在同一区域里完成的，而是分别在两个区域里完成。在具有阴极的区域里先使粉尘粒子荷电，然后在没有阴极只有阳极区域里，使荷电的粉尘粒子沉积在阳极上而被捕集。

在电除尘器电源配置方面，有一种小分区供电的配置方式，实际是将传统的供电区域又分成了两个小的供电区域，按照荷电、收尘的分区原理划分，但其依然属于单区电除尘器的类型。

5. 按粉尘的清灰方式分类

电除尘器按粉尘的清灰方式不同可分为湿式和干式电除尘器，其原理示意图如图 1-36 所示。

（1）湿式电除尘器可用来除去含湿气体中的尘、酸雾、水滴、气溶胶、臭味、PM2.5 等有害物质，是一种用来处理含微量粉尘和微颗粒的除尘设备。

湿式电除尘器是用喷水或溢流水等方式使阳极板表面形成一层水膜，将沉积在阳极板上的粉尘冲走，湿式清灰可以避免粉尘的二次扬尘，达到很高的除尘效率。因无振打装置，运行较稳定。但与其他湿式除尘器一样，存在腐蚀、污泥和污水的处理问题，所以只是在气体含尘浓度较低、要求除尘效率较高时才采用。

（2）干式电除尘器是最传统和常见的一种形式，由于灰从除尘器内部是以干态的方式排出，因此除尘器内部必须干燥且不允许有液滴存在。干式电除尘器回收的干粉尘要便于处置和利用，但清灰时存在二次扬尘问题，导致除尘效率受到一定影响。

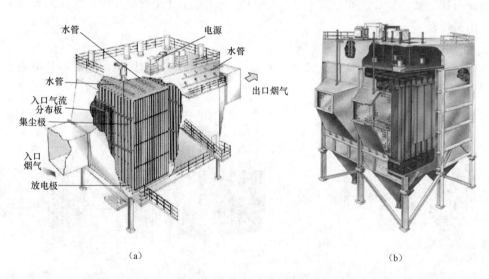

（a）　　　　　　　　　　　　　（b）

图 1-36　湿式电除尘器与干式电除尘器示意图

（a）湿式电除尘器；（b）干式电除尘器

五、过滤除尘

过滤除尘是使含尘气体通过一定的过滤材料来达到分离气体中固体粉尘的除尘技术，过滤式除尘器的性能用可处理的气体量、气体通过除尘器时的阻力损失和除尘效率来表达。过滤除尘原理与步骤主要是过滤和清灰。过滤式除尘的过滤过程如图 1-37 所示。

（一）过滤过程中发生的主要作用

1. 筛滤作用

当粉尘的粒径大于滤料间隙或滤料上已黏附的粉尘层的孔隙时，尘粒无法经过滤料被截留下来，这种效应称为筛滤效应。通常除尘滤料这种筛滤效应是有限的，当滤料上沉积一定数量的粉尘并构成粉尘层后，筛滤效应就更明显地显现出来，滤料表面沉积粉尘层越厚，筛滤作用也越强。

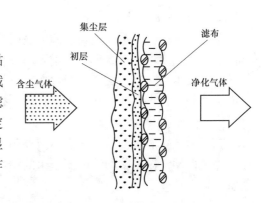

图 1-37 过滤式除尘的过滤过程

2. 拦截作用

对于非常小的颗粒（即质量非常小到可以忽略），可以通过扩散拦截将其去除。在拦截过程中，颗粒与流体分子相碰撞，经常性的碰撞会导致悬浮颗粒在流体流线的周围随意移动，这种运动叫作"布朗运动"。布朗运动导致这些较小的颗粒背离流体的流线，因此增加了堵塞滤料进而被去除的可能性。当含尘气流接近滤料时，较细尘粒随气流一起绕流，若尘粒半径大于尘粒中心到滤料边缘的距离时，尘粒因与滤料接触而被拦截。

3. 惯性碰撞作用

一般粒径较大的粉尘主要依靠惯性碰撞作用捕集。当含尘气流接近滤料时，气流将绕过滤料，其中较大的粒子（大于 $1\mu m$）由于惯性作用，偏离气流流线，继续沿着原来的运动方向前进，撞击到滤料上而被捕集。所有处于粉尘轨迹临界线内的大尘粒均可到达滤料表面而被捕集。这种惯性碰撞作用，随着粉尘粒径及气流流速的增大而增强。因此，提高通过滤料的气流流速，可提高惯性碰撞作用。

4. 扩散作用

对于小于 $1\mu m$ 的尘粒，特别是小于 $0.2\mu m$ 的亚微米粒子，在气体分子的撞击下脱离流线，像气体分子一样做布朗运动，如果在运动过程中和滤料接触，即可从气流中分离出来。这种作用即称为扩散作用，它随流速的降低、滤料和粉尘直径的减小而增强。

粒子间的相互扩散和粒子向过滤捕集体的扩散是很复杂的物理现象，是气溶胶研究的重要内容。

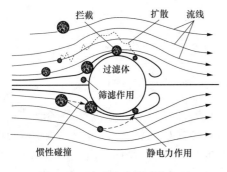

图 1-38 过滤除尘的过滤机理

5. 静电吸附作用

许多纤维编织的滤料，当气流穿过时，由于摩擦会产生静电现象，同时粉尘在输送过程中也会由于摩擦和其他原因而带电，这样会在滤料和尘粒之间形成一个电位差，当粉尘随着气流趋向滤料时，由于库仑力作用促使粉尘和滤料碰撞并增强滤料对粉尘的吸附力而被捕集。

过滤式除尘的过滤机理如图 1-38 所示，根据不同粒径的粉尘在流体中运动的不同力学特性，过滤的过程中涉及筛滤、拦截、惯性碰撞、扩散、静电吸附等多方面的作用。

（二）过滤清灰的主要清灰方式

在过滤过程中，灰粒不断在滤料表面积聚形成一层粉尘灰层，需要定期进行清灰，清灰是保证过滤式除尘器正常工作的重要环节和影响因素。

过滤除尘清灰以干式清灰为主，常见的干式清灰方式有脉冲喷吹式清灰、反吹风清灰、机械振打清灰、声波清灰和人工敲打清灰等。

1. 脉冲喷吹式清灰

脉冲喷吹式清灰利用高压气体或外部大气反吹滤袋，形成空气波，使滤袋产生急剧的膨胀和冲击振动，以振落和清除滤袋上的积灰。脉冲清灰作用较强，是目前清灰效果比较好的清灰方式。

从清灰气体与被处理气体的相对流动方向不同，脉冲喷吹式清灰可以划分为顺喷式、逆喷式和对喷式三种方式。

按照清灰时气体工作压力划分，通常将气压 $p>0.5MPa$ 的喷吹称为高压喷吹，气压为 $0.2MPa \leqslant p \leqslant 0.5MPa$ 称为中压喷吹，气压 $p<0.2MPa$ 称为低压喷吹。

高压脉冲喷吹清灰方式，主要应用于冶金、煤炭、化工、建材等密度大、黏性大、剥离性差的矿渣、矿粉的收集，多属于工艺过程装备。在烟气除尘治理的环保领域，主要应用的是中压脉冲喷吹清灰和低压喷吹清灰，如目前广泛应用的脉冲行喷吹滤袋式除尘器，就是中压脉冲喷吹清灰除尘器，而脉冲旋转喷吹袋式除尘器和反吹风滤袋式除尘器就属于低压喷吹清灰除尘器。

袋式除尘器脉冲清灰原理如图 1-39 所示。

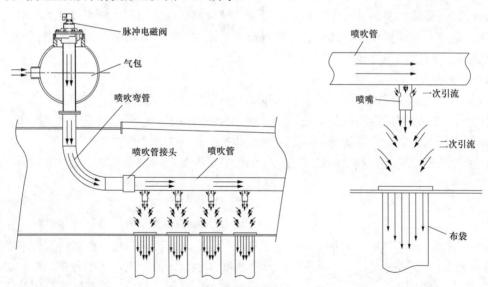

图 1-39　袋式除尘器脉冲清灰原理

2. 反吹风清灰

反吹风清灰方式是利用大气或者风机排出管道吸入气体而形成反向气流，利用反向风速和振动，以使沉积的粉层尘脱落。此清灰方式主要针对的是编织布滤料或过滤粘类滤料的冲刷，以及容易清落的粉尘。反吹清灰方式的清灰作用比较弱，但对滤布的损伤作用比振动清灰要小，所以一些柔软的滤料，如玻璃纤维滤布多采用这种清灰方式。

3. 机械振打清灰

机械振打清灰是利用机械装置周期性地轮流振打各排滤袋，或摇动悬吊滤袋的框架，使滤袋产生振动而清落灰尘。针对不同的滤袋材料，可分为顶部振打清灰、中部振打清灰两种。这种清灰方式的机械构造简单，运转可靠，但清灰作用较弱，适用于纺织布滤袋。

4. 声波清灰

通过声波清灰器将压力气体的动能转换成为声波的波动能量，使布袋产生附加的振动达到清灰的目的。此方式是比较先进的一项清灰技术，且功耗小，对设备的损害程度也较小，但整体投资较大。

5. 人工敲打清灰

人工敲打清灰是利用人工拍打袋式除尘器清灰机构，使滤袋粉尘振落，以清除滤袋上的积灰。这种清灰方式浪费人力和时间成本，已经开始被慢慢淘汰。

综上所述，清灰效果不好会使滤袋阻力上升，从而影响系统运行，应根据不同的工况条件选择不同的清灰方式，以达到最佳的清灰效果。

（三）过滤除尘器分类

1. 按照过滤材料类型分类

采用廉价的砂、砾、焦炭等颗粒物作为滤料的除尘器称为过滤床除尘器，该类除尘器在高温废气除尘方面具有较好的应用。采用成形过滤滤芯的除尘器称为滤芯类除尘器，该类除尘器可分为滤筒除尘器和滤袋除尘器。图1-40分别是滤袋、滤筒、滤床过滤除尘器的示意图。

滤筒除尘器按滤芯材质又可分为金属与非金属两大类。不锈钢滤筒和陶瓷滤筒已经在处理高温、强腐蚀，以及有特殊化学反应需求的烟气处理领域得到了应用发展，但该类滤筒成本较高。纤维类滤筒除尘器是应用最广的过滤除尘器，在中、小型过滤除尘领域具有悠久的历史，随着纤维类滤筒制造技术的发展，纤维类滤筒除尘器在电力、建材、冶金等烟气除尘大型化领域也得到了一定应用。

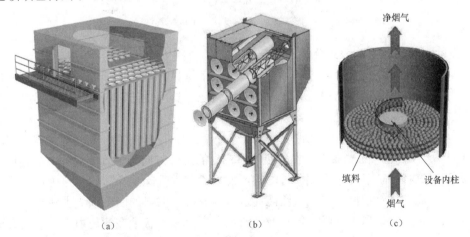

（a） （b） （c）

图1-40 滤袋、滤筒、滤床过滤除尘器示意图

（a）滤袋除尘器；（b）滤筒除尘器；（c）滤床除尘器

滤袋除尘器简称袋式除尘器，它是由耐高温纤维织物作滤料的袋式除尘器，在工业锅炉尾气的除尘方面应用广泛。袋式除尘器是一种干式滤尘装置，适用于捕集细小、干燥、非纤

维性的粉尘。滤袋采用纺织的滤布或非纺织的毡制成，利用纤维织物的过滤作用对含尘气体进行过滤。

2. 按照滤尘方向分类

过滤除尘器按照滤尘相对滤芯的方向分类可分为外滤式和内滤式。

（1）外滤式。

如图 1-41（a）、（c）、（e）所示，外滤式是含尘气体由滤芯外侧向滤芯内测流动，粉尘被阻留在滤芯外表面。外滤式滤袋可采用圆袋或扁袋，袋内需设置除尘骨架，以防滤袋被吸瘪。脉冲喷吹，高压气流反吹等清灰方式多与外滤式除尘器配套使用。

（2）内滤式。

图 1-41（b）、（d）所示，内滤式是含尘气体由滤芯内侧向滤芯外侧流动，粉尘被阻留在滤芯内侧表面，内滤式滤袋除尘器多采用于圆袋，有机械振打、逆气流、气环反吹等清灰方式。袋式除尘器的内滤式因滤袋外侧是清洁气体，当被过滤气体无毒且温度不高时，可在不停机情况下进入袋室内检修。内滤式圆袋的袋口气流速度较大，若气流中含有粗颗粒粉尘，则会严重磨损滤袋。

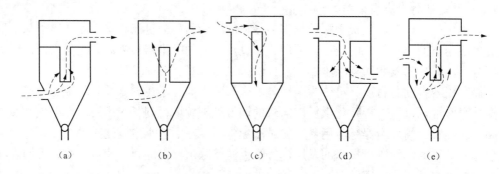

图 1-41　过滤除尘器进风结构形式

（a）外滤式；（b）内滤式；（c）外滤式；（d）内滤式；（e）外滤式

3. 按除尘器进风结构形式分类

按照除尘器进风结构形式，过滤除尘器可分为上进风、下进风和侧向进风。侧向进风过滤除尘器又分为与除尘器纵向中心线一致的直向进风过滤除尘器，以及与除尘器纵向中心线存在角度交叉的斜向进风过滤除尘器。

（1）上进风过滤除尘器。含尘烟气从过滤室上方进入的方式称为上进风除尘器，如图 1-41（c）、（d）所示。上进风除尘器中，含尘烟气中粉尘的沉降方向与烟气的运动方向相同，因而在向下流动的过程中，可以不直接通过滤料，而重力与惯性除尘会起到一定的作用。灰尘的沉降速度与气流的下行速度重叠，气流能促进灰尘下降，滤料的阻力损失也较小，可以减少粉尘的二次飞扬。上进风过滤除尘器对滤袋清灰非常有利，灰尘在滤袋内迁移的距离比下进风远，在滤袋上形成较均匀的附灰层，过滤性能好，处理含超细粉尘较多的气溶胶（<3μm）时效果较好，并且设备的阻力较小。

（2）下进风过滤除尘器。下进风的进气方式即含尘气流从箱体下部或者灰斗部分进入，如图 1-41（a）、（b）所示。由于气流突然扩散，流速骤然降低，一部分颗粒较大的灰尘受重力作用降落到灰斗内，之后，气流再经过气流均布过滤元件，又有一部分大颗粒的粉尘直接沉降，因此减少了对滤料的磨损。这种进气方式的袋式除尘器，既可减少粉尘颗粒在除尘布袋上的沉积，又可延长清灰的时间间隔；但当采用反吹风清灰方式时，被清除颗粒物的沉降方向与清灰气流的方向相反，这不但阻碍了烟尘的沉降，而且在反吹时将会产生二次扬尘现象影响清灰效果，特别是采用长布袋时，这种现象更为明显。下进风方式结构相对简单，造价较低，是一种经常被采用的方式。

（3）侧进风过滤除尘器。侧进风方式一般使用在外滤式除尘器中，如图1-41（e）所示。含尘气体从箱体侧向进入，再经过烟气分配装置侧向进入进行收尘。由于含尘气体被均匀分配，大直径的固体颗粒可在除尘器各处被前期粗分离，因此避免了对滤料的直接冲刷，保护了滤芯，也提高了整个除尘系统的效率和耐用性；而且侧向进气气流上升速度较低，当粉尘从除尘器顶部坠入到灰斗的时候，再次被带走的可能性相对较少。在相同的过滤风速、相同的含尘气体流量及达到相同的除尘效率的前提下，侧向进风方式比下进风的阻力损失小，从而可降低运行费用，减少系统能耗，节省费用。对于使用针刺毡滤料时，采用下进风和侧进风两种方式的压力损失比较小。

4. 按照除尘器内部压力分类

按照除尘器内部的压力进行分类，可分为正压式除尘器、负压式除尘器和微压式除尘器。

（1）正压式除尘器，风机设置在除尘器之前，除尘器在正压状态下工作。由于含尘气体先经过风机，对风机的磨损较严重，因此不适用于高浓度、粗颗粒、高硬度、强腐蚀性和磨损性的粉尘。

（2）负压式除尘器，风机置于除尘器之后，除尘器在负压状态下工作。由于含尘气体经过净化后再进入风机，因此对风机的磨损很小，这种方式采用较多。

（3）微压式除尘器布置在两台风机中间，除尘器承受压力低，运行较稳定。

这三种压力分布方式是除尘器根据环境、各种状态和粉尘性质而设定的，选择时应根据实际使用情况而定。

5. 袋式除尘器按照清灰方式的分类

袋式除尘器按照清灰方式分类有脉冲喷吹类袋式除尘器、反吹风类袋式除尘器、机械振动类袋式除尘器以及声波清灰类袋式除尘器。

（1）脉冲喷吹类袋式除尘器。脉冲喷吹类袋式除尘器是指喷吹气流与过滤后袋内净气流方向相反，净气由上部净气箱排出。脉冲喷吹类袋式除尘器主要由过滤室、净气室、脉冲喷吹装置、灰斗及排灰装置构成。

由图1-42所示，脉冲喷吹类袋式除尘器的工作原理是：含尘气体由进气口进入除尘器，大颗粒落入灰斗，细粉尘随气流

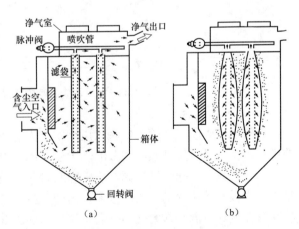

图1-42 脉冲喷吹类袋式除尘器的工作原理

（a）过滤状态；（b）清灰状态

进入过滤室，粉尘被阻挡在滤袋外表面，净化的空气进入袋内，再由布袋上部进入净气室，

经滤袋过滤后，净气进入净气室由出气口排出，随着过滤分离过程的进行，除尘器阻力上升，当达到 1.0~1.5kPa 时清灰。清灰时由控制仪定期顺序，触发各电磁阀，开启脉冲阀，使气包内压缩空气由喷吹管喷嘴喷出（一次风），经诱导的周围空气（二次风）进入滤袋，使滤袋在瞬间急剧膨胀，并伴随着气流的反向作用，抖落粉尘。

脉冲喷吹类袋式除尘器按照喷吹方式分为脉冲固定行喷吹袋式除尘器和旋转脉冲喷吹袋式除尘器。

脉冲固定行喷吹袋式除尘器以压缩气体为清灰动力，利用固定的脉冲喷吹装置在瞬间释放出压缩气体，使滤袋依靠冲击振动产生急剧变形和反向气流清灰的袋式除尘器。

脉冲固定行喷吹袋式除尘器喷吹清灰原理如图 1-43 所示。清灰系统主要由喷吹管、脉冲阀和气包组成，清灰时脉冲阀急速开启，气包内的压缩空气通过喷吹管的喷嘴进入各条滤袋，使滤袋鼓胀抖动，实现滤袋的清灰。每个滤袋对应一个喷嘴，因此定位准确，清灰力强。清灰压缩空气压力为 0.2~0.4MPa。清灰气源采用通过冷冻干燥后无油、无水、无尘的压缩空气，防止滤袋内部受到污染。脉冲阀采用淹没式脉冲阀，膜片寿命可达 100 万次以上。图 1-44 是脉冲固定行喷吹袋式除尘器结构示意图。

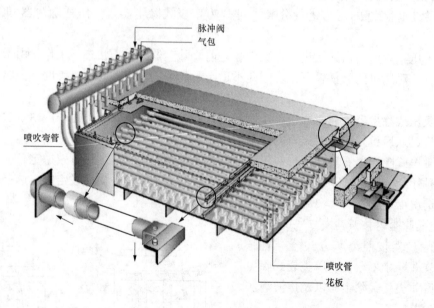

图 1-43　脉冲固定行喷吹袋式除尘器喷吹清灰原理

旋转脉冲喷吹袋式除尘器是以压缩空气为清灰动力，利用旋转喷吹装置对以同心圆布置的椭圆形滤袋进行脉冲喷吹清灰的除尘器。图 1-45 是旋转脉冲喷吹机构原理图。

清灰系统由气包、脉冲阀、旋转喷吹管（带喷嘴）和旋转机构（带电动机）组成。每个喷吹管上设置若干喷嘴，外圈较多，内圈较少，排布方式依据旋转的概率计算设计。清灰时喷吹管在旋转，脉冲阀短促地开启将气包内的压缩空气吹入各个滤袋，使滤袋发生鼓胀抖动后清灰。清灰压力为 0.085~0.1MPa，选用大口径淹没式脉冲阀及膜片。清灰控制采用压差自动控制为主，有慢速、正常、快速清灰三种模式，以适应滤袋上灰尘负荷的变化，保证滤袋整个寿命期内维持较低的除尘器阻力。

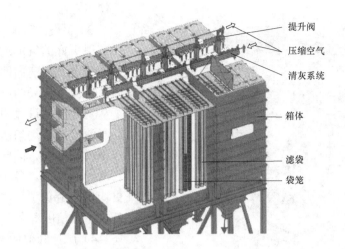

图 1-44　脉冲固定行喷吹袋式除尘器结构示意图

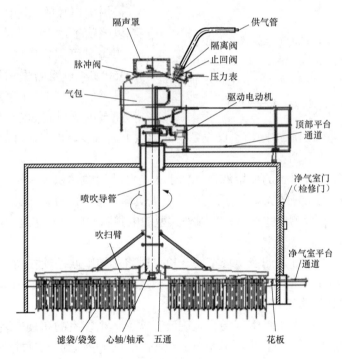

图 1-45　旋转脉冲喷吹机构原理图

旋转脉冲喷吹袋式除尘器（见图 1-46）与脉冲固定行喷吹袋式除尘器对比，优点主要有：

1）空间利用率更高。旋转喷吹滤袋以同心圆布置，滤袋口呈椭圆形，在相同的空间内可以比行喷吹形式布置更多的滤袋，除尘器过滤面积可增加 20%～30%，节省占地面积和钢材用量。

2）滤料的使用寿命相对延长。旋转喷吹清灰压力为 0.085～0.1MPa，行喷吹清灰压力为 0.2～0.4MPa，低压对滤袋的剪切力和张力也小，因此对滤袋的磨损也小，可以有效延长滤袋

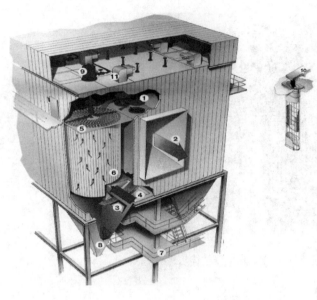

图 1-46　旋转脉冲喷吹袋式除尘器

1—净气室；2—出风烟道；3—进风烟道；4—进气风门；5—花板；

6—滤袋；7—检修平台；8—灰斗；9—脉冲喷吹机构；

10—旋转喷吹管；11——检修门

的使用寿命。

3）良好的气流分布。旋转喷吹可以实现更好的气流均布，实现了滤袋束周边烟气低速向四周扩散，避免了局部射流对滤袋的磨损，同时也避免了从灰斗上部进气引起的二次扬尘以及气流分布不均匀所引起滤袋负荷分布不均的情况，因此，具有良好的空气动力学性能。各个滤袋承受的负荷更均匀，避免了局部负荷集中，从而延长布袋使用寿命。

4）脉冲阀数量大大减少，减少了故障点，可快速排查故障。旋转喷吹采用大口径的脉冲阀，每只脉冲阀可以喷吹多达上千条滤袋；行喷吹脉冲阀每只可固定喷吹 12～16 个滤袋，350MW 机组若采用旋转喷吹脉冲阀只需要 8～12 个，而采用行喷吹小脉冲阀则要用到 600～1000 个。旋转喷吹由于采用了较少数量的脉冲阀，不仅设备的故障点大大减少，而且脉冲阀故障位置更容易得到排查。

5）大型脉冲阀具有更长的使用寿命。由于大型脉冲阀的体积大，阀门各部零件的尺寸也大，选用膜片时为了加强性能，采用的也是更大更厚尺寸的膜片，因此不易损坏。其使用寿命较常规脉冲阀有较大幅度地提高，在国外大型的电磁脉冲阀已有超过 10 年仍良好使用的案例。

6）旋转喷吹有着更好的滤袋检修空间。检修时将旋转喷吹的吹扫臂转动位置就可以将滤袋、袋笼方便地取出和装入，而无需像行喷吹袋式除尘器那样，必须先拆除脉冲喷吹管后，才能进行滤袋的更换检修工作。

7）旋转喷吹不适用于小量烟气场合。旋转喷吹的一个袋室的布袋安装数量不能无限制地减少，所以其对应的烟气规模也不能无限少，只有在烟气量达到一定数量时才能选择旋转喷吹。由于目前火电厂已很少有 10 万 kW 以下小机组，这个因素基本无需考虑。

（2）反吹风类袋式除尘器。反吹风类袋式除尘器是利用大气、风机排出管道吸入气体或者利用高、中压风机送出的气流进行反向清灰的除尘器，反吹风类袋式除尘器分为分室反吹类袋式除尘器和回转反吹类袋式除尘器。

1）分室反吹类袋式除尘器。分室反吹类袋式除尘器是指采用分室结构，利用阀门逐室切换气流，在反向气流的作用下，迫使滤袋缩瘪或膨胀而清灰的袋式除尘器。其工作原理图如图 1-47 所示。这种除尘器适合连续工作。分室反吹类袋式除尘器可分为分室二态反吹袋式除尘器、分室三态反吹袋式除尘器、分室脉冲反吹袋式除尘器。

分室二态反吹是指清灰过程中具有过滤、反吹两种工作状态；分室三态反吹是指清灰过程具有过滤、反吹、沉降三种工作状态；分室脉动反吹是指气流呈脉动状态供给。

分室反吹类袋式除尘器分为正压式和负压式两种结构，均采用内滤下进风形式，处理风量大、滤袋磨损小、寿命长、结构简单、维修方便、不停机即可进行检查。

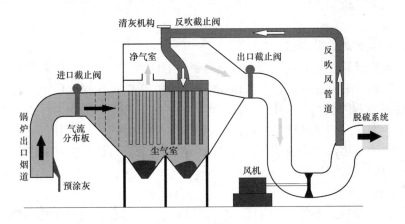

图 1-47　分室反吹类袋式除尘器工作原理

2）回转反吹类袋式除尘器。回转反吹类袋式除尘器在箱体内按同心圆布置数圈扁袋，吊置在花板上，含尘气流进入过滤室，达到尘气分离的目的，并利用高、中压风机送出的气流对滤袋依次进行反吹清灰的外滤负压式过滤除尘器。回转反吹类袋式除尘器工作原理如图 1-48 所示。

清灰时要关闭正常的含尘气流，开启逆气流进行反吹风，此时滤袋变形，积附在滤袋内表面的粉尘层破坏、脱落，通过花板落入灰斗。滤袋内安装支撑环以防止滤袋完全被压瘪。清灰周期为 0.5～3h，清灰时间 3～5min。反吹式吸气时间为 10～20s，视气体的含尘浓度、粉尘及滤料特性等因素而定。过滤速度通常为 0.5～1.2m/min，相应的压力

图 1-48　回转反吹类袋式除尘器工作原理

损失为 1000～1500Pa。逆气流反吹式袋式除尘器结构简单，清灰效果好，维修方便，对滤袋损伤小，适用于玻璃纤维滤袋。

（3）机械振动清灰类袋式除尘器。利用机械装置阵打或摇动悬吊滤袋的框架，使滤袋产生振动而清灰的袋式除尘器。机械振打类袋式除尘器清灰多在滤袋顶部施加振动，使之产生垂直或水平的振动，或者垂直和水平两个方向同时振动，施加振动的位置也可在滤袋中间位置。由于清灰时粉尘存在二次扬尘，因此振动清灰时常采用分室工作制，即将整个除尘器分隔成若干个袋室，顺次逐室进行清灰，保持除尘器的连续运转。以顶部为主的振动清灰，每分钟振动可达数百次，以便确保粉尘脱落入灰斗中。

振动清灰的强度可由振动的最大加速度来表示，清灰强度和振动频率的二次方与振幅之积成正比。但是，振动频率过高时，则振动向全部滤袋的传播不够充分，所以有一个比较合

适的范围。采用振动电动机时，一般取振动频率为 20～30 次/s，振幅为 20～50mm，减少振幅，增加频率，能减轻滤布的损伤，并能使振动波及整个滤袋。对于黏附性强的粉尘，需增大振幅，减少滤袋张力，以增强对沉积粉尘层的破坏力。

振动清灰类袋式除尘器的清灰机构构造简单，运转可靠，但清灰作用较弱，适用于纺织布滤袋。

（4）声波清灰类袋式除尘器

声波清灰类袋式除尘器是以压缩空气作为声波的能源，高强度的钛金属膜片在压缩空气气源作用下自激振荡，并在谐腔内产生谐振，把压缩空气势能转换为低频声能，通过空气介质把声能传递到相应的积灰点，使声波对灰渣起到"声致疲劳"的作用，由于声波振荡的反复作用，施加于灰的挤压循环变化的载荷，达到一定的循环应力次数时，灰的结构因疲劳而破坏，然后因重力或因流体介质媒体将灰清除出附着体表面，达到清灰的作用。

（四）过滤除尘的滤料

1. 过滤滤料分类与命名

最原始的过滤滤料是廉价的砂、砾、焦炭等颗粒物，随着科技的发展，滤料出现了多样化、高科技化的快速发展。

按照滤料的材料划分，总体可分为金属滤料、非金属滤料、金属与非金属的复合材料滤料；非金属滤料又可分为天然矿石滤料、天然纤维滤料、化学合成滤料、陶瓷滤料；化学合成滤料分为化学纤维滤料和合成滤板滤料等。

按照制造工艺方法划分，可以分为编织滤料、非编织滤料、复合工艺滤料；非编制滤料又可分为烧结滤料、压型滤料、热塑滤料等；复合工艺滤料可分为针刺复合滤料、覆膜滤料等。

按照使用温度划分，可分为常温滤料、中温滤料、高温滤料。按照使用温度划分常用纤维滤料的应用参数见表 1-4。

表 1-4　　　　　　　　使用温度划分常用纤维滤料的应用参数

温度	滤料名称	克重 (g/m²)	透气量 [m³/(m²·min)]	持续温度 (℃)	瞬间温度 (℃)	适 用 工 况
常温	涤纶纤维	450～600	13～16	120	150	适用于常温条件下的各种收尘工况
	亚克力	450～600	13～16	120	150	垃圾焚烧、沥青、煤磨、电厂等烟气收尘
中温	PPS	450～600	13～16	190	200	燃煤锅炉，垃圾焚烧，化肥厂
高温	美塔斯	450～550	13～16	200	220	适用于高温条件各种工况
	PTFE	700～750	10～12	240	260	适用于高温条件各种工况
	FMS 氟美斯	800～900	12～14	230	260	拒水防油，高风速，高浓度粉尘的捕集
	玻璃纤维	800～900	12～14	230	260	钢铁，化工，冶金，炭黑
	P84	450～600	13～16	240	260	冶炼，化工，垃圾焚烧，水泥窑尾
	PMIA	450～550	14～16	204	240	沥青搅拌站，水泥行业，粮食行业，冶金，钢铁

滤料命名由滤料材质、加工方法、结构形式、单位面积质量和特殊功能五部分组成，

示例 1：

命名：涤纶针刺毡–500。

规格型号：PET.NW-500。

意义：材质为涤纶，加工方法为非织造针刺毡，单位面积质量 500g/m²。基布为涤纶，无特殊功能。

示例 2：

命名：PPS+P84 针刺毡–500。

规格型号：PPS+P84.NW+M.PPS-500

材质为 PPS+P84，加工方法为非织造针刺毡并加覆膜，PPS 基布，单位面积质量 500g/m²，无特殊功能。

示例 3：

命名：无碱玻璃纤维机织布，缎纹–300。

规格型号：GE.W.D-300-h

意义：表示无碱玻璃纤维材质，机织布（织造法），织物结构缎纹，单位面积质量 300g/m²，疏水。

2. 滤料选用方法

滤料的选用主要根据含尘气体的理化特性、粉尘的性质、除尘器的清灰方式进行选择。

（1）按照含尘气体的理化特性选用滤料。含尘气体的理化特性包括温度、湿度、腐蚀性、可燃性和爆炸性等。

1）含尘气体的温度。按照连续使用的温度，滤料可分为常温滤料（小于 130℃）、中温滤料（130～200℃）和高温滤料（大于 200℃）三类。对于含尘气体温度波动较大的工况，宜选择安全系数较大的滤料，但瞬时峰值温度不得超过滤料的上限温度。

2）含尘气体的湿度。含尘气体的湿度通常用含尘气体中的水蒸气体积百分率 X_w 或相对湿度 φ 表示。当 $X_w > 8\%$、或 $\varphi < 80\%$ 时，即称为湿含尘气体。湿含尘气体使滤袋表面捕集的粉尘润湿黏结，易引起糊袋，应选用尼龙、玻璃纤维等表面滑爽、纤维材质易清灰的滤料，并宜对滤料进行硅油、碳氟树脂浸渍处理，或在滤料表面使用丙烯酸、聚四氟乙烯等进行涂布处理。

3）含尘气体的腐蚀性。不同纤维的耐化学性各不相同，且往往受温度、湿度等多种因素的影响。相比较而言，被称为"塑料王"的聚四氟乙烯纤维具有最佳的耐化学性，但价格较贵。因此在选用滤料时，必须根据含尘气体的化学成分，抓住主要因素，择优选用合适的材料。

（2）根据粉尘的性质选用滤料。粉尘的性质包括粉尘的化学性和物理性。

1）粉尘的形状和粒径分布。$0.1～10\mu m$ 的粉尘，其形状分为规则形和不规则形两类。高温燃烧过程生成物多为规则形粉尘，而大多数工艺过程产生的尘粒多为不规则形。规则形粉尘表面光洁、比表面积小，在经过滤布时不易被拦截、凝聚，不规则形粉尘形状不一，表面粗糙、比表面积大，在经过滤布时容易被拦截、凝聚。袋式除尘器选滤料时宜选用较细、较短、卷曲形和不规则断面形。

2）粉尘的附着性和凝聚性。粉尘具有相互彼此附着或附着在其他物体表面的特性，当

悬浮的粉尘相互接触时就彼此吸附而凝聚在一起。粉尘的凝聚力与其种类、形状、粒径分布、含水量和表面特征等多种因素有关，综合起来可用安息角来表征粉尘的凝聚力。例如，安息角小于30°的称为低附着力粉尘，流动性好；安息角大于45°的则称为高附着力粉尘，流动性差。因此，对于高附着性力的粉尘宜选用长丝织物滤料，或经表面烧毛、压光、镜面处理的针刺毡滤料。从滤料的材质来说，尼龙、玻璃纤维优于其他品种。对于黏性粉尘，不能选用起毛的织物滤料，因为织物滤料会附着黏性粉尘，并扩展到整个过滤表面，致使清灰十分困难。

3）粉尘的吸湿性和潮解性。粉尘对气体中水分的吸收能力称为吸湿性，若以水气为主体则称为水分对粉尘的浸润性。吸湿性、浸润性是通过粉尘颗粒间形成的毛细管的作用完成的。吸湿性、浸润性与粉尘的原子链、表面状态以及液体的表面张力等因素有关，综合起来可用湿润角来示。湿润角小于60°的为亲水性，湿润角大于90°的为憎水性。吸湿性粉尘的湿度增加后粉粒的凝聚力、黏着力随之增加，而流动性、带电性减小，促使粉尘粘附在滤袋表面上，久而久之，清灰失效，粉尘板结成块。对于吸湿性、潮解性粉尘，选用滤料时应注意的事项与上述"含尘气体的湿度"情况相同。

4）粉尘的磨啄性。滤料在过滤、拦截、凝聚粉尘时，粉尘（特别是不规则形粉尘）对滤料的破坏性称为磨啄性。它与粉尘的性质、形态以及携带粉尘的气流速度、粉尘浓度等因素有关。例如铝粉、硅粉、碳粉、烧结矿粉等，材质坚硬，属于高磨啄性粉尘；颗粒表面粗糙、尖棱不规则的粉尘比表面光滑、球形颗粒粉尘的磨啄性要大10倍以上；粒径为90μm左右的粉尘磨啄性最大，而当粉尘粒径减小到5～10μm时磨啄性则十分微弱；粉尘的磨啄性与携带其气流速度的2～3.5次方成正比。为了减少粉尘对滤料的磨啄性，须严格控制气流的速度和匀速性。此外，对于磨啄性大的粉尘，要选用耐磨性好的滤料。针对粉尘的磨啄性，以下几点内容可供选用滤料时参考：

a．化学纤维优于玻璃纤维，膨化纤维优于一般玻璃纤维。

b．细、短、卷曲型纤维优于粗、长、顺直型纤维。

c．毡料优于织物，毡料中宜用针刺方式加强纤维之间的交络性，织物中以缎纹织物最优，织物表面的拉绒可提高其耐磨性。

d．表面涂覆、压光等后处理可以提高滤料耐磨性，对于玻璃纤维滤料，硅油、石墨、聚四氟乙烯树脂处理可以改善其耐磨性和耐折性。

（3）根据袋式除尘器的清灰方式选用滤料。不同清灰方式的袋式除尘器因清灰能力、滤袋形变特性的不同，宜选用不同结构、品种的滤料，清灰方式是正确选择滤料的又一个必须考虑的重要因素。

1）机械振动式清灰方式。采用机械振动式清灰方式的袋式除尘器大都采用内滤圆袋形式。其特点是施加于粉尘层的动能较少而作用次数较多，要求滤料薄而光滑，质地柔软，有利于传递振动波，以便在全部过滤面上形成足够的振击力。

2）分室反吹式清灰方式。分室反吹式清灰方式也属于低动能型清灰，借助于袋式除尘器的工作压力作为清灰动力，在特殊场合下才另配反吹气流动力。分室反吹式清灰方式的袋式除尘器要求选用质地柔软、容易变形而尺寸稳定的薄型滤料，因该袋式除尘器有内滤与外滤之分，故滤料的选用略有差异。一般来说，内滤式常用圆形袋，无框架，袋径为120～300mm，袋长与袋径比为15～40，优先选用缎纹（或斜纹）机织滤料，厚1.0～1.5mm，单位面积质量为300～400g/m²；外滤式常用扁形袋、菱形袋和蜂窝形袋，带支撑框架，优先选用耐磨性、透气性较好的薄型针刺毡滤料，单位面积为 $350\sim400g/m^2$。

3）振动反吹并用式清灰方式。振动反吹并用式清灰方式的袋式除尘器是指兼有振动和逆气流双重清灰作用的袋式除尘器，其振动使尘饼松动，逆气流使粉尘脱离。两种方式相互配合，使清灰效果得以提高，尤其适用于细颗粒黏性粉尘的过滤。此类袋式除尘的滤料选用，大体上与分室反吹式清灰方式的袋式除尘器相同。

4）喷嘴反吹式清灰方式。喷嘴反吹式清灰方式的袋式除尘器是利用反吹清灰气体动力，通过喷嘴依次对滤袋喷吹，形成强烈反向气流，使滤袋急剧变形而清灰。按喷嘴形式及其移动轨迹可分为回转反吹式、往复反吹式、气环滑动反吹式和脉冲喷吹式清灰方式等。

回转反吹式和往复反吹式清灰方式的袋式除尘器采用带框架的外滤扁袋形式，结构紧凑。此类袋式除尘器要求选用比较柔软、结构稳定、耐磨性好的滤料，优先选用中等厚度的针刺毡滤料，单位面积质量为 $350\sim500g/m^2$。

气环滑动反吹式清灰方式的袋式除尘器采用内滤圆袋，喷嘴为环缝形，套在圆袋外面上下移动喷吹，要求选用厚实、耐磨、刚性好、不起毛的滤料，优先选用羊毛压缩毡，也可选用合成纤维针刺毡，单位面积质量为 $600\sim800g/m^2$。

脉冲喷吹式清灰方式的袋式除尘器是以压缩空气为动力，利用脉冲喷吹机构在瞬间释放压缩气流，诱导数倍的二次空气高速射入滤袋，使滤袋急剧膨胀、振动的反向气清灰，属高动能清灰类型。通常采用带框架的外滤圆袋或扁袋。此类袋式除尘器要求选用厚实耐磨、抗张力强的滤料，优先选用化纤针刺毡或压缩毡滤料，单位面积质量为 $500\sim650g/m^2$。

六、湿式除尘

湿式除尘技术也叫湿法除尘技术，是利用水（或其他液体）与含尘气体相互接触，让液滴和相对较小的尘粒相接触/结合产生容易捕集的较大颗粒，并伴随有热、质的传递，经过洗涤将尘粒与气体分离。湿式除尘与一般气体吸收塔的根本区别在于后者要求洗涤液成细微液滴，以利气体吸收，而前者无此要求。湿法除尘方式与其他类型的干法相比，具有效率高、除尘器结构简单、造价低、占地面积小、操作维修方便的优点，能够除掉 $0.1\mu m$ 以上的尘粒，且特别适宜于处理高温、高湿、易燃、易爆的含尘气体，在除尘的同时还能除去部分气态污染物。其缺点是要消耗一定的水量，粉尘的回收困难，除尘过程会造成水的二次污染；管道设备必须防腐、污水污泥要进行处理、烟囱会产生冷凝水且要考虑防腐问题等，比一般干式除尘器的操作费用要高。

（一）湿式除尘过程的主要作用

1．惯性撞击

如果微粒分散于流动气体中，当流动气体遇到障碍物，惯性将使微粒突破绕障碍流动的气体流，其中一部分微粒将撞击到障碍物上。这种事件发生的可能性依赖于几个变数，尤其是微粒具有的惯性大小和障碍物的尺寸大小，在湿式除尘器中，障碍物就是液滴。惯性撞击发生在粉尘颗粒和相对较大的液滴之间。

2．拦截

在粉尘颗粒和液滴的相对运动中，如果小颗粒在流体中围绕障碍物移动，它将可能由于相对大的颗粒与障碍接触遭到拦截。

3．扩散

微小颗粒从高浓度区域向低浓度区域移动的过程称为扩散。扩散主要是布朗运动的结果，布朗运动即微小颗粒在周围气体分子和其他微粒碰撞下的无规则自由运动。当这些微粒被捕集到一个液滴里面，液滴邻近区域的微粒浓度降低，其他微粒又一次从高浓度区域向液滴邻近区域低浓度区域移动。空气动力学粒径小于 0.3μm（比重为 1）的小颗粒主要通过扩散捕集，因为它们质量小不大可能发生惯性撞击，且物理尺寸小不容易被拦截。

4. 冷凝

通常获得冷凝的方法是把较低压力下的蒸汽和气体压缩到较高的压力，在饱和气流中引入蒸汽或直接冷却气流。如果通过控制流动气体流的热力学性质来引起气流冷凝，微粒在冷凝过程中能起到成长核的作用，然后表面覆盖了液体的微粒更容易通过上述主要捕集机理被捕集。

5. 静电吸附

当微粒和液滴之间存在不同的静电荷时，将更能有效使尘粒和液滴相结合。静电洗涤器就是应用这个机理加强了粉尘和水滴的吸引从而提高了粉尘的收集效率。

（二）湿式除尘器的分类

在工程上使用的湿式除尘器形式很多，总体上可分为低能和高能两类。低能湿式除尘器的压力损失为 0.2～1.5kPa，包括喷雾塔和旋风洗涤器等，在一般运行条件下的耗水量（液气比）为 0.5～3.0L/m³，对 10μm 以上颗粒的净化效率可达 90%～95%。高能湿式除尘器的压力损失为 2.5～9.0kPa，净化效率可达 99.5% 以上，如文丘里洗涤器等。

根据湿式除尘器的净化机理，湿式除尘器大致分成重力喷雾除尘器、旋风式洗涤除尘器、自激喷雾除尘器、泡沫除尘器、填料床除尘器、文丘里洗涤除尘器、机械诱导喷雾除尘器等。

1. 重力喷雾除尘器

当含尘气体通过喷淋液体所形成的液滴空间时，因尘粒和液滴之间的惯性碰撞、截留及凝聚等作用，较大的粒子被液滴捕集。

为了提高喷雾除尘的效率和收集除尘后的废水，重力喷雾除尘器一般做成塔型，夹带了尘粒的液滴将由于重力而沉于塔底。为保证塔内气流分布均匀，采用孔板型气流分布板。塔顶安装除雾器，以除去那些微小液滴。重力喷雾洗涤塔的除尘效率取决于液滴大小、粉尘空气动力直径、液气比、液气相对运动速度和气体性质等。能有效地净化 50μm 以上颗粒，压力损失一般小于 250Pa，塔断面气流速度一般为 0.6～1.5m/s。除了逆流形式，还有错流形式的喷雾塔。重力喷雾洗涤器结构简单，压力损失小，操作稳定，经常与高效洗涤器联用。

图 1-49 是可直观反映重力喷雾除尘原理的喷雾降尘装置。

2. 旋风式洗涤除尘器

由旋风除尘器筒体上部的喷嘴沿切线方向将水雾喷向器壁，使壁上形成一层薄的流动水膜。含尘气体由筒体下部以 15～22m/s 的入口速度切向进入，旋转上升，尘

图 1-49 喷雾降尘

粒靠离心力作用甩向器壁，为水膜所黏附，沿器壁流下，随流水排走。除尘效率随入口气速和筒体直径减小而提高。筒体高度对除尘效率影响较大，一般不小于筒体直径的 5 倍。气流压力损失为 500～750Pa，耗水量为 0.1～0.3L/m³，除尘效率可达 90%～95%，比干式旋风除尘器高得多，器壁磨损也较干式旋风除尘器轻。旋风式洗涤除尘器原理如图 1-50 所示。

3. 自激喷雾除尘器

自激喷雾除尘器是依靠气流自身的动能，冲击液体表面激起水滴和水花的除尘器。其原理如图 1-51 所示，自激喷雾的优点是含尘浓度高时能维持高的气流量，液气比小（一般低于 0.3L/m³），压力损失范围为 500～4000Pa。颗粒的捕集机理主要是颗粒与液体表面和雾化液滴之间的惯性碰撞，液滴的大小和除尘器内的液气比取决于除尘器的结构和气流流速，切割直径变化范围从低速气流冲击的几微米到高速气流冲击的十分之几微米。在这类除尘器中，液体的流动是由气体诱导的，供水主要用于补充水和清洗水。自激喷雾除尘器内的固体容易在底部和器壁上沉积，一般需要性能良好的雾沫分离装置。

图 1-50　旋风式洗涤除尘器原理

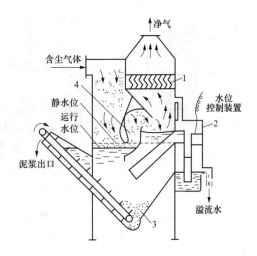

图 1-51　自激喷雾除尘器工作原理
1—挡水板；2—溢流箱；3—泥浆；4—S 形通道

4. 泡沫除尘器

泡沫除尘是利用除尘水管和压风管路，在水管中加入一定量的添加剂，通过专用的发泡装置，引入压风，产生高倍数泡沫，通过喷嘴喷洒至尘源。泡沫通过良好的覆盖、湿润和黏附等方式作用于粉尘，从根本上防止粉尘的扩散，有效地降低空气中粉尘浓度，原理如图 1-52 所示。该技术与其他湿式喷淋相比，用水量可减少 30%～80%，效率比喷雾洒水高 3～5 倍。

5. 填料床除尘器

填充床洗涤器又称填料塔，是常用的塔设备之一，内装填充物（即填料），以增加两流体之间的接触面积。填料床结构形式多种多样，有立式和卧式，并流、逆流和错流，单层填料和多层填料之分，填料床可以是固定床、移动床和流化床，原理如图 1-53 所示。

在逆流操作的填充塔内，正常情况下气相是连续相，液相是分散于填料表面上的分散相。

41

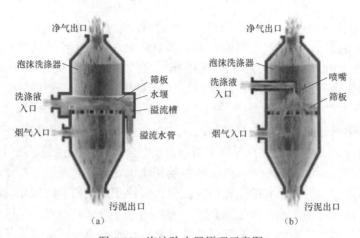

图 1-52　泡沫除尘器原理示意图

（a）有溢流泡沫洗涤器；（b）无溢流泡沫洗涤器

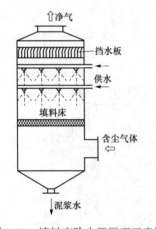

图 1-53　填料床除尘器原理示意图

填料塔广泛用于气体除尘、气体吸收或其他传质过程以及气流和液流之间的化学反应过程。当用于气体除尘时，含尘气流由下向上通过填料层，尘粒撞上湿填料表面即被俘获除去。这种除尘器可除去粒径 3μm 以上的尘粒，除尘效率为 90%。气体通过填充层的压降与填料的种类和堆放方式有关，且随气液相的流速而变化，气流压力损失 150～500Pa。在使用过程中填料容易堵塞，需定期清洗排堵。当使用塑料填料时，温度适用范围特别重要；对于金属填料，腐蚀可能造成严重后果。

6.　文丘里洗涤除尘器

文丘里洗涤器又称文丘里管除尘器，由文丘里管凝聚器和除雾器组成。除尘过程可分为雾化、凝聚和除雾三个阶段，前二阶段在文丘里管内进行，后一阶段在除雾器内完成。

当尘粒和水滴在移动的气体流中混合进入收缩段时，横断面积减小从而气体的流动速度增加，相对较大的液滴需要一些时间加速，而小的颗粒不需要（根据物质的相对惯性）时间便能加速，因此在这一阶段，粉尘颗粒将由于惯性冲撞与移动较慢的水滴发生撞击。混合物接着经过喉道进入扩散段。和在收缩段的过程相反，随着横断面积的增加，气体流速减慢，小颗粒运动速度也随之减慢。液滴则由于较大的质量和惯性会保持较高的速度并且赶上并撞击粉尘颗粒。这种收缩喉管和发散段的设计通常称为除尘器的文丘里管段或者接触器段。文丘里洗涤除尘器原理示意图如图 1-54 所示。

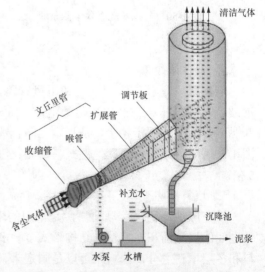

图 1-54　文丘里洗涤除尘器原理示意图

7. 机械诱导喷雾除尘器

机械诱导喷雾除尘类似于自激喷雾除尘器,在依靠气流自身的动能,冲击液体表面激起水滴和水花的同时,伴以机械诱导水滴、水花的除尘器。

第二节 除尘技术应用现状

一、电除尘器应用现状

电除尘器以烟气处理量大、运行可靠、运行维护简单、检修费用低、设备阻力小、除尘效率高、适用温度高等诸多优点,广泛地在锅炉烟气处理领域得到应用。电除尘效率和出口烟尘浓度易受煤种、飞灰、烟气等变化的影响,因此如何适应这些参数变化,合理地保持电除尘器电晕功率是保证电除尘器安全、稳定运行的重要因素。长久以来,通过优化工况条件,改变除尘工艺路线,在解决反电晕和二次扬尘等方面开展了大量研究,开发出了大批高效的新型电除尘技术,使电除尘技术适应范围显著扩大、除尘效率持续提高。以超低排放技术为核心的烟气治理技术呈现多元化发展的趋势,国内自主研发的低低温电除尘技术、湿式电除尘技术、旋转电极技术、高频电源技术、三相电源技术等都已越来越成熟;粉尘凝聚、烟气调质、隔离振打、分区断电振打等技术措施也得到了广泛应用;国产化的脉冲电源技术、超净复合电袋除尘技术等也日趋完善。

(一)低低温电除尘技术

低低温电除尘技术是通过热回收器降低电除尘器入口烟气温度至酸露点以下,使烟气中的大部分 SO_3 在热回收器中冷凝成硫酸雾并黏附在粉尘表面,使粉尘性质发生了很大变化,降低粉尘比电阻,避免反电晕现象;同时烟气温度的降低,使烟气流量减小,并有效提高电场运行时的击穿电压,从而大幅提高除尘效率。低低温电除尘技术可消除烟气中大部分的 SO_3。

低低温电除尘技术除了上述优点外,也存在一些缺点。比如粉尘比电阻的降低会削弱捕集到阳极板上粉尘的静电黏附力,从而导致二次扬尘现象比低温电除尘器适当增加,但在采取相应措施后,二次扬尘现象能得到很好地控制。

低低温电除尘器在超低排放治理工艺流程中的作用如图 1-55 所示,在"超低排放"以及 $PM_{2.5}$ 排放控制的要求下,低低温电除尘技术已取得了成功地应用,不但实现了 $20mg/m^3$ 以下的出口烟尘浓度,还通过烟气余热回收利用,使供电煤耗降低超过 1.5g/kWh,达到了节能减排的双重目的。同时在烟气脱硫、烟气脱除有色烟羽以及湿式电除尘器协同作用的基础上,可实现 $1\sim10mg/m^3$ 的超低排放目标。

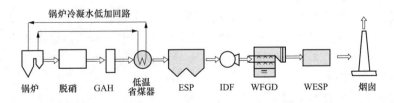

图 1-55 低低温电除尘器在超低排放治理工艺流程中的作用

（二）湿式电除尘技术

湿式电除尘器按阳极板的结构特征可分为板式湿式电除尘器和管式湿式电除尘器。

湿式电除尘器与干式电除尘器除尘原理相同，都经历了电离、荷电、收集和清灰四个阶段。与干式电除尘器不同的是，板式湿式电除尘器采用液体冲洗阳极表面来进行清灰，管式湿式电除尘器采用液膜自流并辅以间断喷淋实现阳极和阴极部件的清灰。在湿式电除尘器里，水雾使粉尘凝并，荷电后一起被收集，收集到极板上的水滴形成水膜，可以使极板保持洁净。其性能不受煤灰性质影响，没有二次扬尘，没有运动部件，因此运行稳定可靠，除尘效率高。此外，湿式电除尘器对 SO_3、$PM_{2.5}$、重金属（Hg、As、Se、Pb、Cr）、有机污染物（多环芳烃、二噁英）、细微颗粒物等有很好的脱除效果，能够消除湿法脱硫带来的"石膏雨""蓝烟"酸雾等污染问题，还可缓解下游烟道、烟囱的腐蚀，减少防腐成本。

图 1-56 是典型的湿式电除尘器工艺系统的构成。

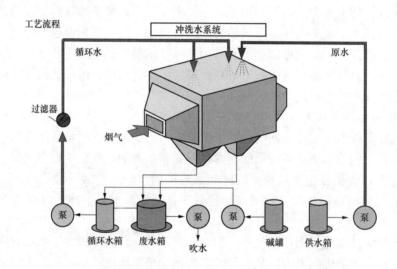

图 1-56　湿式电除尘技术示意图

湿式电除尘器出口颗粒物排放浓度可控制在 5mg/m³ 以内，对于立式管式湿式电除尘器甚至可以控制在 2mg/m³ 以内，且收尘性能与粉尘特性无关。湿式电除尘器适用于含湿烟气的处理，尤其适用于电厂、钢厂湿法脱硫之后含尘烟气的处理，但设备投资费用较高，且需与其他除尘设备配套使用，其投资技术经济性和运行成本要从整体上进行评价。

（三）旋转电极式电除尘技术

旋转电极式电除尘收尘机理与常规电除尘相同。旋转电极式电除尘器一般由前级常规电场和末级旋转电极电场组成，旋转电极电场中阳极部分采用回转的阳极板和旋转的清灰刷，附着于回转阳极板上的粉尘在尚未达到形成反电晕的厚度时，就被布置在非电场区的旋转清灰刷彻底清除，原理如图 1-57 所示。

移动电极式电除尘器分为横向（垂直于气流方向）移动板式和顺向（平行于气流方向）移动板式。移动板式电除尘器的主要特征在于其极板可移动、回转，积灰由下部的刮、刷装置清除。

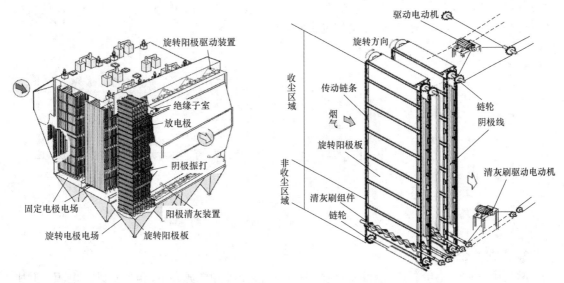

图 1-57 旋转电极式电除尘器示意图

移动电极式电除尘器由于阳极板一直处于旋转状态，因此阳极板能保持永久清洁，避免反电晕，有效解决高比电阻粉尘收尘难的问题。另外，阳极板清灰均在非收尘区域完成，能最大限度地减少二次扬尘，显著降低电除尘器出口粉尘浓度。移动电极式电除尘器可同时减少煤种、飞灰成分对除尘性能影响的敏感性，增加电除尘器对不同煤种的适应性，特别是高比电阻粉尘、黏性粉尘，应用范围比常规电除尘器更广。

移动电极式电除尘器技术有两个方面的问题需要特别关注，一个是清灰刷磨损问题，清灰刷使用寿命存在不确定性；另一个是链轮在多尘环境下易发生卡涩问题，造成内部传动链条寿命的不确定性。

（四）电除尘供电电源新技术

1. 高频电源技术

高频电源已经作为电除尘供电电源的主流产品在工程中广泛应用，产品容量为 32～160kW，电流为 0.4～2.0A，电压为 50～80kV，已形成自主的系列化设计，并在大批百万千瓦等级机组电除尘器中得到应用，我国高频电源总体水平已接近国外先进水平。

传统的由可控硅控制的硅整流设备，工作频率为 50Hz，工作电压波形受到限制，对特殊工况适应性较差。火花熄灭时间长，使电场能量恢复能力较弱；输出电压能力低，为 35%～45%，致使平均电压低电晕功率小；因高比电阻粉尘易产生反电晕现象，因此收尘效率较低；设备功率因数低，电源效率低使得电除尘器耗电量较大、运行费用较高；单相供电会造成负荷经常不平衡，对电网干扰也比较严重。

由高频开关技术工作的新型电源，是与电网频率无关的高频开关式一体化电源，提供接近纯直流脉冲电压波形，工况适应性好，提高了除尘效率。高频电源输出电压接近工频电源电压峰值，与工频电源相比，输出电压可达工频电源的 1.3 倍，输出电流可达工频电源的 2 倍，设备效率与功率因数均达到 0.9 以上。而且高频电源采用三相电源，负载平衡等多项显著优点，不仅大大提高了电除尘器配套电源产品的整体控制水平，而且极大地拓展了电除尘器的适应范围，同等除尘效率条件下高频电源比工频电源节能 20% 以上。高频电源较传统工频电源可以大幅度降低转换过程中的无功功率，在输入功率相同的情况下，高频电源的转换效率更高。图 1-58 为一种典型的高频电源原理图。

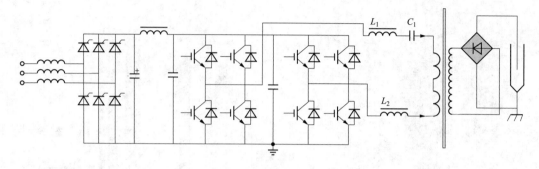

图 1-58　一种典型的高频电源原理图

2. 脉冲电源技术

除尘用脉冲供电电源，按脉冲宽度分为 ns 级的短脉冲电源和 μs 级的长脉冲电源，其中长脉冲电源的脉冲宽度一般小于 100μs。脉冲供电与传统直流供电（工频、三相、高频等）的主要区别在于：脉冲供电是在传统供电产生的基础电压上再叠加可调频率的脉冲电压，且脉冲电压时间极短。

电除尘器脉冲电源原理图如图 1-59 所示，通过低压侧开关 K_p 的闭合，在储能电容 C_s、脉冲变压器 T_p、隔离电容 C_i 以及电场 ESP 上共同形成 LC 震荡回路，从而在基础电压 U_{dc} 的上形成高压脉冲波形。常规工频电源电压上升时间达 5～20ms，高频电源依据不同电源和电场规格的电压上升时间也达 2～10ms，而脉冲电源提供的脉冲电压宽度一般小于 100μs，其电压上升时间也小于 50μs。

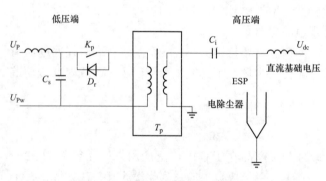

图 1-59　电除尘器脉冲电源原理图

粉尘粒子荷电的过程，按其机理分为电场荷电和扩散荷电两类。通常来讲对于直径大于 0.5μm 颗粒，电场荷电占主导地位；粒径介于 0.2～0.5μm 颗粒，两种荷电过程都是主要的；对于直径小于 0.2μm 的颗粒，扩散荷电仍是颗粒荷电的主要途径。

电除尘的脉冲供电方式一方面能产生大量的高能等离子团帮助粉尘实现更高的扩散荷电；另一方面产生更高的峰值电压帮助粉尘实现更高的电场荷电。由于电除尘器的除尘效率和粉尘粒子驱进速度有直接的关系，粉尘粒子驱进速度正比于粉尘荷电电场强度，粉尘粒子驱进速度越大，粉尘荷电越强，除尘器也就有更高的除尘效率。

另外，对于传统直流电源供电的大型电除尘器而言，大部分的粉尘在前两个电场被收集下来，剩下的都是难以收集的细小粉尘，而简单地增加电场强度还是很难使小粒径粉尘荷电。相比而言，使用脉冲供电的电除尘器对小粒径粉尘收集有着先天性的优势，因此脉冲供电技术在传统除尘器上使用具有非常明显的提效效果。

脉冲电源提供很高的峰值电压，幅值较低的基础电压提供维持荷电粉尘向阳极板运动的电压，在节电的基础上，同时具有很好的减排效果。

（五）其他电除尘技术

粉尘凝聚、机电多复式双区电除尘技术、烟气调质、断电振打、关断气流隔离振打等一批新型电除尘技术，已在大型燃煤机组烟气除尘工程中得以应用，并较好地实现了细颗粒物的捕集。此外，这些技术在不同烟气工况条件下的组合应用，也成了我国应用电除尘实现超低排放控制的重要技术手段。

1. 粉尘凝聚技术

常规的除尘技术难以有效控制粒径为 0.1～2.0μm 的一次细粒子和通过气粒转化而成的二次细粒子。电除尘器对于大于 10μm 颗粒的脱除效率非常高，但当颗粒物直径小于 2μm 时，除尘效率便会显著下降。粉尘凝聚技术是利用在含尘气体进入除尘器之前，先对其进行分列荷电处理，使得相邻的烟气粉尘带上正、负不同极性的电荷，然后通过扰流装置的扰流作用，使带异性电荷的不同粒径粉尘有效凝聚，形成大颗粒后进入除尘设备。这一技术克服了电除尘器对 $PM_{2.5}$ 荷电不充分的难题，提高了电除尘器的除尘效率。一种粉尘凝聚技术原理示意图如图 1-60 所示。

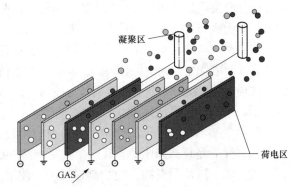

●—荷正电微粒 ◑—荷负电微粒 ○—中性微粒

图 1-60 一种粉尘凝聚技术原理示意图

2. 机电多复式双区电除尘技术

机电多复式双区电除尘技术利用了电除尘器分区供电的特点，采用连续的多个小双区复式配置，同时荷电与收尘采用分电源供电，特别是收尘区，在 400mm 极距的条件下，运行电压约为 80kV，大大强化了收尘效果。在收尘机理方面，前半区进行充分荷电，在阳极板上收集带负离子的粉尘；而后半区的辅助电极和阳极板构成均匀电场，以提高电场强度和击穿电压，此区的电晕电流很小，电流分布十分均匀，所以不易发生反电晕。另外，其在设计上利用辅助电极收集正离子粉尘，使除尘效率进一步提高。该技术还可以通过不同的供电方式（比如采用间歇供电或高频电源），合理调整振打周期及电气参数，使其工作在最佳状态，防止或延缓反电晕现象产生，提高除尘效率。机电多复式板式双区电除尘器技术原理图如图 1-61 所示。

双区电除尘技术还有一种电场小分区技术，该技术是将原一个电场一套电源供电改造为一个电场两套独立电源供电。小分区供电是将一个电场的供电分为独立的两个区域，使各区段的电气运行条件独自最佳化，分别强化荷电和收尘功效，对不同分区进行不同的供电方式，合理调整振打周期及电气参数，使其各自工作在最佳状态，适应不同比电阻的粉尘和变化的工况，从而达

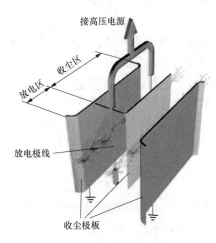

图 1-61 机电多复式板式
双区电除尘器技术原理图

到提高收尘效率和节能的效果。

3. 烟气调质技术

烟气调质技术实际也是具有悠久历史的传统技术。烟气调质是采用调节烟气温度或湿度，或增加其他烟气调质剂以提高颗粒物电导率的方法。通常采用增加气体中的水分，或向烟气中加入少量的某些化学试剂，如 SO_3、NH_3 和 Na_2CO_3 等措施。烟气喷水增湿调质是特别有效的技术，其可获得水分调节和降温的双重作用。许多工业颗粒物在 423～473K 的范围内电导率很低，但在较低或较高的温度下，它们就具有收尘所需的足够比电阻。烟气 SO_3 调质对调整高比电阻粉尘的比电阻具有一定的帮助，但是综合对比来看，其应用的范围并不是很广。

4. 新型振打制度

在电磁振打广泛应用于电除尘器清灰振打以后，由于电磁振打相较于传统机械式振打在控制与振打制度调整方面，具有更大的灵活性，一些新的振打制度和控制方式也随之得到广泛的应用。对于极细及高黏性的粉尘，清灰困难的工况，为了更好地进行振打清灰，发挥电源输入的有效功率，同时起到节电节能的效果，一般振打方式已不能满足上述要求，因此需要对各个电场进行间隔优化的断电振打方式。同样，对于粉尘极细、比电阻高，容易出现反电晕以及振打二次扬尘的工况，关断气流隔离振打技术在抑制二次扬尘，提高除尘效率具有明显的效果。

二、袋式除尘器应用现状

在除尘技术领域，过滤除尘器是目前应用数量最多的除尘器。过滤除尘器应用最广、最具有代表性的是袋式除尘器，其除尘效率高达 99.99%，使用范围广，操作维护容易，且具有压力损失低、过滤负荷高、滤袋磨损较轻、使用寿命长、处理风量大、占地面积小、工作可靠、结构简单等优点。另外，袋式除尘器的适应性强，不受粉尘比电阻的影响，在选取适当的助滤剂条件下，能同时脱除气体中的固、气两类污染物质。

（一）袋式除尘器大型化应用现状

袋式除尘器的设计选型现已由原来的高滤速、高阻力、短寿命转变为高效、低阻、长寿命，追求优良的节能减排综合效应，具体体现在高炉煤气干法除尘、燃煤电厂锅炉烟气除尘、水泥窑头窑尾烟气除尘、垃圾焚烧烟气净化领域的推广应用，并取得了显著成效。

在烟尘排放浓度低于 $10mg/m^3$、系统阻力低于 1000Pa 的烟气治理工程中，袋式除尘器与其他类型除尘器相比，具有明显的技术优势。以往的滤袋寿命、脉冲阀寿命、系统阻力等诸多制约因素，伴随新技术、新材料、新工艺的发展，已经得到很大改善。目前滤袋使用寿命达到 40000h；脉冲阀寿命达到 4 年以上已经是非常普遍的现象，处理烟气量超过 200 万 m^3/h 以上；过滤面积超过数万平方米的大型袋式除尘器已经在钢铁、水泥、电力行业得到广泛应用。袋式除尘器在电力行业应用单机已经突破 1000MW 机组；在水泥行业已经突破单条生产线 12000t/天；在钢铁行业单座高炉炉容已经突破 5000m³。在袋式除尘器大型化发展领域，我国袋式除尘器技术与装备水平处于世界领先地位。

（二）长袋低压脉冲除尘技术的应用现状

为满足大风量烟气净化需要，长袋低压脉冲袋式除尘器是在传统脉冲喷吹除尘技术的基础上发展的。它不但具有比反吹风袋式除尘器清灰能力强、除尘效率高、排放浓度低等优点，还具有稳定可靠、耗气量低、占地面积小的特点，目前，长袋低压脉冲袋式除尘器已在水泥、冶金、石化、建材、粮食、机械、碳黑、电力、垃圾焚烧、工业窑炉等常温或高温含尘气体的净化及粉尘物料回收领域得到广泛应用。

长袋低压脉冲除尘技术是相对于早期滤袋长度不大于 6m 而言的技术，随着滤袋滤料、滤袋缝制工艺、袋笼表面处理工艺、喷吹清灰技术等新技术、新工艺、新材料的发展，滤袋长度大于 6m 的工程应用越来越广泛，至今 8.5m 长度的滤袋在工程应用已经非常成熟。GB/T 6719《袋式除尘器技术要求》以及 HJ/T 327《环境保护产品技术要求　袋式除尘器滤袋》规范中，圆形滤袋长度偏差都已经规范到了 10m 滤袋，在处理大风量烟气净化的实际工程应用中，常用的滤袋长度通常在 6～8.5m 之间。

目前，我国具有自主知识产权的"长袋低压脉冲袋式除尘技术"已成为袋式除尘工程的主导技术，在各工业领域均获得良好效果。关键部件脉冲阀的性能在某些方面已超过国外产品，从而获得了更好的清灰效果，脉冲阀膜片的寿命大幅度延长，使用 3～5 年已是普遍现象。袋式除尘器迅速大型化，钢铁、水泥行业，许多单机的处理烟气量都超过 100 万 m^3/h，过滤面积超过两万 m^2，火电行业的袋式除尘器单机最大处理烟气量超过 300 万 m^3/h，过滤面积在 4 万～5 万 m^2 以上。我国在袋式除尘器大型化的同时注入了新的技术，使袋式除尘器的气流分布、气流组织和结构及安全化等方面都有了显著进步。图 1-62 是大唐某电厂 1000MW 机组配套袋式除尘器，是世界首台应用于百万机组的袋式除尘器。

图 1-62　大唐某电厂 1000MW 机组配套袋式除尘器

（三）褶皱式滤袋除尘技术的应用现状

随着对滤袋结构研究的突破，一种相对于圆形滤袋具有更大的过滤面积的星形滤袋被研发出来，并得到迅速推广应用。褶皱式滤袋及配套袋笼如图 1-63 所示。

早期的褶皱式滤袋因为滤袋结构、滤料材料、袋笼结构、清灰效果和清灰压力的问题，时常存在清灰困难，或者确保清灰后，滤袋寿命又变差的两难困境，同时因为对粉尘黏性、粉尘浓度适应性差的因素，造成褶皱式滤袋存在很大的应用局限性。尽管褶皱式滤袋存在公

图 1-63　褶皱式滤袋及配套袋笼

认的同体积情况下拥有更大过滤面积的优点，但是因为技术的不成熟与不完善，以及价格缺乏市场竞争优势，造成褶皱式滤袋错过了袋式除尘器最好的发展时期。

褶皱式滤袋与滤筒式滤袋一样，通过近年来的技术提高与发展，在工程应用方面也出现了较大变化。通过对滤袋结构、滤料材料、袋笼结构、清灰参数的优化，使褶皱式袋式除尘器逐步解决了应用瓶颈，广泛地应用到了水泥、钢铁、电力等大型化的工业领域。目前，褶皱式袋式除尘器已经是解决传统袋式除尘器对过滤风速高、清灰效果差、滤袋寿命低、运行成本高的方案选择之一。

与普通滤袋袋式除尘器对比，褶皱式袋式除尘器具有：可以增加50%～150%的过滤面积；能够显著降低系统压力差，提高除尘系统整体性能和滤袋寿命；可大幅度降低清灰频率或延长清灰间隔；袋笼没有横向支撑环，且有效接触面积大，完全避免对除尘滤袋的直接冲击；大大降低压缩空气用量和空气压缩机、脉冲阀的负荷等众多优点。

（四）滤筒式除尘技术的应用现状

滤筒式除尘器早在20世纪70年代就已经在日本和欧美一些国家出现，其具有体积小、效率高、投资省、易维护等优点。在滤筒式除尘器出现的很长一段时间内，由于滤筒及设备容量小，难组合成大风量设备，过滤风速偏低，应用范围窄，仅在小型化的仓储设备除尘中得到应用。

近年来，伴随新技术、新材料、新工艺的发展，对滤筒结构和滤料进行发展和改进，使滤筒除尘器解决了难以大型化的瓶颈，逐步广泛地应用到了水泥、钢铁、电力等大型化的工业领域。目前，滤筒式除尘器也已经是解决传统袋式除尘器对超细粉尘收集难、过滤风速高、清灰效果差、滤袋易磨损破漏、运行成本高的方案之一。滤筒结构如图1-64所示。

图1-64　滤筒

与普通滤袋袋式除尘器对比，滤筒式除尘器具有：可增加3～5倍的过滤面积；可减小过滤风速，提高处理烟气量，对锅炉因煤质变化带来的烟气量异常变化具有更好的适用性；可有效地控制烟气阻力波动，降低机组满负荷时烟气阻力或减少喷吹压缩空气动力消耗；滤筒整体作为一个部件，安装、检修、维护方便，安装进度、质量容易控制等诸多优点。

三、电袋复合除尘器应用现状

（一）电袋复合除尘器综述

自 2003 年第一台电袋复合除尘器在我国投入运行以来，全国已有百余台电袋复合除尘器的投运，性能指标均良好。电袋复合除尘器由两个单元组成，即电除尘单元和袋除尘单元，电场区和滤袋区在一个除尘器壳体内紧凑布置，下部设置灰斗，前后端有喇叭形进、出气箱，进气箱内设气流均布装置。一般情况下，电除尘单元布置一个或两个电场。电袋复合除尘器采用常规静电除尘的第一电场作为一级除尘单元，除去烟气中的粗颗粒烟尘，然后利用滤袋作为二级除尘单元除去剩余的微细颗粒。电袋复合除尘器原理示意图如图1-65 所示。

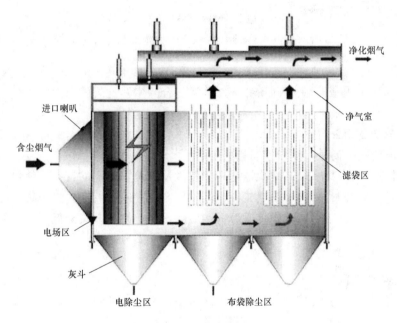

净化烟气

进口喇叭

净气室

含尘烟气

滤袋区

电场区

灰斗

电除尘区　　　　布袋除尘区

图 1-65　电袋复合除尘器原理示意图

电袋除尘技术这种组合式装置综合了传统的静电除尘和袋式除尘技术的优点。电区作为捕集烟气粉尘的前级设备发挥了除尘效率高、能处理高温、大烟气量含尘气体且占地面积小、阻力小等优点。通过电场先将烟气中的大部分粉尘颗粒捕集，由电区出来的高比电阻、细颗粒且难以捕集的烟尘进入袋区。由于粉尘含量已大大减少，袋区的气布比可适当增大，使袋区的尺寸可以设计的比较小，确保了整个除尘系统的除尘效果。

电袋复合除尘器按照袋区的喷吹清灰方式，又可分为旋转喷吹电袋复合除尘器与行喷吹电袋复合除尘器。这两种形式均不受煤种和粉尘的限制，大大提高了对细微粒子的捕集效率，其适应范围广、除尘效率高、处理风量大，可有效地控制 $PM_{2.5}$ 和 PM_{10}，避免可吸入颗粒物对空气的污染；其共同的特点是前面均采用 1～2 个电场预除尘，大大降低后级袋区的过滤面积，从而降低了除尘器的成本。行喷吹电袋复合除尘器与旋转喷吹电袋复合除尘器示意图如图 1-66 所示。

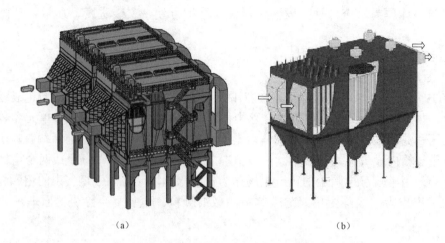

（a）   （b）

图 1-66 行喷吹与旋转喷吹电袋复合除尘器结构示意图

（a）行喷吹电袋复合除尘器；（b）旋转喷吹电袋复合除尘器

袋式除尘器的过滤风速通常在 1m/min 左右，而电袋复合除尘器袋区的过滤风速可在 1～1.3m/min，甚至可以更高。在相同条件下，电袋复合除尘器滤袋的总面积比袋式除尘器滤袋的总面积可减少约 20%。

（二）电袋复合除尘器的特点

1. 粉尘净化效率高，不受粉尘特性的影响

电袋复合除尘器发挥了袋式除尘器对粉尘特性适应范围广泛的特点，使粉尘特性不再成为制约除尘器效率的因素。含尘烟气先经电区除去 85% 左右的粉尘，再由袋区除去烟气中残余的微细粉尘，即弥补了电除尘器除微细粉尘效果不高的缺陷，又降低了袋区的压力，提高了粉尘的净化效率。

2. 运行阻力低

电袋复合除尘器的袋除尘单元负荷低，压力损失小，因而可以选择较长的清灰周期和较低的喷吹压力，延长了滤袋的寿命。虽然电区本身也有一定的阻力，但经过电区对粉尘气体的处理，收集了烟尘中的大部分粉尘，袋区的粉尘负荷显著下降。

3. 滤袋的清灰频率降低，节省清灰能耗，提高滤袋使用寿命

电区去除了大部分粉尘，大大降低滤袋的阻力，降低清灰频率；进入袋区的原始粉尘浓度很小，这大大地延长了清灰周期，压缩空气耗量降低，延长了布袋的使用寿命；再因在电区被荷电的烟气粉尘带上同极电荷而产生相互斥力，使在滤袋上形成的粉尘层孔隙率高、透气性好、易于剥落，可延长滤袋的清灰周期，节省了能耗，降低了滤袋的消耗。

4. 结构紧凑，占地面积小

与袋式除尘器相比，电区除去了大部分的粉尘，大幅降低了滤袋负荷，因而可以选择较高的过滤风速，所需滤袋数量少，结构紧凑，占地面积减少。同时，可以选择较大的滤袋间距，解决了脉冲袋式除尘器因滤袋较密而在清灰时引起二次扬尘和再收集问题。

（三）电袋复合除尘器工程应用情况

电袋复合除尘器在国内研制并推广应用成功以来，产品历经十多年的持续优化和完善，已在电力、冶金、建材、轻工、化工等行业得到广泛应用，同时因国内自主技术的领先优势，

电袋复合除尘器也迅速走出国门，销往土耳其、哥伦比亚、秘鲁、印度等国家。据初步统计，目前国内外运行的电袋复合除尘器已经突破 400 多台。截至 2018 年电袋复合除尘器在大型燃煤电厂应用中，1000MW 机组达到 2 台，600MW 机组已经超过 20 多台，在世界首台 1000MW 机组配套电袋复合除尘器项目中，河南某电厂二期工程电袋复合除尘器取得出口排放浓度 $26mg/m^3$（标准状态）、满负荷运行阻力小于 1100Pa、捕集 $PM_{2.5}$ 的效率达到 99.89%的优良效果。

四、主要除尘设备的占有比例

截至 2016 年年底，火电厂安装电除尘器的机组容量约 9.4 亿 kW，占全国煤电机组容量的约 68.3%。安装湿式电除尘器和低（低）温电除尘器的机组容量超过 1.69 亿 kW，占全国煤电机组容量的 18.0%以上。其中，湿式电除尘器机组容量约 0.85 亿 kW，占全国煤电机组容量的 9.0%；低（低）温电除尘器机组容量约 0.85 亿 kW，占全国燃煤机组容量的 9.0%。

火电厂安装袋式除尘器、电袋复合除尘器的机组容量超过 2.97 亿 kW，占全国煤电机组容量的 31.6%以上。其中，袋式除尘器机组容量约 0.79 亿 kW，占全国煤电机组容量的 8.4%；电袋复合除尘器机组容量超过 2.19 亿 kW，占全国燃煤机组容量的 23.3%。

图 1-67　新密电厂 1000MW 机组电袋复合除尘器

整体来看，袋式除尘器的使用台数比例占整个除尘设备使用数量的 60%以上，部分行业袋式除尘器使用比例达到 90%以上。水泥行业通过结构调整，袋式除尘器使用比例已达到 80%左右。目前，新型干法水泥生产线基本都采用袋式除尘器，老生产工艺线电除尘器改造为袋式除尘器的数量逐年增加；钢铁、有色行业袋式除尘器的使用比例也在逐年提高，已达到 90%左右；电力行业袋式器的应用比例已达到将近 40%；城市生活垃圾焚烧发电行业和固废、危废和医疗废物焚烧，由于 GB 18484《危险废物焚烧污染控制标准》、GB 18485《生活垃圾焚烧污染控制标准》的规定，在建和已经建成投产项目企业袋式除尘器的使用比例达到 100%。

第三节　除尘技术发展趋势

在除尘技术发展应用过程中，不断涌现的除尘新技术，给那些包含新技术的除尘器赋予了市场生命力，在国家标准、规范以及产业政策不断提升的大环境下，"适者生存"法则恰恰体现在新技术领域。比如滤料的进步，推动了 21 世纪初袋式除尘器在电力、冶金、水泥等领域得到推广应用，同时也催生了后续的电袋复合除尘器的发展。比如"超低排放"技术的竞争，加快了低低温电除尘、湿式电除尘、移动电极式电除尘、新型高压电源及控制、超净滤袋除尘等技术发展。此外，"节能降耗、绿色发展"的理念，又造就了节能闭环控制、断电振打控制、反电晕控制、隔离清灰、烟气反吹等众多节能措施。科学技术没有止境，科技创新也没有止境。

一、高温及超高温除尘器

早期对于不同的除尘技术，在从使用温度上进行划分分类时并没有统一的标准，随着技术的进步与发展，目前行业内基本存在的一种共识认为 $5 \leqslant T \leqslant 250℃$ 属于正常温度除尘器；$250 < T \leqslant 450℃$ 属于高温除尘器；$> 450℃$ 以上的属于超高温除尘器。

高温或者超高温气体除尘技术是在高温或者超高温条件下实现气体的除尘和净化，其突出优点是可以最大程度地利用气体的物理显热，提高能源利用率，实现高温条件下过程强化反应，实现气体的洁净排放，同时可以简化工艺过程，节省工艺设备投资。目前高温或者超高温气体除尘技术主要在冶金、建材、化工领域进行很有限的应用，且处理大烟气量的应用非常罕见，在火力发电领域的应用基本为零。以火力发电烟气在 $250 < T \leqslant 450℃$ 区域来看，除尘、脱硝结合的研究具有重要意义。另外，高温除尘技术在垃圾焚烧炉高温气体净化，生物质能源高温气体净化等方面都有广阔的应用前景

美国、德国、日本等国家将电除尘器用于高温除尘进行了探索，目前，已有达到在 $650 \sim 790℃$、$570kPa$ 下运行 $100h$ 的实验记录，除尘效率可达到 $95\% \sim 99.5\%$。但存在电晕放电不稳定、电极寿命短、对烟气成分敏感、高温绝缘等问题，短时间内，很难突破。

耐高温刚性陶瓷过滤有两种方式：一种是交叉流式过滤器，最早由美国西屋公司开发；另一种是烛状管式过滤器，最早由德国 schumacher 公司开发。交叉流式过滤器在 $800℃$、$2.0MPa$ 下通过了中试，连续实验 $50h$，除尘效率超过 99.9%；烛状管式过滤器也在 $860℃$、$1.05MPa$ 下进行了中试，除尘效率达到 $99.4\% \sim 99.7\%$。刚性陶瓷过滤的主要问题是：在温度高于 $500℃$ 时，陶瓷表面与烟气颗粒发生反应，长时间运行效率低，不易清灰，存在永久性失效问题，特别是反复反吹清灰造成的热冲击和机械冲击使陶瓷管易脆裂，管子与管板间密封失效等问题，这些问题使其进入工业化还有很大距离。已研究或正在研究的高温过滤除尘技术还有陶瓷织状过滤器、陶瓷纤维过滤器、金属毡过滤器、烧结金属网管过滤器、太棉过滤器等，这些除尘器的过滤效率都能达到 99% 以上，但都存在各自的问题，如强度问题、永久性堵塞失效问题、成本问题等。

综上所述，高温除尘技术是国际性难题，高效实用的高温除尘设备在国内外还是空白。

二、高浓度粉尘除尘器

在标准状态下，燃煤尾气的含尘浓度一般在 $50g/m^3$ 以下，干法水泥生产线窑尾烟气含尘浓度不超过 $80g/m^3$，工业窑炉尾气含尘浓度均低于 $100g/m^3$，通常将含尘浓度高于 $100g/m^3$ 的烟气称为高浓度烟气，由此对应的除尘器也称为高浓度除尘器。

现代先进的水泥生产工艺则将生料粉全部经电除尘收集后再送去预热、分解和煅烧，其烟气含尘浓度可达 $500 \sim 1000g/m^3$（标准状态下）。循环流化床干法脱硫技术为获得很高的脱硫效率，要求 CaO、$Ca(OH)_2$ 通过多次循环与烟气充分接触以提高脱硫效率、降低钙硫比，脱硫塔内的烟气含粉浓度在 $1000g/m^3$ 以上，而进入除尘器的含尘浓度也可达 $600 \sim 1000g/m^3$。

高浓度的含尘烟气对于电除尘器来讲，将产生电晕封闭，造成电除尘器全部或部分失去除尘效果。高浓度的含尘烟气对于袋式除尘器将造成压力损失增加、清灰频次加快、在粉尘强磨蚀性的作用下，滤袋和除尘器箱体的磨损加快。以往处理高浓度的含尘烟气的经验基本都是电除尘或袋除尘前增加预除尘的方式，让进入电除尘或袋除尘的烟气含尘量尽可能地降到合适的范围，直接研发出可适应高浓度含尘烟气的除尘器，可节省预除尘所占用的空间和

费用。

三、电除尘新技术发展趋势

1. 泛比电阻电除尘器技术

泛比电阻电除尘器技术是在常规电除尘器的阴极框架上添加辅助电极，阳极采用轻型极板，板面平行于气流且在垂直于气流方向上交错布置。一方面提高工作电压，增强粉尘的荷电效果；另一方面减小收尘辅助极与阳极的间距，提高平均收尘电场强度。这种结构形式能有效地抑制粉尘的二次飞扬，提高对低比电阻粉尘和微细粉尘的适应性，满足日益严格的环保要求。

2. 凝聚技术

凝聚技术是近年来出现的除去烟气中微细粒子、改善除尘性能的有效措施。该技术是在除尘器前进口烟道处安装凝聚器，凝聚器是高速烟气进入除尘器前的预处理装置。凝聚器包括一组正负极相间的平行通道。当烟气和灰尘通过时，分别获得正电荷或者负电荷，不同通道的烟气进入除尘器时混合在一起，气体中荷正电的细粒子与从相邻负极性通道流出的荷负电的粗粒子混合，同时，荷负电的细粒子与荷正电的粗粒子混合，从而减少细粒子的数量，形成粒径大于 $10\mu m$ 的较易除去的灰尘粒子，提高除尘效率。

层流电凝聚技术是采用呈层流状态的烟气流速，其收尘效率与收尘极板面积成正比，收集于收尘极板上的粉尘不会因为烟气的流通而返混到烟气中，且其中的微细粉尘颗粒也会相互碰撞、浓缩凝聚"长大"，进一步减少二次飞扬的程度，故收尘效率大大提高。在具体结构上，传统电除尘器的设计是尽量采用大的极间距以求得高的驱进速度，而层流电凝聚技术采用比较小的极间距（100mm），且极板表面平整光洁，使气流保持层流状态，提高除尘效率。

3. 极板表面改性技术

众多电除尘器运行实践呈现出一个非常明显的特征：电除尘器在刚投入使用的一两年里，除尘效果很好，除尘效率可达99%以上，但随着运行时间的延长，除尘效果逐渐下降。电除尘器在很多运行工况条件下，烟气和粉尘往往引起收尘极板的腐蚀，极板表面形成附着牢固的"尘锈复合层"，复合层粗糙的表面形态进一步加剧了振打清灰的难度。已有实验表明，陈旧极板表面的"尘锈复合层"对粉尘的收集效果具有负面影响。寻求极板表面改性技术、防止极板腐蚀、保持极板良好的导电性和清灰效果、防止电除尘器长期运行收尘效果下降，也是电除尘技术面临的新课题。

4. 粉尘强制收集技术

Cooperman 在 1970 年就指出，在电除尘器横断面存在粉尘质量浓度梯度。目前，国内已有相关学者通过建立电场粉尘传输数学模型和对实测断面粉尘浓度分布曲线进行回归，分别得到了理论和实际电场粉尘浓度分布公式。结果表明，电场中粉尘浓度分布与断面位置有关。电场中每个断面上从电晕线到收尘极板质量浓度逐渐提高，贴近极板表面粉尘浓度最高。如何将贴近极板表面的高浓度气流中的粉尘以及由极板振打清灰造成的二次飞扬粉尘加以有效收集，即发明出切实可行的粉尘强制收集技术，对有效降低粉尘的穿透率可以起到立竿见影的效果，可能是电除尘技术实现突破的最具现实的问题。

四、袋式除尘新技术发展趋势

（一）超长滤袋袋式除尘器

超长滤袋袋式除尘器是袋式除尘器行业的发展方向。目前，8m 长滤袋袋式除尘器已在袋式除尘器中大量运用，10m 或更长滤袋的袋式除尘器在技术上已被证明可靠而有效，其一定会在企业今后的扩产改造项目中越来越多地被采用。袋式除尘器制造企业也将在保证超长袋笼的垂直度、花板的平整度、喷吹管与花板孔的对中程度、喷吹管各喷孔（嘴）气量均匀度、脉冲阀的喷吹能力等方面不断进步，提升装备水平和制造技术。

（二）滤料技术研究与发展

袋式除尘新技术主要在于滤袋的工艺和材料方面。无论金属的，还是非金属的，经济效益好、工艺性能高的超细微粒捕集滤料、承受超高压的滤料、耐超高温的滤料、分解强毒性物质的滤料以及具有催化还原/氧化功能的滤料，这些都将是袋式除尘器滤料的重要研究方向。同时，不仅仅要针对尘气条件的高温、高浓度、高湿、强腐蚀及多变的特点，还要顾及过滤功能从单纯除尘扩展到细颗粒物除尘、有害气体净化一体化处理，这些都对除尘滤料的功能、品种、质量提出了更高的要求。

五、除尘技术及应用的绿色发展

（一）绿色发展指数

随着环境问题的日益突出，绿色设计越来越引起了人们的重视，已成为一种逐渐成熟的评价体系，并且是贯穿于设计制造、建设施工、使用维护的评价方法。

我国绿色发展指标体系采用综合指数法进行测算，"十三五"期间，以 2015 年为基期，结合"十三五"规划纲要和相关部门规划目标，测算全国及各地区绿色发展指数和资源利用指数、环境治理指数、环境质量指数、生态保护指数、增长质量指数、绿色生活指数 6 个分类指数。绿色发展指数由除"公众满意程度"之外的 55 个指标个体指数加权平均计算而成。

计算公式为

$$Z = \sum_{i=1}^{N} W_i Y_i (N = 1, 2, \cdots, 55) \tag{1-44}$$

式中　Z ——绿色发展指数；

　　　Y_i ——指标的个体指数；

　　　N ——指标个数；

　　　W ——指标 Y_i 的权数。

绿色发展指标按评价作用分为正向和逆向指标，按指标数据性质分为绝对数和相对数指标，需对各个指标进行无量纲化处理。具体处理方法是将绝对数指标转化成相对数指标，将逆向指标转化成正向指标，将总量控制指标转化成年度增长控制指标，然后再计算个体指数。

按照绿色产品标准、认证、标识体系的意见，将现有环保、节能、节水、循环、低碳、再生、有机等产品整合为绿色产品，到 2020 年，初步建立系统科学、开放融合、指标先进、权威统一的绿色产品标准、认证、标识体系，健全法律法规和配套政策，实现一类产品、一个标准、一个清单、一次认证、一个标识的体系整合目标。

根据绿色发展规划、体系要求，各类除尘器在节能、节水、节地、节材、降噪等领域的评价，未来将是一项重要的内容。

（二）绿色设计

绿色设计也称为生态设计，是在产品整个生命周期内，着重考虑产品环境属性，如可拆卸性、可回收性、可维护性、可重复利用性等，并将其作为设计目标，在满足环境目标要求的同时，保证产品应有的功能、使用寿命、质量等要求。绿色设计的原则被公认为"3R"的原则，即减少环境污染、减小能源消耗，产品和零部件的回收再生循环或者重新利用。

借助产品生命周期中与产品相关的技术信息、环境协调性信息、经济信息等各类信息，利用并行设计等各种先进的设计理论，使设计出的产品具有先进的技术性、良好的环境协调性以及合理的经济性。绿色设计着眼于人与自然的生态平衡关系，在设计过程的每一个决策中都充分考虑到环境效益，尽量减少对环境的破坏。对工业设计而言，绿色设计不仅要尽量减少物质和能源的消耗、减少有害物质的排放，而且要使产品及零部件能够方便地分类回收并再生循环或重新利用。绿色设计不仅是一种技术层面的考量，更重要的是一种观念上的变革，要求设计师放弃那种过分强调产品在外观上标新立异的做法，而将重点放在真正意义上的创新上面，以一种更为负责的方法去创造产品的形态，用更简洁、长久的造型使产品尽可能地延长其使用寿命。

绿色设计中很重要的一点是节能降耗的设计，减少能源需求，可以通过减少实际应用能源消耗和减少待机能源消耗来实现。设计师需要合理的设计产品结构、功能、工艺或利用新技术、新理论，使产品在使用过程中消耗能量最少、能量损失最少。因此，在产品的设计阶段，对其使用造成的能源消耗问题应给予足够的重视。

（三）绿色建造

绿色建造是指工程建设实现绿色、循环、低碳发展。绿色建造在保证质量、安全等基本要求的前提下，通过科学管理和技术进步，最大限度地节约资源与减少对环境负面影响的施工活动，实现节能、节地、节水、节材和环境保护的"四节一环保"目的。

绿色施工作为建筑全寿命周期中的一个重要阶段，是实现建筑领域资源节约和节能减排的关键环节。绿色施工是指工程建设中，在保证质量、安全等基本要求的前提下，通过科学管理和技术进步，最大限度地节约资源并减少对环境负面影响的施工活动，实现节能、节地、节水、节材和环境保护。实施绿色施工，应依据因地制宜的原则，贯彻执行国家、行业和地方相关的技术经济政策。绿色施工涉及可持续发展的各个方面，如生态与环境保护、资源与能源利用、社会与经济的发展等内容。

节约资源，减少资源的消耗，提高效益，保护环境是可持续发展的基本观点。除尘器施工中资源的节约主要有以下几方面内容：

（1）水资源的节约利用。通过监测水资源的使用，安装小流量的设备和器具，在可能的场所重新利用雨水或施工废水等措施来减少施工期间的用水量，降低用水费用。

（2）节约电能。通过监测利用率，安装节能灯具和设备，利用声光传感器控制照明灯具，采用节电型施工机械，合理安排施工时间等降低用电量，节约电能。

（3）减少材料的损耗。通过更仔细的采购，合理的现场保管，减少材料的搬运次数，减少包装，完善操作工艺，增加摊销材料的周转次数等降低材料在使用中的消耗，提高材料的使用效率。

（4）可回收资源的利用。可回收资源的利用是节约资源的主要手段，也是当前应加强的方向。主要体现在两个方面，一是使用可再生的或含有可再生成分的产品和材料，这有助于将可回收部分从废弃物中分离出来，同时减少了原始材料的使用，即减少了自然资源的消耗；二是加大资源和材料的回收利用、循环利用，如在施工现场建立废物回收系统，再回收或重复利用在拆除时得到的材料，这可减少施工中材料的消耗量或通过销售来增加企业的收入，也可降低企业运输或填埋垃圾的费用。

实施绿色施工，必须要实施科学管理，提高企业管理水平，使企业从被动地适应转变为主动的响应，使企业实施绿色施工制度化、规范化。这将充分发挥绿色施工对促进可持续发展的作用，增加绿色施工的经济性效果，增加承包商采用绿色施工的积极性。企业通过ISO14001认证是提高企业管理水平，实施科学管理的有效途径。

（四）除尘器设备的绿色维护

绿色维护是综合考虑环境影响和资源利用效率的现代维护模式，其目标是除达到保持和恢复产品规定状态外，还应满足可持续发展的要求，即在维护过程及产品维修后直至产品报废处理这一段时期内，最大限度地使产品保持和恢复原来规定的状态，又要使维护废弃物和有害排放物最小，既对环境的污染最小，还要使资源利用效率最高。

绿色维修是利用报废装备的零部件，以现代化的生产方式，采用高新表面喷涂技术及其修磨加工技术，使零部件恢复尺寸、形状和性能，形成再制造产品的一种维修理念，也称为绿色再制造。绿色维修以优质、高效、节能、节材、环保为主要目标，它能使机械寿命周期管理的过程由到报废截止而扩展到报废后的再生利

实施绿色维护必须把环保意识贯穿于整个维护与检修工作中，其主要策略有：

1. 在产品设计中贯彻绿色维护

在材料的选择上，尽量减少材料使用量，减少使用材料的种类，特别是有毒、有害材料，并注意材料的可回收性。在结构设计上尽量简单，采用新型连接；对流程工业中的管线结构，采用快拆性设计。进行产品的可靠性研究，在权衡产品的整个寿命周期总成本的情况下，推广绿色维修设计。

2. 在制造过程中贯穿绿色维护

在制造方法上充分考虑到采用修旧利废的再制造工程。再制造工程是解决发展生产和保护环境、节省资源这一矛盾的途径之一，是一项符合国家可持续发展战略的"绿色维修"工程，具有巨大的经济和社会效益。

3. 在维修过程中做到绿色维修

修前阶段，进行设备状态监测与故障诊断的研究，实行状态维修，延长大修时间间隔。修理阶段，采用新工艺、新技术，提高维修效率，采取环保设施和手段降低维修过程中有害废物的排放，并进行适当处理。修后阶段，搞好维修现场环境。

绿色维护兼顾经济效益和环境效益，最大限度地减少原材料和能源的消耗，降低成本，提高效益，对环境和人类危害最小，对生产全过程进行科学的改革和严格的绿色管理，使维护检修过程中排放的污染达到最小，鼓励使用环境无害化的产品，使环境危害大大减轻。所以绿色维护方式可以实现资源的可持续利用，在维护检修过程中可以控制大部分污染，减少污染来源，具有很高的环境效益，同时绿色维护可以在技术改造和结构调整方面大有作为，能够创造显著的经济效益。所以，无论从经济角度还是从环境和社会角度来看，均是符合可持续发展战略的。绿色维护是一个涉及多方面的综合体系，推行绿色维护是符合可持续发展思想的，绿色维护是可持续发展和清洁生产在维护检修行业中的具体体现，是现代维护业的可持续发展模式。

含尘气体特征

第一节 气体空气动力理论

悬浮于气体中的固体和液体颗粒物称为气溶胶粒子，国内习惯上统称粉尘。除尘技术是空气污染控制领域的一个重要组成部分。它的基础理论是空气动力学和气溶胶力学。因此，了解与除尘技术相关的空气动力学基础知识是必要的。

一、气体的物理性质

（一）气体的密度和质量体积

气体的密度是指在规定温度下单位体积气体的质量，其数学表达式为

$$\rho = \frac{m}{V} \qquad (2-1)$$

式中　m——气体质量，kg；

　　　V——气体体积，m^3。

单位质量体积为密度的倒数，即气体的比体积，其数字表达式为

$$V = \frac{1}{\rho} \qquad (2-2)$$

（二）气体的体积、压力和温度

气体的物理状态取决于气体的体积 V、压力 p 及温度 T。其中任意两个量发生变化将会引起第 3 个量的变化。气体状态参数的关系可通过状态方程来确定，即

$$\frac{pV}{T} = \frac{p_0 V_0}{T_0} = 常数 \qquad (2-3)$$

式中　V_0、p_0 和 T_0——分别为标准状态下气体的体积、压力和温度。

式（2-3）还可写成

$$\frac{pV}{T} = Rm \ 或 \ \rho = \frac{p}{RT} \qquad (2-4)$$

式中　R——气体常数，J/（kg·K）；

　　　m——气体的质量，kg。

式（2-4）表明：知道气体常数、压力及温度即可算出密度。

在气体净化中，常用标准状态进行计算。所谓标准状态，即：温度 $T_0 = 273K$，压力 $p_0 = 1$ 个标准大气压 $= 1.013 \times 10^5 Pa$。

标准状态下气体的密度为

$$\rho_0 = \frac{p_0}{RT_0} = \frac{371.0623}{R} \qquad (2-5)$$

在温度和压力相同的条件下，不同气体在相同容积中所包含的分子数目相同。在标准状态下，1mol（摩尔）任何气体的体积均相同，它等于 $22.41 \times 10^3 \mathrm{m}^3$。

如某气体的摩尔质量为 M_0，质量为 m，则摩尔数 n 为

$$n = \frac{m}{M_0} \qquad (2-6)$$

该气体在标准状态下的体积为

$$V_0 = 22.41 \times 10^{-3} \frac{m}{M_0} \qquad (2-7)$$

密度为

$$\rho_0 = \frac{M_0}{22.41} \times 10^3 \qquad (2-8)$$

已知气体常数或气体的摩尔质量，便可由式（2-5）或式（2-8）求标准状态下气体的密度。若求非标准状态下气体的密度，可由式（2-4）计算，其中：

$$R = 8.314 / M_0 \qquad (2-9)$$

混合气体的气体常数 R_T 可按式（2-10）确定。

$$R_\mathrm{T} = \frac{m_1 R_1 + m_2 R_2 + \cdots}{M} = w_1 R_1 + w_2 R_2 + \cdots \qquad (2-10)$$

式中　$m_1, m_2, \cdots$ ——各组分气体的质量，kg；

$R_1, R_2, \cdots$ ——各组分气体的气体常数，J/（kg·K）；

$w_1, w_2, \cdots$ ——各组分气体的质量分数，%；

　　　M ——混合气体的总质量，kg。

常温下干空气的密度是我们经常用到的一个基本数据。按照重量占比，干空气由 75.5% 的 N_2、23.1% 的 O_2，1.3% 的 Ar、0.05% 的 CO_2 组成，其气体常数和气体密度分别为

$$R_\mathrm{T} = 0.755 \times 296.9 + 0.231 \times 259.8 + 0.013 \times 207.9 + 0.0005 \times 189 = 286.9705$$

$$\rho_0 = \frac{371.0623}{R_\mathrm{T}} = 1.293$$

对于混合气体，当没有化学反应和处于平稳过程时，混合气体的总压力等于各气体的分压之和，即

$$p_\mathrm{T} = p_1 + p_2 + \cdots + p_n \qquad (2-11)$$

式中　p_T ——混合气体的总压力，Pa；

$p_1, p_2, \cdots, p_n$ ——各气体的分压，Pa。

若已知各组分气体的体积分数 φ_a，φ_b，φ_c，$\cdots$ 和各组分气体的摩尔质量 M_a，M_b，M_c，$\cdots$ 时，则在标准状态下混合气体的密度为

$$\rho_\mathrm{T} = \frac{1}{22.41}(\phi_a M_a + \phi_b M_b + \phi_c M_c + \cdots) \qquad (2-12)$$

（三）气体的连续性和压缩性

1. 连续性

连续性定理是研究流体流经不同截面的通道时流速与通道截面积大小的关系，这是描述流体流速与截面关系的定理。当流体连续不断而稳定地流过一个粗细不等的管子，由于管中任何一部分的流体都不能中断或挤压起来，因此在同一时间内，流进任意切面的流体质量和从另一切面流出的流体质量应该相等。

气体的连续性假设是指我们不必研究大量分子的瞬间状态，而只要研究描述流体宏观状态下的物理量，如密度、速度温度、压力等。在连续介质中，可以把这些物理量看作是空间坐标和时间的连续函数。

理想流体的连续性定理或连续性方程用式（1-13）表示，即

$$S_1 V_1 = S_2 V_2 \tag{2-13}$$

式中　S_1 ——流管中任意截面 1 的截面积，m^2；

　　　S_2 ——流管中任意截面 2 的截面积，m^2；

　　　V_1 ——流体在任意截面 1 的流速，m/s；

　　　V_2 ——流体在任意截面 2 的流速，m/s；

在同一流管内流体的流速和它流经的截面积成反比，即截面积大的地方流速小，截面积小的地方流速大。如果所取流管中两处截面积相等，那么流体通过的速度也相同。

2. 压缩性

温度一定时，流体受压力的作用而使体积发生变化的性质成为可压缩性。实际上，任何气体都是可以压缩的，也就是说气体的密度是随着压力与温度的改变而发生变化。在气体净化中，如果在管道内或净化设备内气体的温度和压力在整个流动过程中变化不大，那么引起密度的变化也就很小。理论计算结果表明，对于气体速度和其音速之比小于 0.3 的绝热流动，就可以当作不可压流动来处理。烟气净化所讨论的气体流速远小于音速，通常都可看作可压缩流体，这对工程计算是十分便利的。

（四）气体的黏性

气体在流动过程中，在两相邻流层之间，由于存在相对运动，而在接触面上产生切向作用力，这种力称为内摩擦力。

从分子运动论的观点来看，气体的黏性可做如下的解释：在气流中取一平面 AA，与来流方向平行。由于分子无规则的热运动，位于 AA 上侧气体层的分子会跳入 AA 下侧气体层，在同一时间内，也会有相同数量的分子从 AA 下侧气体层迁移至 AA 上侧气体层。

根据牛顿内摩擦定律，单位面积上的内摩擦力 τ 可用式（2-14）表示。

$$\tau = \mu \frac{\mathrm{d}v}{\mathrm{d}y} \tag{2-14}$$

式中　τ ——内摩擦应力，Pa；

　　　μ ——动力黏度，Pa·s；

　　　$\dfrac{\mathrm{d}v}{\mathrm{d}y}$ ——速度梯度，1/s。

动力黏度还可用运动黏度 η 来替代，两者的关系为

$$\eta = \frac{\mu}{\rho} \tag{2-15}$$

动力黏度与气体的温度有关，随气体的温度升高而增大。气体的压力对动力黏度的影响，在常压下可以不考虑。

在常压下，气体动力黏度 μ 与温度 T 的关系可由下列经验式表示，即

$$\mu = \mu_0 \frac{273+C}{T+C} \left(\frac{T}{273}\right)^{1.5} \tag{2-16}$$

式中　μ_0 ——0℃时气体的动力黏度，Pa·s；

　　　C ——与气体性质有关的常数。

对于混合气体的动力黏度 μ_T 可由式（2-17）计算。

$$\frac{M_T}{\mu_T} = \frac{M_a\varphi_a}{\mu_a} + \frac{M_b\varphi_b}{\mu_b} + \cdots \tag{2-17}$$

式中　$\varphi_a, \varphi_b, \cdots$ ——各组分气体的体积分数，%；

　　　$M_a, M_b, \cdots$ ——各组分气体的摩尔质量，kg；

　　　$\mu_a, \mu_b, \cdots$ ——各气体组分的动力黏度，Pa·s。

而混合气体的摩尔质量 M_T 由式（2-18）计算。

$$M_T = M_a\varphi_a + M_b\varphi_b + \cdots \tag{2-18}$$

（五）气体的湿度

气体的湿度是表示气体中含有水蒸气的多少，一般有两种表示方法：绝对湿度和相对湿度。绝对湿度是指每单位容积的气体所含水分的重量；相对湿度是指绝对湿度与该温度饱和状态水蒸气含量之比，用百分数表达。

1. 绝对湿度

绝对湿度是指单位体积或单位质量气体中所含水蒸气的质量（kg/m³ 或 kg/kg）。当湿气体中水蒸气含量达到在该温度下所能容纳的最大值时的气体状态，称为饱和状态。

利用状态方程。可直接获得绝对湿度 a 的计算公式，即

$$\alpha = 217\frac{e}{T} \tag{2-19}$$

式中　e——实际水汽压，hPa；

　　　T ——温度，K；

2. 相对湿度

相对湿度 ϕ 是指单位体积气体中所含水蒸气的质量 ρ_x 与同温同压下饱和状态时气体所含水蒸气的质量 ρ_s 之比。这一比值也等于湿气体中水蒸气分压 ρ_x 与同温度的饱和蒸气压 p_s 之比。

$$\phi = \frac{\rho_x}{\rho_s} \times 100\% = \frac{p_x}{p_s} \times 100\% \tag{2-20}$$

二、流体一维流动的基本方程

气体净化技术所研究的气体虽然是多相的、可压缩的黏性流体，但是很多工程上的问题，气体按单相的不可压缩低速流体来处理，只要适当地加以修正，几乎都可以得到满意的结果。

所谓一维流动是指垂直于流动方向的各截面上的流动参数（如速度、压力、温度、密度等）都均匀一致而且只是空间坐标的函数。若流动情况随时间变化，称为非定常流动；反之，

则为定常流动。气体净化中所遇到的许多问题多数可看作一维定常流动。

（一）连续性方程

连续性方程是质量守恒定律在流体力学中的具体表述形式。它的前提是对流体采用连续介质模型，速度和密度都是空间坐标及时间的连续、可微函数。

在物理学里，连续性方程（continuity equation）乃是描述守恒量传输行为的偏微分方程。由于在各自适当条件下，质量、能量、动量、电荷等都是守恒量，很多种传输行为都可以用连续性方程来描述。

气体动力学所要回答的问题之一是流动过程中，各项流动参数（速度压力、温度、密度等）是怎样变化的。联系这些参数变化的是物理学中的 3 条基本规律：质量守恒、动量的变量等于作用力的冲量、能量守恒，这些规律在气体动力学中有微分形式和积分形式两种表达形式。

一维定常流动的质量守恒方程，又称连续方程，其微分形式为

$$\frac{d\rho}{\rho} + \frac{dS}{S} + \frac{dv_A}{v_A} = 0 \tag{2-21}$$

式中　ρ——气体密度，kg/m^3；

　　S——流管截面积，m^2；

　　v_A——垂直于截面 A 处的流速，m/s。

对于不可压缩流体，ρ 为常数，式（2-21）简化为

$$\frac{dS}{S} + \frac{dv_A}{v_A} = 0 \tag{2-22}$$

对上述方程积分，可得到连续方程的积分形式，即

$$M = \rho v S = 常数 \tag{2-23}$$

$$Q = vS = 常数 \tag{2-24}$$

式中　M——质量流量，kg/s；

　　Q——体积流量，m^3/s。

连续方程式（2-24）是气体净化中最基本的、最常用的方程式之一。

（二）欧拉运动方程与伯努利公式

忽略黏性力，微分形式的流体能量方程称为欣拉运动方程，其表达式为

$$dp + \rho v dv + \rho g dz = 0 \tag{2-25}$$

式中　p——压力增量，Pa；

　　g——重力加速度，m/s^2；

　　dz——流管微段在重力方向上的投影距离。

将式（2-25）积分，对于不可压缩流体，ρ=常数，得

$$p + \frac{\rho}{2}v^2 + \rho gz = 常数 \tag{2-26}$$

这个式子称伯努利公式。在烟气净化计算中，考虑到气体密度很小，常忽略高度 z 的影响。在实际管道系统中，有沿程阻力损失 Δp，因此扩大的伯努利方程为

$$p_1 + \frac{1}{2}\rho v_1^2 = p_2 + \frac{1}{2}\rho v_2^2 + \Delta p \tag{2-27}$$

（三）动量定理

流体是由大量质点组成的质量连续分布且以一定速度运动的物体系，在极短时间内，可

以认为已经流进或流出的部分质量是不变的，如果选取在这一极短时间内流进或流出的部分为研究对象，求出它对已经流进或流出的部分的作用力，这样就将较长时间内的变化质量问题转化为了短时间内的不变质量问题。

流体动量方程是把牛顿第二运动定律应用于运动流体所得到的关系式，即

$$\sum F = M(v_2 - v_1) \tag{2-28}$$

式中　$\sum F$——作用于运动流体的合外力；

M——流体的质量流量，kg/s；

v_1, v_2——流管截面 1 和截面 2 的流速，m/s。

三、流动多维流动的基本方程

多维流动包括二维和三维流动。二维流动是指只有两个空间坐标的流动，二维流动可分为平面流和轴对称流。烟气净化技术中的许多问题常可以化为二维流动。但在个别场合（如旋风除尘器、绕球体的流动），又必须用三维流动来描述。

（一）连续方程

在直角坐标系下的连续方程为

$$\frac{\partial \rho}{\partial t} + \frac{\partial (\rho v_x)}{\partial x} + \frac{\partial (\rho v_y)}{\partial y} + \frac{\partial (\rho v_z)}{\partial z} = 0 \tag{2-29}$$

式中　t——时间，s；

v_x, v_y, v_z——分别为 x、y、z 方向上的分速度，m/s。

对于不可压缩定常流体，$\rho=$ 常数，则

$$\frac{\partial v_x}{\partial x} + \frac{\partial v_y}{\partial y} + \frac{\partial v_z}{\partial z} = 0 \tag{2-30}$$

对于不可压缩流体，在柱坐标系下的连续方程为：

$$\frac{\partial (r v_r)}{r \partial r} + \frac{\partial v_\theta}{r \partial \theta} + \frac{\partial v_z}{\partial z} = 0 \tag{2-31}$$

式中　v_r, v_θ, v_z——分别为坐标 r、θ、z 方向上的分速度，m/s。

（二）旋流与势流

流体微团的运动可以分解为平移、变形及转动。

直角坐标系下，流体微团绕各个轴的旋转角速度 ω 由下述方程描述，即

$$\omega_x = \frac{1}{2}\left(\frac{\partial v_z}{\partial y} - \frac{\partial v_y}{\partial z}\right), \omega_y = \frac{1}{2}\left(\frac{\partial v_x}{\partial z} - \frac{\partial v_z}{\partial x}\right), \omega_z = \frac{1}{2}\left(\frac{\partial v_y}{\partial x} - \frac{\partial v_x}{\partial y}\right) \tag{2-32}$$

某一流动，如果式（2-32）中，有一个旋转角速度不为零，这种流动称为旋流。若某流动在研究范围内，所有的旋转角速度分量全都为零，即由式（2-32）得：

$$\frac{\partial v_z}{\partial y} - \frac{\partial v_y}{\partial z} = 0, \frac{\partial v_x}{\partial z} - \frac{\partial v_z}{\partial x} = 0, \frac{\partial v_y}{\partial x} - \frac{\partial v_x}{\partial y} = 0 \tag{2-33}$$

那么，这一流动称为无旋流动。式（2-33）正是 $v_x dx + v_y dy + v_z dz$ 这样一个式子成为全微分的充分必要条件。令 $d\phi$ 代表这个全微分，即

$$d\phi = v_x dx + v_y dy + v_z dz \tag{2-34}$$

这个 $\phi = \phi(x, y, z)$ 称势函数。依此定义，有

$$v_x = \frac{\partial \phi}{\partial x}, v_y = \frac{\partial \phi}{\partial y}, v_z = \frac{\partial \phi}{\partial z} \tag{2-35}$$

由于无旋流动中，速度分量可以由势函数导出，因此无旋流可称为势流。

在柱坐标下，流体微团的角速度分量分别是

$$\omega_r = \frac{1}{2}\left(\frac{\partial v_z}{r\partial \theta} - \frac{\partial v_\theta}{\partial z}\right), \omega_\theta = \frac{1}{2}\left(\frac{\partial v_r}{\partial z} - \frac{\partial v_z}{\partial r}\right), \omega_z = \frac{1}{2}\left[\frac{\partial v_\theta}{\partial r} - \left(\frac{\partial v_r}{r\partial \theta} - \frac{v_\theta}{r}\right)\right] \tag{2-36}$$

当流场上到处无旋时，有势函数 $\phi(r, \theta, z)$ 存在，即

$$\mathrm{d}\phi = v_r \mathrm{d}r + r v_\theta \mathrm{d}\theta + v_z \mathrm{d}z \tag{2-37}$$

其中：

$$v_r = \frac{\partial \phi}{\partial r}, v_\theta = \frac{\partial \phi}{r\partial \theta}, v_z = \frac{\partial \phi}{\partial z} \tag{2-38}$$

势流的特点是无旋性速度场，这是对于几种应用的有效近似。势流的无旋性是因为梯度的旋度始终为零的关系。

（三）流线与迹线

流动流体的各流体微团的位置随时间的延续而不断变动。同一瞬间，与各流体微团速度矢量相切的连线称为流线。

流线的微分方程为

$$\frac{\mathrm{d}x}{v_x} = \frac{\mathrm{d}y}{v_y} = \frac{\mathrm{d}z}{v_z} \tag{2-39}$$

在非定常流中，流线与某一流体微团质点所经过的轨迹（又称迹线）是不一致的。

在定常流动中，流线与迹线重合，流体质点沿着流线运动。

（四）平面势流与流函数

实际工程中并不存在平面流动，但为简化起见，可近似作为平面流动来处理，然后再按实际条件加以修正。

选平面直角坐标 x、y，使速度分量 v_z 以及关于 z 的偏导数都等于零。若流动为势流和定常流。则这个流场就成为平面势流。

按式（2-35）得

$$v_x = \frac{\partial \phi}{\partial x}, v_y = \frac{\partial \phi}{\partial y} \tag{2-40}$$

式中 ϕ——平面势流函数。

连续方程为

$$\frac{\partial v_x}{\partial x} + \frac{\partial v_y}{\partial y} = 0 \tag{2-41}$$

这个式子可以看作是 $-v_y \mathrm{d}x + v_x \mathrm{d}y$ 成为全微分的充分必要条件，这个全微分为

$$\mathrm{d}\phi = \frac{\partial \phi}{\partial x}\mathrm{d}r + \frac{\partial \phi}{\partial y}\mathrm{d}y = -v_y \mathrm{d}x + v_x \mathrm{d}y \tag{2-42}$$

φ 称为流函数，定义为

$$\frac{\partial \varphi}{\partial x} = -v_y, \frac{\partial \varphi}{\partial y} = v_r \qquad (2\text{-}43)$$

根据连续方程式式（2-31），容易得到极坐标下 φ 的定义，即

$$v_r = \frac{\partial \varphi}{r \partial \theta}, v_\theta = -\frac{\partial \varphi}{\partial r} \qquad (2\text{-}44)$$

比较式（2-40）和式（2-43），ϕ 和 φ 两函数之间的关系为

$$\frac{\partial \phi}{\partial x} = \frac{-\partial \psi}{\partial y}, \frac{\partial \phi}{\partial y} = -\frac{\partial \varphi}{\partial x} \qquad (2\text{-}45)$$

对于一个平面无旋不可压缩流动，流线与等势线是正交的。这个结论可用两组曲线的斜率关系去证明。流线的斜率是 $(dy/dx) = v_y/v_x$。由式（2-34）得平面流 $v_x dx - v_y dy = 0$。其斜率是 $(dy/dx) = -v_x/v_y$。二者互为负倒数，故正交。要描写某一不可压缩流，ϕ 和 φ 之中只要找到一个，就可以立即确定流场上各点的流速。

（五）漩涡流的强制涡流与自由涡流

自由涡流理论认为，管道中的流体，当因管道方向改变流动方向时，流体是绕管道弯曲的曲率中心做自由旋转运动。

强制涡流理论认为，流体在弯管内的旋转运动如同刚体的旋转运动，而引起流体作旋转运动的外力来源于弯管管壁的表面作用力，这个作用力迫使流体做向心加速运动，从而实现了流体的旋转运动。

如切向入口的旋风除尘器或类似的切向入口的流体机械，里面的流场明显存在着两种不同性质的流动，强制涡流和自由涡流。强制涡流是有旋流动，而自由涡流是无旋势流。在平面流动上，漩涡流的切向速度分布为

$$v_\theta r^n = 常数 \qquad (2\text{-}46)$$

式中，当 $n=1$ 时为自由涡流，当 $n=-1$ 时为强制涡流。

（六）源流与汇流

在平面流中，从中心点径向向外四周流动称为源流，如图2-1（a）所示。反之，由四周径向向内对中心点的流动称汇流，如图2-1（b）所示。其径向速度分布为

$$v_r = \pm \frac{q}{2\pi} \frac{1}{r} \qquad (2\text{-}47)$$

式中 q——流量，当流动为源流取正值，汇流取负值，表示与正向相反，m/s。

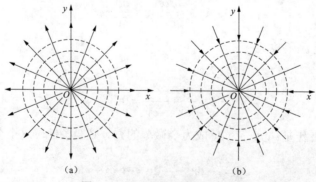

图2-1 平面流中的源流与汇流

（a）源流；（b）汇流

（七）绕封闭体的流动

在烟气污染控制中，过滤方法是一种常用的净化技术。因过滤材料置于气流中，所以其周围的流场会对其捕集性能产生影响。从应用的角度考虑，这里直接给出绕封闭体的流动的流函数和速度分布表达式，而不做过多的推导。对于纤维过滤，可近似为绕圆柱体的流动；对于颗粒层过滤，可近似为绕球体的流动；对于较大的非规则形状的填料过滤，可近似为绕钝体的流动。关于绕非规则封闭体的流动，视具体情况参考有关流体力学书籍，这里不做介绍。

1. 绕静止圆柱体的流动

势流情况下，用极坐标表示的绕圆柱体的流动的流函数为

$$\varphi = v_0\left[1-\left(\frac{a}{r}\right)^2\right]r\sin\theta \tag{2-48}$$

式中　a——圆柱半径，m。

其径向和切向速度分布分别为

$$v_r = \frac{1}{r}\frac{\partial\varphi}{\partial\theta} = v_0\left(1-\frac{a^2}{r^2}\right)\cos\theta, v_\theta = -\frac{\partial\varphi}{\partial r} = -v_0\left(1+\frac{a^2}{r^2}\right)\sin\theta \tag{2-49}$$

在黏性流情况下，流函数为

$$\varphi = \frac{v_0}{2La}\left[2\ln\left(\frac{r}{a}\right)-1+\left(\frac{a}{r}\right)^2\right]r\sin\theta \tag{2-50}$$

其中，参数 La 由式（2-51）给出。

$$La = 2.002 - \ln Re_D \tag{2-51}$$

式中　Re_D——绕直径 D 圆柱体流动的雷诺数。

$$Re_D = \frac{\rho v_0 D}{\mu} \tag{2-52}$$

式中　ρ——气体密度，kg/m^3；

　　　v_0——来流速度，m/s；

　　　D——圆柱体直径，m；

　　　μ——气体动力黏度，Pa·s，

径向和切向速度分别为

$$v_r = \frac{v_0}{2La}\left[2\ln\left(\frac{r}{a}\right)+1+\frac{a^2}{r^2}\right]\cos\theta, v_\theta = -\frac{v_0}{2La}\left[2\ln\left(\frac{r}{a}\right)+1-\frac{a^2}{r^2}\right]\sin\theta \tag{2-53}$$

2. 绕静止球体的流动

势流情况下，用球坐标表示的绕球体的流动的流函数为

$$\varphi = \frac{1}{2}v_0\left[1-\left(\frac{a}{r}\right)^3\right]r^2\sin^2\theta \tag{2-54}$$

式中　a——球体半径，m。

其径向和切向速度分布分别为

$$v_r = v_0\left(1 - \frac{a^3}{r^3}\right)\cos\theta, v_\theta = -v_0\left(1 - \frac{a^3}{r^3}\right)\sin\theta \qquad (2\text{-}55)$$

在黏性流情况下，流函数为

$$\varphi = \frac{1}{2}v_0\left[1 - \frac{3}{2}\left(\frac{a}{r}\right) + \frac{1}{2}\left(\frac{a}{r}\right)^3\right]r^2\sin^2\theta \qquad (2\text{-}56)$$

径向和切向速度分别为

$$v_r = v_0\left(1 - \frac{3}{2}\frac{a}{r} + \frac{1}{2}\frac{a^3}{r^3}\right)\cos\theta, v_\theta = -v_0\left(1 - \frac{3}{4}\frac{a}{r} + \frac{1}{4}\frac{a^3}{r^3}\right)\sin\theta \qquad (2\text{-}57)$$

（八）螺旋流和偶极流

有势流动的叠加流动，典型的是螺旋流和偶极流。

螺旋流是源流、汇流和涡流叠加而成的流动，如图 2-2（a）所示。在工程上常用的离心分离器、旋风除尘器、水力涡轮机等，这些设备的旋转流体，都可以近似的看成螺旋流。

螺旋流的速度势函数和流函数用式（2-58）、式（2-59）表示。

$$\varphi = -\frac{Q}{2\pi}\ln r + \frac{r}{2\pi}\theta = -\frac{1}{2\pi}(Q\ln r - r\theta) \qquad (2\text{-}58)$$

$$\psi = -\frac{Q}{2\pi}\theta - \frac{\Gamma}{2\pi}\ln r = -\frac{1}{2\pi}(Q\theta + \Gamma\ln r) \qquad (2\text{-}59)$$

螺旋流的切向速度和法向速度分别为

$$u_r = \frac{\partial\varphi}{\partial r} = -\frac{Q}{2\pi r}, u_\theta = \frac{1}{r}\frac{\partial\varphi}{\partial\theta} = \frac{\Gamma}{2\pi r}$$

由螺旋流的切向速度和法向速度，可以得到螺旋流的总速度，即

$$u = \sqrt{u_r^2 + u_\theta^2} = \sqrt{\frac{Q^2 + \Gamma^2}{4\pi^2 r^2}} = \frac{\sqrt{Q^2 + \Gamma^2}}{2\pi r} \qquad (2\text{-}60)$$

螺旋流流场中的压力分布为

$$p = p_x - \frac{1}{2}\rho u^2 = p_x - \frac{\rho(Q^2 + \Gamma^2)}{8\pi^2}\frac{1}{r^2} \qquad (2\text{-}61)$$

根据伯努利方程，螺旋流流场中，不同两点的压差为

$$p_1 - p_2 = \frac{\rho(Q^2 + \Gamma^2)}{8\pi^2}\left(\frac{1}{r_2^2} - \frac{1}{r_1^2}\right) \qquad (2\text{-}62)$$

对于离心式水泵、离心风机等，这种在蜗壳中的流动，也可认为是源流和涡流叠加的螺旋流，如图 2-2（b）所示。

偶极流是同强度的源流与汇流叠加的结果，也是强度与距离之乘积等于一常数值的基本流动，如图 2-2（c）所示。

偶极流流的速度势函数和流函数用式（2-63）、式（2-64）表示。

$$\varphi_{AB} = \frac{Q}{2\pi}\ln r_A - \frac{Q}{2\pi}r_B = \frac{Q}{2\pi}\ln\frac{r_A}{r_B} \qquad (2\text{-}63)$$

$$\psi_{AB} = \frac{Q}{2\pi}\theta_A - \frac{Q}{2\pi}\theta_B = \frac{Q}{2\pi}(\theta_A - \theta_B) = -\frac{Q}{2\pi}\alpha \qquad (2\text{-}64)$$

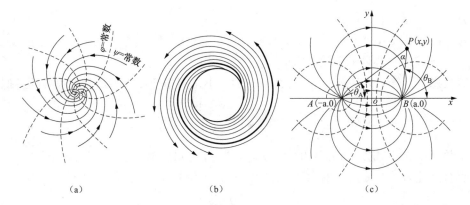

图 2-2 漩涡流和偶极流示意图

在二维直角坐标系中，偶极流分向速度为

$$u_x = \frac{\partial \varphi}{\partial x} = -\frac{M}{2\pi}\frac{x^2 - y^2}{(x^2 + y^2)^2};u_y = \frac{\partial \varphi}{\partial y} = -\frac{M}{2\pi}\frac{2xy}{(x^2 + y^2)^2} \qquad (2\text{-}65)$$

在圆柱坐标中，偶极流分向速度为

$$u_r = \frac{\partial \varphi}{\partial r} = -\frac{M}{2\pi}\frac{\cos\theta}{r^2};u_\theta = \frac{\partial \varphi}{r\partial\theta} = -\frac{M}{2\pi}\frac{\sin\theta}{r^2} \qquad (2\text{-}66)$$

偶极流流场中的压力分布为

$$p = p_x - \frac{1}{2}\rho u^2 = p_x - \frac{\rho M^2}{8\pi^2}\frac{1}{r^4} \qquad (2\text{-}67)$$

根据伯努利方程，偶极流流场中，不同两点的压差为

$$p_1 - p_2 = \frac{\rho M^2}{8\pi^2}\left(\frac{1}{r_2^4} - \frac{1}{r_1^4}\right) \qquad (2\text{-}68)$$

（九）管道中的实际流动与边界层流动

1. 管道中的层流和紊流流动

一维流动假设各项流动参数在流管各截面上是均一的。但实际上，由于实际流体都有黏性，其流速绝不是均一的。和管壁接触的那一层流体必然黏在管壁上，流速是零。往管中心，流速逐渐增大，中心处达到最大值。管道内的流动状态，可以是层流，也可以是紊流。其判别标准是雷诺数 Re。

$$Re = \frac{\rho \bar{v} d}{\mu} \qquad (2\text{-}69)$$

式中 $\bar{v}$——管内平均流速，m/s；

$\quad\ d$——管道内径，m；

当 $Re < 2300$ 时，管内流动为层流，当 $Re > 2300$ 时，则流动由层流向紊流过渡。紊流充分发展，Re 约大于 10^4。一般的空气净化技术上所遇到的管道流动，Re 为 $10^5 \sim 10^6$，因而都属于紊流范围。管道层流速度分布特征是抛物线分布。

$$v = 2\bar{v}\left(1 - \frac{r^2}{R^2}\right) = v_{max}\left(1 - \frac{r^2}{R^2}\right) \qquad (2\text{-}70)$$

式中　　R ——管道半径，m；

　　　　v ——距管道中心 r 处的速度，m/s；

　　　v_{max} ——管道中心处的流速，m/s。

紊流状态下，管道内流速分布取决于 Re 的大小，用指数律来表达具有很好的近似

$$v = v_{max}\left(1 - \frac{r}{R}\right)^{1/n} \tag{2-71}$$

式中，指数 n 由 Re 确定：当 $Re=10^5$ 时，$n=7$；当 $Re=2\times10^5$ 时，$n=8$；当 $Re=10^6$ 时，$n=9$。

由于有黏性力（摩擦力）的存在，实际管道流动沿程都有阻力损失 Δp。

$$\Delta p = \lambda \frac{l}{d} \frac{\rho v^2}{2} \tag{2-72}$$

式中　　l ——管长，m；

　　　　λ ——沿程阻力系数，对于层流流动，$\lambda = 64/Re$。

对于紊流流动，沿程阻力系数可用 Colebrook 内插式计算。

$$\frac{1}{\lambda^{1/2}} = -2\lg\left(\frac{k/d}{3.7} + \frac{2.51}{Re\lambda^{1/2}}\right) \tag{2-73}$$

式中　　k——粗糙度，即管壁因凹凸不平而突出的平均高度。

2. 边界层流动

污染物被捕集、沉降和再吹扬通常在边壁处发生，因此有必要了解边界层中的流动状态。主要是边界层厚度和速度分布。

在层流时，Blasius 用动量积分估计法得出边界层厚度计算式。

$$\frac{\delta}{x} \approx \frac{5}{Re_x^{1/2}} \tag{2-74}$$

式中　　δ ——边界层厚度，m；

　　　　x ——流经距离，m；

　　　Re_x ——当地雷诺数。

$$Re_x = \frac{\rho v_0 \delta}{\mu} \tag{2-75}$$

式中　　v_0——来流平均速度。

层流边界层速度分布，Karman 用抛物线分布近似。

$$v = v_0\left(\frac{2y}{\delta} - \frac{y^2}{\delta^2}\right) \tag{2-76}$$

对于紊流边界层，Prandil 分别给出边界层厚度和速度分布为

$$v = v_0\left(\frac{y}{\delta}\right)^{1/7} \tag{2-77}$$

$$\frac{\delta}{x} \approx \frac{0.16}{Re_x^{1/7}} \tag{2-78}$$

第二节 粉尘的物理化学性质

粉尘是由自然力或机械力产生的，能够悬浮于空气中的固体细小微粒。习惯上对粉尘有许多名称，如灰尘、尘埃、烟尘、矿尘、砂尘、粉末等。国际上将粒径小于 75um 的固体悬浮物定义为粉尘。在除尘技术中，一般将 1～200um 乃至更大颗粒的固体悬浮物均视为粉尘。粉尘具有多样性和复杂性的物理化学特性。

一、粉尘的分类和基本特性

（一）粉尘分类

1. 按物质组成分类

按物质组成粉尘可分为有机粉尘、无机粉尘、混合性粉尘。

（1）有机尘包括动物性粉尘，如皮毛、丝、骨质等；植物性粉尘，如棉、麻、谷物、亚麻、甘蔗、木、茶等粉尘；人工有机粉尘，如有机染料、农药、合成树脂、橡胶、纤维等粉尘。

（2）无机粉尘包括矿物性粉尘，如石英、石棉、滑石、煤等；金属性粉尘，如铝、铅、锰、铁、铍、锡、锌等及其化合物；人工无机粉尘，如金刚砂、水泥、玻璃纤维等。

（3）混合性粉尘包括有机粉尘和无机粉尘，以及气溶胶形成的复杂颗粒。

2. 按粒径分类

尘粒尺寸的大小一般用粒径（μm）表示。由于尘粒产生的条件及方式不同，因而尘粒具有不同的形状。一般情况下圆球形或规则形状的尘粒很少，大多数尘粒的形状是不规则的，因此对不同形状尘粒粒径的大小表示方法也就不同。对于均匀球体状尘粒，其粒径多以微小球体的直径表示；对于非均匀球体的不规则形状尘粒的单一粒径，通常有以下三种表示方法：

（1）投影粒径。在显微镜下所观察到的粒径称为投影粒径。它们可分别用面积等分径、定向径、长径或短径等来表示。

（2）几何当量粒径。以某一几何量（例如表面积、体积等）相同时的球形粒子的直径表示的粒径称为几何当量粒径。它们可用等投影面积径、等体积径、等表面积径等来表示。

（3）物理当量粒径。取某一物理量（例如阻力、沉降速度等）相同的球形粒子的直径表示的粒径称为物理当量粒径。它们可用阻力粒径、自由沉降径、斯托克斯径等来表示。

3. 按形状分类

不同形状的粉尘可以分为如下四种：

（1）三向等长粒子，即长、宽、高的尺寸相同或接近的粒子，如正多边形及其他与之相接近的不规则形状的粒细子。

（2）片形粒子，即两方向的长度比第三方向长得多，如薄片状、鳞片状粒子。

（3）纤维形粒子，即在一个方向上长得多的粒子。如柱状、针状、纤维粒子。

（4）球形粒子，外形星圆形或椭圆形。

4. 按物理化学特性分类

由粉尘的湿润性、黏性、燃烧爆炸性、导电性、流动性可以区分不同属性的粉尘。如按粉尘的湿润性分为湿润角小于 90° 的亲水性粉尘和湿润角大于 90° 的疏水性粉尘；按粉尘的黏性力分为拉断力小于 60Pa 的不黏尘，60～300Pa 的微黏尘，300～600Pa 的中黏尘，大于

600Pa 的强黏少；按粉尘燃烧、爆炸性分为易燃、易爆粉尘和一般粉尘；按粉料流动性可分为安息角小于 30°的流动性好的粉尘，安息角为 30°～45°的流动性中等的粉尘及安息角大于45°的流动性差的粉尘。按粉尘的导电性和静电除尘的难易分为大于 $10^{11}\Omega\cdot cm$ 的高比电用粉尘，10^4～$10^{11}\Omega\cdot cm$ 的中比电阻粉尘，小于 $10^4\Omega\cdot cm$ 的低比电阻粉尘。

5. 其他分类

还有分为生产性粉尘和大气尘，纤维性粉尘和颗粒状粉尘，一次扬尘和二次性扬尘等。

（二）粉尘基本特性

1. 粉尘的主要成分

粉尘的来源领域不同，其成分也千差万别，对于除尘器领域常见的是烟尘。烟尘是燃煤和工业生产过程中排放出来的固体颗粒物，它的主要成分是 Na_2O、Fe_2O_3、K_2O、SO_3、Al_2O_3、SiO_2、CaO、MgO、P_2O_5、Li_2O、MnO_2、TiO_2 及飞灰可燃物等。对于电除尘来讲 P_2O_5、Li_2O、MnO_2、TiO_2 及飞灰可燃物影响较小，Na_2O、Fe_2O_3、K_2O、SO_3、CaO、MgO 通常有利于增强电除尘器除尘性能；Al_2O_3、SiO_2的含量通常是影响电除尘器的主要物质。

2. 粉尘的密度

单位体积粉尘的质量称为粉尘密度，单位为 kg/m³ 或 g/cm³。粉尘的比重是指粉尘的质量与同体积水的质量之比，系无因次量，标准大气压，4℃的水为 1g/cm³），所以比重在数值上与其密度（g/cm³）值相等。根据是否把尘粒间括在粉尘体积之内而分为真密度和容积密度两种。

（1）粉尘真密度。如果设法排除颗粒之间及颗粒内部的空气，所测出的在密实状态下单位体积粉尘的质量称为真密度（或尘粒密度）。它是排除了粉尘间空隙以纯粉尘的体积计量的密度两种密度的应用场合不同，例如研究单个尘粒在空气中的运动时应用真密度，计算灰斗体积时密度。

（2）粉尘堆积密度。自然状态下堆积起来的粉尘在颗粒之间及颗粒内部充满空隙，我们把松散状态粉尘的质量称为粉尘的容积密度或堆积密度。它是包括粉尘间空隙体积和粉尘纯体积计量的密度。

常见的工业粉尘真密度与堆积密度见表 2-1。

表 2-1　　　　　　　　常见的工业粉尘真密度与堆积密度　　　　　　　　（kg/m³）

粉尘或来源	真密度	堆积密度	粉尘或来源	真密度	堆积密度
煤粉炉	2.15	0.7～0.8	硫化矿熔炉	4.17	0.53
电炉	4.5	0.6～1.5	锡青铜熔炉	5.21	0.16
化铁炉	2.0	0.8	黄铜电炉	5.4	0.36
黄铜熔化炉	4～8	0.25～1.2	炼钢平炉	5.0	1.36
重油锅炉	1.98	0.2	炼钢转炉	5.0	1.36
铅精炼	6	0.25～1.0	炼铁高炉	3.31	1.4～1.5
锌精炼	5	0.5	造纸黑液炉	3.1	0.13
铜精炼	4～5	0.2	骨料干燥炉	2.9	1.06
铅再精炼	5.7	1.2	烧结机头	3.47	1.47
水泥干燥窑	3.0	0.6	烟灰	2.15	0.8
铝二次精炼	3.0	0.3	烟灰（0.7～56μm）	2.20	0.8

粉尘或来源	真密度	堆积密度	粉尘或来源	真密度	堆积密度
石墨	2	0.3	精制滑石粉（1.5～45μm）	2.7	0.9
炭黑	1.85	0.04	滑石粉（1.6μm）	2.75	0.53～0.62
水泥生料粉	2.76	0.29	滑石粉（2.7μm）	2.75	0.56～0.66
硅酸盐水泥（0.7～91μm）	3.12	1.5	滑石粉（3.2μm）	2.75	0.59～0.71
铸造砂	2.7	1.0	硅砂粉（105μm）	2.63	1.55
造型黏土	2.47	0.72	硅砂粉（30μm）	2.63	1.45
烧结矿粉	3.8～4.2	1.5～2.6	硅砂粉（8μm）	2.63	1.15
炼焦备煤	1.4～1.5	0.4～0.7	硅砂粉（0.5～72μm）	2.63	1.26
焦炭	2.08	0.4～0.5	氧化铜（0.9～42μm）	6.4	0.62

3. 粉尘的平均粒径和分散度

一般工业除尘中所遇到的粉尘并不都是均一的尘粒，而是由各种不同尺寸的粒子所组成的尘粒群体。要确定这种尘粒群体的平均粒径，需先求出各个粒子的单一粒径，然后再加以平均。由于采用的平均方法不同，因此平均粒径的表达形式也不同。几种常用的平均粒径的表达式如下：

（1）算术平均粒径，用尘粒直径的总和除以尘粒的颗粒数，即

$$\overline{d_1} = \frac{1}{N} \sum d_i \cdot n_i \tag{2-79}$$

式中　N——尘粒颗粒总数；

　　　d_i——第 i 种尘粒的直径；

　　　n_i——粒径为 d_i 的尘粒颗数；

（2）平均表面粒径，用尘粒表面积的总和除以尘粒的颗粒数，然后取其平方根，即

$$\overline{d_2} = \left(\frac{1}{N} \sum d_i^2 \cdot n_i \right)^{\frac{1}{2}} \tag{2-80}$$

（3）面积长度平均粒径，用尘粒表面积的总和除以尘粒粒径的总和，即

$$\overline{d_3} = \frac{\sum d_i^2 n_i}{\sum d_i n_i} \tag{2-81}$$

（4）体积面积平均粒径，用全部尘粒的总体积除以全部尘粒的总表面积即

$$\overline{d_4} = \frac{\sum d_i^3 n_i}{\sum d_i^2 n_i} \tag{2-82}$$

（5）质量中位径，在粉尘样品中，以某一尺寸为界将大于和小于该尺寸的粉尘分为质量相等的两部分，该直径称为质量中位径。

（6）计数中位径，在粉尘样品中，以某一尺寸为界将大于和小于该尺寸的粉尘分为颗粒数相等的两部分，该直径称为计数中位径。

在除尘技术中，通常把粉尘的粒径分布称为粉尘的分散度。它指的是在某一粉尘群体中，

不同粒径的尘粒在样品总数中所占的比例，通常以百分数表示。

不同粒径的尘粒如以质量表示，则称为计重分散度，如以颗粒数表示，则称为计数分散度。

表示尘粒粒径分布的方法很多，有列表分布、粒径频率分布、相对频率分布、累计分布等。粒径范围与该粒径范围颗粒数（或质量数）的关系，通常称为粒径频率分布。粒径范围与该粒径范围内以百分数表示的相对颗粒数（或相对质量数）的关系，称为相对频率分布。粒径范围与大于（或小于）该粒径范围累计的颗粒数（或质量数）的关系，称为累计分布。

4. 粉尘的形状

粉尘的形状是多种多样的，有球形、多棱形、叶片形、纤维形以及多种形状粉尘的凝聚态形状等。球形如炭黑粉尘；多棱形如石英粉尘；叶片形如云母粉尘；纤维形如石棉粉尘、玻璃纤维、矿物纤维等，凝聚态粉尘如石膏雨粉尘等。

粉尘的形状和硬度对粉尘的稳定性、悬浮性等都有影响。质量相同的粉尘，形状不同，沉降速度不同。如越接近球形，降落时阻力越小，沉降越快。

在职业健康和劳动保护方面，当粉尘作用于上呼吸道、眼黏膜和皮肤时，锐利而坚硬的尘粒可引起机械刺激，引起组织损伤。在尘肺发生过程中，尘粒的形状和硬度所产生的刺激，对巨噬细胞的增生、聚合和吞噬作用均有影响。

5. 粉尘的黏附性

粉尘的黏附性是指粉尘具有与其他物体表面或自身相互黏附的特性，黏附是由黏附力的存在而产生。

在气态介质中，产生的黏附力主要有范德华力（即分子间作用力）、静电引力和毛细管作用力等。影响粉尘黏附性的因素很多，一般情况下，粉尘的粒径小、形状不规则、表面粗糙、含水率高、带电量大时，易于产生黏附现象。黏附现象还与周围介质的性质有关，如在液体介质粉尘的黏附性比在气体中弱得多。

范德华力使尘粒表面具有吸附气体、蒸汽和液体的能力。粉尘颗粒越细，比表面积越大，单位质量粉尘表面吸附的气体和蒸汽的量越多。

单位质量粉尘粒子表面吸附水蒸气量可衡量粉尘的吸湿性。当液滴与尘粒表面接触，除存在液滴与尘粒表面吸附力外，液滴尚存在自身的凝聚力，两种力量平衡时，液滴表面与尘粒表面间形成湿润角，表征尘粒的湿润性能，湿润角越小，粉尘湿润性好；反之，说明粉尘湿润性差。

粉尘的黏附力的存在，即有利也有弊。有利的方面是粉尘因黏附力作用，可减小气流携带的扬尘作用，不利的方面是黏附力过大，将引起管道和设备黏粉尘，严重时甚至造成堵塞。

6. 湿润性

粉尘颗粒能否与液体相互附着或附着难易的性质称为粉尘的润湿性。当尘粒与液体接触时，相互附着，就是能润湿；反之，接触面趋于缩小而不能附着，则是不能润湿。

一般根据粉尘能被液体润湿的程度将粉尘大致分为两类：容易被水润湿的亲水性粉尘和难以被水润湿的疏水性粉尘。

湿润现象是分子力作用的一种表现，粉尘的润湿性与液体的表面张力、尘粒与液体间黏附力有关，水滴内部与水滴表面间的分子引力为水的表面张力，当水的表面张力小于水与固体间的分子引力时，固体易被湿润。反之，固体则不易被湿润。

粉尘润湿性还与相对运动速度有关。例如 1μm 以下尘粒很难被水润湿，细尘粒和水滴表面均附有一层气膜，只有在两者具有较高的相对速度的情况下，水滴冲破气膜才能湿润。

衡量湿润性的指标是湿润接触角（θ），如图 2-3 所示。当 θ<60° 时，表示湿润性好，为 θ>90° 时，湿润性差，属于憎水性。

粉尘的湿润性是湿式防、除尘的依据。各种湿式除尘装置主要依靠粉尘与水的润湿作用捕集粉尘，湿润性与粉尘成分、粒径、荷电状况及水的表面张力等因素有关。湿润

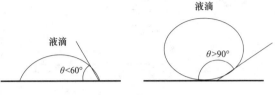

图 2-3　湿润接触角（θ）

性强的粉尘有利于湿式除尘，其附着性也强，易黏附于物体表面。但有些粉尘（如水泥、石灰等）与水接触后，会发生黏结和变硬，为水硬性粉尘。水硬性粉尘不宜采用湿法除尘。

7. 粉尘的摩擦性能

粉尘流动时粉尘颗粒之间以及颗粒与器壁之间都会有摩擦，摩擦性能是粉尘的重要性质。粉尘的摩擦性能也称为粉尘的磨损性能。

硬度大、密度高、粒径大、带有棱角的粉尘摩损性能大。粉尘的摩擦性还与含尘气流的流动速度有关，气流速度越大，磨损性也就越大。因此在高气流速度下，粉尘对管壁和器壁的磨损，是除尘系统设计中必须考虑的重要问题。

8. 扩散特性

扩散特性是指微细粉尘随气流携带而扩散。即使在静止的空气中，尘粒受到空气分子布朗运动的撞击，也能形成类似于布朗运动的位移。对于直径 0.4μm 的尘粒，单位时间布朗位移的均方根值，大于其重力沉降的距离。对于直径 0.1μm 的尘粒，布朗位移的均方根值相当于重力沉降距离的 40 余倍。扩散使粒子不断由高浓度区向低浓度区转移，这也是尘粒通过微小通道向周壁沉降的主要因素。

9. 流动特性

尘粒的集合体在受外力时，尘粒之间发生相对位置移动，近似于流体运动的特性。粉尘粒子大小、形状、表面特征、含湿量等因素影响粉料的流动性。由于影响因素多，一般通过试验评定粉料的流动性能。粉料自由堆置时，料面与水平面间的交角称安息角，安息角的大小在一定程度上能说明粉料的流动性能。

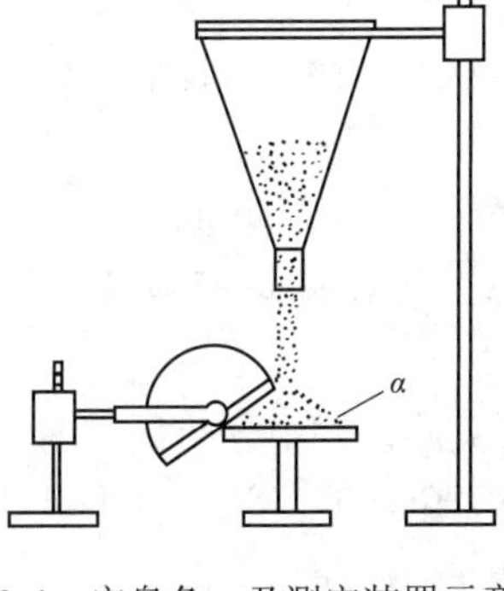

10. 粉尘的安息角和滑动角

粉尘能自然堆积在水平面上而不下滑时形成的圆锥体的最大锥底角称为安息角。安息角又称堆积角或休止角。安息角（α）及测定装置示意图如图 2-4 所示。

粉尘安息角是评价粉尘流动特征的一个重要指标。安息角小的粉尘，其流动性好；安息角大的粉尘，其流动性差。

滑动角是指光滑平面倾斜时粉尘开始滑动的倾斜角。粉尘滑动角 β 如图 2-5 所示。

粉尘的安息角和滑动角是评价粉尘流动性的重要指标。影响粉尘安息角和滑动角的因素有粉尘粒径、含水率、粒子

图 2-4　安息角 α 及测定装置示意图

形状、粒子表面光滑度等。粉尘粒径越小，其接触面积增大，相互吸附力增大，安息角就大；

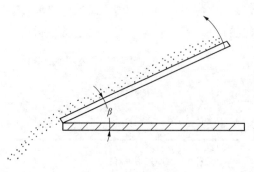

图 2-5　粉尘滑动角 β

粉尘含水率增大，安息角增大；表面光滑的粒子比表面粗糙的粒子安息角小；黏性大的粉尘安息角大等。粉尘的安息角和滑动角是设计除尘装置灰斗、料仓的锥角和除尘系统管路、输灰管路的倾角的重要依据。

11. 悬浮特性

在静止空气中，粉尘颗粒受重力作用会在空气中沉降，当尘粒较细，沉降速度不高时，可按斯托克斯（Stoke's）公式求得重力与空气阻力大小相等、方向相反时尘粒的沉降速度，称尘粒沉降的终端速度。

密度为 $1g/cm^3$ 的尘粒的沉降速度大致为

尘粒直径	速度
0.1μm	$4×10^{-5}cm/s$
1μm	$4×10^{-3}cm/s$
10μm	0.3cm/s
100μm	50cm/s

实际空气绝非静止，而是有各种扰动气流，小于 10μm 的尘粒能长期悬浮于空气中。即便是大于 10μm 的尘粒，当处于上升气流中，若流速达到尘粒终端沉降速度，尘粒也将处于悬浮状态，该上升气流流速称为悬浮速度。作业场所存在自然风流、热气流、机械运动和人员行动而带动的气流，使尘粒能长期悬浮。粉尘的悬浮特性是除尘工程计算的依据之一。

二、粉尘的物理化学性质

（一）游离二氧化硅

游离二氧化硅是指没有与金属或金属化合物结合而呈游离状态的二氧化硅，空气中游离二氧化硅含量是导致尘肺病的重要因素，因此在劳动保护方面是重点控制指标。游离二氧化硅按晶体结构分为结晶型、隐晶型和无定型三种。结晶型游离二氧化硅的硅氧四面体排列规则，如石英、鳞石英，存在于石英石、花岗岩或夹杂于其他矿物内的硅石；隐晶型游离二氧化硅的硅氧四面体排列不规则，主要有玛瑙、火石和石英玻璃；无定型游离二氧化硅主要存在于硅藻土、硅胶和蛋白石、石英熔炼产生的二氧化硅蒸汽和在空气中凝结的气溶胶中。

结合状态的二氧化硅都是由多种矿物质组成，如石棉（$CaO·3MgO·4SiO_2$）、高岭土（$Al_2O_3·2SiO_2·2H_2O$）、滑石（$3MgO·4SiO_2·H_2O$），而游离二氧化硅重要成分是石英（SiO_2）。

石英是主要造岩矿物之一，一般指低温石英（α-石英），是石英族矿物中分布最广的一个矿物。广义的石英还包括高温石英（β-石英）和柯石英等。石英无色透明，常含有少量杂质成分，而变为半透明或不透明的晶体，质地坚硬。石英是一种物理性质和化学性质均十分稳定的矿产资源，晶体属三方晶系的氧化物矿物。石英块又名硅石，主要是生产石英砂（又称硅砂）的原料，也是石英耐火材料和烧制硅铁的原料。

（二）粉尘的燃烧和爆炸特性

物料转化为粉尘，比表面积增加，例如每边长 1cm 的立方体粉碎成每边长 1μm 的小粒子，总表面积由 6cm^2 增加到 6m^2。

由于比表面积的急剧增大，提高了物质的活性，在具备燃烧的条件下，可燃粉尘氧化放热反应速度超过其散热能力，最终转化为燃烧，称粉尘自燃。当易爆粉尘浓度达到爆炸界限并遇明火时，就会产生粉尘爆炸，如亚麻粉尘、淀粉、面粉、木材锯末粉尘、煤尘、焦炭尘、铝、镁和某些含硫分高的矿尘，这些均系爆炸性粉尘。爆炸性粉尘在一定的浓度下，遇有明火、放电、高温、摩擦等作用，且氧气充足时会发生燃烧或爆炸。粉尘爆炸能产生高温、生成大量的有毒有害气体，对安全生产有极大的危害，应注意采取防爆、隔爆措施。

爆炸性粉尘在空气中，只有在一定浓度范围内才能发生爆炸。能发生爆炸的最低浓度叫爆炸下限，反之叫爆炸上限。粉尘爆炸下限是安环工作控制的重要参数，不同行业粉尘爆炸下限具有一定差异，有关粉尘爆炸下限的测定方法，GB/T16425《粉尘云爆炸下限浓度测定方法》已经做了详细规定。表 2-2 是常见粉尘在空气中的爆炸极限和燃点。

表 2-2　　　　　　　　　　　　常见粉尘爆炸极限点和燃点

粉尘名称	燃点（℃）	爆炸下限（g/m^3）	粉尘名称	燃点（℃）	爆炸下限（g/m^3）
蒽	472	5.04	赛璐珞	125	4.00
萘	565	2.50	醋酸纤维	320	25.00
甲基苯酚	559	1.10	丙酸纤维	460	25.00
对氯苯甲酸	850	10.40	木纤维	775	25.00
苯邻二（甲）酰氯	890	20.80	尿素树脂模压物	450	75.00
对硝基苯（甲）酰氯	675	10.40	邻苯二甲酸	650	15.00
对硝基苯替二乙胺	975	31.20	季戊四醇	450	30.00
4-硝基-2-氨基甲苯	650	5.20	苯二甲酸酐	650	15.00
联苯胺	910	5.20	樟脑	466	10.00
六亚甲基四胺	410	15.00	松香	130	12.60
丙烯醇树脂	500	35.00	硫	232	2.27
香豆酮茚树脂	520	15.00	酸性萘酚黄	1075	104.00
木质素树脂	450	40.00	酸性铬红	920	41.60
酚醛树脂	460	25.00	酸性铬黑 C	900	42.00
虫胶松香树脂	390	15.00	醇溶硝基清漆黄 3	975	41.60
聚乙烯醛缩丁醛树脂	390	20.00	醇溶硝基清漆橙 2KC	975	72.80
石炭酸树脂	460	25.00	油溶棕	1100	5.00
聚乙烯树脂	450	25.00	油溶红 A	910	7.8
聚苯乙烯	490	25.00	钛	480	45.00
合成硬橡胶	320	30.00	钒	500	220.00
有机玻璃	440	20.00	泥炭粉	—	10.1

粉尘名称	燃点 （℃）	爆炸下限 （g/m³）	粉尘名称	燃点 （℃）	爆炸下限 （g/m³）
锆（雾状粉尘产生静电）	—	40.00	凝汽油剂	450	20.00
道氏合金（镁8.5%以上）	430	20.00	噻吩	540	15.00
铁钛（低碳）	370	140.00	面粉	—	30.2
铁硅（89%Si）	860	425.00	棉花	—	25.2
镁-铝（50%～50%）	535	50.00	苯磺酸钠	950	10.40
紫花苜蓿	530	100.00	氨基吡唑酮	825	10.40
棉纤维	440	50.00	硝基苯二甲酸酐	775	5.20
脱水柑皮	490	65.00	2-氯-5-氨基苯甲酸	179	10.40
三叶草籽	470	60.00	显影剂 rCC	925	10.40
谷物淀粉（加工的）	470	45.00	彩色显影剂2	945	52.00
磨碎的干玉米芯	400	30.00	1-苯基-5-巯基四唑	825	10.40
桐籽	540	70.00	苯基氨基硫脲	890	5.20
脱水大蒜	360	100.00	对氨基苯酰氰乙酸酯	830	10.40
脱水豌豆	560	50.00	二甲基氨异苯邻二酸酯	775	10.40
花生壳	570	85.00	对硝基苯酰氰乙酸酸酯	675	10.40
砂糖	410	19	锌	680	500.00
大豆	560	40.00	铝粉末	645	58.0
对甲氧基苯酸	830	5.20	铁	315	120.00
对硝基苯酸	850	10.40	镁	520	20.00
2-羟基萘酸	850	20.80	锰	450	210.00
油溶橙R	890	5.20	硅	775	160.00
油溶升华橙	870	7.80	锡	630	190.00
氯苯甲酰苯甲酸	970	10.40	鱼肝油蛋白	520	45.00
苯甲酰基苯甲酸	890	5.20	硬脂酸铝	400	15.00
氨基氯苯甲酰苯甲酸	885	5.20	烟煤	610	35.00
沥青	—	15.0	煤末	—	114.3
硬沥青	580	20.00	肥皂	430	45.00
虫胶	—	15.0	烟草粉末	—	68.0
二苯基	—	12.6	茶叶粉末	—	32.8
工业用酪素	—	32.8	木粉	430	40.00
染料	—	270.0	软木	470	35
酪素赛璐珞粉尘	—	8.0	硫磺	190	2.3
六次甲基四胺	—	15.0	硫矿粉	—	13.9
I级硬橡胶粉末	—	7.6	硫的磨碎粉末	—	10.1

粉尘名称	燃点 （℃）	爆炸下限 （g/m³）	粉尘名称	燃点 （℃）	爆炸下限 （g/m³）
页岩粉	—	58.0	咖啡	—	42.8
亚麻皮屑	—	16.7	奶粉	—	7.6
电子尘	—	30.0	麦粉	470	60.00
胶木碳	—	7.6	米	490	45.00

（三）粉尘的光学特性（丁达尔效应）

当一束光线透过胶体，从垂直入射光方向可以观察到胶体里出现的一条光亮的"通路"，这种现象叫丁达尔现象，也叫丁达尔效应（Tyndall effect）或者丁铎尔现象、丁泽尔效应、廷得耳效应。丁达尔效应只在胶体中产生，因此其也是区分胶体和溶液的一种常用物理方法。在自然界中，云、雾、烟尘也是胶体，这些胶体的分散剂是空气，分散质是微小的尘埃或液滴。

在含有微小质点，例如胶体质点的浑浊介质中光出现的散射现象。当一束光线从侧面通过溶胶、凝胶、悬浮体、乳浊液时，可产生丁达尔圆锥，即丁达尔效应。丁达尔效应与分散粒子的大小及投射光线的波长有关。当粒子的直径大于入射光波波长时，所发生的为反射作用，当粒子的直径小于入射光波波长时，则发生散射作用，光波可以绕过粒子而向各个方向传播，散射出来的光即谓乳光。

不同粉尘具有不同的光学性质，对自然光的吸收、反射、散射和偏光性质不同。人们可以利用这些性质，采用各种测尘仪器对粉尘进行观测、分析。丁达尔计测尘即用上述原理。偏光显微镜则利用粉尘晶体的偏光性质，对粉尘进行观察研究。同一光线经过折射率不同的介质，其相位发生变化的差别即相差，光线的相差肉眼一般不能见到，相位差显微镜利用衍射和干扰现象，把相差变为明暗之差，使肉眼可见，从而进行研究。

（四）粉尘的电物理特性

1. 粉尘的导电机理

粉尘的导电机理主要是体积（或容积）导电和表面导电。

体积导电是在高温（约高于200℃）状况下，粉尘靠本体内的电子或离子进行的导电。它主要取决于物质的化学组成，一般具有相似组成的飞灰，体积导电性随钠和锂含量的增多而增强，表明钠和锂离子含量是主要的电荷载体。

表面导电是在低温（约低于100℃）状况下，粉尘靠表面吸附的水分和化学膜进行导电，表面导电随表面吸附的水分和化学膜的增多而增强，表明表面吸附的水分和化学膜是主要的电荷载体。

2. 粉尘的比电阻与荷电性

由于天然辐射，离子或电子附着，尘粒之间或粉尘与物体之间的摩擦使尘粒带有电荷。其带电量和电荷极性（负或正）与工艺过程环境条件、粉尘化学成分及其接触物质的电介常数等有关。尘粒在高压电晕电场中，依靠电子和离子碰撞或离子扩散作用使尘粒得到充分的荷电。当温度低时，电流流经尘粒表面称表面导电；温度高时，尘粒表面吸附的湿蒸汽或气体减少，施加电压后电流多在粉尘粒子体中传递，称体积导电。粉尘成分、粒度、表面状况等决定粉尘的导电性。

荷电性是指粉尘能被荷电的难易程度。荷电量大小与粉尘的成分、粒径、质量、温度、湿度等荷电对其凝聚与沉积有影响。

衡量粉尘荷电性的指标为比电阻，它反映粉尘的导电性能，是粉尘的重要特性之一，对电除尘有重大影响。粉尘的电阻乘以电流流过的横截面积并除以粉尘层厚度称为粉尘的比电阻，单位为 cm·Ω。简言之，面积为 $1cm^2$、厚度为 1cm 的粉尘层的电阻称为粉尘的比电阻，亦称电阻率。

粉尘比电阻采用圆板电极法测定。其计算式为

$$\rho = \frac{V}{I} \times \frac{A}{d} \tag{2-83}$$

式中　ρ——粉尘的比电阻，Ω·cm；

　　　V——施加在粉尘层上的电压，V；

　　　I——通过粉尘层的电流，A；

　　　A——粉尘层的面积，cm^2；

　　　d——粉尘层的厚度，cm

粉尘比电阻受许多因素影响，如粉尘性质、粉尘层的孔隙率、粉尘的粒径、温度和湿度等。粉尘比电阻对电除尘有很大影响，是除尘的依据。通常电除尘适应的粉尘比电阻在 $10^4 \sim 10^{11}$Ω·cm 范围内。

（五）粉尘的电化学特性

粉尘的电化学特性主要指粉尘的溶解度、pH 化学活性、表面电性、电导率、降解和残留等。

粉尘在水介质中的 pH 值/电导率比值与其粒度细度成正相关关系，但粒度效应在不同成分粉尘间存在差异，其中以多孔状颗粒粉尘差异较为明显。电导率对温度的变化较为敏感，其最大值出现在 60℃ 左右，超细粉尘的极值点提前至 50℃ 左右，在 80℃ 以后电导率出现大幅下降拐点。对于 pH 值随温度有逐渐上升的趋势，通常在 100℃ 左右达到最大。pH 值/电导率随时间的增长而逐渐增大，并且随时间推移接近平衡时趋向稳定值。

粉尘看作矿物时的溶解是一个包含微粒、胶粒、络合离子和离子化的复杂过程，可以用水溶液电导率和 pH 值的大小及其变化来表征粉尘矿物质在水中的溶解性能。溶解速率受粒度、表面活性、温度、浓度差、时间等因素影响，这是不同矿物的溶解性能（溶解度和溶解速率）不同的本质。

第三节　气溶胶颗粒

气态介质和悬浮在这种连续介质里的分散粒子所组成的系统称为气溶胶。最常见的气态介质是空气，此外还有空气和蒸气（例如水蒸气）的混合物以及其他气体。气溶胶粒子有固态的和液态的。气溶胶粒子的尺度一般处于 $10^{-8} \sim 10^3 \mu m$ 的范围内。在工程技术中，特别是环境工程中，为区别于洁净空气，通常用含尘气体或污染气体来称呼气溶胶。从流体力学角度，气溶胶实质上是气态为连续相，固、液态为分散相的多相流体。

气溶胶能够引起丁达尔效应，气溶胶中的粒子具有很多特有的动力性质、光学性质、电

学性质。比如布朗运动、光的折射、彩虹、月晕之类都是因为光线穿过大气层而引起的折射现象，而大气中含有很多的粒子，这些粒子就形成了气溶胶。

气溶胶在医学、环境科学、军事学方面都有很大的应用。在医学方面应用于治疗呼吸道疾病的粉尘型药的制备，因为粉尘型药粉更能够被呼吸道吸附而有利于疾病的治疗。环境科学方面比如用卫星检测火灾。在军事方面比如制造气溶胶烟雾来防御激光武器。

在除尘技术中，是通过一些技术措施捕集分离气溶胶中的固态或液态颗粒的，因此在讨论除尘装置之前，有必要研究气溶胶的分类、气溶胶颗粒的大小和形状、气溶胶颗粒在不同力场中的运动规律等。

一、气溶胶的分类及颗粒间作用

（一）气溶胶的分类

气溶胶按其来源可分为一次气溶胶（以微粒形式直接从发生源进入大气）和二次气溶胶（在大气中由一次污染物转化而生成）。它们可以来自被风扬起的细灰和微尘、海水溅沫蒸发而成的盐粒、火山爆发的散落物以及森林燃烧的烟尘等天然源，也可以来自化石和非化石燃料的燃烧、交通运输以及各种工业排放的烟尘等人为源。

1. 按气溶胶来源分类

按照气溶胶的来源可分为天然气溶胶、生物气溶胶、工业气溶胶。

（1）天然气溶胶：云、雾、霭、烟、海盐等天然气溶胶。

（2）生物气溶胶：微粒中含有微生物或生物大分子等生物物质的称为生物气溶胶，其中含有微生物的称为微生物气溶胶。

（3）工业气溶胶：有杀虫剂、消毒剂和卫生消毒剂、洗涤剂和清洁剂、蜡、油漆和发胶。

2. 按气溶胶颗粒形成过程分类

按气溶胶颗粒形成过程可分为机械分散系和凝结分散系。

（1）机械分散系。固体或液体经机械作用形成颗粒状或粉末状，再经气流的震荡、流动等作用由粉末状转化成悬浮状态而悬浮于气体介质中的，称为机械分散系。机械分散系的气溶胶颗粒一般比较粗。

（2）凝结分散系。固体或液体经过高温燃烧转化为气态，或直接升华为气态，当温度下降或饱和而凝结为悬浮状的气溶胶的，称为凝结分散系。一般固体物质经熔融、蒸发或升华为气态而又凝结成为固体微小颗粒者，称这微小颗粒为"臭（fume）"，臭的形状一般都呈不规则形状，如果凝结成为液体小珠，则称为液珠，一般为星球形。

3. 按气溶胶颗粒的物态分类

气溶胶是以气体作为分散介质的分散体系，按照分散相分类，可以分为液相或固相。液相气溶胶如酸雾、喷雾液等；固相气溶胶如烟、尘等。

作为除尘技术中除尘对象的气溶胶颗粒，一般称为粉尘或尘埃。常见的大气污染物的气溶胶如下：

（1）粉尘：指气体介质中悬浮的固体小粒子。粉尘通常由固态物质的破碎、分级、研磨等机械过程生成，也可能由土壤的风蚀和岩石风化生成，颗粒的尺寸范围一般为 $1\sim200\mu m$。属于粉尘类的大气污染物的种类很多，如黏土粉尘、石英粉尘、煤粉、水泥粉尘、各种金属粉尘等。

（2）烟臭：指冶金过程中生成的固态粒子气溶胶，是由熔融物料中升起的蒸气在空气中凝结而成。烟炱粒子的尺度为 0.01～1μm。

（3）黑烟：指由燃烧产生的能见气溶胶。

（4）微滴：指在静止气体中能沉降，在紊流条件下能保持悬浮的小液体粒子，其主要尺度范围在 200μm 以下。

（5）轻雾或霭：指气体中微滴悬浮体的总称。这是一个不严格的名称。与轻雾相对应的气象学能见度小于 2km 但大于 1km。

（6）雾：指气体中微滴悬浮体的总称，与雾相对应的气象学能见度小于 1km。

（7）化学烟雾：又分为硫化烟雾和光化学烟雾。

（8）硫化烟雾：二氧化硫或其他硫化物与未燃烧的煤粉及高浓度液珠混合后起化学作用而形成。硫化烟雾又称为伦敦型化学烟雾或经典化学烟雾，硫化烟雾引起的刺激作用和生理反应等危害，要比 SO_2 气体大得多。

（9）光化学烟雾：汽车尾气经光化作用而形成的再生污染质，亦称洛杉矶型化学烟雾。光化学烟雾的刺激性和危害要比一次污染物强烈得多。

4. 环境空气质量标准中的分类

在我国的环境空气质量标准中，还根据粉尘颗粒的大小。将其分为总悬浮颗粒物、可吸入颗粒物和细颗粒物（PM2.5）。

（1）总悬浮颗粒物（TSP）：指环境空气中，空气动力学当量直径不大于 100μm 的颗粒物。

（2）可吸入颗粒物（PM10）：指环境空气中，空气动力学当量直径不大于 10μm 的颗粒物。

（3）细颗粒物（PM2.5）：指环境空气中，空气动力学当量直径不大于 2.5μm 的颗粒物。

粉尘在大气中根据其大小，可以长期漂浮在空中，也可以很快沉降到地面。烟与炱是燃烧的产物，有时经光化作用再生成为光化气溶胶，大小从 0.1～10μm，如金属炱、油珠、沥青珠、硫酸雾珠等，能长期悬浮在大气中，故称为飘尘。而在机械分散系中，由机械作用破碎的尘屑在 10μm 以上，且在大气中经重力作用很快就沉降者，称为降尘。

PM2.5 也称为可入肺颗粒物，它的直径还不到人头发丝粗细的 1/20。虽然 PM2.5 只是地球大气成分中含量很少的组分，但它对空气质量和能见度等有重要的影响。与较粗的大气颗粒物相比，PM2.5 粒径小，富含大量的有毒、有害物质，且在大气中的停留时间长、输送距离远，因而对人体健康和大气环境质量的影响更大。

（二）气溶胶颗粒大小及颗粒之间的作用

气溶胶颗粒一般在 $10^{-8}～10^{3}μm$。根据牛顿万有引力定律：两物体之间存在着吸力，吸力大小与两物体的质量乘积成正比，而与距离成反比。而分子或原子之间的距离越小又并非吸力越大，在很小距离内反而会存在一排斥力。因此，原子之间的相互作用与其用力的关系表示，用位能表示更易理解。

力 F 与位能关系表达式：

$$F = \frac{D(位能)}{d(距离)} \qquad (2-84)$$

即在任意位置上任意两原子之间的作用力（可能是斥力也可能是吸力）等于在该位置点位能曲线上导数的负值。当两原子相距很远时，它们之间所具有的位能为零，它们之间的作用力也是零。

当位能达到最小值时所处的距离为 d_0，它们之间的作用力也是零。这个距离可以是原子的间距或分子的间距，这个距离就是两个原来处于静止的原子由很远距离彼此逼近的最小距离。

由此可知，宏观规律到微观世界有本质的不同，而气溶胶颗粒研究对象是 $10^{-8}\sim10^{3}\mu m$ 这个范围很宽的系统，从它的下限转到上限时，不仅气溶胶的全部物理性质会有量的变化，而且表示这种变化规律性的本身也有质的改变。

气溶胶既然是气体介质中悬浮着的固态或液态颗粒，根据气体分子运动理论，气体分子在一定温度与一定压力下，以一定速度做不规则运动，按统计规律，分子运动自由路径长度有一平均值，称为平均自由程 λ。在常温常压下，空气的平均自由程 λ 约为 $0.1\mu m$，而相应可见光的平均波长 l 为 $0.55\times10^{-1}\mu m$。因而，气溶胶的几种重要物理性质规律，会随着气溶胶颗粒大小的改变而改变，而改变阶段是与气体分子平均自由程有联系的，或与可见光的平均波长相联系。

二、气溶胶的浓度

气溶胶颗粒群体的性质除表现在分散度外，颗粒在气体介质中的浓度也是很重要的一种性质。在除尘技术中，有时用气体的颗粒荷载来描述气体中的颗粒含量，一般是指气体中的颗粒总质量，更确切地描述颗粒的含量是用浓度的概念。

（一）四种浓度表达方法

1. 质量浓度 C_m

即颗粒的质量 m_p 除以运载流体的质量 m_f 与颗粒质量 m_p 的总和。

$$C_m = \frac{m_p}{m_p + m_t} \tag{2-85}$$

2. 体积浓度 C_v

即颗粒的体积 V_p 除以运载流体体积 V_f 与颗粒体积 V_p 的总和。

$$C_V = \frac{V_p}{V_f + V_p} \tag{2-86}$$

3. 质量体积浓度 C_{mv}

即颗粒的质量 m_p 除以运载流体体积 V_f 与颗粒体积 V_p 之和。

$$C_{mV} = \frac{m_p}{V_p + V_f} \tag{2-87}$$

4. 体积浓度 C_{ppm}

体积浓度以百万分之几表示。一般都用于气体的污染质。

$$C_{ppm} = \frac{V_w}{V_a} \times 10^6 \tag{2-88}$$

式中　　V_a ——空气的体积，m^3；

　　　　V_w ——污染质的体积，m^3；

　　　　C_{ppm} ——实质上为每立方米空气中含若干毫升的气体污染质。

（二）不同浓度的换算

不同浓度之间存在如下基本关系

$$m_p = \rho_p V_p$$

$$m_f = \rho_f V_f \ \text{或} \ m_a = \rho_a V_a$$

解式（2-86）中的 V_p/V_f 得出

$$\frac{V_p}{V_f} = \frac{C_V}{1 - C_V} \tag{2-89}$$

把这些方程应用于式（2-85），则 C_m 与 C_V 的关系式为

$$C_m = \frac{\rho_p C_V}{\rho_f(1 - C_V) + \rho_p C_V} \tag{2-90}$$

而由式（2-86）、式（2-87）得出 C_{mV} 与 C_V 的关系为

$$C_{mV} = \rho_p C_V \tag{2-91}$$

一般在污染质的浓度较小及颗粒密度较大的情况下，可用近似公式，即式（2-89）和式（2-90）近似为

$$\frac{V_p}{V_f} \approx C_V$$

$$C_m \approx \frac{\rho_p}{\rho_f} C_V$$

从式（2-88）与式（2-89）可以得出 C_V 与 C_{ppm} 的关系，即

$$C_V = \frac{C_{ppm}}{10^6 + C_{ppm}} \approx 10^{-6} C_{ppm} \tag{2-92}$$

如果运载气流完全是气体，则按式 $\rho_f = \dfrac{P}{RT}$ 计算，对于空气 $R=287\text{J}/(\text{kg}\cdot\text{K})$，其中 P 为混合气体的压力。对于气体及蒸气污染质浓度很小时，完全气体的气体方程仍可用，则

$$\rho_w = \frac{PM_w}{8314.3T} \tag{2-93}$$

式中　M_w ——污染质的相对分子质量；

　　　P ——混合物的压力。

设流经断面的体积流量为 Q，则质量流量为

$$M_w = C_{mV} Q \tag{2-94}$$

三、气溶胶的流体阻力

（一）绕流阻力

当气溶胶颗粒在整个气溶胶处于运动状态下，即使在紊流的情况下，气流的流线与粉尘颗粒的运动轨迹之间，可能出现两种情况：

（1）速度大小与方向完全相同。

（2）两者速度大小不一致，方向也不一致。

前者只有在理想状态下才会实现，后者则会导致粉尘颗粒与运载气体之间的相对运动。

流体微团的运动方向与颗粒运动方向一致，但流体速度 u_0 大于颗粒速度 v_0，即 $v_0 < u_0$。这样可以简化为粉尘颗粒不动，而流体以 $u_0 - v_0$ 的速度运动。同理，若 $v_0 > u_0$，可简化为流体不动，而颗粒以 $v_0 - u_0$ 的速度运动。若气流与颗粒的运动方向不一致，则两者的速度矢量

差值代表相对速度的矢量。经上述简化，粉尘颗粒在气流中就会出现流体阻力 F_D，即绕流阻力。

流体阻力与粉尘颗粒的形状及颗粒处于流场的相对位置有关。绕流阻力可分为形状阻力 F_x 与摩擦阻力 F_m，摩擦阻力可用附面层理论求解，形状阻力一般靠实验来确定，绕流阻力的计算式如下：

$$F_D = C_D A \frac{\rho u^2}{2} \tag{2-95}$$

式中　　F_D——物体所受的绕流阻力；

　　　　C_D——无量纲的阻力系数；

　　　　A——物体的投影面积，如主要受形状阻力时，采用垂直于来流速度方向的投影面积；

　　　　u——颗粒与流体之间的相对运动速度；

　　　　ρ——流体的密度。

（二）流体阻力系数

关于流体阻力系数 C_D 的求法，可进一步简化颗粒的形状为球形，然后求球形体的阻力系数 C_D。

1. 层流区

设球形体做匀速直线运动，如果流动的雷诺数 $Re_p = \dfrac{u d_p}{v}$（d_p 为圆球直径）很小，在忽略惯性力的前提下，可以推导出

$$F_D = 3\pi\mu d_p u \tag{2-96}$$

式（2-96）称为斯托克斯公式。

此时，颗粒处在斯托克斯区，即层流区。

若用式（2-96）来表示，则

$$F_D = 3\pi\mu d_p u = \frac{24}{\dfrac{u d_p \rho}{\mu}} \times \frac{\pi d_p^2}{4} \times \frac{\rho u^2}{2} \times A \times \frac{\rho u^2}{2}$$

由此得

$$C_D = \frac{24}{Re_p} \tag{2-97}$$

如果以雷诺数为横坐标。C_D 为纵坐标，绘在对数坐标纸上，则式（2-97）是一条直线。若把不同雷诺数下的实测数据绘在同一图上，则在 $Re_p < 1$ 的情况下，斯托克斯公式是正确的。但这样小的雷诺数只能出现在黏性很大的流体（如油类），或黏性虽不大但球体直径很小的情况。故斯托克斯公式只能用来计算空气中微小尘埃或雾珠运动时的阻力。在此区间内大致认为粒径范围为 $1\mu m < d_p < 100\mu m$。

2. 湍流过渡区

当 $1 < Re_p < 500$ 时，因惯性力不能完全忽略，因此斯托克斯公式就不适用了。此时，是层流向一紊流的转变过程，称为湍流过渡区。

可用伯德（Bird）公式计算，即

$$C_D = \frac{18.5}{Re_p^{0.6}}$$ （2-98）

在该区内，粒径为100μm＜d_p＜1000μm

3. 紊流区

当500＜Re_p＜10^6时，颗粒运动处于湍流状态，该区为紊流区，亦即通常所说的牛顿区域。C_D几乎不随Re_p变化，此时可认为$C_D = 0.44$。

在该区内，粒径为d_p＞1000μm

4. 滑动修正系数

当粉尘颗粒很小时，大约小于1μm的微细颗粒时，它的大小已经接近气体分子的自由程λ（0.1μm），此时再把气体假设为连续介质就不够准确了。在这种情况下，流体对粉尘颗粒的阻力将比按照经典连续假设的斯托克斯理论值要小一些，肯宁汉（Cunningham）在1910年根据气体运动理论分析，粉尘颗粒在连续介质中会出现"滑动"现象，并提出了肯宁汉修正值，亦称肯宁汉系数，符号为C。

$$C = 1 + K_n\left[1.257 + 0.400\exp\left(-\frac{1.10}{K_n}\right)\right]$$ （2-99）

肯宁汉系数的值取决于努森（Knudsen）数$K_n = 2\lambda/d_p$，其值适用于常压下的空气中，温度应小于80C。

流体阻力的计算公式为：$F_D = \frac{3\pi\mu d_p u}{C}$

气体分子平均自由程可按式（2-100）计算，即

$$\lambda = \frac{\mu}{0.499\rho_f\bar{v}} = \frac{v}{0.499\bar{v}}$$ （2-100）

$$\bar{v} = \sqrt{\frac{8RT}{\pi M}}$$ （2-101）

式中　μ——动力黏滞系数；

　　　$\bar{v}$——气体分子的算术平均速度；

　　　R——通用气体常数，$R = 8.314$J/（mol·K）；

　　　T——气体温度，K；

　　　M——气体的摩尔质量，kg/mol。

肯宁汉系数C与气体的温度、压力和颗粒大小有关，温度越高、压力越低、粒径越小，C值就越大。据粗略估计，在293K和101325Pa下，$C = 1 + 0.165/d_p$，其中d_p的单位为μm。

四、气溶胶输运性质

气溶胶输运也就是粒子在空气中进行沉降、扩散、电迁移和热泳等各种形式的运动，输运理论是气体净化装置和气溶胶采样器设计的基础，粒子物质在大气中脱除也是种输运过程。

（一）气溶胶粒子的沉降

除尘过程的机理就是在某种力的作用下，使尘粒相对气流产生一定的位移，并从气流中分离沉降下来。颗粒的尺度体系不同，则作用在颗粒上的力不同，对颗粒的动力学影响不同。

颗粒捕集过程所要考虑的力有外力、流体阻力和相互作用力。外力一般包括重力、离心力、惯性力、静电力、磁力、热力和泳力等，声波、核力等也可能存在。作用在颗粒上的流体阻力，对所有捕集过程来说都是最基本的作用力。颗粒间的相互作用力，在颗粒浓度不很高时皆可忽略。下面即对流体阻力和在重力、离心力、静电力、热力和惯性力等作用下颗粒的沉降规律做一简单介绍。

1. 气溶胶粒子的重力沉降

设一粉尘颗粒在气体中从静止位置开始做重力沉降。起始沉降速度 $u=0$。颗粒只受重力作用力及流体对颗粒的浮力，因 $u=0$，故流体阻力 $F_D=0$。向下的有效作用力为

$$F = \frac{1}{6}\pi d_p^3(\rho_p - \rho)g$$

根据牛顿第二定律，从静止开始颗粒以重力加速度 g 的加速状态做加速沉降运动，只要颗粒沉降过程中有一沉降速度 u，则必定产生流体阻力 $F_D = C_D A \dfrac{\rho u^2}{2}$，这个阻力是速度的函数。如果颗粒很小，整个沉降过程都是在层流范围，则阻力与速度的一次方成正比，如果是紊流沉降，颗粒从静止位置开始沉降以后，随着有沉降速度 u 的增加，阻力也随之增大，故在加速沉降过程中，先是 $F_D < F$，最后是 $F_D = F$，则沉降速度 u 达到最大的沉降速度 u_s，称为末端沉降速度。于是加速过程结束，进入匀速沉降过程。

2. 加速沉降过程

在加速过程中，沉降速度 u 是随时间 t 变化的。根据牛顿运动定律，粒子向下的净加速度 du/dt 与其质量 m_p 之积应等于所受各力之和，因而有

$$m_p \frac{du}{dt} = F_g - F_b - F_D = g(m_p - m_f) - F_D \tag{2-102}$$

式中　u ——粒子的沉降速度；

$\quad\quad t$ ——粒子的沉降时间；

$\quad m_p$ ——粒子质量；

$\quad F_g$ ——重力，$F_g = g m_p$；

$\quad F_b$ ——浮力，$F_b = g m_f$；

$\quad m_f$ ——粒子取代的流体质量。

对于球形粒子，$m_p = \dfrac{\pi}{6}\rho_p d_p^3$，$m_f = \dfrac{\pi}{6}\rho_f d_p^3$，代入式（2-102）得

$$\frac{du}{dt} = g\left(\frac{\rho_p - \rho_f}{\rho_p}\right) - \frac{F_D}{m_p} = g\left(\frac{\rho_p - \rho_f}{\rho_p}\right) - \frac{3}{4}C_D \times \frac{\rho_f}{\rho_p} \times \frac{u^2}{d_p} \tag{2-103}$$

为了将式（2-103）变成无量纲形式，用 $uRe_p / \rho_f d_p$ 代替 u，并引入两个描述流体-粒子系统的性质的参数：伽利略数和弛豫时间。

伽利略数为

$$G_a = \frac{4}{3}g\frac{(\rho_p - \rho_f)\rho_f d_p^3}{u^2} \approx \frac{4}{3} \tag{2-104}$$

$$（对于 \rho_f \ll \rho_p）$$

弛豫时间为

$$\tau = \frac{\rho_p d_p^2}{18\mu}$$ （2-105）

则粒子运动方程式（2-103）最后变成

$$\frac{\mathrm{d}Re_p}{\mathrm{d}t} = \frac{G_g - C_D Re_p^2}{24\tau}$$ （2-106）

在 $t = 0$ 时，取 $u = u_0$，$Re_p = Re_{p0}$，其解应为积分，即

$$t = 24\tau \int_{Re_{p0}}^{Re_p} \frac{\mathrm{d}Re_p}{G_a - C_D Re_p^2} = \frac{4\rho_p d_p^2}{3\mu} \int_{Re_{p0}}^{Re_p} \frac{\mathrm{d}Re_p}{G_a - C_D Re_p^2}$$ （2-107）

对上式的积分，C_D 的情况不同会有不同结果。

当流体的阻力在层流范围内。即斯托克斯粒子，运用式（2-97）积分，积分从 $Re_p = 0$ 到 Re_p，则

$$t = \tau \ln \frac{Re}{Re_s - Re}$$ （2-108）

对于斯托克斯粒子，$C_D Re_p^2 = 24Re_p$

对于同一颗粒及同一流体，式（2-108）用速度来表示，即

$$t = \tau \ln \frac{u}{u_s - u}$$ （2-109）

式中　　u_s——粒子获得的稳定向下的沉降速度，即末端沉降速度。

粒子垂直运动微分方程的重要情况是当 $\mathrm{d}u/\mathrm{d}t$ 时的状态，这也是相当于 $\mathrm{d}(Re_p)/\mathrm{d}t = 0$，并代表一种稳定运动状态。实质上这可以理解为粒子达到了一个稳定的垂直向下的速度，称为 u_s。若粒子初始速度 $u_0 > u_s$，粒子将减速，若 $u_0 < u_s$，粒子将加速，直到达到 u_s 为止，因此称 u_s 为粒子的末端沉降速度。达到末端沉降速度的条件是 $G_a = C_D Re_p^2$。

从理论上说，沉降速度达到末端沉降速度的时间，按照式（2-109）计算将为无穷大。实际上，在重力作用下，沉降时间 $t = 5\tau$ 时，粒子的速度 u 已达到末端沉降速度 u_s 的 99.3% 以上，以至在实际中大多数粒子可以看成为全部时间皆以其末端沉降速度沉降。

3. 均匀沉降过程

对于均匀沉降过程为 G（重力）$= F_D$ 的情况，则

$$\frac{1}{6}\pi d_p^3 (\rho_v - \rho_f) g = C_D \frac{\pi d_p^2}{4} \cdot \frac{\rho_f u_s^2}{2}$$

故

$$u_s = \sqrt{\frac{4}{3C_D} \times \frac{(\rho_p - \rho_f) d_p}{\rho_f} g}$$ （2-110）

（1）层流范围。如果全部沉降过程都是在层流范围，即 $Re_p < 1$（更严格地说应该是 $Re_p < 0.2$），则 $C_D = \dfrac{24}{Re_p}$ 或 $F_D = 3\pi\mu d_p u_s$，故

$$u_s = g \frac{(\rho_p - \rho_f)d_p^2}{18\mu} \tag{2-111}$$

u_s 又称为斯托克斯沉降速度。

（2）紊流范围。如果沉降在紊流范围。即 $Re_p > 500$，则取 $C_D = 0.44$。沉降速度为

$$u = u_s = 1.73 \sqrt{\frac{(\rho_p - \rho_f)d_p}{\rho_f}g} \tag{2-112}$$

（3）层流范围的极限。在计算沉降速度时，仅知颗粒大小与流体密度还不可能直接计算。因 Re_p 值在哪一沉降范围仍不知道。现计算一下在层流沉降范围内允许的最大颗粒粒径。假设 $Re_p \leqslant 1.0$ 是层流沉降范围，则

$$u_s = \frac{(\rho_p - \rho_f)d_p^2}{18\mu}g \approx \frac{g\rho_p d_p^2}{18\mu} \tag{2-113}$$

$$Re = \frac{\rho_f d_p u_s}{\mu} = \frac{\rho_p \rho_f d_p^3 g}{18\mu^2} \leqslant 1.0$$

对于标准状态下的空气，$\mu = 1.84 \times 10^{-5} \text{kg/(m·s)}$，$\rho_f = 1.185 \text{kg/m}^3$，代入上式，得

$$d \leqslant \frac{136.8}{\sqrt[3]{\rho_p}}$$

根据不同的 ρ_p 值，即可算出最大粒径 d_p。

一般锅炉飞灰的密度约为 1200kg/mm^3，则粒径在 $100\mu\text{m}$ 以下，属于层流范围，可用斯托克斯公式进行计算。

4. 颗粒群体的沉降

颗粒群体的沉降与考虑单一颗粒的沉降情况有所不同。而作为群体的粉尘颗粒，若浓度超过某一极限时，颗粒之间会引起干扰。根据分析实验，如粉尘的体积浓度 $C_V < 2000\text{cm}^3/\text{m}^3$，即 $C_{ppm} < 2000 \times 10^{-6}$ 的浓度，彼此的干扰可以忽略不计，即相当于 $\rho_p = 2000\text{kg/m}^3$ 的气溶胶质量浓度在 $4 \times 10^6 \text{mg/m}^3 \text{ m}$ 以下，群体颗粒的沉降与单一颗粒沉降一样，而一般环境保护所遇到的粉尘浓度都在此范围以下。例如：火电站排出的粉尘 $10 \times 10^3 \sim 100 \times 10^3 \text{mg/m}^3$；高炉排放粉尘 $10 \times 10^3 \sim 50 \times 10^3 \text{mg/m}^3$。

5. 气溶胶粒子的离心沉降

离心力是用以获得颗粒同气体分离的一种简单机制，它比单独靠重力获得的分离力大得多，因而也有效得多。此外，离心力也是惯性碰撞和拦截作用的主要分离机制之一，但这些都属于非稳态运动的情况，

随着气流起旋转的球形颗粒，所受离心力可用牛顿公式确定，即

$$F_c = \frac{\pi}{6}d_p^3 \rho_p \frac{v_t^2}{R_L} \tag{2-114}$$

式中　R_L——旋转气流流线的半径，m；

　　　v_t——R_L 处气流的切向速度，m/s。

在此离心力作用下，颗粒将产生离心的径向运动（垂直于切向）。若颗粒的运动处于斯

托克斯区域，则颗粒所受的向心的径向阻力可用斯托克斯公式 [式（2-96）] 计算，颗粒所受离心力和向心阻力平衡时，便得到颗粒的终末离心沉降速度，即

$$u_n = \frac{d_p^2 \rho_p v_t^2}{18 \mu R_L}$$ （2-115）

处于紊流体系的颗粒要应用上式时，还应在分子中乘以肯宁汉系数 C。

离心力与重力之比为一无量纲数，一般称为离心分离因数 SF，亦称为弗鲁德（Froude）数 Fr，其定义式为

$$SF = \frac{v_t^2}{g R_L} = Fr^2$$ （2-116）

根据涡旋流定律，旋风除尘器中外涡旋流的切间速度 v_t 与其旋转半径 R 的 n 次方成反比，即

$$v_t R^n = 常数$$ （2-117）

式中　n——涡旋指数，$n \leqslant 1$，可用阿列克山德（Alexander）提出的经验公式估算。即

$$n = 1 - (1 - 0.67 D^{0.14}) \left(\frac{T}{283} \right)^{0.3}$$ （2-118）

式中　D——旋风除尘器的直径，m；

　　　T——气体的温度，K。

施特劳斯（Strauss）给出球形颗粒由初始旋转直径 D_i 至终了旋转直径 D_0 的漂移时间，即

$$t = \frac{9}{4} \left(\frac{\mu}{\rho_p - \rho} \right) \left(\frac{D_0}{v_{t0} d_p} \right) \left[1 - \left(\frac{D_i}{D_0} \right)^4 \right]$$ （2-119）

式中　v_{t0}——出口处的切向速度。

6. 气溶胶粒子的静电沉降

在强电场中，如在电除尘器中，荷电的颗粒将以某一电力驱进速度 ω 沿电场方向运动。在稳定状况下，如果忽略重力和惯性力的作用，荷电颗粒所受的力主要是静电力（即库仑力）和空气阻力。静电力为

$$F_e = q E_p$$ （2-120）

式中　q——颗粒的荷电量，C；

　　　E_p——颗粒所处位置的电场强度，V/m。

颗粒的荷电量为其所带（基）元电荷数 n 与（基）元电荷 $e(e = 1.60 \times 10^{-19} C)$ 之积，即

$$q = ne$$

对连续体系的颗粒，气流阻力可按斯托克斯公式确定。

则粒子运动的速度可按下列微分方程进行计算，即

$$m \frac{dv}{dt} = q E_p - 3 \pi \mu d_p \omega$$ （2-121）

式中　m——粒子的质量；

　　　ω——粒子的驱进速度；

d_p——粒子的半径；

μ——气体的动力黏滞系数。

解式（2-121），可得

$$\omega = \frac{qE_p}{3\pi\mu d_p}\left[1 - e^{-\frac{3\pi\mu d_p t}{m}}\right] \tag{2-122}$$

对于静电沉降，指数 $3\pi\mu d_p / m$ 对所有粒子都是很大的。例如对粒径为 $10\mu m$、密度为 $1g/cm^3$ 的球形粒子，则

$$\frac{3\pi\mu d_p}{m} = \frac{3\pi\mu d_p}{\frac{1}{6}\pi d_p^3} = \frac{18\mu}{d_p^2} = \frac{9 \times 1.8 \times 10^{-5}}{2 \times (5 \times 10^{-6})^2} = 3.24 \times 10^6$$

可见指数项完全可以忽略。消去推数项等于忽略式（2-122）中的惯性力 $md\omega/dt$，这个简化是合理的，因为粒子达到最终速度的时间远比粒子在静电场中停留的时间短得多。经简化后，驱进速度可以写为

$$\omega = \frac{qE_p}{3\pi\mu d_p} = \frac{\varepsilon_p}{\varepsilon_p + 2}\frac{\varepsilon_0 d_p E_0 E_p}{\mu} \tag{2-123}$$

该式说明：粒子的驱进速度正比于荷电场强 E_0、收集场强 E_p 和粒子半径，但与气体黏滞系数 μ 成反比。

式（2-123）中令 $K_p = q / (3\pi\mu d_p)$，称为颗粒的电迁移率，单位为 $m^2/$（$V \cdot s$），表示电场强度为 $1V/m$ 时颗粒的迁移速度。

对滑流体系的颗粒，应加以肯宁汉系数 C，则式（2-123）变为

$$\omega = \frac{qE_p C}{3\pi\mu d_p} = K_p E_p C \tag{2-124}$$

非稳定态颗粒的电力驱进速度 ω，在颗粒向集尘电极运动的初速度为零时，可按式（2-125）求出

$$\omega' = \omega\left[1 - \exp\left(-\frac{t}{\tau}\right)\right] \tag{2-125}$$

式中 τ——按式（2-105）给出的弛豫时间。

在实际的除尘器中，粉尘粒子的运动是十分复杂的，由理论计算所得到的驱进速度与实际的驱进速度有较大的差别，这是因为理论的抽象与实际情况有较大差别所造成的。

各种粒径的气溶胶粒子的驱进速度比其在重力场中的最终沉降速度大很多倍。例如，对于 $10\mu m$ 的粒子，驱进速度是最终沉降速度的 37 倍，粒径越小，此倍数越大，当粒径为 $0.1\mu m$ 时，二者之比为 35000 倍。

7. 壁效应

前面所讨论的内容都是在无限大流场中是正确的，对于具有约束条件的场合，斯托克斯定律及粒子最终沉降速度需要加以修正。

粒子在有界流体中运动时，绕粒子的流线受到边界的干扰，其影响大小与边界的类型有关。对下面三种情况已从理论上和实验上建立了修正斯托克斯定律的关系：粒子在单一墙壁附近运动；粒子在两平行墙壁之间运动；粒子沿无限长圆柱体的轴向运动。

近墙的流体阻力 F_w 可由斯托克斯阻力 F 除以边界修正系数 K 来计算，即

$$F_w = F/K \qquad (2-126)$$

三种情况的修正系数由下列各式给出。

（1）球体平行无限扩展的平面墙运动为

$$K = 1 - \frac{9d_p}{16l} \qquad (2-127)$$

式中　l——与墙的距离，μm。

（2）球体运动于两平行壁之间，离壁等距离 l，即

$$K = 1 - 1.004\frac{d_p}{l} + 0.418\left(\frac{d_p}{l}\right)^3 - 0.169\left(\frac{d_p}{l}\right)^6 \qquad (2-128)$$

该方程的适用范围为 $d_p/l < 1/20$，d_p/l 较大时，式（2-128）计算的阻力值过低。

（3）球体沿无限长圆柱体的轴向运动，直径为 D，即

$$K = 1 - 2.104\frac{d_p}{D} + 2.09\left(\frac{d_p}{D}\right)^3 - 0.95\left(\frac{d_p}{D}\right)^6 \qquad (2-129)$$

式（2-129）只适用于 $d_p/D < 0.25$ 的情况。

弗兰西斯于 1933 年得出了计算具有器壁约束条件时的粒子最终沉降速度的公式，如果容器直径为 D，粒径为 d_p，受器壁影响的粒子最终沉降速度为 u_{st}'，则：

$$\frac{u_{st}'}{u_{st}} = \left(1 - \frac{d_p}{D}\right)^{2.25} \quad \frac{d_p}{D} < 0.83 \quad Re < 1 \qquad (2-130)$$

（二）气溶胶的扩散

了解除尘器捕集分离粉尘颗粒的机理，除了需要了解运载介质的流体机械运动规律和颗粒机械运动规律以外，还必须了解气溶胶颗粒的扩散规律。

1827 年植物学家布朗（Robert Brown）首先观察到水中花粉的连续随机运动，后来人们称之为布朗运动。大约 50 年后才有人观察到烟尘粒子在空气中的类似运动。

气溶胶粒子的扩散是由于气体分子随机运动，碰撞粒子并使其内系统的一部分运动到另一部分的过程。在这一过程中粒子没有特定的运动方向。随机运动的结果使得粒子总是由高浓度区域向低浓度区域扩散。

在任何气溶胶系统中都存在扩散现象，而对粒径小于几个 μm 的微细粒子，扩散现象尤为明显，而且往往伴随有粒子的沉降、粒子的收集和粒子的凝并发生。无论采用何种收集手段，气溶胶粒子的扩散对其收集性能都有着重要影响，为了除尘净化目的，下面将着重介绍有关扩散的基本理论及其应用。

1. 扩散的基本定律

（1）扩散方程。气溶胶粒子空间分布不均匀时，粒子由高浓度区向低浓度区迁移，称为扩散，扩散现象可用悬浮粒子的布朗运动解释，由于粒子体积很小，周围流体分子碰撞粒子产生的力容易出现涨落，如某一瞬间沿某一方向的力超过其他方向，粒子便向此方向跳动，布朗运动具有随机性，处理随机过程的数学工具为概率论。下面采用比较简单的方法推导扩散方程。

过空间一点取垂直于某给定方向的一块面积，单位时间内通过该面积的粒子数和该面积的比值叫作沿此方向在该点的粒子通量密度，单位是粒子数/（cm² · s），如图 2-6 所示。

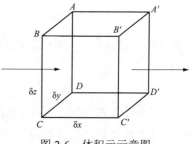

图 2-6　体积元示意图

单位时间通过面积 ABCD 进入围绕点 (x, y, z) 的立方体 ABCDA'B'C'D' 的粒子数为

$$\left[J_x - \frac{\partial J_x}{\partial x}\frac{\delta x}{2}\right]\delta y \delta z$$

其中，J_x 是在 (x, y, z) 点粒子沿 x 轴方向的通量密度，单位时间通过面积 A'B'C'D' 离开体积 $\delta x \delta y \delta z$ 的粒子数为

$$\left[J_x + \frac{\partial J_x}{\partial x}\frac{\delta x}{2}\right]\delta y \delta z$$

将前一个表示式减后一个表示式即求得沿 x 轴方向的粒子流造成体积元内粒子增加的速率，即

$$-\delta x \delta y \delta z \frac{\partial J_x}{\partial x}$$

根据同样的推理求出沿 y 轴和沿 z 轴方向的粒子流使体积元内粒子增加的速率分别为

$$-\delta x \delta y \delta z \frac{\partial J_y}{\partial y} \text{ 和 } -\delta x \delta y \delta z \frac{\partial J_z}{\partial z}$$

于是体积元 $\delta x \delta y \delta z$ 内粒子增加的速率为

$$\frac{\partial n}{\partial t}\delta x \delta y \delta z = -\left(\frac{\partial J_x}{\partial x} + \frac{\partial J_y}{\partial y} + \frac{\partial J_z}{\partial z}\right)\delta x \delta y \delta z$$

由上式求得

$$\frac{\partial n}{\partial t} = -\nabla \times \vec{J} \tag{2-131}$$

式中　∇——矢量微分算符；

$\vec{J}$——粒子流通量密度。

这是表示粒子数守恒的方程。

造成粒子流动产生通量的原因包括粒子随气流运动，外力使粒子运动和扩散。为确定扩散通量与浓度梯度的关系，设计实验：在两个保持一定距离的平行平面上，各建立起恒定的粒子浓度，从而在两平面中间的空间内形成一维的浓度，同时注意保持这空间内的流体处于静止状态以及温度均匀。观察表明，粒子由高浓度区向低浓度区输运的速率和局部浓度成正比。

$$J_x = -D\frac{\partial n}{\partial x} \tag{2-132}$$

式中　D——扩散系数，它的值取决于粒子的尺度、气体温度，与浓度的依赖关系可以忽略。

若流体的性质在所有的方向上完全相同就说它是各向同性的。通常情况也是这样的，因此对任何方向的扩散，D 值相同，于是有

$$J_y = -D\frac{\partial n}{\partial y} \tag{2-133}$$

$$J_z = -D\frac{\partial n}{\partial z} \tag{2-134}$$

将式（2-132）～式（2-134）代入式（2-131），得：

$$\frac{\partial n}{\partial t} = D\left(\frac{\partial^2 n}{\partial x^2} + \frac{\partial^2 n}{\partial y^2} + \frac{\partial^2 n}{\partial z^2}\right) \tag{2-135}$$

上面提到 D 是粒子尺度的函数。D 随粒子尺度变小而增大，即小粒子的扩散比大粒子快。

对于柱坐标，式（2-135）可以改写为

$$\frac{\partial n}{\partial t} = \frac{1}{r}\left[\frac{\partial}{\partial r}\left(rD\frac{\partial n}{\partial r}\right) + \frac{\partial}{\partial \theta}\left(\frac{D}{r}\frac{\partial n}{\partial \theta}\right) + \frac{\partial}{\partial z}\left(rD\frac{\partial n}{\partial z}\right)\right] \tag{2-136}$$

对于球面坐标，式（2-135）可以改写为

$$\frac{\partial n}{\partial t} = \frac{1}{r^2}\left[\frac{\partial}{\partial r}\left(r^2 D\frac{\partial n}{\partial r}\right) + \frac{1}{\sin\theta}\frac{\partial}{\partial \theta}\left(D\sin\theta\frac{\partial n}{\partial \theta}\right) + \frac{D}{\sin^2\theta}\frac{\partial^2 n}{\partial \varphi^2}\right] \tag{2-137}$$

所有这些方程均可以写成向量形式，即

$$\frac{\partial n}{\partial t} = D\nabla^2 n = D\Delta n \tag{2-138}$$

（2）扩散系数。扩散系数的确定无疑是非常重要的。1905 年爱因斯坦曾指出，气溶胶粒子的扩散等价于一巨型气体分子：气溶胶粒子布朗运动的功能等同于气体分子；作用于粒子上的扩散力是作用于粒子的渗透压力。对于单位体积中有 n 个悬浮粒子的气溶胶，其渗透压力 P_0 由范德霍大（van't Hoff）定律得

$$P_0 = nkT \tag{2-139}$$

式中　k——玻尔兹曼常数；

　　　T——绝对温度。

因为粒子的浓度由左向右逐渐降低，气溶胶粒子从左向右扩散并穿过平面 E、E'，E、E' 为平面间微元距离为 $\mathrm{d}x$，相应的粒子浓度变化为 $\mathrm{d}n$，由式（2-139）知，使粒子由左向右扩散的扩散力 F_{diff} 为

$$F_{\mathrm{diff}} = -\frac{kT}{n}\frac{\mathrm{d}n}{\mathrm{d}x} \tag{2-140}$$

进行扩散运动的粒子还受斯托克斯阻力的作用，当粒子扩散使稳定的，则

$$-\frac{kT}{n}\frac{\mathrm{d}n}{\mathrm{d}x} = 3\pi\mu d_{\mathrm{p}} v / C$$

式中　C——肯宁汉修正系数，所以

$$nv = -\frac{kTC}{3\pi\mu d_{\mathrm{p}}}\frac{\mathrm{d}n}{\mathrm{d}x} \tag{2-141}$$

式（2-141）中左面的乘积 nv 是单位时间内通过单位面积的粒子的数量，即式（2-132）中的 J_x，所以

$$D = \frac{kTC}{3\pi\mu d_{\mathrm{p}}} \tag{2-142}$$

式（2-142）是气溶胶粒子扩散系数的斯托克斯-爱因斯坦公式，或者写成

$$D = kTB$$

式中　B——粒子的迁移率。

扩散系数 D 随温度的增高而增大，对于较大粒子滑动修正可以忽略。系数 D 与粒径大小成反比，其大小可表征扩散运动的强弱。

此外，由式（2-142）可知，物质的扩散系数与其密度无关，因此在考虑气溶胶粒子的扩散问题时，可以应用其几何直径。

根据重力场沉降机理，由于重力作用，悬浮在气体介质中的气溶胶颗粒将会随时间的延续而逐渐沉降，最后气溶胶分散系将因颗粒沉降分离而消失。而事实上在一定时间条件下，气溶胶分散系并不消失而是保持下去，这说明一定有某一种与沉降作用相反的作用。这种抗沉降作用的阻尼力几乎都来自运载介质，即气体的流动而引起的。在管道内、渠道内或仪表内部都是由气流而引起的。在大气中，最大可能是由热力运动而引起的。由于运载介质的气体流动使气流与颗粒之间产生相对运动速度，因而也就产生了阻尼力，这样使气溶胶分散系能长期保存下去，阻尼力产生的机理可分为紊流扩散、布朗扩散与电力扩散。

2. 紊流扩散

流体在紊流状态下流动，流体微团除了有主流方向的运动以外，仍有正交于主流方向的横向流动。这个横向流动使流体微团之间形成彼此混掺及交换。由于具有不同动量的流体微团彼此泥掺交换，也引起动量交换，这种由紊流而引起的动量交换比起分子之间的分子交换规模要大得多。

在紊流运动中，由于存在正交于主流的脉动流，将出现根据于普朗特论证的表观切应力，即以时均流速表示的紊流惯性切应力。

$$\tau_2 = \rho l^2 \left| \frac{\mathrm{d}\bar{u}}{\mathrm{d}y} \right| \frac{\mathrm{d}\bar{u}}{\mathrm{d}y} \tag{2-143}$$

在式（2-143）中，令

$$A_\tau = \rho l^2 \left| \frac{\mathrm{d}\bar{u}}{\mathrm{d}y} \right| \tag{2-144}$$

则

$$\tau_2 = A_\tau \frac{\mathrm{d}\bar{u}}{\mathrm{d}y} \tag{2-145}$$

这个 A_τ 值的单位与黏度的单位相同，称为动量交换值。正因为这个动量交换而使气溶胶保持悬浮分散。

这个颗粒交换量的数值一般通过实验来确定。对于沿边壁流动的气流，总切应力为

$$\tau = \tau_1 + \tau_2 = \mu \frac{\mathrm{d}\bar{u}}{\mathrm{d}y} + \rho l^2 \left(\frac{\mathrm{d}\bar{u}}{\mathrm{d}y} \right)^2 \tag{2-146}$$

式（2-146）中的两部分切应力的大小随流动情况而有所不同。在 Re 较小时，即层流状态下，只有黏性切应力 τ_1，随着 Re 的增加紊流加剧，第二项逐步加大，到了 Re 很大，紊流已经充分发展之后，第二项将占绝对优势，此时第一项的影响可以忽略不计。于是，式（2-146）可写为

$$\sqrt{\frac{\tau}{\rho}} = l \frac{\mathrm{d}\bar{u}}{\mathrm{d}y} \tag{2-147}$$

式中　l——混合长度，其值仍为一未知量。为了确定 l 的关系式，根据实验结果，对于固定边壁附近的流动，卡门提出一个极为简单的关系式，即

$$l = Ky \tag{2-148}$$

式中　K——卡门常数。

根据尼古拉兹（Nikuradse）实验结果 $K = 0.4$，则

$$\frac{\mathrm{d}\bar{u}}{\mathrm{d}y} = \frac{1}{Ky}\sqrt{\frac{\tau_0}{\rho}} \tag{2-149}$$

式中　τ_0——边壁处的切应力。

因为 $\sqrt{\dfrac{\tau_0}{\rho}}$ 经常出现在紊流问题分析中，同时又具有速度的量纲，令

$$v^* = \sqrt{\frac{\tau_0}{\rho}} \tag{2-150}$$

式中　v^*——动力速度或摩阻速度，故

$$\frac{\mathrm{d}\bar{u}}{\mathrm{d}y} = \frac{v^*}{Ky}$$

积分得

$$\frac{v}{v^*} = \frac{1}{K}\ln\frac{yv^*}{v} + C$$

对于光滑面 $C = 5.5$，则

$$\frac{v}{v^*} = 5.75\log\frac{v^*}{v}y + 5.5$$

3. 布朗扩散

细微颗粒在气溶胶中作无规则的之字形运动是首先由英国植物学家布朗于 1827 年观察到并加以描述的。随后，爱因斯坦（Einstein）与斯莫卢绰斯基（Smoluchowski）（1906 年）加以理论阐述：由于气体间的热运动而产生气体分子不规则的之字形运动，这种分子的不规则的之字形运动造成颗粒的不规则运动。

气体分子的平均动能如式（2-151）所示。

$$\bar{\varepsilon} = \frac{1}{2}m_\mathrm{p}\bar{u}_\mathrm{p}^2 = \frac{3}{2}kT \tag{2-151}$$

式中　m_p——颗粒质量；

　　　k——玻尔兹曼常数，$k = \dfrac{R}{N}$；

　　　R——气体常数；

　　　N——罗斯密特（Los-chmidt）常数；

　　　$\bar{u}_\mathrm{p}^2$——颗粒平均速度的平方。

在一定时间 t 内，颗粒平均移动距离平方为

$$\bar{x}^2 = Cl \tag{2-152}$$

式中　C——常数；

x ——时间 t 内从开始位置到末端位置所抛射的均方距离，则

$$\overline{x}^2 = 2kBt = 2D_B t \tag{2-153}$$

式中　B ——颗粒的迁移速度（在黏性介质中颗粒速度与产生此速度作用力的比值）；

　　　D_B ——布朗扩散系数，m^2/s。

由于布朗运动，因此颗粒存在扩散作用。这是由于原子、分子或微小颗粒之间的统计均匀过程。

处于高浓度区的颗粒，经过布朗扩散运动向低浓度区扩散。类似于气体分子的扩散过程，并可用形式相同的微分方程式描述，即

$$\frac{\partial n}{\partial t} = D\left[\frac{\partial^2 n}{\partial x^2} + \frac{\partial^2 n}{\partial y^2} + \frac{\partial^2 n}{\partial z^2}\right] \tag{2-154}$$

式中　n ——颗粒个数（或质量）浓度，m^{-3}（或 g/m^3）；

　　　D ——颗粒的扩散系数，m^2/s；

　　　t ——时间，s。

浓度均匀过程依浓度的梯度及由与温度和压力有关的扩散系数来确定，这是与气体的种类特别是与颗粒大小有关的。颗粒的扩散系数，其数值比气体扩散系数小几个数量级，和液体中溶质的扩散系数较为接近，可用两种理论方法求得。

对于粒径约等于或大于气体分子平均自由程的颗粒，可用爱因斯坦公式计算，即

$$D = \frac{CkT}{3\pi\mu d_v}(m^2/s) \tag{2-155}$$

式中　k ——玻尔兹曼常数，$k = 1.38 \times 10^{-23} J/K$；

　　　C ——肯宁汉修正系数。

对于粒径大于气体分子但小于气体分子平均自由程的颗粒，可用朗格缪尔（Langmuir）公式计算，即

$$D = \frac{4kT}{3\pi\mu d_p^2 P}\sqrt{\frac{8RT}{\pi M}}(m^2/s) \tag{2-156}$$

式中　P ——气体的压力，Pa；

　　　R ——气体常数，$R = 8.314 J/(mol \cdot K)$；

　　　M ——气体的摩尔质量，kg/mol。

为了说明非稳定态颗粒的运动，引入驰豫时间 τ，即

$$\tau = \frac{d_p^2 \rho_p}{18\mu} \tag{2-157}$$

驰豫时间 τ 为一特征时间，代表一个体系从远离平衡的状态出发，到达平衡状态所需的大致时间。

小颗粒的扩散位移比重力沉降位移显著得多，尽管颗粒的扩散在各方向是随机的，但在时间 $t \gg \tau$ 时，将发生净线性位移，根据爱因斯坦的研究结果，颗粒的均方根位移为

$$\overline{\Delta x_D} = \sqrt{2Dt} \tag{2-158}$$

在除尘技术中，$d_p < 1\mu m$ 对于扩散因素才予以考虑。扩散对除尘技术的意义与气溶胶分散系的稳定度是有联系的，正如浓度的均匀化与除尘本身有联系是一样的。通过扩散作用使

粉尘颗粒附着于固体的分界面上或液体分界面上，这样最终可以把粉尘颗粒从气溶胶中分离出来。

4. 电力扩散

气溶胶颗粒之所以能保持悬浮状态，也与电力扩散有关。只要粉尘颗粒带有电荷，就会产生电场，而由于电力作用粉尘颗粒就会悬浮并分散于电场空间内。一般情况下，这种自然电荷是很少的。如果要求粒子产生显著的电迁移，必须是粒子达到较高的荷电程度，使载气中产生电晕是常用的提高粒子荷电的方法，在这种情况下，载气中出现大量的离子，它们附着在粒子上使粒子荷电，工业电除尘器常用半径很小的金属线或尖锐的芒刺与很高的负电位相连，与它们相对的平板或金属圆筒则与零点位的地相接。

使粒子荷电的电离气体中如仅含一种符号（正或负）的离子，粒子在这种条件下荷电称为单极性荷电。由于宇宙射线衰变和土壤放射性的影响，大气中往往出现正，负两种离子，气溶胶在大气中荷电属双极性荷电，气体净化设备和气溶胶电分析仪器大都利用单极性荷电。

设颗粒所荷的电荷为单极电荷，令 E 为颗粒所形成的电场强度，而在没有其他作用力，如重力作用等情况下，则

$$divE = 4\pi n_p q \qquad (2\text{-}159)$$

式中　div——运算符号，求矢量的散度；

　　　n_p——每立方米的颗粒数目；

　　　q——颗粒的电荷，C。

令颗粒的迁移率

$$B = \frac{W}{qE} \qquad (2\text{-}160)$$

及

$$divu = -\frac{1}{n_p}\frac{dn_p}{dt} \qquad (2\text{-}161)$$

则从式（2-159）中得出

$$-\frac{1}{n_p}\frac{dn_p}{dt} = 4\pi q^2 n_p B \qquad (2\text{-}162)$$

解上面的微分方程并令 $t = 0$ 时，$n_p = n_{p0}$，则

$$\frac{n_p}{n_{p0}} = \frac{1}{(4\pi n_p q^2 Bt) + 1} \qquad (2\text{-}163)$$

这个方程表明：单极电荷颗粒的体积浓度是随时间而减少的。对于 $t \to \infty$ 则浓度 $n_p \to 0$，对双极电荷的颗粒则关系并不是那么明显。

荷电的气溶胶分散系的消失过程可用半值时间来描述。所谓半值时间即气溶胶浓度由于电力扩散的结果，从原来值减低到一半的数值所需的时间。

上述的扩散现象如紊流扩散、布朗扩散及电力扩散，经过适当措施均可达到除尘的目的，起到捕集分离的作用，但也按不同条件而起到保持悬浮分散的作用。

（三）从惯性区到扩散区的转变

前面的讨论中屡次提到，在固定的气流速度下小粒子的沉积由扩散过程支配，较大的粒

子以惯性效应为主，亚微米范围内，扩散效应随粒径变小而越来越强，因此捕集效率随粒径变小而上升。粒径大于 1μm 时，拦截作用和碰撞效应随粒径增大而增大。故捕集效率随粒子变大而上升。在 0.1~0.5μm 范围内，粒子的捕集效率曲线上时常会出现一个"低谷"。

对多种类型的粒子去除装置做过的实验研究，都观察到这种低谷。现在已经制成多种类型的单分散气溶胶发生器，人们可以制备粒径非常接近的粒子云。最小的粒径大约为 0.15μm，最大的粒子约为 0.9mm。利用这种单分散气溶胶可以对粒子去除装置进行分级效率的测定。

有人模拟人肺部气流条件研究气溶胶在气管分支的沉积也观察到这种特征。就湍流管内粒子的沉积而言，也可以预见从扩散沉积区向湍流沉积区转变会出现效率低谷这种特征。

通常认为小粒子比大粒子更难从气流中脱除，若指的是 1μm 以上的粒子，这种看法是正确的；若考虑整个粒径范围的气溶胶，则不正确。实际上最难捕集的是扩散沉积向惯性沉积转变范围内的粒子。这个范围就是从 0.1μm 左右到 1μm 左右。至今还没有完善的方法精确计算转变范围的效率。通常采用的方法是分别计算每一种效应的效率，然后直接相加得到一条综合曲线。

（四）气溶胶粒子的凝并

凝并就是粒子和粒子相互接触并黏附成整体或融合成一个粒子。造成相互接触的原因假如仅仅是粒子的布朗运动，由此引起的凝并叫作热凝并。气溶胶内部布朗运动是永不停息的，热凝并过程也总在不断地进行。若粒子和粒子之间存在相互吸引力，则凝并将得到强化，若存在排斥力，热凝并将受阻碍变弱。

外场也可使粒子凝并，最明显的例子莫过于重力沉降过程中，粗、细粒子不同的沉降速度所导致的接触和凝并，声波可使粒子产生相互接近的定向运动而导致声凝并，外场还可能诱发粒子间的相互作用力，如外加电场使粒子极化。获得了偶极矩的悬浮粒子同时存在偶极作用力。

凝并进行过程中，粗粒子的计数浓度增加，较细的粒子的计数浓度变小，最终的结果是数量浓度下降，而颗粒尺寸增加。凝并理论的目的是求出粒子尺度分布随时间变化的规律。

1. 球形粒子的热凝并

热凝并通常用扩散理论来处理。首先假设一个粒子静止，求周围粒子向静止粒子沉积的速率，设静止粒子的半径为 d_{pi}，向它扩散的粒子半径为 d_{pj}。这两个粒子相接触时球心的距离为 $(d_{pi}+d_{pj})$。因此，在计算沉积通量时，可以用半径为 $(d_{pi}+d_{pj})$ 的吸收球而来代替静止粒子。吸收球面上扩散沉积通量为

$$N_{ij}=4\pi(d_{pi}+d_{pj})^2 D_j \left(\frac{\partial n}{\partial r}\right)_r = d_{pi}+d_{pj} \tag{2-164}$$

式中　D_j——半径为 d_{pj} 的粒子的扩散系数；

　　n——为 j 类粒子的浓度分布，$n=n(r,d_{pj},t)$；

　　i——粒子。

为了求出 N_{ij} 必须解扩散方程，即

$$\frac{\partial n}{\partial t}=D_j \frac{1}{r^2}\frac{\partial}{\partial r}\left(r^2 \frac{\partial n}{\partial r}\right) \tag{2-165}$$

边界条件：$t=0$ 时，$r>d_{pi}+d_{pj}$ 处，$n=n(r,d_{pj},0)=n(d_{pj},t)$

$t>0$ 时，$r=d_{pi}+d_{pj}$ 处，$n(d_{pi}+d_{pj},d_{pj},t)=0$

求得单位时间内凝并数为

$$N_{ij}=4\pi(d_{pi}+d_{pj})(D_i+D_j)n_i(d_{pi},t)n_j(d_{pj},t)$$

式中，$n_i(d_{pi},t)$ 为粒子半径为 d_{pi} 的计数浓度。

当粒子直径大大超过气体分子平均自由程时，气体对粒子的阻力用斯托克斯公式表示，扩散系数用 $D=\dfrac{kT}{3\pi\mu d_p}$ 表示，则变为

$$\dot{N}_{ij}=\beta(v_i,v_j)n_in_j \tag{2-166}$$

式中 n_i ——粒子半径为 d_{pi} 的计数浓度；

n_j ——粒子半径为 d_{pj} 的计数浓度；

$\beta(v_i,v_j)$ ——碰撞频率函数。

$$\beta(v_i,v_j)=\frac{2kT}{3\mu}(v_i^{1/3}+v_j^{1/3})\left(\frac{1}{v_i^{1/3}}+\frac{1}{v_j^{1/3}}\right) \tag{2-167}$$

若粒子比平均自由程小得多，则必须用气体分子运动论推导的分子间碰撞的公式，求得碰撞频率函数为

$$\beta(v_i,v_j)=\left(\frac{3}{4\pi}\right)^{1/6}\left(\frac{6kT}{\rho_p}\right)^{1/2}\left(\frac{1}{v_i}+\frac{1}{v_j}\right)^{1/2}(v_i^{1/3}+v_j^{1/3})^2 \tag{2-168}$$

式中 ρ_p ——粒子密度。

2. 尺度函数的变化

凝并导致粒子总数减少。设体积为 V_i 和 V_j 的粒子的计数浓度分别为 n_i 和 n_j。这两类粒子在单位时间内，单位体积气体中发生碰撞的次数与 n_i 和 n_j 的乘积成正比。

$$\dot{N}_{ij}=\beta(V_i,V_j)n_in_j$$

式中 $\dot{N}_{ij}$ ——这两类粒子的碰撞频率；

$\beta(V_i,V_j)$ ——碰撞频率函数。

体积为 V_i 和 V_j 的两个粒子碰撞后结合成一个粒子，其体积 $V_k=V_i+V_j$。气溶胶体系所包含的粒子体积若为不连续分布，则这种体系中的粒子相碰撞后能够产生体积为 V_k 的碰撞频率的总和，就是体积为 V_k 的粒子的形成速率，同时体积为 V_k 的粒子和所有其他粒子凝并引起 n_k 的减少，所以体积为 V_k 的粒子净产生率为

$$\frac{dn_k}{dt}=\frac{1}{2}\sum_{i+j=k}\dot{N}_{ij}-\sum_{i=1}^{\infty}\dot{N}_{ij} \tag{2-169}$$

3. 静电力对凝并的影响

两个球形带电粒子间的静电相互作用力的完整表达式可以写成级数的形式。其中最主要的一项是用库仑定律表示的点电荷间的作用力，其他各项表示静电感应使两小球内部形成不对称电荷分布的效果，感应力可以忽略。设球形粒子半径为 d_{pi}、d_{pj}，它们分别带有的基本电荷数为 μ 和 ν，库仑力由式（2-167）表示

$$F(r) = \frac{1}{4\pi\varepsilon_0}\frac{\mu v e^2}{r^2} \tag{2-170}$$

引入符号 $y = \mu v e^2 / 4\pi\varepsilon_0 kT(d_{pi}+d_{pj})$

得荷电粒子凝并常数与未荷电粒子凝并常数之比为：$Z = \dfrac{y}{e^y - 1}$

两个粒子带异号电荷时，y 为负值，同号电荷的粒子 y 为正值，不带电的粒子有 $y = 0$，$Z = 1$。$|y| \ll 1$ 称为弱电荷，$|y| \gg 1$ 称为强电荷。若弱电荷粒子系统带正、负电荷的数量是对称的，则异号电荷粒子吸引力造成的凝并常数的增大，将被同号电荷粒子排斥力造成的凝并减弱所抵消。但是，在强电荷条件下，吸引力造成的凝并强化，大大超过排斥力造成的凝并下降。因而总效果是凝并明显上升。

4. 气体速度场造成的粒子凝并

流场可能诱导气溶胶粒子间的相对运动达到碰撞以致凝并。这类效应中一种简单情况的理论分析是 Smoluchowski 导出的梯度凝并。设流场中出现垂直于流动方向的速度梯度 $G = \partial v / \partial x$，则半径为 d_{pj} 的球形粒子将获得相对于粒子 i 的速度 $v = Gx = G(d_{pi}+d_{pj})\sin\theta\cos\varphi$。所以每秒内由 x 到 $x+dx$ 区中到达半径为 $(d_{pi}+d_{pj})$ 的球面上处于 $(\theta, \theta+d\theta)$、$(\varphi, \varphi+d\varphi)$ 的曲面元 $d\sigma$ 上的粒子数为

$$nvd\sigma\cos\theta = nG(d_{pi}+d_{pj})^3\sin^2\theta\cos\varphi\cos\theta d\varphi$$

每秒内到达整个球面的粒子数为

$$\dot{N}_{ij} = 2\int_{-\pi/2}^{\pi/2}\int_0^{\pi/2} n_j G(d_{pi}+d_{pj})^3\sin^2\theta\cos\theta\cos\varphi d\theta d\varphi$$

系数 2 是为了包括从上向下到上半球面的粒子和由下向上到球的左下半面上的粒子，积分的结果为

$$\dot{N}_{ij} = \frac{4}{3}n_j G(d_{pi}+d_{pj})^3$$

每秒内单位体积气体中这两种粒子间发生的凝并次数为

$$\frac{4}{3}n_i n_j G(d_{pi}+d_{pj})^3$$

因此，速度梯度引起的碰撞频率函数为

$$\beta(v_i + v_j) = \frac{4}{3}(d_{pi}+d_{pj})^3 G \tag{2-171}$$

5. 湍流和重力对凝并的影响

当速度涨落出现在小于粒子间平均距离的范围内时，湍流将激发强烈的凝并加速作用。换言之，要使湍流强烈地提高凝并速率，则最小的涡旋直径必须比粒子的停止距离小得多。Levich 将湍流看成像扩散那样是一种交换过程并据此计算流向半径为 r 的吸收球面的粒子流，即

$$\dot{N}_{ij} = 2.5\sqrt{\frac{\epsilon_d}{\nu}}r^3 n \tag{2-172}$$

式中　ϵ_d ——每克流体每秒耗散的能量；

　　ν ——运动学黏度。

应当指出，只有在流速很高时才会出现大的 ϵ_d 值，对于半径为 $0.1\mu m$ 这样小的粒子而言，湍流凝并不会产生很明显的效果，但是半径为 $10\mu m$ 的粒子在高流速中会产生强烈的湍流凝并。

尺度不同的粒子在重力场（或离心力场）中将以不同的速度下降，由此造成较大的粒子在降落过程中捕集较小的粒子。这个过程称为差动沉淀，其碰撞频率为

$$\beta = \xi(d_{pi}, d_{pj})\pi(d_{pi} + d_{pj})^2(v_i - v_j)$$

式中　ξ——单位体积气体中的碰撞效率，ξ 和流场有关。

（五）气溶胶粒子的热泳

把加热物体投入含尘气流中，在加热物体与含尘气流之间会出现一段无尘的空间。这种现象已在 1936 年由 Cawood 发现。这种现象是由于颗粒表面上的气体分子由低温向高温产生蠕动，因而对颗粒产生一反作用力，推动颗粒从高温一侧向低温一侧移动。这一过程称为热泳，这种由温度梯度存在产生的力称为热泳力 F_T，方向指向气体温度梯度减小的方向。

若 $d_p \ll 1$，粒子在气体中出现，可以假设，不会改变撞击粒子的气体分子速度分布。由气体分子运动论可以导出球形粒子处于有温度梯度气体中所受的力，即热泳力和阻力为

$$\vec{F} = -\frac{8}{3}d_p^2\left[\left(1+\frac{\pi}{8}a\right)p\left(\vec{C}_球 - \vec{v}\right) + \frac{1}{5}K_{平移}\nabla T\right]/\overline{C} \qquad (2\text{-}173)$$

$$K_{平移} = \frac{15k\mu}{4m}$$

$$p = nKT$$

式中　a——调节系数；

　　$\vec{v}$——气体速度；

　　K——气体分子平移导热系数；

　　m——气体分子质量；

　　p——气体压力；

　　$\vec{C}_球$——球形粒子速度；

　　$\overline{C}$——气体分子平均速度，$\overline{C} = \sqrt{\dfrac{8kT}{\pi m}}$。

$\vec{F}$ 表示式的第一项为阻力，第二项为热泳力。稳定状态下力下 $\vec{F}$ 为零，所以粒子的热泳速度 C_t 为

$$C_t = -\frac{K_{平均}\nabla T}{5\left(1+\dfrac{\pi}{8}a\right)p} \qquad (2\text{-}174)$$

或：

$$C_t = -\frac{3\nu\,\nabla T}{4\left(1+\dfrac{\pi}{8}a\right)T} \qquad (2\text{-}175)$$

式中　ν——气体运动学黏性系数；

　　∇T——温度梯度。

若 $d_p \ll 1$，热泳力的推导是较困难的。为此，必须解福里埃传热方程和纳维-斯托克斯方

程。关于粒子表面的边界条件，假设存在切向的热滑动速度，这种速度指向高温侧从而产生将粒子推向低温侧的力，Epstein 利用这种方法导出的热泳速度为

$$\overrightarrow{C_t} = -\frac{2K\sigma}{2K + K_p}\left(\frac{K}{p}\right)\nabla T \quad (d_p \gg 1) \tag{2-176}$$

式中　K ——气体导热系数；

K_p ——颗粒导热系数；

σ ——无量纲系数。

表示粒子表面上的滑动速度 $\vec{v}_{滑动}$ 与温度梯度的关系。

$$\vec{v}_{滑动} = \sigma\frac{K}{p}\nabla T$$

σ 和气体及粒子表面的性质有关。式（2-176）表示粒子 $(d_p \gg 1)$ 热泳速度不随粒子尺度改变。

根据易卜斯坦（Epstein）理论，热泳力与温度梯度成正比，即

$$F_T = -9\pi\left(\frac{d}{2}\right)\left(\frac{\mu^2}{\rho_f T}\right)\left(\frac{K_f}{K_p + 2K_f}\right)\frac{dT}{dx} \tag{2-177}$$

式中　F_T ——热泳力，N；

K_f ——流体的导热系数，cal/（s・cm・K），1cal=4.1868J；

K_p ——颗粒的导热系数，cal/（s・cm・K）。

在普通温度梯度下，F_T 同其他作用力相比是不重要的，因此在大型捕集装置中，不能应用热泳力作为一种主要捕集机制。但是，采样用的小型热沉降器，可用于从含尘气流中捕集少量细的（0.01～5μm）气溶胶样品。在热交换器内的高温含尘气体，由于器壁温度下降，粉尘很容易沉积在器壁上，造成热交换器的热传导速度下降及流路阻塞等麻烦，因此在热交换器的设计与运转中要考虑颗粒的热运动。

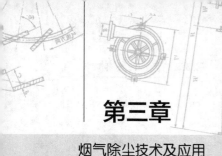

典型除尘设备设计

除尘器设计所需要的原始输入数据除标准、规范的规定外，通常共性的主要是处理烟气量、处理烟气温度和湿度、烟气中粉尘含量、粉尘的主要成分和密度、烟气中特殊气体的含量等，不同类型的除尘器，还有专有的要求。除尘器设计输出的参数主要有除尘效率、排放浓度、除尘系统漏风率、除尘系统阻力、能耗等，同样不同类型的除尘器，也会存在不同的设计输出参数。对于大型除尘器，目前常用的是电除尘器、过滤式（滤袋）除尘器、电袋复合除尘器、湿式电除尘器，为此本章重点以这些常用大型除尘器为主，讨论除尘器设计的原始资料与关键设计参数方面的内容。

第一节　设计原始资料与关键设计参数

除尘设备的总体设计是根据用户的使用要求而提供的原始数据，来确定除尘器的主要参数以及各部分的主要尺寸。

一、设计选型的工艺条件

设计选型的工艺条件是指与除尘器密切相关的设备和系统，为除尘器所提供的工艺环境条件，主要包括系统概况、空气预热器技术参数、脱硫方式、脱硝方式、引风机、其他因素等，其描述内容可用如下序列表示：

（一）系统概况

1. 锅炉技术参数

（1）锅炉型号。

（2）锅炉类型。

（3）最大连续蒸发量（BMCR），t/h。

（4）制粉系统（磨煤机类型）。

（5）磨煤机的磨煤细度。

（6）额定蒸汽压力，MPa。

（7）额定蒸汽温度，℃。

（8）给水温度，℃。

（9）最大煤耗量，t/h。

（10）年运行小时数，h。

2. 空气预热器技术参数

（1）空气预热器类型。

（2）BMCR 下过剩空气系数。

（3）空气预热器的设计漏风率，%。

3. 脱硫方式

（1）脱硫类型。

（2）脱硫方法及工艺。

4. 脱硝方式

（1）脱硝类型。

（2）脱硝方法及工艺。

5. 引风机

（1）引风机类型。

（2）引风机型号。

（3）风量及风压：T 工况、B 工况、BMCR 工况。

6. 其他因素

（1）锅炉除渣方式。

（2）锅炉除灰方式。

（3）除尘器输灰系统类型。

（4）烟囱类型（干或湿烟囱等）。

（二）燃煤性质

1. 煤种

（1）设计煤种、产地。

（2）校核煤种、产地。

2. 煤质工业分析、元素分析、灰熔融性

煤质工业分析、元素分析、灰熔融性内容见表 3-1。

表 3-1　　　　　　　　　　　　煤质工业分析、元素分析、灰熔融性

类别	名　　称	符号	单位	设计煤种	校核煤种
工业分析	收到基全水分	M_{ar}	%		
	空气干燥基水分（分析基）	M_{ad}	%		
	收到基灰分	A_{ar}	%		
	干燥无灰基挥发分（可燃基）	V_{daf}	%		
	低位发热量	$Q_{net,ar}$	kJ/kg		
	高位发热量	Q_{gr}	kJ/kg		
元素分析	收到基碳	C_{ar}	%		
	收到基氢	H_{ar}	%		
	收到基氧	O_{ar}	%		
	收到基氮	N_{ar}	%		
	收到基硫	S_{ar}	%		
	哈氏可磨性系（指）数	HGI	—		

类别	名　称	符号	单位	设计煤种	校核煤种
灰熔融性	变形温度	DT	℃		
	软化温度	ST	℃		
	半球温度	HT	℃		
	流动温度	FT	℃		

（三）飞灰性质

1. 飞灰成分分析

飞灰成分分析内容见表 3-2。

表 3-2　　　　　飞　灰　成　分　分　析

序号	名　称	符号	单位	设计煤种	校核煤种
1	二氧化硅	SiO_2	%		
2	氧化铝	Al_2O_3	%		
3	氧化铁	Fe_2O_3	%		
4	氧化钙	CaO	%		
5	氧化镁	MgO	%		
6	氧化钠	Na_2O	%		
7	氧化钾	K_2O	%		
8	氧化钛	TiO_2	%		
9	三氧化硫	SO_3	%		
10	五氧化二磷	P_2O_5	%		
11	二氧化锰	MnO_2	%		
12	氧化锂	LiO_2	%		
13	飞灰可燃物	Cfh	%		

2. 飞灰粒度分析

飞灰粒度分析见表 3-3。

表 3-3　　　　　飞　灰　粒　度　分　析

序号	粒径（μm）	单位	设计煤种	校核煤种
1	<3	%		
2	3～5	%		
3	5～10	%		
4	10～20	%		
5	20～30	%		
6	30～40	%		
7	40～50	%		
8	>50	%		
9	中位径	μm		

3. 飞灰比电阻分析（电除尘器设计需用）

（1）飞灰容积比电阻（实验室比电阻），单位为 $\Omega \cdot cm$。飞灰容积比电阻分析见表 3-4。

表 3-4 飞灰容积比电阻分析

序号	测试温度 (℃)	湿度 (%)	比电阻值（$\Omega \cdot cm$）	
			设计煤种	校核煤种
1	20（常温）			
2	80			
3	100			
4	120			
5	140			
6	150			
7	160			
8	180			

（2）飞灰工况比电阻（现场比电阻），单位为 $\Omega \cdot cm$。飞灰工况比电阻通常提供的是一个范围值，比如 $10^5 \sim 10^{10} \Omega \cdot cm$。

4. 飞灰密度及内摩擦角

飞灰密度及内摩擦角见表 3-5。

表 3-5 飞灰密度及内摩擦角

序号	名称	单位	设计煤种	校核煤种
1	真密度	t/m^3		
2	堆积密度	t/m^3		
3	内摩擦角	(°)		

注 此处的"内摩擦角"在一般的技术文件中为"安息角"。内摩擦角与粉尘物料自然堆积形成的安息角不同，安息角是随着粉料的自然堆积，沿堆积锥面滚落形成的，表征物料的自然堆积能力；而内摩擦角的摩擦面产生于粉料层内部，表征粉料与粉料主体之间产生的相对滑动，此处应为内摩擦角。

（四）烟气成分分析

1. 烟气化学成分分析

烟气化学成分分析见表 3-6。

表 3-6 烟气化学成分分析

序号	名 称	符号	单位	设计煤种	校核煤种
1	二氧化碳	CO_2	%		
2	氮	N_2	%		
3	水	H_2O	%		
4	氧	O_2	%		
5	一氧化碳	CO	%		
6	二氧化硫	SO_2	%		

序号	名 称	符号	单位	设计煤种	校核煤种
7	三氧化硫	SO_3	%		
8	氮氧化物	NO_x	%		

2. 烟气其他性质（锅炉 BMCR 工况）

（1）除尘器入口烟气温度，℃。

（2）除尘器烟气酸露点温度，℃。

（3）除尘器烟气水露点温度，℃。

（4）除尘器烟气水蒸气体积百分比，%。

二、锅炉烟气的主要参数与计算

（一）锅炉烟气的含尘浓度

锅炉飞灰的生成量 $\qquad q = M \times A \times \chi$

式中 M——燃煤量，t/h；

$\quad A$——煤的灰分含量，%

$\quad \chi$——烟气带走飞灰量的百分数，%。

标准状态下锅炉烟气的含尘浓度 $\qquad c = q \times 10^6 / Q$，$g/m^3$

式中 q——锅炉飞灰生成量，t/h；

$\quad Q$——标准状态下处理烟气量，m^3/h。

锅炉烟气中的含尘浓度和粒度与煤质、炉型、燃烧方式、烟气流速和炉膛热负荷等因素有关。

（二）锅炉的烟气量

锅炉烟气量是确定除尘器规格大小的主要技术参数。烟气量的大小与煤质情况、燃烧方式以及锅炉设备的严密性等因素有关。理论烟气量可根据煤的元素分析和工业分析的资料进行计算，可参考《燃煤锅炉燃烧调整试验方法》一书的有关章节。但是，由于上述资料不易收集齐全，计算方法也比较复杂。因此，一些电力设计院通常按下式进行近似计算，即

$$V_y^{dw} = V_y^0 + 1.016(\alpha - 1) V^0$$

$$V_y^0 = 0.89 \frac{Q_{dw}^y}{4187} + 1.65$$

$$V^0 = 1.01 \frac{Q_{dw}^y}{4187} + 0.5$$

式中 α——过量空气系数；

$\quad Q_{dw}^y$——燃煤的应用基低位发热量，kJ/kg；

$\quad V_y^0$——标准状态下每千克煤的理论烟气量，m^3/kg；

$\quad V^0$——标准状态下燃烧每千克煤的理论空气量，m^3/kg；

$\quad V_y^{dw}$——标准状态下每千克煤的实际烟气量，m^3/kg。

（三）火力发电锅炉烟气主要参数

火力发电锅炉烟气主要参数范围见表 3-7。

表 3-7 锅炉烟气的主要参数

锅炉蒸发量 （t/h）	所配发电机组 （MW）	处理烟气量 （10⁴m³/h）	烟气温度 （℃）	烟气含尘浓度 （g/m³）
75	0.6	16～18	130～170	23～28
130	1.2	15～24	130～170	23～40
220	50	30～40	130～170	30～45
240	60	35～50	130～170	23～48
410	100	70～90	130～180	23～50
480	150	85～98	130～180	23～50
670	200	140～170	130～180	23～50
1000	300	150～200	130～180	23～60
2050	600	320～380	130～180	23～60

三、厂址气象和地理条件

厂址气象和地理条件的内容，常用表 3-8 的方式进行描述。

表 3-8 厂址气象和地理条件

序号	名 称	单位	数值
1	厂址		
2	海拔高度		
3	主厂房零米标高		
4	多年平均大气压力		
5	多年平均最高气温		
6	多年平均最低气温		
7	极端最高温度		
8	极端最低温度		
9	多年平均气温		
10	多年平均蒸发量		
11	历年最大蒸发量		
12	历年最小蒸发量		
13	多年平均相对湿度		
14	最小相对湿度		
15	历年最大相对湿度		
16	最大风速		
17	多年平均风速		
18	定时最大风速		

序号	名　称	单位	数值
19	历年瞬时最大风速		
20	主导风向		
21	多年平均降雨量		
22	一日最大降雨量		
23	多年平均雷暴日数		
24	历年最多雷暴日数		
25	基本风压		
26	基本雪载		
27	地震设防烈度		
28	除尘器地面粗糙度类别		
29	场地土类别		

四、关键设计参数

关键设计参数是除尘器设计的参数，其中包含除尘器设计的选择与计算的输出成果，主要包括性能参数、结构参数、除尘器出口粉尘浓度限值条件等。另外，对于湿式电除尘器还需要补水水质说明及水质报告、脱硫相关技术参数等内容，特别对于脱硫除雾器结构形式、效果需要详细准确的资料。

（一）性能参数

（1）燃用设计煤种、校核煤种时除尘器入口烟气量（BMCR 工况），m^3/h。

（2）除尘器入口烟气温度，℃。

（3）烟气酸露点温度，℃。

（4）烟气水露点温度，℃。

（5）除尘器最大入口烟气含尘浓度，g/m^3。

（6）除尘器出口烟气含尘浓度，mg/m^3。

（7）年运行小时数，h。

（8）设计除尘效率，%。

（9）保证除尘效率，%。

（10）本体压力降，Pa。

（11）本体漏风率，%。

（12）噪声，dB（A）。

（二）结构参数

每台炉配除尘器台数：

50MW 及以下：1 台。

100～125MW：1～2 台。

200～300MW：2 台。

600MW 及以上：2～4 台。

（三）达到除尘器出口烟气含尘浓度限值的条件

（1）除尘器的主要设计参数应根据提供的选型设计条件和要求，结合产品的特点确定。如有场地要求，应予以明确。

（2）除尘器应在下列条件下达到出口烟气含尘浓度限值要求：

1）提供的选型设计条件。

2）1 个供电分区不工作。双室以上的 1 台电除尘器，按停 1 个供电分区考虑；小分区供电按停 2 个供电分区考虑；而当一台锅炉配 1 台单室电除尘器时，不予考虑。

3）烟气温度为设计温度加 10℃。

4）烟气量加 10%余量。

5）锅炉燃煤设计煤种，需要时可按校核煤种或最差煤种考虑，但应予以说明。

（3）对于电除尘器不能以烟气调质剂作为性能的保证条件；当采用烟气调质作为除尘技术的配套方案时，需进行特殊说明。

（4）除尘器性能考核时，运行条件超出含尘浓度限值要求规定的范围，允许进行效率修正，但须明确提供修正曲线。

（5）除尘器应允许在锅炉最低稳燃（不投油助燃）负荷时运行。

（6）每台除尘器必须有结构上独立的壳体。

（四）湿式电除尘器需要增加的原始参数

1. 工业补水水质说明及水质报告

工业补水水质说明及水质报告至少包括表 3-9 的内容。

表 3-9　　　　　　　　　　工业补水水质说明及水质报告

序号	名　称	单　位	数　值	参　考　值
1	SS	mg/L		<100
2	Cl^-	mol/L		<4.3
3	pH			～7
4	SO_4^{2-}	mol/L		<2.5
5	允许系统外排水量	t/h		

注　SS 为固体悬浮物（suspend soild），是水质的重要指标。

2. 烟气脱硫相关技术参数

（1）烟气脱硫结构形式。

（2）烟气脱硫吸收塔直径或尺寸，m。

（3）烟气脱硫吸收塔高度，m。

（4）烟气脱硫入口烟气温度，℃。

（5）烟气脱硫出口烟气温度，℃。

（6）烟气脱硫入口粉尘浓度（标准状态），mg/m^3。

（7）烟气脱硫出口粉尘浓度（标准状态），mg/m^3。

（8）烟气脱硫出口 SO_3 浓度（如有，标准状态），mg/m^3。

（9）烟气脱硫出口 SO_2 浓度（标准状态），mg/m^3。

（10）烟气脱硫内除雾器：①结构形式；②雾滴去除率，%；③出口雾滴浓度（标准状态），mg/Nm^3；④安装高度，m。

第二节　选型设计原则

一、电除尘部分

（一）电除尘器总体设计内容

电除尘器总体设计的内容包括：确定各主要部件的结构形式；计算所需的收尘极面积；选定电场数；根据确定的参数计算除尘器断面、通道数、电场长度；计算除尘器各部分尺寸并画出除尘器的外形图；计算供电装置所需的电流、电压值，并选定供电装置的型号、容量；计算各支座的载荷并画出载荷图；提供电气设计所需资料。

常规电除尘器的收尘极目前多采用板式结构，且以采用大 C 型板和 ZT24 型板为主，阴极线可选用芒刺线、螺旋线、针刺线等。阳极和阴极振打方式，目前可采用侧部机械振打、顶部机械振打和顶部电磁振打。

电除尘器的进、出口封头常设计成喇叭形，在特殊要求时，可做成上进气或下进气形式。电除尘器可设计成单室结构，也可设计成双室结构。

为使气流沿电场均匀分布，需在进口封头内设置气流均布装置。分布板形式很多，目前多采用多孔板形式。

壳体一般采用箱型的结构，仅在处理高压烟气时才做成圆柱形。壳体下部设有用于粉尘收集的灰斗。

电除尘器配套的硅整流变压器可直接安装在除尘器顶部，也可放在单独的配电间内。当硅整流变压器安装在顶部时，可缩短高压电缆的长度，大大减少电缆故障的可能性，提高电除尘器的运转率，但这也给维修带来一定困难，同时在设计时还需考虑壳体顶部可承受的荷载。

在电场设计时，阳极板排和阴极框架的对应通常有两种结构。一种是阳极板排的高度大于阴极框架，而阴极框架宽度略大于阳极板排；另一种形式是阴极框架较阳极板排高，而宽度略小于阳极板排。

（二）电除尘器选型计算

1. 收尘面积的计算

在已知处理烟气量 Q 和除尘效率 η 的条件下，若通过类比法或试验法确定了粉尘的驱进速度 ω，则将多依奇效率公式 [式（1-43）] 变换成下列形式，即可求出收尘面积。

$$A = \frac{Q}{\omega} \cdot \ln\frac{1}{1-\eta}$$

在烟气流速、极板间距确定后，可计算出集尘极板的排数，最后计算得出电场总长度。对于单电场有效长度 L，需要考虑极板振打检修等因素不宜太长，一般为 3.5～4.0m，（采用分区供电除外）。

在设计经验方面，采用图表法进行初步验证，也是常用的方法之一。图 3-1 是电除尘除尘效率、比收尘极面积、驱进速度关系，常用于设计初步验证的图表。

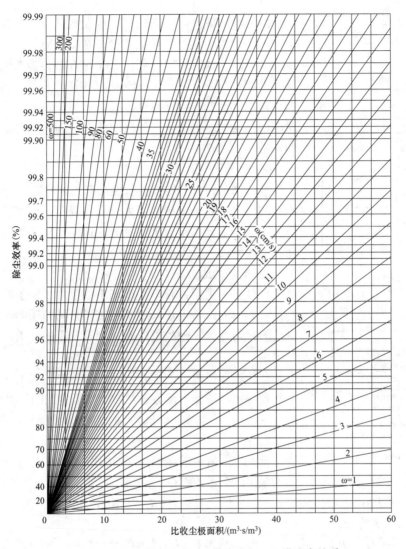

图 3-1　电除尘除尘效率、比收尘面积、驱进速度关系

电除尘器基本计算程序可由图 3-2 表示。

2. 通道的计算

构成电除尘器的电场是由阴极和阳极组成的。以沿处理烟气流方向上的一组阳极板间的宽度定为 B，$n+1$ 块阳极板以等距离构成电场。若阳极板的高度为 H，沿处理烟气流方向的阳极长度为 L，则处理烟气通断面积为 $S=BnH$。

沿处理烟气流方向的一组阳极空间称为一个通道。若阳极为 $n+1$，则有 n 个通道。一个通道的收尘面积为 $2LH$，n 个通道的全部收尘面积为 $A=2nLH$。同样的，当电除尘器的宽度 B 及阳极高度 H 和长度 L 已确定，则由阳极面积 A 就可计算出通道数。

3. 烟气流速

从 $Q=Sv$ 的关系中，可以计算出除尘器内的烟气流速 v 为

$$v = \frac{Q}{S} = \frac{Q}{nBH}$$

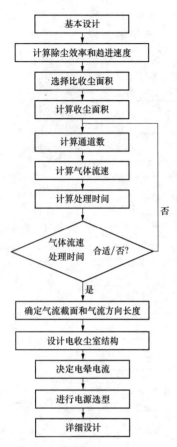

基本设计

计算除尘效率和趋进速度

选择比收尘面积

计算收尘面积

计算通道数

计算气体流速

计算处理时间

气体流速
处理时间   合适/否?

是

否

确定气流截面和气流方向长度

设计电收尘室结构

决定电晕电流

进行电源选型

详细设计

图 3-2　电除尘器基本计算程序

烟气流速较高时，在振打过程及振打间隔中都存在二次扬尘的风险。为了达到低排放，途径是减小烟气流速，对于电除尘器而言，其速度一般控制在 1.0m/s 左右。当粉尘具有较好的凝聚性能时，高达 1.7～1.8m/s 的气体速度并不会引起驱进速度的衰减。对于低的烟气流速，如小于 0.5m/s，气体将因为温度原因而使其很难形成较好的气流分布，因此需要避免这种情况的发生。

4. 长高比

长高比定义为总的有效长度与有效高度之比。小长高比（短而高的电除尘器）将导致更大的振打损失。振打过程中脱离的粉尘，有一部分由于水平的烟气流速而直接进入出口管道。长高比一般应接近或大于 1.0。

5. 电场的划分

一台电除尘器由若干个电场串联组成。为了防止热弯曲，沿气流方向的每个电场长度不应过长，另外还需考虑烟尘通过电场的时间，为了使处理时间达到设计上的要求，必须设置数个电场。

在处理烟气量大的场合，还可以将电场在处理沿气流方向上并列排列，假如气流方向第一至第五电场的长度分别为 L_1、L_2、L_3、L_4、L_5，则沿气流方向的电场长度总和为 $L=L_1+L_2+L_3+L_4+L_5$。

若处理烟气流的流速为 v，则处理时间 t 为：$t=L/v$。

一个通道的宽度为 B，每个电场由 n_1 个通道组成。双室的通道为 $2n_1$，电场宽度 $D=2n_1B$，烟气流通断面积 $S=D \times H=2n_1BH$，处理烟气量 $Q=vS=2n_1BHv$。

6. 供电区域的划分

供电电压提高，火花频率增加，电场强度提高，除尘效率也提高。相反，因火花发生而产生极间短路，除尘效率又会下降，这就意味着火花频率有个最佳值。

若用一台电源设备给电除尘器供电，每当火花发生时，除尘器内短路。若划分若干个送电系统，每个系统分别由各自电源供电，则不会因局部火花放电影响整台除尘器。将除尘器划分多个供电系统，电源设备数量增加，每一台电源设备的容量减小，每台电源设备的阻抗增加。阻抗增加可抑制火花放电电流，起到抑制火花放电而向弧光放电发展的作用。

粉尘入口电场和出口电场的浓度是不一样的，不论是使粒子荷电或以除尘为主要目的的电场，其采用的电源电压和火花发生频率的设定方法均不相同。

由于上述原因，一般将电源按电场分别设置，特殊情况另做选择。

7. 供电容量的选择

（1）电流容量的选型。

1）板电流的选型。板电流密度的选择，应使根据各种阴极线、极配形式，结合电除尘器在具体烟气工况中运行的实际电流，区别前后电场电流密度的差别，适当考虑空载试验的需求来确定。以常规电源为例，板电流密度一般在 0.2～0.5mA/m² 范围内选取。对于放电性能较弱的线性阴极线，电流等级可低一些，对于放电性能较强的针刺线，电流密度可选高值。电流密度的选择与粉尘性质密切相关，粉尘比电阻值较高，板电流密度取较低值。从理论上讲前后级电场的电流密度是不一样的，是要区分选型的。前电场考虑空间电荷的屏蔽作用，电流密度选小些。

2）线电流的选型。阴极线的线电流密度可以作为电流选型的参考而使用，但使用时特别要注意阴极线与极板的配置形式，比如有的线型如针刺线、螺旋线，是一块极板配两根或两根以上极线的。

根据放电形式，阴极线大致有三种类型：点放电型，如芒刺线；线放电型，如星形线；面放电型，如圆线等。

我国电除尘器应用了许多种阴极线，由于阴极线的性状不同，其起晕电压和线电流密度均不相同。在同极距为400mm的情况下，线电流密度一般按0.10～0.21mA/m选取。确定线电流密度应考虑极线形式以及烟尘性质，粉尘比电阻较高，则线电流密度选取较低值。

对于放电性能较好的极线，如管状芒刺线，可按0.15～0.21mA/m选取，锯齿线可按0.12～0.20mA/m选取，星形线可按0.08～0.12mA/m选取。

3）电流容量的选型。供电装置的容量选型按阳极板的电流为主要参数来进行，并参考阴极线的极配形式、线电流密度，来确定供电装置的电流容量。也就是说供电装置的电流容量选型，应以阳极板电流密度为主，阴极线电流密度为辅进行设计选型更为合理。供电装置的电源容量是由已选择的板电流密度和供电区域内集尘面积大小，再考虑一定的设计余量（一般5%）来确定。合理确定电除尘器的电流容量，不仅节省投资，减少电耗，而且有利于电场的稳定运行。特别要注意的是，电源电流容量选择虽要留有一定余量，但不是选得越高越好，而是要根据实际工况的运行电流而定。以常规工频高压电源为例，如果电源电流容量选得过大，而实际运行电流小，使高压整流装置阻抗压降减小，输出电流波形变陡，闪络电压下降，导通角减小，最后导致运行平均电压平均电流降低。因此，高压整流装置的电压、电流选取要尽量和电场匹配，使导通角增大，运行的二次电压增高。

各种放电线与不同高压电源的板电流密度推荐表见表3-10。

表3-10　　各种放电线与不同高压电源的板电流密度推荐表（同极间距400mm）

极线形式	电源形式	第一电场	第二电场	第三电场	第四电场	第五电场
点型放电	常规工频高压电源	0.30～0.40	0.32～0.42	0.35～0.45	0.35～0.45	0.35～0.45
	高频电源	0.30～0.45	0.32～0.45	0.35～0.45	0.35～0.45	0.35～0.45
线型放电	常规工频高压电源	0.25～0.35	0.27～0.37	0.30～0.40	0.30～0.40	0.30～0.40
	高频电源	0.25～0.40	0.37～0.40	0.30～0.40	0.30～0.40	0.30～0.40
面型放电	常规工频高压电源	0.20～0.30	0.22～0.32	0.25～0.35	0.25～0.35	0.25～0.35
	高频电源	0.20～0.35	0.22～0.35	0.25～0.35	0.25～0.35	0.25～0.35

表3-10所述的常规工频电源的电流密度选择是根据常规电源在火花跟踪方式下电流密度应用经验总结得出的。

　　高频高压电源在电除尘器前电场（第一、二电场）应用纯直流供电方式工作时可提供更高的电流密度。但高频电源在后续电场一般工作在间歇脉冲供电工作方式，此时电流密度的选择只用于确定标准额定电流，根据经验可以与常规工频电源一致。

　　中频电源的工作方式与高频电源类似，选择的电流密度可以参照高频电源的电流密度选择。

　　三相电源在前场的电流密度选择可以参照高频电源，但后续电场如果是工作在连续直流工作方式下，则建议适当提高电流密度。

　　各种电流容量选型推荐表见表 3-11。

表 3-11　　　　　　　　　各种电流容量选型推荐表（单室单电场）

电流容量（A）	电除尘器截面积（m^2）	极板面积（m^2）
0.1	9～16	250～300
0.2	18～32	500～600
0.3	26～47	750～900
0.4	35～63	1000～1200
0.5	44～79	1250～1500
0.6	53～95	1500～1800
0.7	61～110	1750～2100
0.8	70～132	2000～2500
1.0	88～158	2500～3000
1.2	105～189	3000～3600
1.4	123～221	3500～4200
1.6	140～253	4000～4800
1.8	158～284	4500～5400
2.0	175～315	5000～6000
2.2	193～345	5500～6600
2.4	211～379	6000～7200
2.6	228～411	6500～7800
2.8	246～442	7000～8400
3.0	263～474	7500～9000

　　表 3-11 列出的常规工频电源的各种电流容量适配于常规电场的大小规格（极板面积），高频电源、中频电源、三相电源等其他形式电源可根据各电源特点参照使用。

　　（2）电压等级选型。高压电源的电压等级选型，是根据本体不同的极间距结构、电场大小以及烟尘特性等因素确定的。在极间距一定的条件下，向电场施加的电压与电场结构形式及烟尘工况条件有关。通常电除尘器工作时的平均场强为 3～4kV/cm，对同极距为 400mm 的常规电除尘器，常规高压电压的平均电压可选择 60～72kV，相对应的峰值电压 85～101kV，电压等级与电场同极距关系，一般情况下的选型见表 3-12。

表 3-12 电场在不同极距时的额定电压选型表

电源类型 同极距（mm）	300	400	500
单相工频电源（kV）	60～66	66～72	72～80
高频电源（kV）	66～72	72～80	80～90

注 中频电源的工作方式与高频电源类似，选择的电压可以参照高频电源的电压等级选择；三相电源可在单相工频电源和高频电源之间的电压等级选择。

电压选型不是越高越好，而是根据各种极距、阴极线形式、极配方式，结合电除尘器在具体烟气工况中运行的实际电压，贴近实际运行电压并留有一定余量。一般对于中低比电阻粉尘而言，运行电压较高，供电装置施加到电除尘器的功率越高，除尘效率也越高。但对高比电阻粉尘而言，实际运行电压较低，当运行电压没有提高时，供电装置继续增加输入电除尘器的功率不能提高除尘效率，还有可能降低除尘效率（因为反电晕的原因）。

二、袋式除尘部分

袋式除尘器设计选型的主要技术参数包括处理气体流量、过滤风速、滤料选择、除尘效率、进口粉尘浓度、排放浓度、滤袋与袋笼规格数量、电磁脉冲阀规格数量、压力损失、漏风率、除尘器的长宽高、喷吹清灰设备与参数等。

（一）燃煤锅炉烟气除尘常用的袋式除尘器主要类型

（1）行喷吹式（喷吹管按行固定排列的）脉冲袋式除尘器。

（2）旋转喷吹脉冲袋式除尘器。

（3）反吹风袋式除尘器。

（二）袋式除尘器的主要性能指标

1. 除尘效率

除尘器收下的粉尘量占进入除尘器粉尘总量的百分数，称为除尘效率 η 可用式（3-1）计算，即

$$\eta = G_2/G_1 \times 100\% \tag{3-1}$$

式中 G_1——进入除尘器的粉尘量，kg/h；

G_2——除尘器收下的粉尘量，kg/h。

如果除尘器结构严密，没有漏风，则式（3-1）可改写为

$$\eta = (C_1 - C_2)/C_1 \times 100\%$$

式中 C_1——除尘器进口气体含尘浓度，g/m³；

C_2——除尘器出口气体含尘浓度，g/m³。

2. 压力损失

除尘器的压力损失（阻力）为除尘器进口、出口处气流的全压绝对值之差，袋式除尘器的压力损失与其结构形式、滤料特性、过滤速度、粉尘性质和浓度、清灰方式、气体的温度和黏度等因素有关。除尘器的压力损失，主要由除尘器的结构形式造成的结构阻力（包括局部阻力与烟气沿程摩阻两部分）及烟气通过滤袋时形成的阻力两部分构成，其中结构阻力的大小由除尘器的结构形式及处理烟气量共同决定，滤袋阻力由过滤风速、滤袋表面挂灰量及滤袋特性等决定。除尘器的总压力损失一般以除尘器入口的动压（速度头）的倍数来表示，

除尘器压力损失与动压之比，称为除尘器的阻力系数。压力损失可表示为

$$\Delta p = \Delta p_c + \Delta p_f + \Delta p_d \tag{3-2}$$

式中　Δp——阻力损失，Pa；

Δp_c——袋式除尘器的结构阻力（正常过滤速度下，一般为 300～500Pa），Pa；

Δp_f——清洁滤料的阻力，Pa；

Δp_d——粉尘层的阻力，Pa。

在过滤速度一定的情况下，如果含尘气体的浓度较低，则过滤时间可以适当延长；反之，处理的含尘气体的浓度较高时，过滤时间可以适当缩短。进口气体含尘浓度低、过滤时间短、清灰效果好的除尘器，可以选择较大的处理速度；反之，则应选择较低的过滤速度。

3. 出口排放浓度

出口排放浓度是否达到环保排放标准要求是除尘器的主要考核指标。燃煤电厂需要满足 GB 13223—2011《火电厂大气污染物排放标准》的限值要求，以及在一些特殊地区，还需满足当地地方政府的大气污染排放标准的要求。

4. 滤袋寿命

由于燃煤锅炉烟气除尘所用的滤袋价格较高且数量庞大，运行费用高，因此滤袋寿命是电厂考核的一项重要指标。

（三）袋式除尘器的总体设计与计算

根据锅炉烟气参数和招标书要求，首先确定除尘器类型，然后对主要技术参数和结构参数进行计算。

（1）核算并确定处理的烟气量 Q（m³/h），标准状态和不同工况温度时应进行换算。

（2）确定过滤风速 v（m/min）。过滤风速是除尘器性能指标的主导参数。

过滤风速主要是根据经验确定的，它与滤袋性能、过滤阻力、粉尘浓度、粉尘性质、烟气性质及滤袋寿命等因素密切相关，粉尘浓度高、过滤阻力要求低、滤袋寿命要求长、粉尘硺磨性强、排放指标要求严的取 0.8～0.9m/min。

一般情况取 1.0～1.2m/min。

（3）初步计算过滤面积，即

$$A = Q/60V \tag{3-3}$$

式中　A——过滤面积，m²；

　　Q——处理烟气量，m³/h；

　　V——过滤风速，m/min。

（4）拟定滤袋规格并计算滤袋数量。

滤袋规格：脉冲类除尘器滤袋直径一般为 160mm。

旋转喷吹脉冲除尘器滤袋为椭圆形，当量直径为 130mm。

反吹风型除尘器滤袋直径一般为 150、200、300mm。

滤袋长度 L：脉冲类除尘器滤袋长度一般为 6000～8500mm。

反吹风型除尘器滤袋长度一般为 8000～10000mm。

滤袋数量 N（条）为

$$N = A/\pi DL \tag{3-4}$$

式中　N——滤袋数量，条；

　　　A——过滤面积，m^2；

　　　D——滤袋直径，m；

　　　L——滤袋长度，m。

（5）确定除尘器的通道（室）数、脉冲阀规格和数量及除尘器结构形式行喷吹脉冲袋式除尘器一般选用 3 寸或 4 寸淹没式脉冲阀，每个阀可配 50～80m^2 的滤袋；旋转喷吹脉冲袋式除尘器的脉冲阀有 8、10、12、14 寸，每个阀配一束滤袋，滤袋面积在 1000～4000m^2 的范围。

（6）调整和修正并确定滤袋规格、数量及除尘器过滤面积。根据上述计算结果和除尘器结构形式，对滤袋规格、数量及除尘器过滤面积进行调整确定。

（7）根据滤料的性能选定合适的滤料。

（四）袋式除尘器的设计要点

1. 烟气流场及其导流与均布

进口烟道的烟气流速度一般在 10m/s 以上，烟气在进入除尘器后，由于流通截面渐扩，流速不断降低，需在该处设计均流装置及导流装置，大部分烟气则进入过滤室下部的静压室［水平进风的还有一部分烟气直接从端部（两侧）进入过滤室］。静压室的高度应尽量提高，以确保烟气经静压室后流速能降到 8m/s 以内。

水平进风的在喇叭口应设计 2～3 层不同开孔率的多孔板，两侧（下方）设置导流板；中间进风的在进风支管内设置导流装置。

2. 清灰系统的设计与计算

（1）电磁脉冲阀。电磁脉冲阀是袋式除尘器主要的清灰元件，它的好坏直接影响到袋式除尘器的除尘效率。脉冲阀释放清灰气源，清灰气流经过喷吹管的输送分配至各条滤袋。从喷吹管上喷孔（嘴）喷出的气流使滤袋内压力急速上升而抖动滤袋，从而剥离滤袋迎尘面聚集的尘饼，各种因素的最佳组合，才能取得最佳的效果。袋式除尘器的设计人员在确定除尘器各项参数后，根据清灰要求，通过选型确定所需的脉冲阀。

（2）喷吹管组件。与脉冲阀相接的弯管管径一般与脉冲阀出气口相当。

喷吹管管径比脉冲阀出气口稍大；喷吹管上的喷吹孔径一般为 15～28mm，孔径大小不等，离气包远的比近的小。各个孔径大小要根据滤袋面积和空气压力确定，但喷吹管上的所有喷吹孔截面积之和应小于喷吹管截面积。

喷吹管中心至花板高度、导流短管的内径与长度可根据射流原理进行计算后结合经验确定，其中喷出的气流入口位置一般在滤袋口下 100～150mm。

脉冲清灰的射流原理图如图 3-3 所示。

从图 3-3 可知，喷吹管中心至花板高度 H 可由式（3-5）计算。

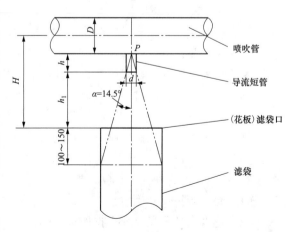

图 3-3　脉冲清灰的射流原理图

119

$$H = D/2 + h + h_1 \tag{3-5}$$

式中：H——喷吹管中心至花板上平面的高度；

$\qquad D$——喷吹管直径；

$\qquad h$——导流短管长；

$\qquad h_1$——导流短管下端面至花板上平面的距离。

根据射流原理，导流短管下端面至花板上平面（滤袋口）的距离 h_1，对喷吹清灰效果好坏至关重要，太大则一部分气源被浪费，起不到清灰作用，太小又起不到引射作用，也影响清灰效果。

将射流进入滤袋某一点的轴向速度为零处视为射流的边界，射流边界向喷射口方向延伸，会聚于 p 点，称为射流极点。根据射流原理得出，喷出口到射流极点的相对距离 h 为

$$h = 0.145d/k \tag{3-6}$$

式中　h——喷出口到射流极点的相对距离，mm；

$\qquad d$——导流短管内径，mm；

$\qquad k$——射流混合强度的紊流系数，圆柱形喷孔 $k = 0.076$。

射流扩散角的正切为：

$$\tan\alpha = 3.4k \tag{3-7}$$

由式（3-7）得出射流扩散角 $\alpha = 14.5^0$。

射流从导流短管喷吹后，射流不断将周围气体吸入射流之中，射流的断面不断扩大，此时的射流流量也逐渐增加，而射流速度逐渐降低直到消失。射流速度开始从射流周边降低，逐步发展到射流中心。

（3）清灰气体压力：行喷吹式脉冲袋式除尘器一般为 0.2～0.4MPa；旋转喷吹脉冲袋式除尘器一般为 0.085～0.1MPa；反吹风袋式除尘器一般为 2.5～5kPa。

（4）清灰气体耗量。

清灰气体耗量按下式计算。

$$V = Knq/t \tag{3-8}$$

式中　V——清灰气体耗量（标准状态），m^3/min

$\qquad K$——系数，一般取 1.3～1.5；

$\qquad n$——脉冲阀数量；

$\qquad q$——脉冲阀的一次喷吹量（标准状态），$m^3/$次；

$\qquad t$——清灰周期，min。

说明：如果脉冲阀数量多，需一次同时开启两个脉冲阀时，则清灰气体耗量为 2 倍。

（5）气包。气包应按压力容器的有关标准、规范和要求设计和制造，其承受的压力应为工作压力的 1.25～1.5 倍，并要进行耐压试验。

气包容积的大小以确保脉冲阀喷吹后至下一个脉冲阀脉冲前补足压缩空气为原则，一般设计其容积为工作压力下一个脉冲气体量的 1.5～2 倍。

3. 过滤组件的设计与计算

（1）滤袋规格尺寸确定。

（2）花板孔径名义尺寸根据所选用的滤袋（滤布厚度）增加 5～8mm，公差为+0.5mm，设计平面度偏差不大于其长度的 2‰，花板工厂制造的表面平面度偏差应控制在每平方米

1mm以内；花板的袋孔必须光滑、无毛刺。

（3）袋笼外径比花板孔径名义尺寸小5～6mm，袋笼顶帽外径和高度需根据滤袋厂家袋口尺寸确定；袋笼的竖筋与支撑圈常用Q235或者20号冷拔钢丝制造，并且表面需进行喷涂有机硅处理。

（五）滤袋（滤料）

1. 常用滤料的技术性能

常用滤料的技术性能表见表3-13。

表3-13　　　　　　　　　　　　常用滤料的技术性能表

滤料名称		涤纶针刺毡	丙纶刺毡	亚克力针刺毡	Nomex针刺毡	P84针刺毡	PPS针刺毡	PTFE针刺毡
单重（g/m²）		350～700	400～800	450～600	400～600	450～600	450～600	700～750
厚度（mm）		1.4～2.5	1.4～3	1.8～2.2	1.8～2.5	1.8～2.3	1.6-2.3	1.1
孔隙率（%）		65～90	65～90	65～90	65～90	65～90	65～90	>85
透气度［m³/（m²·min）］		180	130	180	180	160	180	150
断裂强力（N/5cm×20cm）	经	>800	>800	>800	>800	>800	>800	
	纬	>1200	>1200	>1200	>1000	>1000	>1000	
断裂伸长率（%）	经	<35	<35	<35	<35	<35	<35	
	纬	<55	<55	<55	<55	<55	<55	
使用温度（℃）	连续	120	90	120	204	240	190	240
	瞬时	150	100	150	220	260	200	260
化学稳定性	耐酸	良	优	良	良	良	优	优
	耐碱	中	良	中	良	中	优	优
	抗氧化	良	良	良	中	良	差	优
	耐水解	差	优	良	中	中	优	优
表面处理		热定型、烧毛压光，并可根据需要PTFE涂层处理						

注　根据烟气条件和过滤精度要求，可用超细异形纤维作面层。

2. 滤料的选用

滤料是袋式除尘器的心脏，合理选择滤料是保证袋式除尘器安全稳定运行的关键，各种滤料各有不同的理化特性，在满足温度及耐腐蚀等各方面性能时，不可能完美无缺。因此，必须根据烟气条件和滤料纤维性能及处理工艺进行合理选择。

（1）根据含尘气体的特性选用滤料。如烟气温度、烟气的腐蚀性、含氧量和粉尘浓度等。

（2）根据粉尘性状选用滤料。

（3）根据除尘器的清灰方式及运行阻力选用滤料。

（4）根据其他特性要求选用滤料（如排放标准要求）。

（六）保护系统

由于锅炉烟气参数波动较大，一般需要设置喷水降温系统、旁路系统和预涂灰系统，旁路按50%正常烟气量设计，烟道旁路上设置旁路阀，保证旁路风门零泄漏。随着环保要求的不断提高，很多地区已经强令取消旁路系统，这就对袋式除尘器的设计、运行、维护提出更高的要求。

（七）电控装置

根据工艺及控制逻辑要求，配置相应的测控仪表，采用 PLC 可编程控制器和上位 PC 机，实现对袋式除尘器系统的自动检测及自动程序控制。

检测和监视对象主要有：滤袋内外压差及超高报警、清灰压力运行状态、除尘器各室工作状态、灰斗料位状态及故障状态、除尘器进出口烟温及烟温超标报警、喷水水压及设备运行状态指示、阀门启闭状态等。

控制对象主要有：清灰系统脉冲阀、离线检修阀及旁路阀、预喷涂系统、紧急降温喷水系统等。

袋式除尘器的集中控制，通过上位机的人机操作界面实现。

控制模式有自动、半自动和手动三种。

清灰控制方式分为压差自动控制，时间控制和手动控制三种。

三、湿式电除尘部分

湿式电除尘器可以采用管状形式的收尘极，也可以采用平行板状的收尘极。因此，根据湿式电除尘器的阳极板形式可将其分为管式和板式。同时，也可以根据烟气的流向将其分为立式和卧式。

管式湿式电除尘器一般多用垂直布置方式，板式湿式电除尘器一般多用水平布置方式。两种布置方案的比较见表 3-14。

表 3-14 管式湿式电除尘器与板式湿式电除尘器对比

方案	水平布置方案	垂直布置方案
说明	设置在脱硫塔出口到烟囱的水平烟道上，烟气在湿式电除尘器中水平流动，除尘效率高；占地大，适用大烟气量处理	可设置在脱硫塔的除雾器上方省空间，也可在塔外独立布置；对水处理的要求低
水平布置与脱硫塔上垂直布置的比较		
与脱硫塔的关系	与脱硫塔的设计、施工过程相对独立	对脱硫塔的基础、钢结构有一定的要求，需要与脱硫系统配合
	湿式电除尘器的设计与脱硫塔的尺寸无关，只和脱硫塔出口烟气条件有关	湿式电除尘器部分截面要比脱硫塔大，以适应湿式电除尘器更低烟气流速的要求
空间要求	在脱硫塔和烟囱之间需要一定的空间	占地少，对空间要求小
初期投入	初期投入大	选用导电玻璃钢阳极管时，初期投入稍小
冲洗方式及水处理	可采用连续喷雾冲洗方式以减轻腐蚀情况，选用等级稍低的防腐钢材	采用间歇式冲洗，需采用非金属或高等级不锈钢的集尘极
	冲洗水量稍大	冲洗水量较小
	需要循环水处理系统	冲洗水可直接排入脱硫塔
维护	维护方便，大小修期间更换部件方便	塔上布置时标高较高，大修期间更换部件时不如独立布置的方便
粉尘排放	电除尘连续使用，排放稳定	逐区冲洗，冲洗时要关一个电源，有瞬时排放峰值

开展详细设计前，应根据湿式电除尘器的使用工况，选择合理的结构形式和布置形式。

（一）驱进速度和集尘极面积

1. 驱进速度

与干式电除尘器不同，湿式电除尘器内部烟气为饱和湿烟气，易荷电，因此驱进速度的取值范围通常在 9～13cm/s。根据烟气温度、含硫量、除尘效率等因素以及各设计商的经验数据，综合计算取值。

2. 集尘极面积

与干式电除尘器相同，湿式电除尘器除尘效率的计算也是采用 Deutsch-Anderson 公式，即

$$\eta = 1 - e^{-f\omega}$$

式中 η ——除尘效率，%；

ω ——驱进速度，m/s；

f ——比收尘面积，$f = A/Q$，$m^2/m^3/s$；

A ——总收尘面积，m^2；

Q ——烟气量，m^3/s。

因此，设计时集尘极面积按式（3-9）计算。

$$A = -\frac{Q\ln(1-\eta)}{\omega} \times k \qquad (3-9)$$

式中 k ——储备系数，1.0～1.3。

（二）电场风速

湿式电除尘器的电场风速一般不大于 3m/s。如烟气风速过高，流场不均匀的现象会非常严重，这将导致除尘效率降低。同时，风速过高，烟气在电场内停留时间过短，导致没有足够时间进行污染物的脱除。

（三）材料的选择

材料的选择是影响湿式电除尘器运行的重要因素之一，因此必须合理地选择各部位的结构材料。

湿式电除尘器的材质通常有铅、玻璃纤维加强的塑料（FRP）、导电玻璃钢、合金材料等。20 世纪 90 年代，用于酸雾控制的典型的湿式电除尘器通常采用防腐的铅做收集器和用铅包裹的高压电极（板和管子），但铅的机械性能较差，且存在铅中毒。合金材质在 WFGD 系统应用较为广泛，但在湿式电除尘器系统中合金材料的选择需考虑电厂的特殊情况，特别是系统中氯离子的浓度，而氯离子的浓度取决于水的品质、煤的种类以及其他工艺过程等因素。目前常用材质有导电玻璃钢、不锈钢、双相钢（2205）、柔性材质等。由于氯离子浓度的变化而需相应的防腐材料选择如图 3-4 所示。

四、电袋复合除尘器

电袋复合除尘器设计包含电区和袋区两部分。电区与电除尘器设计选型相同，袋区与袋式除尘器选型设计相同，对于整体电袋复合除尘器关注的重点是在前级电除尘的条件下袋区过滤风速的确定。

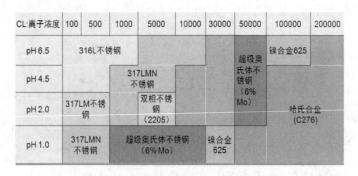

CL-离子浓度	100	500	1000	5000	10000	30000	50000	100000	200000
pH 6.5	316L不锈钢						超级奥氏体不锈钢（6% Mo）	镍合金625	
pH 4.5			317LMN不锈钢						
pH 2.0	317LM不锈钢		双相不锈钢（2205）					哈氏合金（C276）	
pH 1.0	317LMN不锈钢		超级奥氏体不锈钢（6% Mo）			镍合金625			

图 3-4　氯离子浓度与材料的选择关系表

第三节　计算流体力学（CFD）辅助设计

一、概述

研究一项计算流体力学（computational fluid dynamics，CFD）课题时，首先需要建立模型，即根据相关专业知识将问题用数学方法表达出来；然后如何利用计算流体力学软件，对问题进行求解、分析。整个计算流体力学处理过程大致包括前处理、求解器、后处理三个部分。

（1）前处理：包括几何模型的选取和网格划分。

（2）求解器：包括确定计算流体力学方法的控制方程，选择离散方法进行离散，选用数值计算方法，输入相关参数。

（3）后处理：包括速度场、压力场、温度场及其他参数的计算机可视化及动画处理等。

根据此特点和计算流体力学在工程实际中的应用可以将计算流体力学应用的优点大致归纳如下：可以更细致地分析、研究流体的流动、物质和能量的传递等过程；可以容易地改变实验条件、参数，以获取大量在传统实验中很难得到的信息资料；使整个研究、设计的时间大大减少；可方便地用于那些无法实现具体测量的场合，如高温、危险环境；根据模拟数据，可全方位地了解控制过程和优化设计。

CFD 数值模拟技术在近几年来作为环保设备优化设计的主要手段之一起到了极其重要的作用。其是采用电子计算机和离散化的数值方法对流体力学问题进行数值模拟和分析的一个新学科。通过计算机数值计算求解流体流动方程和图形显示技术来实现对包含有流体流动和热传导等相关物理现象的系统进行分析。由于除尘设备运行效率与流体流动传热等过程密切相关，因此采用 CFD 数值模拟技术对燃煤锅炉污染控制设备进行优化设计越来越受到工程设计人员的重视。

二、计算流体力学介绍

（一）简述

CFD 和气体流动的传输理论是计算求解关于流体物质内部关于质量守恒、能量变化、组分运输、动量变化和在各种物理场中自定义的标量或者矢量的非线性的有关联的微分方程组，微分求解得出关于流体流动的流场速度、物质交换、热量交换和多相流动的动态变化，因此CFD 成了工程装备设计和改造的理论求解方法，以及机械设备的改造优化和放大定量设计的有力工具。CFD 解决工程问题的根本思路核心可以概括为：将时空和几何位置上相互联系的物理状态场，如速度场和压力场，通过离散化，连续的物理场变为离散点上各种物理状态值的数据集合，离散的物理量采用给定的对应原则和特定的对应关系将这些建立特定的方程组，在方程组中设定一些假设条件，使联立的方程组得以封闭，能够求解。将这些联立封闭方程组加载到计算机的计算模型中，求解物理模型中的方程组获得场变量的近似值。通过计算机的高速运算大大降低了科研工作者在实验室或实验设备上的巨大资金投入和体力劳动，大大减轻了科研工作者在非技术领域上的精力消耗。

（二）求解过程

CFD 求解逻辑图如图 3-5 所示。

根据图 3-5 的介绍，CFD 求解过程可分为以下 9 个步骤：

1. 建立控制方程

质量守恒方程又称连续性方程，计算公式为

$$\frac{\partial \rho}{\partial t} + \frac{\partial}{\partial x_i}(\rho u_i) = S_m$$

式中　　ρ——密度；

t——时间；

x_i——总体笛卡尔坐标；

μ_i——速度；

S_m——源项。

在惯性（非加速）坐标系中 i 方向上的动量守恒方程为

$$\frac{\partial}{\partial t}(\rho u_i) + \frac{\partial}{\partial x_j}(\rho u_i u_j) = -\frac{\partial p}{\partial x_i} + \frac{\partial \tau_{ij}}{\partial x_j} + \rho g_i + F_i$$

式中　　τ_{ij}——应力张量；

ρg_i、F_i——分别为 i 方向上的重力体积力和外部体积力（如离散相间相互作用产生的升力）。

F_i 包含了其他的模型相关源项，如多孔介质和自定义源项。应力张量由下式给出，即

$$\tau_{ij} = \left[\mu \left(\frac{\partial u_i}{\partial x_j} + \frac{\partial u_j}{\partial x_i} \right) \right] - \frac{2}{3} \mu \frac{\partial u_l}{\partial x_l} \delta_{ij}$$

在计算中拟使用标准 k-ε 模型，该模型假定流场完全是湍流，分子之间的黏性可以忽略。标准 k-ε 模型因此只对完全是湍流的流场有效。

2. 确定初始条件和边界条件

初始条件与边界条件是控制方程有确定解的前提，控制方程与相应的初始条件、边界条件的组合构成对整个物理过程完整的数学描述。

初始条件是所研究对象在过程开始时刻各个求解变量的空间分布情况。对于瞬态问题，必须给定初始条件。对于稳态问题，不断要变更初始条件。

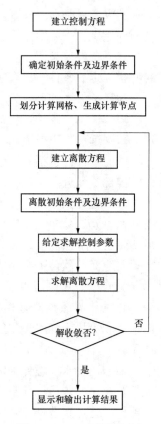

图 3-5　CFD 求解逻辑图

边界条件是在求解区域的边界上所求解的变量或其导数随地点和时间的变化规律。对于任何问题，都需要给定边界条件。

边界条件就是流场变量在计算边界上应该满足的数学物理条件。边界条件与初始条件一起并称为定解条件，只有在边界条件和初始条件确定后，流场的解才存在，并且唯一。

边界条件大致可分为下列几类：

流体进出口条件：包括压强入口、速度入口、质量入口、吸气风扇、入口通风、压强出口、压强远场、出口流动、出口通风等条件。

壁面条件：包括固壁条件、对称轴（面）条件和周期性边界条件。

内部单元分区：包括流体分区和固体分区。

内面边界条件：包括风扇、散热器、多孔介质阶跃和其他内部壁面边界条件。内面边界条件在单元边界面上设定，因而这些面没有厚度，只是对风扇、多孔介质膜等内部边界上流场变量发生阶跃的模型化处理。

一般商用软件中常用的边界条件类型包括：

（1）压力入口边界条件。压力入口边界条件用于定义流场入口处的压强及其他标量函数。这种边界条件既适用于可压流计算也适用于不可压流计算。通常在入口处压强已知、而速度和流量未知时使用压强入口条件。压力入口边界条件还可以用于具有自由边界的流场计算。

（2）速度入口边界条件。速度入口边界条件用入口处流场速度及相关流动变量作为边界条件。在速度入口边界条件中，流场入口边界的驻点参数是不固定的。为了满足入口处的速度条件，驻点参数将在一定的范围内波动。

（3）质量流入口边界条件。在已知流场入口处的流量时，可以通过定义质量流量或者质量通量分布的形式定义边界条件。这样定义的边界条件叫作质量流入口边界条件。在质量流量被设定的情况下，总压将随流场内部压强场的变化而变化。

如果流场在入口处的主要流动特征是质量流量保持不变，则适合采用质量流入口条件。但是因为流场入口总压的变化将直接影响计算的稳定性，所以在计算中应该尽量避免在流场的主要入口处使用质量流条件。比如在带横向喷流的管道计算中，管道进口处应该尽量避免使用质量流条件，而在横向喷流的进口处则可以使用质量流条件。

在不可压流计算中不需要使用质量流入口条件，这是因为在不可压流中密度为常数，所以采用速度入口条件就可以确定质量流量，因此就没有必要再使用质量流入口条件。

（4）压力出口边界条件。压力出口边界条件是在流场出口边界上定义静压，而静压的值仅在流场为亚音速时使用。如果在出口边界上流场达到超音速，则边界上的压力将从流场内部通过插值得到。其他流场变量均从流场内部插值获得。

（5）压强远场边界条件。压强远场边界条件用于设定无限远处的自由边界条件，主要设置项目为自由流马赫数和静参数条件。压强远场边界条件也被称为特征边界条件，因为这种边界条件使用特征变量定义边界上的流动变量。

采用压强远场边界条件要求密度用理想气体假设进行计算，为了满足"无限远"的要求，计算边界需要距离物体相隔足够远的距离。比如在计算翼型绕流时，要求远场边界距离模型约 20 倍弦长。

（6）出流边界条件。如果在流场求解前，流场出口处的流动速度和压强是未知的，就可以使用出流边界条件。除非计算中包含辐射换热、弥散相等问题，在出流边界上不需要定义任何参数，FLUENT用流场内部变量通过插值得到出流边界上的变量值。

（7）壁面边界条件。在黏性流计算中，一般使用无滑移条件作为缺省设置。在壁面有平移或转动时，也可以定义一个切向速度分量作为边界条件，或者定义剪切应力作为边界条件。

（8）对称边界条件。在流场内的流动及边界形状具有镜像对称性时，可以在计算中设定使用对称边界条件。这种条件也可以用来定义黏性流动中的零剪切力滑移壁面。在对称边界上不需要设定任何边界条件，但是必须正确定义对称边界的位置。

（9）流体条件。流体区域是网格单元的集合，所有需要求解的方程都要在流体区域上被求解。流体区域上需要输入的唯一信息是流体的材料性质，即在计算之前必须指定流体区域中包含何种流体。

（10）固体条件。固体区域是这样一类网格的集合，在这个区域上只有热传导问题被求解，与流场相关的方程则无需在此求解。被设定为"固体"的区域实际上可能是流体，只是这个流体上被假定没有对流过程发生。在固体区域上需要输入的信息只有固体的材料性质。必须指明固体的材料性质，以便计算中可以使用正确的材料信息。还可以在固体区域上设定热生成率，或固定的温度值。也可以定义固体区域的运动。如果在固体区域周围存在周期性边界，还需要指定转动轴。

（11）多孔介质条件。很多问题中包含多孔介质的计算，比如流场中包括过滤纸、分流器、多孔板和管道集阵等边界时就需要使用多孔介质条件。在计算中可以定义某个区域或边界为多孔介质，并通过参数输入定义通过多孔介质后流体的压力降。在热平衡假设下，也可以确定多孔介质的热交换过程。

3. 划分计算网格

CFD软件的工作中，大约有80%的时间是花费在网格划分上的，可以说网格划分能力的高低是决定工作效率的主要因素之一。特别是对于复杂的CFD问题，网格生成极为耗时，且极易出错，因此网格质量将直接影响CFD计算的精度和速度，在具体操作时，有必要对网格生成方式给予足够的关注。

CFD计算结果最终的精度及计算过程的效率主要取决于所生成的网格与所采用的算法。现有的各种生成网格的方法在一定的条件下都有其优越性和弱点，各种求解流场的算法也各有其适应范围。一个成功而高效的数值计算，只有在网格的生成及求解流场的算法间有良好的匹配时才能实现。

从总体上来说，CFD计算中采用的网格可以大致分为结构化网格和非结构化网格两大类。一般数值计算中正交与非正交曲线坐标系中生成的网格都是结构化网格，其特点是每一节点与其邻点之间的连接关系固定不变且隐含在所生成的网格中。

从严格意义上讲，结构化网格是指网格区域内所有的内部点都具有相同的毗邻单元。结构化网格主要有网格生成速度快、网格生成质量好、数据结构简单等优点。

对曲面或空间的拟合大多数采用参数化或样条插值的方法得到，区域光滑，与实际的模型更容易接近；它可以很容易地实现区域的边界拟合，适于流体和表面应力集中等方面的计算。

结构化网格最典型的缺点是适用的范围比较窄。尤其随着近几年计算机和数值方法的快速发展，人们对求解区域的复杂性要求越来越高，在这种情况下，结构化网格生成技术就显得力不从心。

同结构化网格的定义相对应，非结构化网格是指网格区域内的内部点不具有相同的毗邻单元。即与网格剖分区域内的不同内点相连的网格数目不同。从定义上可以看出，结构化网格和非结构化网格有相互重叠的部分，即非结构化网格中可能会包含结构化网格的部分。

非结构化网格技术的发展主要是弥补结构化网格不能解决任意形状和任意连通区域的网格剖分的欠缺。由于非结构化网格的生成技术比较复杂，随着人们对求解区域的复杂性不断提高，对非结构化网格生成技术的要求也越来越高。

采用数值方法求解控制方程时。都是想办法将控制方程在空间区域上进行离散，然后求解得到离散方程组。现已发展出多种对各种区域进行离散以生成网格的方法，这些方法统称为网格生成技术。

不同的问题采用不同数值解法时，所需要的网格形式有一定的区别，但生成网格的方法基本是一致的。

4. 建立离散方程

对控制方程进行时间积分，把原来在时间域及空间域上连续的物理量的场，如速度场、压力场等，用一系列有限个离散点上的变量值的集合来代替，通过一定的原则和方式建立起关于这些离散点上场变量之间关系的代数方程组，然后求解代数方程组获得场变量的近似值。

控制方程的离散就是将主控的偏微分方程组在计算网格上按照特定的方法离散成代数方程组，用以进行数值计算。按照应变量在计算网格节点之间的分布假设及推到离散方程的方法不同，控制方程的离散方法主要有：有限差分法、有限元法、有限体积法等。这里主要介绍最常用的有限差分法，有限元法及有限体积法。

（1）有限差分法（finite difference method，FDM）是数值方法中最经典的方法。它是将求解域划分为差分网格，用有限个网格节点代替连续的求解域，然后将偏微分方程（控制方程）的导数用差商代替，推导出含有离散点上有限个未知数的差分方程组。求差分方程组（代数方程组）的解，就是微分方程定解问题的数值近似解，这是一种直接将微分问题变为代数问题的近似数值解法。这种方法发展较早，比较成熟，较多用于求解双曲型和抛物型问题（发展型问题）。用它求解边界条件复杂，尤其是椭圆型问题时不如有限元法或有限体积法方便。

（2）有限元法（finite element method，FEM）与有限差分法都是广泛应用的流体力学数值计算方法。有限元法是将一个连续的求解域任意分成适当形状的许多微小单元，并于各小单元分片构造插值函数，然后根据极值原理（变分或加权余量法），将问题的控制方程转化为所有单元上的有限元方程，把总体的极值作为个单元极值之和，即将局部单元总体合成，形成嵌入了指定边界条件的代数方程组，求解该方程组就得到各节点上待求的函数值。有限元法的基础是极值原理和划分插值，它吸收了有限差分法中离散处理的内核，又采用了变分计算中选择逼近函数并对区域积分的合理方法，是这两类方法相互结合，取长补短发展的结果。它具有广泛的适应性，特别适用于几何及物理条件比较复杂的问题，而且便于程序的标准化。对椭圆型问题（平衡态问题）有更好的适应性。有限元法因求解速度较有限差分法和有限体积法慢，因此，在商用 CFD 软件中应用并不普遍，目前的商用 CFD 软件中 FIDAP 采用的是有限元法。而有限元法目前在固体力学分析中占绝对比例，几乎所有的固体力学分析软件都是采用有限元法。

（3）有限体积法（finite volume method，FVM）是近年发展非常迅速的一种离散化方法，其特点是计算效率高。目前在 CFD 领域中得到了广泛的应用。其基本思路是：将计算区域划分为网格，并使每个网格点周围有一个互不重复的控制体积；将待解的微分方程（控制方程）对每一个控制体积分，从而得到一组离散方程。其中的未知数是网格点上的因变量，为了求出控制体的积分，必须假定因变量值在网格点之间的变化规律。从积分区域的选取方法来看，有限体积法属于加权余量法中的子域法，从未知解的近似方法来看，有限体积法属于采用局部近似的离散方法。简言之，子域法加离散，就是有限体积法的基本方法。

5. 离散初始条件和边界条件

在对控制方程进行离散之前，我们需要选择与控制方程离散方法相适应的计算区域离散方法。网格是离散的基础，网格节点是离散化的物理量的存储位置，网格在离散过程中起着关键的作用。网格的形式和密度等对数值计算结果有着重要的影响。一般情况下，二维问题，网格形式有三角形和四边形；三位问题中，网格形式有四面体、六面体、棱锥体、楔形体及多面体单元。网格按照常用的分类方法可以分为：结构网格、非结构网格、混合网格，也可以分为：单块网格、分块网格、重叠网格等。上面提到的计算区域的离散方法要考虑到控制方程的离散方法，比如，有限差分法只能使用结构网格，有限元和有限体积法可以使用结构网格也可以使用非结构网格。

6. 给定求解控制参数

在离散空间上建立离散化的代数方程组，并施加离散化的初始条件和边界条件后，还需要给定流体的物理参数和紊流模型的经验系数。此外，还要给定迭代计算的控制精度、瞬态问题的时间步长和输出频率等。

7. 求解离散方程

在进行了上述设置后，即可生成具有定解条件的代数方程组。对于这些方程组，数学上已经有相应的解法，如线性方程组可采用 Guass 消去法或 Guass-Seidel 迭代法求解，而对于非线性方程组，可采用 Newton-Raphson 方法。

8. 判断解的收敛性

对于稳态问题的解，或是瞬态问题在某个特定时间步上的解，往往要通过多次迭代才能得到。有时，因网格形式或网格大小、对流项的离散插值格式等原因，可能导致解的发散。对于瞬态问题，若采用显式格式进行时间域上的积分，当时间步长过大时，也可能造成解的振荡或发散。因此，在迭代过程中，要对解的收敛性随时进行监视，并在系统达到指定精度后，结束迭代过程。

这部分内容属于经验性，需要针对不同的情况进行分析。

9. 显示计算结果

常用的显示和输出结果有线值图、矢量图、等值线图等。

（1）线值图：在二维或三维空间上，将横坐标取为空间长度或时间历程，将纵坐标取为某一物理量，然后用光滑曲线或曲面在坐标系内绘制出某一物理量沿空间或时间的变化情况。

（2）矢量图：直接给出二维或三维空间里的矢量（如速度）的方向及大小，一般用不同颜色和长度的箭头表示速度矢量。矢量图可以比较容易地让用户发现其中存在的旋涡区。

（3）等值线图：用不同颜色的线条表示相等物理量（如温度）的一条线。

三、除尘器 CFD 模拟设计案例

（一）电除尘器气流分布辅助设计案例分析

1. 项目概述

该模拟对象为辽宁某热电厂 2×350MW 新建工程低低温电除尘器，分析该除尘器前烟道及扩张段的流场分布。该项目为电除尘器，通过流场数值模拟（CFD）仿真现有方案，验证该方案在进入电除尘器的烟气速度分布比是否均匀，并且两个烟道出口的流量分配是否均匀。

2. 模拟思路

根据计算要求，将整个计算过程分为两部分：

（1）扩展段前方烟道计算（简称烟道计算），其主要目的是查看烟道内导流板设置是否合理。

（2）扩张段及电除尘器本体计算（简称扩张段计算），主要目的是查看多孔板和导流板设置是否合理。

根据设计图纸建立全尺寸的三维模型，它们的建模方案分别是：

（1）导流板采用详细建模。

（2）入口为加热器出口，温度 92℃。

（3）多孔板采用详细建模。

该方案的除尘器前烟道及扩张段的三维模型如图 3-6、图 3-7 所示。

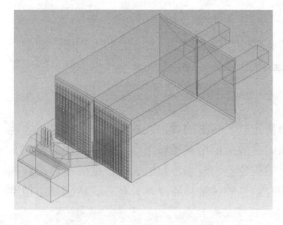
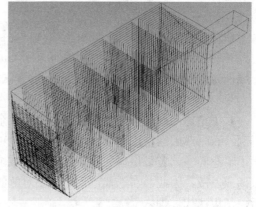

图 3-6　除尘器前烟道三维模型　　　　　　　图 3-7　扩张段计算三维模型

3. 数学模型

整个烟道内流场的数值模拟是通过 CFD 软件实现。模拟过程中数学模型的选取及边界条件的处理方式主要包括以下几个方面：

（1）选用 Standard k-ε 模型对湍流进行简化模拟；

（2）选用组分输运模型计算烟气中不同组分的输运和扩散；

（3）边界条件的设定：入口为速度入口，出口为压力出口。

该模型用有限体积法在离散的网格上进行求解。

4. 结果分析

通过模型与网格的建立和边界条件的设置，迭代计算除尘器前烟道的流场变化。除尘器前烟道速度云图和流线分布如图 3-8 所示，计算结果如下：

流量分配：出口 1 = 49.8%，出口 2 = 50.2%。

气量偏差：±0.4%。

气流均布系数（取点法）：出口 1 = 0.173＜0.2，出口 2 = 0.139＜0.2。

压降：20.8Pa。

从计算结果来看，烟道导流板设计使得两个出口的流量分配差距很小，出口烟气气流均布系数也满足设计要求。

通过模型与网格的建立和边界条件的设置，迭代计算除尘器扩展段的流场变化。扩展段内速度分布及流线分别如图 3-9～图 3-12 所示，计算结果如下：

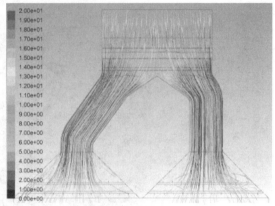
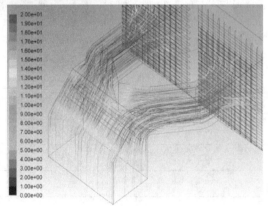

图 3-8　除尘器前烟道速度云图和流线分布

除尘器入口气流均布系数（取点法）：0.198%＜0.2%；

压降：89.4Pa。

从计算结果来看，除尘器入口气流均布系数可以满足设计要求。

利用数值模拟计算方法，分析辽宁该电厂 2×350MW 新建工程低低温电除尘器内部的速度分布，分别对扩展段前方烟道及扩展段进行数值模拟分析，得到表 3-15、表 3-16 所示的计算结果。

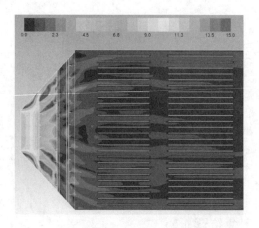

图 3-9 扩展段内速度分布（水平切面）

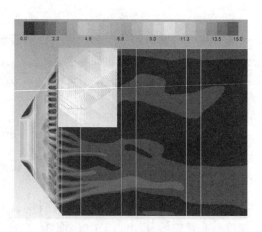

图 3-10 扩展段内速度分布（垂直切面）

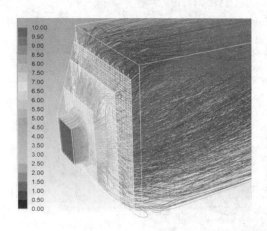

图 3-11 扩展段流线（一）

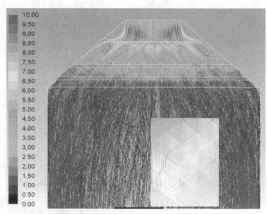

图 3-12 扩展段流线（二）

表 3-15 扩展段前方烟道模拟分析表

扩展段前方烟道	流量	均匀性	压降（Pa）
入口 1	49.8%	0.173	20.8
入口 2	50.2%	0.139	
结论	达标	达标	

表 3-16 扩展段烟道模拟分析表

扩展段	均匀性	压降（Pa）	总压降（Pa）
	0.198	89.4	110.2
结论	达标		

从计算结果可以看出，该设计可以满足低低温电除尘器在流量分配和速度均匀性上的设计要求。

（二）旋转喷吹袋式除尘器的 CFD 辅助设计案例

1. 模拟设计对象

设计对象为三门峡某火电厂三期扩建工程 5 号 1000MW 机组除尘器的烟道及入口喇叭口内流场分布，该锅炉为超超临界参数的变压直流 Π 型锅炉，最大连续蒸发量为 2958t/h，设计煤种满负荷状态下除尘器入口参数如下：烟气流量 2650000Nm³/h、入口烟温 134.3℃、含尘量 41.9g/m³。

该数值模型范围从空气预热器出口烟道至除尘器出风喇叭口为止。整体模型尺寸与实际工程图纸尺寸相同，不对模型进行缩放，以保证数值模拟准确、可靠性。

2. 模拟目的

除尘器进口烟道为喇叭口状（见图 3-13），由于通道突然扩大，易引起局部漩涡，对除尘造成不利影响。

模拟主要目的在于确定烟道内导流板和除尘器喇叭口内孔板的最优化结构，对烟道内导流板和除尘器入口喇叭口内气流均布板进行设计验证，力争达到：①使单个除尘器内的烟气流量基本一致；②进入除尘器时流场分布符合业主要求，即大部分烟气不直接冲击到袋式除尘器上。即除尘器入口截面烟气流速相对偏差小于 15%，通过横截面积最大值和最小值间的偏差小于 ±20%，除尘器入口到出口的总压损失最小，并确定喇叭口内多孔板最佳开孔方式及开孔率。

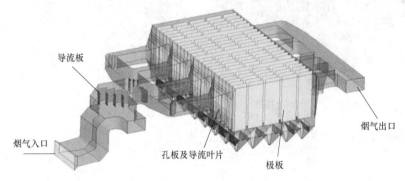

图 3-13　电除尘器流场路径图

3. 数值模拟方案

除尘器入口的流动分布决定了除尘器的除尘效率，压降及运行可靠性等一系列运行性能，是除尘器运行好坏的关键参数之一。通过增加导流板和多孔板等措施来分配进入除尘器的烟气流量，调整进入除尘器入口流速的分布是非常必要的。基于该项目的实际情况，流场数值模拟基本方法和假设如下：

（1）利用工程应用最多的 k-ε 模型来模拟流动过程中的湍流强度和耗散。

（2）由于保温层的存在，烟气与外界换热量较小，可考虑使用绝热模型。

（3）气流在烟道出口为均匀流动的状态。

（4）气流出口为压力出口，压力值根据甲方提供的设计数据确定。

（5）袋式除尘器的滤袋部分可以使用多孔介质模型来模拟。

4. 建模和网格划分

该案例从双列除尘对称中心进行划分为烟道和喇叭口单元 1、烟道和喇叭口单元 2，划分后的三维模型如图 3-14 和图 3-15 所示。

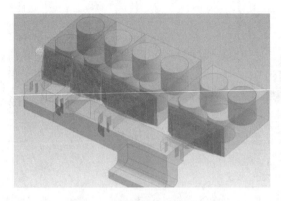

图 3-14　烟道和喇叭口单元 1

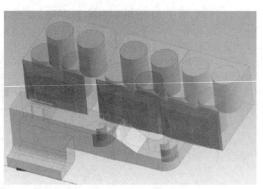

图 3-15　烟道和喇叭口单元 2

图 3-16　烟道和喇叭口单元 1 网格划分

由于烟道及多孔板结构的复杂性，该计算模型在烟道和喇叭口位置全部采用四面体网格，在除尘器部分采用六面体网格，其网格划分如图 3-16 所示。

5. 数值模拟结果分析

模型采用 SIMPLE 算法，并采用二阶迎风格式，残差值的收敛标准均为 10^{-5}。

图 3-17 为满负荷运行中的除尘器速度云图，单元 1 中四个除尘器单元入口的速度分布。单元 1 共连接 4 个袋式除尘器区域，每个袋区设置 1 个喇叭口。

图 3-17　除尘器速度云图

从图 3-17 可知：4 个喇叭口入口的流场分布均呈现中间低、周围高的情况，流速最高点均位于喇叭口四周。经数值模拟，4 个喇叭口入口烟气流量占总烟气量的比例分别为 32.1%、33.6%、16.0%、18.3%，与期望比例 33%、33%、16.5%、16.5%基本相符。以除尘器喇叭口单元 1 为例，若每隔 0.5m 选取一个测试点，可选取共计 384 个点，其平均速度为 1.85m/s，标准方差 0.11m/s，相对偏差 5.9%＜15%，喇叭口到除尘器段压降为 108.7Pa。

气流均布板的设计采用不均匀设计，最终目的是确保数值模拟过程中气流主要流向下部及两侧，确保气流不吹到下游的滤袋。

（三）旁通式袋式除尘器CFD辅助设计案例

1. 旁通式袋式除尘器的结构介绍

除尘器由中部的矩形烟道（中央烟道）及对称分布在中央烟道两侧的过滤室组成，中央烟道由斜隔板分为上、下两个独立楔形通道，上部通道为出风烟道、下部通道为进风烟道。烟气在进风烟道经进风支管进入各过滤室。之后含尘烟气经滤袋过滤进入净气室，净气室和过滤室之间由花板密封隔离，滤袋固定悬挂在花板之下。除尘后干净的烟气经出口离线阀汇集到斜隔板上部的出风烟道并排出除尘器。旁通式袋式除尘器结构示意图如图3-18所示，图中箭头方向为整台除尘器右半部分结构烟气流动方向示意。

2. CFD设计目的

（1）模拟对象。该仿真对象为长春某热电厂1、2号机组除尘器入口导流板的设计和优化。单台机组配套A、B两台除尘器，每台除尘器烟气经一长约18m的直段烟道进入除尘器中央烟道。在中央烟道下部进风烟道，烟气经过两侧共十二个对称分布的支管进入过滤室。支管内设有导流板和挡板门。烟气进入过滤室之后，经24组共5040条滤袋的过滤，进入花板上方的净气室，并最终流出除尘器，除尘器性能参数见表3-17。

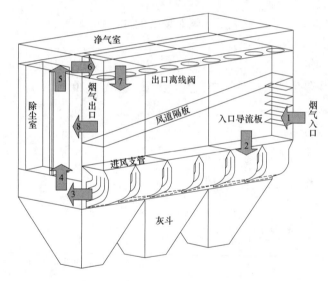

图3-18 旁通式袋式除尘器结构示意图

表3-17   除 尘 器 性 能 参 数

检 测 项 目	单 位	数 值
入口烟尘量	kg/h	11178
出口烟尘量	kg/h	13.14
除尘效率	%	99.883
入口烟气量	m³/h	939982
除尘器本体阻力	Pa	933
入口烟气温度	℃	153.0

该模拟为方便表述，将沿烟气运动方向上的烟气分布支管依次命名为1~6，如图3-19所示。

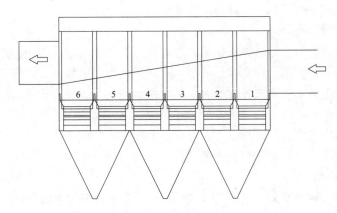

图 3-19　除尘器入口烟气分布支管编号示意图

（2）模拟目的：

1）通过调节除尘器入口导流板的长度、角度、位置等参数，使进入除尘器中各过滤室的烟气流量偏差不大于±5%。

2）尽量减小进入除尘器滤室之后烟气对袋式的冲击作用。

3．CFD 设计成果的导流板优化

在该项目中，列举了五个导流板设置方案，方案示意及模拟结果如下：

方案（1）：不在除尘器入口处添加任何导流板，如图 3-20 所示。

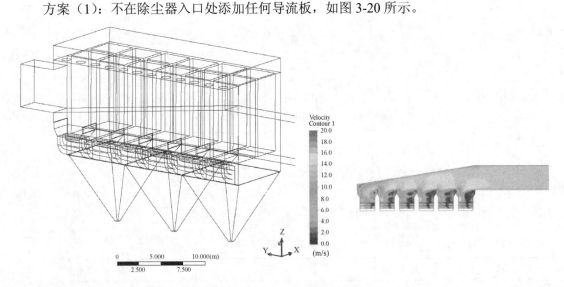

图 3-20　方案（1）示意图及模拟结果

方案（2）：烟道入口共布置 5 块导流板，5 块导流板将烟道入口截面面积平均分为 6 个部分，如图 3-21 所示。

方案（3）：烟道入口共布置 5 块导流板，5 块导流板将烟道入口截面面积平均分为 6 个部分，在第四个支管口处添加一块导流板，如图 3-22 所示。

方案（4）：烟道入口共布置 5 块导流板，5 块导流板将烟道入口截面面积平均分为 6 个部分，在第二、四个支管口处各添加一个导流板，如图 3-23 所示。

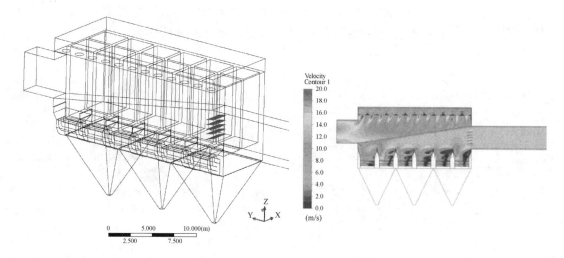

图 3-21 方案（2）示意图及模拟结果

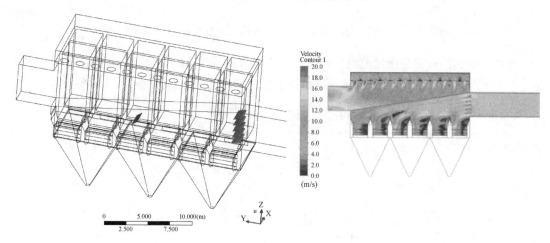

图 3-22 方案（3）示意图及模拟结果

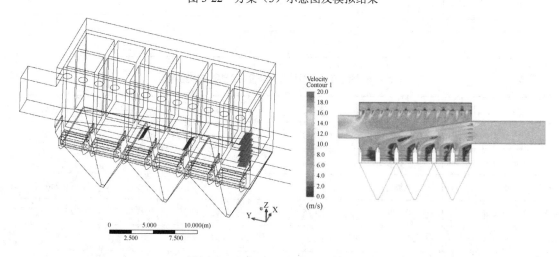

图 3-23 方案（4）示意图及模拟结果

方案（5）：烟道入口共布置 5 块导流板，5 块导流板将烟道入口截面面积平均分为 6 个部分，在第二、三、四个支管口处各添加一个导流板，如图 3-24 所示。

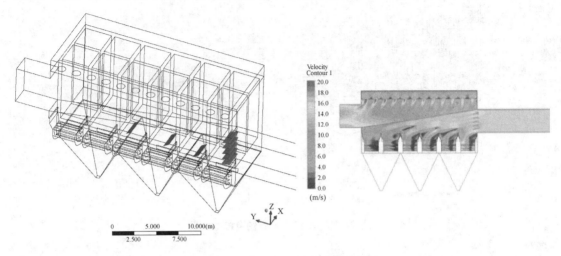

图 3-24　方案（5）示意图及模拟结果

将各个方案的流量分配情况进行对比，见表 3-18 和表 3-19。可以看出，方案（4）中各支管的无因次化烟气流量小于±5%，满足流量分配均一的要求。

表 3-18　　　　　　　　五个方案中的流量分配情况比较（均值 23.3m³/s）

流量（m³/s）	方案（1）	方案（2）	方案（3）	方案（4）	方案（5）
支管 1	20.5	27.1	26.6	23.8	27.0
支管 2	15.5	13.3	15.2	24.4	17.2
支管 3	20.6	18.4	21.7	22.0	22.2
支管 4	18.2	19.3	25.5	22.8	25.0
支管 5	26.4	32.6	26.0	24.0	26.2
支管 6	38.1	29.4	25.0	22.8	22.4

表 3-19　　　　　　　　五个方案中的流量分配情况比较（无因次化结果）

无因次化流量	方案（1）	方案（2）	方案（3）	方案（4）	方案（5）
支管 1	0.878	1.163	1.141	1.019	1.158
支管 2	0.663	0.572	0.654	1.049	0.740
支管 3	0.883	0.788	0.932	0.953	0.946
支管 4	0.780	0.826	1.092	0.977	1.071
支管 5	1.131	1.398	1.117	1.032	1.123
支管 6	1.634	1.263	1.073	0.980	0.963

（四）湿式电除尘器 CFD 辅助设计案例

1. 项目概述

该案例以山东某发电厂二期 4 号机组（300MW）安装的湿式电除尘器前变径为研究对象，该厂为 1025t/h 亚临界压力中间再热自然循环锅炉，单炉膛四角切向燃烧。除尘采用低压脉冲旋转脉冲袋式除尘技术，出口粉尘排放指标小于 20mg/m³。脱硫工艺采用双塔双循环脱硫工艺，为满足烟囱出口粉尘排放小于 5mg/m³（标准状态）的要求，脱硫后加装管式湿式电除尘器。

2. 变径处气流分布方案

变径的结构示意图如图 3-25 所示，鉴于该结构形式，在变径入口安装导流叶片保证气流均匀地导向四周，在变径出口，即湿电入口，安装整流格栅，加强气流均布，同时整流格栅也可以作为湿电的底部检修平台。

变径入口处的导流叶片采用"强制导流"的策略，叶片向四周导向，不同的角度引导气流往不同的方向运动，进而改变下游断面的气流均匀性。导流叶片在脱

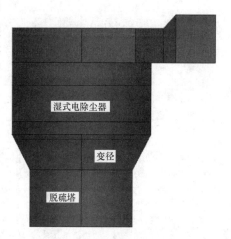

图 3-25 变径的结构示意图

硫塔出口的直径方向上，考虑到在变径内气流的流动特性——中间流速快、四周流速低，因此在中心区域采用较小间距，在外周区域采用较大间距；导流板顺气流方向的高度为 1m，为变径高度的 20%～30%，保证气流的导向；整流格栅板将带角度运动的气流进一步引导成为垂直运动的气流，使气流能够均匀稳定地进入到湿式电除尘器内部，开孔率为 40%。

变径处气流分布方案主视图如图 3-26 所示，俯视图如图 3-27 所示。

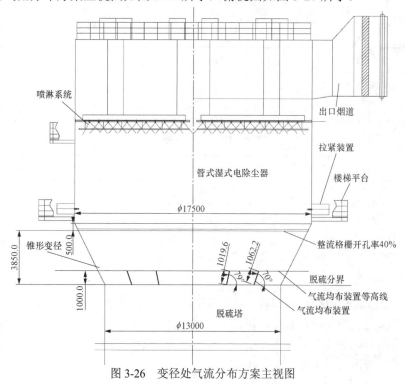

图 3-26 变径处气流分布方案主视图

3. 数值模拟分析

（1）模型建立。流场数值模拟包含脱硫塔、变径、湿式电除尘器、出口烟道，不考虑支撑等部件。与实物按照 1:1 的比例进行建模。变径处三维模型图如图 3-28 所示。

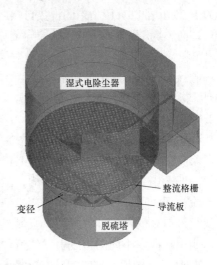

图 3-27　变径处气流分布方案俯视图　　　　　图 3-28　变径处三维模型图

（2）计算方法。烟气按照不可压缩流体设定：假设入口处烟气速度分布均匀，速度方向垂直于入口处平面；假设导流板的厚度为零；阳极管压降都采用多孔介质进行模拟；采用非结构网格划分模型。

烟气参数表见表 3-20，湿式电除尘器装置尺寸表见表 3-21。

表 3-20　　　　　　　　　　　　　　烟 气 参 数 表

入口处烟气参数	单　位	数　值
标准状态下入口烟气量	m³/h	1378410
温度	℃	50

表 3-21　　　　　　　　　　　　　湿式电除尘器装置尺寸表

部　　件		单　位	数　值
湿式电除尘器出口面尺寸	长度	mm	6200
	高度	mm	5900
湿式电除尘器装置入口面	直径	mm	13000

4. 结果分析

图 3-29 是中心截面速度的流线图，图 3-30 是锅炉 BMCR 工况下阳极管入口上游 0.5m 处测试面速度云图。由图可以看出：测试面整体上速度基本分布均匀，经过计算得出：该断面速度分布的相对标准偏差系数为 14.5%，小于 15% 的设计要求。经计算湿式电除尘器烟道入口至出口的系统压力损失数值为 121Pa。

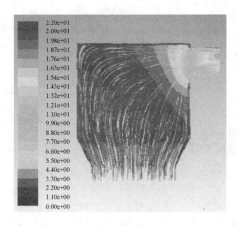

图 3-29　中心截面速度流线图

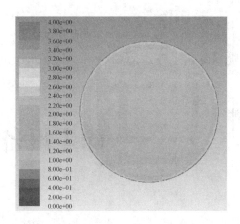

图 3-30　阴极管入口上游 0.5m 处测试面速度云图

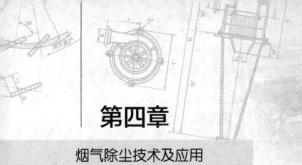

除尘设备安装与调试

除尘设备因设备、用途的不同，安装与调试也是千差万别，对于小型除尘设备，安装与调试相对简单，大型除尘装备安装与调试相对较为复杂。本章以大型除尘设备为主，着重于电除尘器、袋式除尘器、电袋复合除尘器、湿式除尘器的安装与调试，在上述大型除尘器安装中，除尘器基础、钢构架的安装施工具有一定的通用性。

第一节 安装工艺与方法

一、施工条件和施工准备

（一）施工条件

（1）承担除尘器施工的施工单位应具备相应的施工资质；施工单位项目部组织机构健全，专业人员配置合理；施工人员应持有与从事工作相应的资质证书，且资质证书在有效期内。

（2）施工组织设计、技术方案、单位工程施工质量验收范围划分表等技术文件审批完毕，完成设备技术交底，并办理单位工程开工报告。施工图应到位并满足连续施工要求，且通过相关单位会检。

（3）施工单位质量管理人员、特种作业人员资质证书完成报审。施工前完成施工人员进行安全技术交底，交底记录齐全。计量器具检定合格并在有效期内，精度和测量范围满足施工要求。高强螺栓开箱检验并按批抽样复检合格，高强螺栓连接摩擦面试板抗滑移系数试验合格。

（4）施工单位现场管理人员、作业人员按组织设计要求配备，满足施工要求。设备基础、地下沟道和地下设施完成，基础回填夯实，地面平整，道路畅通。基础复查合格并办理交接签证，基础强度达到设计值的70%。吊装机械、设施等特种设备报验合格，专用机具配置到位。设备到货满足连续施工要求。

（5）施工用水、电、气等满足施工需要。

（6）除尘器安装施工前应完成基础交付安装的手续。

（二）施工准备

1. 施工准备计划

除尘器的安装包括本体机械部分、电气部分、护壳保温等，还有系统调整试验、运行参数的选择和设定等一系列多专业配合才能完成的工作。初步设计完成后，即可开始进行施工分包队伍的选定，做好开工前的资源进场。合同签订后，应立即组织管理人员、施工人员、施工机具快速进场，并及时做好大型机械进场的调度工作，以便尽快的形成施工能力。安装队伍的工种人数根据除尘器的吨位大小、工期长短、施工场地和机具配备而定。除保温外护施工以外，一般情况下，安装铆、钳工约占 15%，起重工约占 10%，电、火焊工约占 50%，电工约 15%，辅助工可根据工作的需要适时增减。

2. 技术准备

施工前，技术负责人会同施工人员熟悉图纸、技术文件等设备资料。根据设备构造、各部分连接方式、精度要求、进度目标、施工场地等制定出具体的安装计划和规程。安装计划和规程包括：工程概况、施工进度及施工人员安排计划、吊装机具配备及主要构件吊装计划、施工方案与技术措施、设备与材料供应计划、质量保证措施、安全生产措施、工程质量检查记录卡、设备调试试验方法以及检验标准等。

3. 场地准备

（1）根据除尘器的安装位置及周围场地，按起重设备吊装最远距离时，起吊工件的最大重量以及能从设备堆放点或组装地点较方便地把工件吊到安装位置的原则，确定起重设备的位置，避免过多的倒运造成工件变形或损坏，以提高工效。

（2）要确定好设备堆放和组装场地。堆放场地要平整，还要考虑场地耐压力，防止因地面下沉造成工件倒塌；另外根据安装顺序确定零部件的堆放位置。堆放场地应具有设备倒运通道。组装场地应尽量设置在除尘器最近处，并考虑到起重设备的起重能力，还要有供组装部件用的平台。不允许有不适当的叠加和乱放。堆放场地应留有人行道。对于电除尘器，阳极板和阴极线的组装平台或悬挂场地要做出安排，以便用于组装及吊装。

（3）根据相关标准、规范以及现场情况，在安装现场设置工具房及配电房。

4. 设备及材料准备

（1）根据安装现场场地情况及所安装除尘器的大小，确定起吊设备的高度和最大起重量，以选择合理的起重设备。

（2）根据除尘器的结构特点，设置安装机具、专用安装工具、专用测量工具。如：电除尘器的阴极、阳极临时悬挂架；阴极悬吊大螺母专用扳手；用于立柱等部件散吊时固定的揽风绳或硬支撑；铆、钳、焊、电工常用工具；水平仪、经纬仪、水平尺、弹簧秤、线坠、水平管、弯尺、万用表、绝缘电阻表及各种规格的扳手、钢卷尺等（注：所用量具需有资质进行量具鉴定部门做出的有效鉴定证书）。

（3）工程施工中，需要安装单位自行准备某些材料，如：焊条、乙炔、氧气、油漆、密封与封堵材料、接线鼻子、电气接线软骨及接头，以及不同规格的螺栓螺母、常用安装辅材等。有些施工合同，会包含部分施工主材，如保温与封闭材料、管道钢管与支架材料、箱罐或仓体板材与型材等。

二、除尘器通用部分安装工艺与方法

（一）基础施工

目前大型除尘器的基础施工使用商品混凝土，所以施工现场的混凝土生产设备已经基本很少，常用施工机具主要是汽车吊、装载机、翻斗车、振捣器、焊机、电锯、钢筋弯箍机、水准仪、经纬仪，或者钢筋切断机、钢筋弯曲机、调直机等钢筋加工设备。

现场设置施工电源箱，主电源设置单独铺设电缆。现场施工用电、照明、起重机，搅拌机械和木工工具分别引自各指定的电源箱内。伴随施工用电安全管理与技术的提升，目前电源箱普遍采用"三相五线制"，内部采用三相保护开关。

1. 基础施工工艺

土方清理→基础垫层→测量放线→承台钢筋→承台模板→承台混凝土→短柱钢筋→短柱模板→短柱混凝土→支墩混凝土→基础梁混凝土→土方回填。

2. 施工测量

依据厂区控制网点，用全站仪在基础垫层上引出两条垂直线，校核完毕后用经纬仪和钢盘尺放了细部轴线。高程控制采用四等水准测量方法测定，进行往返观测。

3. 土方施工

通常基础土方采用机械开挖形式，为防基底扰动，预留 300mm 厚进行人工清土，当地质构造复杂多变时，挖至设计标高后需及时请相关人员审底验槽，挖方过程中，安排专人进行轴线和标高的监测。

开挖土方运至规定的施工地点分类存放以便回填。回填采用机械碾压、人工配合，按规定分层取样。坑边围护基坑开挖完毕后，在基坑四周用栏杆进行围护，悬挂警示标志。垫层施工必须在验槽合格后方可进行，由测量人员给出垫层标高，模板采用支设方式，要求顺直整齐，混凝土施工人员必须控制好垫层的标高，和表面平整度并保证垫层密实。

4. 模板施工

基础放脚可用普通胶合板，上部短柱采用多层胶合板及木方在制作场地组合成型的模板。基础垫层上放线完毕后，即进行基础模板的支设。

根据结构图尺寸，通常用普通胶合板及 6×9cm 木方配合 ϕ48 钢管进行组配，用 ϕ48 钢管作支承，依据准线，加固校正模板。基础承台二次支撑吊模时，承台每条边各用两个 ϕ20 的钢筋，用以加固支撑吊模模板，以防下沉，从而保证基础承台的结构尺寸。如图 4-1 所示，模板支设前，应先刷好水性脱模剂。

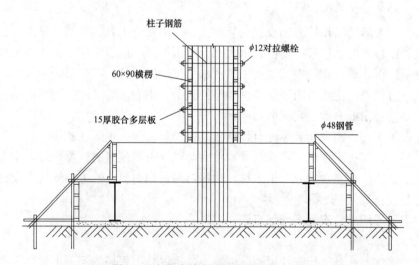

图 4-1　台阶式独立基础支模加固示意图

承台混凝土浇筑完毕后，在承台上弹出轴线及柱边线，依据准线进行基础柱的支设。基础柱模在支设前，用钢管搭设基础脚手架，以便施工人员支模及绑扎钢筋用。柱模支设时在柱钢筋根部用 ϕ12 钢筋焊成井字形，以固定柱模根部位置，柱模板采用 ϕ12 对拉螺栓（螺栓外ϕ18PVC 套管），配合ϕ48 钢管进行加固。

支撑过程中必须采用吊线坠的方法对放脚及柱模板进行较正，保证放脚及柱四面垂直，对角尺寸方正。对同一轴线、大小相同的柱，上部应拉通线及排尺进行控制，相邻的放脚、柱之间用水平支撑、剪刀撑等进行固定。

待土方回填后，在梁底板位置，将土夯实，用红砖砌筑胎模，上面用水泥砂浆罩面。两边比梁底宽出 200mm。在胎模上弹出准线，绑扎梁钢筋。梁侧模采用多层加膜胶合板和木方背楞配以钢管组合成型，中间加设对拉螺栓。基础梁加固支撑系统示意图如图 4-2 所示。

在混凝土的强度达到要求后，方可拆除模板。拆除时先进行试拆，不发生黏结及掉角现象即可开始拆除。拆除时应由上而下进行拆卸，拆除过程中应注意好混凝土成品的保护，不能损伤混凝土基础的棱角，不要在伸出混凝土的钢筋上敲打或以它作为支点拆除模板，也应尽最大可能的不损坏模板。

拆除完的模板和钢管应及时进行清洁和整理，模板应刷好脱模剂，模板和钢管应进行分类堆放，码放整齐，以备同类基础使用。

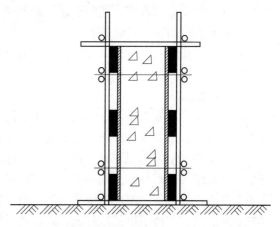

图 4-2　基础梁加固支撑系统示意图

模板支设注意事项有：钢管排架的整体稳定性；模板的刚度；模板接缝处是否严密；模板与基础边接处是否封好；会不会产生漏浆现象等。

柱模板的拆除应经技术人员同意，拆除时不要用力过猛，拆除时注意保护基础的角与面，严禁磕碰损坏混凝土面，模板必须加强保护，拆下后逐块传递下来，不得抛掷，清理干净后堆放整齐。柱箍、卡具要分类进行堆放，不得乱扔。

基础施工分四段，第一步施工至基础短柱根部与放脚交接处，第二段浇筑至基础梁底，第三段浇筑基础梁，第四步完成二次浇筑区域。施工缝应进行凿毛，将活动的石子、浮浆去除，下一步混凝土浇筑前浇水冲洗湿润。由于是泵送混凝土，坍落度较大，为防止浮浆过厚，在施工至顶面位置，特别是柱顶面时，振捣结束后拍一层清洁的石子。

5. 脚手架施工

基础短柱脚手架采用扣件式钢管脚手架，基础短柱脚手架搭设形式为双排"井"字型脚手架；宽度宜与基础同宽，脚手架立杆间距不超过 1.2m，每立面两端从角边部位和中间部位搭设剪刀撑大横杆间距 1.7～1.8m，可根据层高、步距进行局部调整，变形的杆件和扣件不得使用。脚手板要铺满平稳，并在两头绑扎，不得有探头板、弹簧板。

脚手架搭设必须控制好立杆的垂直偏差和横杆的水平偏差，搭设中要设置斜撑杆、剪刀撑，避免发生偏稳和倾斜，立杆垂直度偏差不大于 1/200，相邻立杆的接头应相互错开 500mm 以上，剪刀撑落地与立杆的连接点距地面不宜大于 500mm，大横杆保持水平同一步距内，里外两根接头应相互错开。

6. 钢筋工程

材料要求及作业条件：钢筋需在制作场制作完毕后，用车运至施工现场绑扎。钢筋加工尺寸必须符合设计要求。加工前应保证钢筋表面洁净，无损伤、油渍、铁锈和污泥等现象，带有颗粒状或片状老锈的钢筋不得使用。钢筋应平直无局部曲折，钢筋的弯折、弯钩应符合规程要求。钢筋进场应进行二次复检，复检合格后方可使用。

在混凝土垫层上，基础放线后，用石笔或粉笔划出间距，依线绑扎底板钢筋，网片四周两行钢筋交叉点应每点扎牢，中间部位交叉点可相隔交错扎牢，钢筋绑扎不得出现松扣、脱扣现象。

基础钢筋绑完后，用 50×50×50 砂浆垫块垫好后方可进行柱钢筋施工，柱钢筋施工时，先从根部往上 10cm 绑扎第一道钢筋箍筋，然后在对角主筋上划上间距准线，依次向上按线绑扎，绑扎箍筋必须水平，间距误差不得超过 2cm，柱钢筋绑完后，应在四面挂上混凝土垫块，并采取固定措施，以防倾斜。

柱钢筋绑扎经检验合格后方可进行柱模的施工。一般柱钢筋采用电渣压力焊连接，基础梁采用闪光对焊。

7. 混凝土工程

混凝土承台、基础梁、基础短柱浇筑混凝土应满足设计要求。浇筑多为泵送混凝土，混凝土浇筑分两步进行，先浇承台，后支基础柱并浇筑。

独立基础混凝土的浇筑时，相邻的几个独立基础内的混凝土浇灌应相互穿插进行：先浇灌第一个基础最下层台阶的混凝土，待其浇灌完后再浇灌临近基础的下层台阶内的混凝土，在每个台阶内的混凝土凝结前浇灌上部台阶的混凝土，避免"冷缝"的发生。第一步台阶和第二步台阶之间的浇筑时间应控制好。

混凝土振捣时应"快插慢拔"，插点要均匀排列，逐点移动，顺序进行，不得遗漏，做到均匀振实。移动间距不大于振捣作用半径的 1.5 倍（300～400mm）。振捣上层混凝土时应插入下层 50mm 左右，以清除两层之间的接缝。振捣完的混凝土应根据标高线用"平锹"推平，用"木抹子"抹平，混凝土的截面尺寸、表面平整必须符合设计要求及有关规定。

混凝土浇灌过程中应派专人观察模板、钢筋、预留孔洞、预埋铁件等有无移动、变形或堵塞情况，发现问题应立即停止浇灌，并应在浇筑的混凝土凝结前修正完好。

柱混凝土在浇筑时，柱浇筑前底部应先用人工向柱内填以适量与混凝土配合比相同的减石子砂浆，柱混凝土应分层振捣，使用插入式振捣时每层厚度不大于 500mm。柱子混凝土应严格控制其标高，同时应一次性浇筑完毕。浇完后应随时将伸出的柱子钢筋整理到位。柱根部施工缝处，应做凿毛处理，同时将表面浮浆及浮动石子清除并用水冲洗清理干净。

混凝土浇筑时，地脚螺栓应注意以下几点：

（1）地脚螺栓利用木模横梁固定在模板上口上，灌筑时要注意控制混凝土的上升速度，使两边均匀上升，不使模板上口位移，以免造成螺栓位置偏差，地脚螺栓的丝扣部分应预先涂好黄油，用塑料布包好，防止在灌筑过程中沾上水泥浆或碰坏。

（2）当螺栓固定在细长的钢筋骨架上，并要求不下沉变位，必须根据具体情况进行核算，是否能承受螺栓锚板重和灌筑混凝土的重量与冲压力。如钢筋骨架不满足以上要求时，则应另加钢板支承。

（3）对板下混凝土要振捣密实，在灌筑这部位混凝土时，板外侧混凝土应略加高些，再细心振插使混凝土压向板底，直至板边缝周围有混凝土浆冒出，证明这部位混凝土已密实，否则可在板中间钻一小孔，通过小孔观察，看到混凝土浆冒出，证明这部位混凝土已密实，否则易造成空隙。

（4）二次浇筑时，应先清除地脚螺栓、设备底座主垫板等处的油污，浮锈等杂物，并将基础混凝土表面冲洗干净，保持湿润。二次灌筑必须在设备安装调整合格后进行。

混凝土的养护在混凝土浇筑后 12h 开始养护，洒水养护，拆模后在其上覆盖塑料布并包裹严实，保持混凝土面湿润。如进入冬期施工则只用塑料布覆盖养护。

用于检验结构构件质量的混凝土试块，应在混凝土浇筑地点随机取样制作，做好试块的养护工作，记录好台账，检验评定混凝土强度所用的混凝土试件组数。

泵送的施工要点，首先应保证泵送混凝土的质量，施工应随时注意观察混凝土的和易性，并不定期抽查坍落度。每次泵送前，都应先用水湿润管道，并先输送水泥砂浆润滑管道。

混凝土应尽量保证连续供应，当出现间歇时，首先要使料斗保留一定量的混凝土，其次是每隔 4～5min 使泵正、反转两个冲程；泵送结束时应立即清洗泵送管道。

泵送混凝土开始时应注意观察混凝土泵的液压表和各部位工作状态，一般在泵的出口处，易发生堵管现象。如遇堵塞，应将泵机立即反转运行，使泵出口处堵塞分离的混凝土能流到料斗内，将其再次搅拌后进行泵送。

基础梁的施工与部分短柱整浇，浇筑时从一侧门口位置开始浇筑，施工中不间断，不留施工缝。

混凝土基础宜采取保护措施，防止施工中损坏。

（二）钢构架安装

钢支柱由制造厂家制造发运至现场进行安装，安装前划出柱、梁的中心和两端头十字中心线。为使其组装后的整体尺寸正确，应使立柱的基准中心与基础中心相吻合。基础中心线划线应以固定支座的立柱基础为基准，向四周依次划找其他立柱基础中心线。作为基准的固定支座立柱基础中心线的划找，还应用锅炉中心基准和标高基准予以校核。

安装时先吊一排（列）作为基准排（列），找正后用硬支撑或缆绳固定，然后再吊装各排（列）并依次在各柱间先将斜撑用螺栓连接。以基准排（列）为基准进行检测，检查立柱铅垂度、顶部标高及对角线符合要求。然后固定地脚螺栓，复测钢支柱跨距及对角线尺寸无误后，将地脚螺母与地脚螺栓点焊，或将支座底板与预埋板进行焊接。焊接工作应采取防变形措施。焊接完成后，要复测组焊好的钢支柱。

钢支架安装时，需保证钢架结构稳固，必要时还需采用临时加固措施。待底梁安装完毕后，将各支柱应焊接部位焊牢。电除尘器本体全部安装完毕后，将临时拉筋或斜撑拆除。

钢支架基础二次灌浆前，应将基础表面的油污、焊渣等杂物清除完毕。

三、电除尘器安装工艺与方法

（一）电除尘器安装工艺

电除尘器安装工序可参照图 4-3 进行。

（二）支座安装

电除尘器支座位置方向的安装是非常重要的，若安装错误，电除尘器投运后会因热膨胀位移无法实现而造成事故，因此需要高度的重视。

支座分为固定支座、单向支座和万向支座三种，如图 4-4 所示。

（1）固定支座安装在电除尘器的固定支撑点上，不做任何方向的位移。

（2）单向支座是在支座的上层与下层间有带聚四氟乙烯的不锈钢板或滚珠上，上、下层之间可发生轴向位移，即支座只能在一个直线方向上移动，在另外的方向上有两块限块板起到防止滑动的作用。

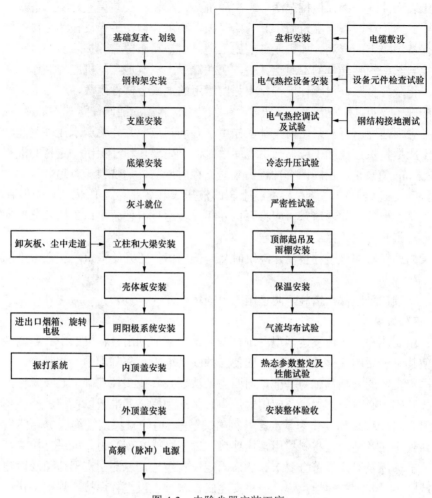

图 4-3　电除尘器安装工序

图 4-4　固定支座、单向支座和万向支座

（3）万向支座的结构与单向支座基本相同，所不同的是万向支座各向均无限位块，可做任意方向的位移。

安装时要严格按照设计图纸要求摆放，注意位移移动方向不得装错。此三种支座的布置原则为：固定支座必须位于每台除尘器的相对中心位置，当电场和灰斗为单数时，固定支座可偏向进口侧布置；单向支座安装在固定支座的十字轴线上；万向支座安装在除固定支座、单向支座的其余位置上。

在每个支座的上面划出中心十字线。摆正固定支座并点焊临时固定，然后以固定支座为基准找正各支座并点焊临时固定。接着以固定支座为基准测量中心距及对角线；以固定支座为基准用经纬仪或连通管测量各支座的标高，根据标高误差，在支座上加调整垫片，将垫板、底板、顶板及支座底板点焊牢固。

柱顶板（或基础预埋板）与支座、支座与垫板焊接时，同一条焊缝有时要分几段焊完，每焊一次等温度冷却后再焊第二次，以防焊接温度过高，造成支座内部元件损坏。

全部单向支座和万向支座安装尺寸调整符合要求后，采取临时固定。支座侧面如有用于穿螺栓的手孔，在立柱安装验收合格后用封板进行封堵。临时固定措施，必须在除尘器首次通烟前予以拆除。

支座安装位置示意图如图 4-5 所示。

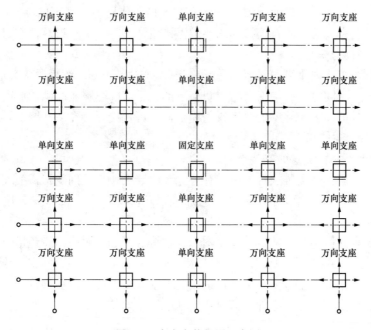

图 4-5　支座安装位置示意图

（三）灰斗安装

1. 灰斗的组装

灰斗可以分为单片安装，也可以组装为一个整体进行安装，整体吊装还是分段吊装视现场条件来定。一般组装为一个整体较为方便。

组合灰斗时在平台上进行，画出壁板中心线、管撑位置，将大口向下安装，壁板依次对接点焊固定，检查尺寸无误后再施焊。灰斗下部有时在厂内已制造为整体，现场先将上段组焊，再将下段对接即可。灰斗内阻流板可待灰斗安装就位后再装。若灰斗尺寸过大，阻流板之间可增设管撑来增加刚度。

内衬钢板的壁板组合时，壁板焊缝验收合格后应及时进行钢板密封条封补。

2. 灰斗组焊后的要求

（1）要求焊缝严密（弧形板安装前对主焊缝做渗油试验，要求严密不漏）。

（2）灰斗内的四个弧形板是利于灰的流动而设，灰斗内壁上的所有焊缝必须平整，疤痕尖角毛刺清理干净。

（3）灰斗外壁角钢肋要相互搭接，搭接处焊牢。

3．灰斗的吊装

（1）吊装前，在灰斗内的纵横向加临时撑管，以免吊装时变形。

（2）吊装时注意灰斗上口的长宽方向（如果有蒸汽加热管，还应注意加热管管口朝向），临时支撑在基础上。

（3）待承压件、墙板就位后，逐个将灰斗找正，使各灰斗出灰口法兰中心在电场长度和宽度方向在一条直线上，法兰标高在同一平面。然后将灰斗上口与下部承压件、墙板、下端板等连接处焊接。焊接要密封牢固，保证气密性和强度。

（4）灰斗采用的电加热装置，在保温前必须做通电试验；采用蒸汽加热装置，其管路及附件必须符合设计要求，在保温前须做不小于 1.25 倍工作压力的水压试验。

（5）灰斗安装完成后，所有连接焊缝要求焊接质量可靠，圆滑过渡，密封良好。

4．灰斗阻流板的安装

阻流板安装在灰斗内垂直于气流方向；焊接时要牢固，否则阻流板脱落会造成灰斗堵塞，最终造成电场短路。同时，必须保持与阴阳极下部有足够的热膨胀间隙和放电距离。

阻流板安装时可挂于灰斗壁的管撑或角钢上，也可直接焊接在灰斗壁上。

（四）立柱和大梁安装

1．立柱、墙板、柱支撑的安装准备

由于运输、搬运、现场堆放等原因，有可能造成墙板、立柱的变形，故安装前要逐一进行精度检查，不合格件应予以及时校正，技术要求可参见本章第二节安装技术要求的相关内容。

安装时应检查立柱型号和数量，按照图示认真编号，一一对应，避免错装。根据现场起重能力及现场情况，立柱、墙板、柱支撑可分别吊装，也可将立柱、柱支撑或墙板组装后吊装。吊装时先不摘钩，待垂直度及标高找正并装上临时支撑后，方可摘钩。安装柱支撑，焊接时要采取防变形措施，保证组件几何尺寸的精度符合安装规范要求。

2．立柱的安装

单室电除尘器应先装第一排侧立柱，双室电除尘器有中间立柱的则应先装第 1 排的中立柱，并顺次吊装第 2、第 3、…各排立柱。

若单根立柱吊装，应将立柱端板与底梁用螺栓连接或点焊固定后，用型钢或钢丝绳拉住，以防倾倒。

立柱找正可在底面垫铁板，且应在底面分段垫实，垫铁外廓尺寸应与立柱底面周边一致，不得缩进或超出。

复查立柱柱距、对角线和柱顶标高，使其符合要求，超差时应予以调整。复查合格后，拧紧各部位螺栓，对应焊接部位全部焊接。

3．下端板、下部承压件的安装

安装前对每件进行检验，不合格者要及时校正。吊装时，先用定位螺栓定位或点焊，将各连接处临时固定。

整体检查由墙板、下部承压件、下端板下部的槽钢、工字钢组成的圈梁，其上表面标高在同一水平面上。检查合格后，方可进行施焊，保证焊接质量良好。

4. 梁安装

梁一般分宽、窄顶梁以及端梁三种。吊装前检查顶梁的尺寸，着重检查吊耳尺寸。梁的吊装可按照从电除尘器进口到出口的顺序依次吊装，或与立柱吊装顺序相同。

梁是电除尘器安装中关键的部位。必须认真检查各相关尺寸，误差必须在此时校正完全，保证悬挂收尘极板的吊耳从进口到出口每排对齐。梁吊装就位后，先用螺栓与立柱紧固。

（五）壳体及进出口烟箱安装

电除尘器壳体侧墙示意图如图 4-6 所示。

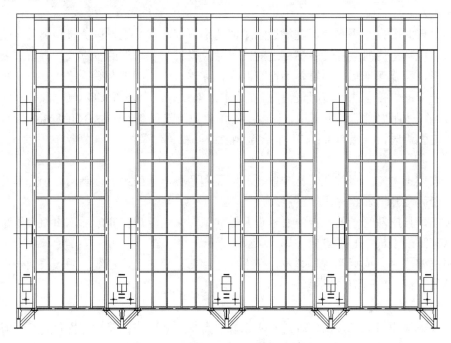

图 4-6　电除尘器壳体侧墙示意图

常见进气烟箱示意图如图 4-7 所示。

侧板、内部隔墙等吊装前宜在地面的平台上拼装，拼装前应进行检查，平整无凹坑，施工过程中应对超标部件进行校正，确保表面平整，工作平台上应设置必要的定位、夹紧装置以固定侧板、隔墙的组合尺寸。焊接前应检查侧板、隔墙的形状、尺寸，确认与图纸相符后方可施焊。

拼装时焊缝高度应符合设计文件要求，焊缝严密、光滑、无焊瘤，并消除焊接变形。

（六）梯子、平台安装

为方便施工和遵循安全规定，在安排电除尘器施工时，应首先考虑接通平台、梯子、栏杆。梯子、平台的安装，应在电除尘器安装过程中同

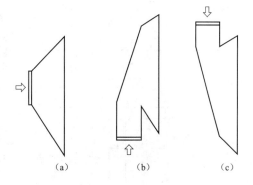

图 4-7　常见进气烟箱示意图
（a）水平进气；（b）下进气；（c）上进气

步进行。

电除尘器钢支柱安装完毕后，即可安装地面至电除尘器第一层平台的梯子及休息平台。墙板安装后可进行通向顶部的各层平台、栏杆、楼梯的安装。

安装梯子、平台用的支架可考虑在钢支柱、立柱等部件起吊前先按设计位置焊牢。

（七）阴极系统的安装

1. 阴极框架的拼接

阴极框架可以在工厂内拼接，也可以现场拼接。一般情况下，当阴极框架长度较小时，可以在厂内拼接；当长度过长，无法运输时，可采取散件出厂，现场拼接，也可分段拼接出厂，现场组对。

现场组焊时要先组焊平台，在靠近除尘器的地方找一块平地，以免长距离搬运使框架受损或变形。现场组焊时要保证各横杆之间的尺寸及横杆与主框架的垂直度。焊缝既要避免过大的热变形，又要保证焊接牢靠，不得有漏焊、虚焊、气孔、夹杂等缺陷。

阴极框架的焊接采用 CO_2 气体保护焊或手工电弧焊。当采用 CO_2 气体保护焊时，按照 GB 8110《气体保护电弧焊用碳钢、低合金钢焊丝》可选用 1.2 直径的 HO8MnSiA 焊丝。当采用手工电弧焊时，按照 GB 5117《非合金钢及细晶粒钢焊条》可选用 3.2 直径的 506 或 507 焊条。

阴极框架上固定阴极的孔常常分单孔和双孔型两种，一般上、下端的管子为单孔型，而中部的管子为双孔型，组对时要注意。

接头的焊接应从管子的上部中心顶点开始向下焊，上部焊接完成后，将整个框架翻转，然后仍从管子的上部中心顶点向下焊。

阴极框架拼接完成后要进行整形，平面度达到要求后方允许穿线。阴极框架表面要打磨光滑，不得有焊疤、割渣、毛刺。

2. 阴极线的组装

向框架中穿阴极线之前要仔细检查阴极线，有硬弯的阴极线要进行校直。穿线时要注意极线的方向性，要保持一致，穿线位置要正确。上、下螺杆露出长度要大致相等，线体要平行于框架平面，避免扭曲、歪斜。一排阴极框架穿线结束后再调整阴极线，先进行粗调，再进行细调，调好后要保证阴极线有一定的涨紧力，且所有阴极线受力要基本均匀。

检验阴极线松紧程度达到要求，所有螺母已拧紧后，对螺母进行止转焊。上螺母与螺杆点焊两点，与框架钢管点焊两点，下螺母与框架钢管点焊两点，与螺杆不焊，如图 4-8 所示。

阴极线的点焊一定要牢固，不得有漏焊、虚焊、气孔、夹杂等焊缝缺陷，焊后要清除氧化皮，发现上述缺陷的要及时补焊。

所有螺母焊接结束后要进行复检，要保证 100%合格，如发现遗漏或不合格的要及时处理，直至全部合格为止。

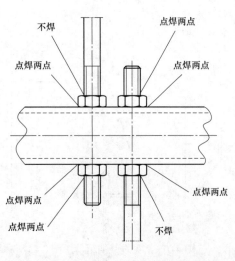

图 4-8　螺母与框架钢管点焊

阴极框架装上阴极线后，在自由状态下的平面度要小于 15mm，如超差要进行校正。

3. 阴极框架的吊装

设计结构的不同，阴极框架与安装方式有所不同，大小框架式的阴极结构，安装相对简单，但吊装前尺寸调整要求较严格。桅杆式框架的结构，安装较为复杂烦琐，以下对桅杆式框架结构吊装进行过程描述。

阳极板排已安装就位后，利用现场制作的刚性托架进行起吊。将阴极框架平放在托架上，固定牢靠，吊装进入电场后临时挂在临时吊梁上，抽出托架。

阴极框架的吊装也可以与阳极板排捆绑在一起，同时吊装，但吊装托架一定要有足够的强度以及对阳极板的保护措施。

电场阳极板排调平后，将砧梁置于阳极悬吊梁上并进行定位，然后把临时挂在阳极板排上的阴极框架取下插入砧梁下部套管，穿上销子。

4. 阴极吊梁、砧梁、吊杆等部件的组装

预装吊梁和吊杆，要保证吊杆和吊梁的垂直度要小于 1mm。对吊杆和吊梁进行焊接，焊接后会产生焊接变形，因此焊后要进行矫正，达到垂直度要求。

预装砧梁和承击杆，要保证承击杆和砧梁的垂直度要小于 1mm。对承击杆和砧梁进行焊接，焊接后矫正焊接变形，达到垂直度要求。

把组装好的吊梁和吊杆与砧梁和承击杆进行组装，保证悬吊杆与承击杆的同心度。

5. 阴极吊挂的安装

根据阴极吊梁悬挂位置，确定顶板槽钢的精确安装位置，然后在顶板槽钢上进行吊挂点的定位，从吊挂点对绝缘子支座进行找平，并临时固定。

检查同一电场或同一小区阴极吊挂点的位置偏差和相互位置关系，吊挂点之间的尺寸偏差应小于 5mm。

检查同一电场或小区的底座是否在同一水平面上，如不水平，要进行调整，高度偏差应小于 2mm。

绝缘子底板置于绝缘子支座上并通过螺栓进行定位。支撑绝缘子底部和顶部应加石棉垫。安装绝缘子盖板前清理通风孔，确保盖板上通风口畅通。

吊梁提起阴极框架的过程中，要轮流拧同一组内的各点螺母，防止单提一点而造成吊梁、砧梁变形。

安装导向套，固定振打杆位置，为阴极振打安装做好安装准备。吊挂机构安装结束，阴极振打系统安装前，将绝缘子加热器（环形加热器）套在绝缘子上。

6. 防摆机构的安装

把阴极框架的下部边框插入防摆槽钢内，然后把另外一排框架也穿入槽钢，每就位一个即穿一个定位销。全部框架都就位后，在两排防摆槽钢之间安装限位杆。扳弯定位销并点焊。

7. 阴极振打系统的安装

以顶部电磁振打为例。阴极悬吊及顶部电磁振打示意图如图 4-9 所示。

阴极振打系统的安装要等到阴极框架、吊挂等安装合格后方可进行。安装时定位套、振打绝缘棒、阴极承击杆要保持同心，其同心度要小于 1mm。振打套管的安装要与阴极承击杆保持同心，承击杆不得与套管内壁相碰，以免影响振打力的传递。套管法兰要保持水平。环板与套管、披屋顶板气密焊。海帕隆橡胶套安装前需要涂抹玻璃胶，上、下卡箍要拧紧。

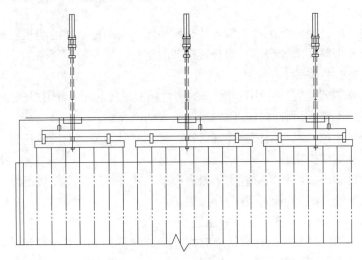

图 4-9 阴极悬吊及顶部电磁振打示意图

振打器活塞露出长度为 50mm，振打器壳体要保持垂直，如不垂直可以通过调节支撑螺母调直。振打活塞要与承击杆保持同心，同心度小于 5mm。调整合格后拧紧螺母。

接地线要焊接牢固。

8. 阴极系统安装检查、调整

所有高压绝缘瓷件均应该妥善保护，避免受到碰撞，避免焊渣、割渣溅落其上。阴极框架平面度检查合格后，方能焊接。

阴极框架定位销要全部折弯，折弯要规范且折弯部分要平行砧梁点焊。

同一电场前后两片阴极框架应在同一铅垂面内，其平面度公差 5mm。要防止阴极框架侧弯，侧弯要小于 10mm。

绝缘子下部与底板之间要用石棉绳密封，密封严格按照图纸要求。

要保证吊杆与振打杆不能相碰或卡死，要保证振打杆、振打绝缘棒、承击杆、振打器活塞的垂直度和同心度。电场调整合格后焊接砧梁，点焊定位销。

检查阴极框架、阴极吊梁、砧梁、防摆机构、吊挂机构等与周围的绝缘距离是否足够。检查阴极线螺母是否全部点焊，阴极线是否有松动现象。检查阴极振打活塞运动是否灵活，接地线是否焊接牢固。

9. 承压绝缘子的安装

承压绝缘子的安装示意图如图 4-10 所示，安装前逐个检查绝缘子的外观是否完好，若有破损等应更换。安装绝缘子支撑法兰、下垫圈、承压绝缘子，并调整使之与阴极悬吊杆同心。同时将承压绝缘子内壁擦干净。

安装上垫圈、支承法兰及大螺母，两个大螺母之间

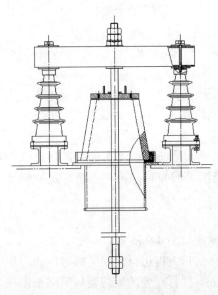

图 4-10 承压绝缘子的安装示意图

要安装接线板。将承压绝缘子外壁擦干净并用布或其他物体将整个承压绝缘子包好，以防止后继安装时碰坏。拆除临时挂钩及临时支撑槽钢，装上管帽。

（八）阳极系统的安装

阳极系统的安装，因其设计结构不同，其安装方式也存在不同，常用的有阳极板排组合场组装整体吊装方式，以及阳极板单片吊装除尘器内部组合成板排的方式。

1. 阳极板的检查和校正

阳极板在运输途中，极易出现超差现象，因此施工现场需对极板进行校直，技术要求可参见本章第二节安装技术要求的相关内容。

校直时，用橡皮锤敲击阳极板的凸面，注意不要使其产生凹陷或死弯。超出偏差较大或发生侧弯，禁止进行安装。

特别需要注意，超差的阳极板不能先吊入电场再进行校直，应该校直以后再吊入电场，否则会对今后的校直工作带来极大的麻烦。

2. 阳极板排的组装

阳极板排示意图如图 4-11 所示。

阳极板排是电除尘器的核心部件，其安装的好坏直接关系到电除尘器的性能，因此作为安装主控项目，需要预先详细了解阳极板排安装结构，分析确定组装方案，确保阳极板排的安装质量。阳极板排在组合场组装遵循的一般原则如下：

（1）在极板组装平台上做好定位。

（2）阳极悬吊梁进行预组装，检查悬吊梁的直线度。

（3）撞击杆进行预组装，检查撞击杆的直线度。

（4）检查阳极板平直度，如有弯曲变形应予以修正。

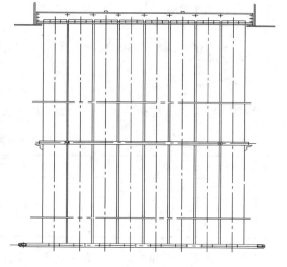

图 4-11　阳极板排示意图

（5）平台上铺设阳极板，穿悬吊梁处连接螺栓、螺母。对于 C 型极板，在组装振打杆时要注意相邻阳极板排是一正一反的，不能装错。

（6）将撞击杆临时装上，穿上螺栓。此时撞击杆螺栓不需要拧紧，也不要点焊，只要不脱落即可。

（7）检查、测量板排对角线。

（8）各项指标检查合格后，按照施工图技术要求，用力矩扳手旋紧悬吊梁、撞击杆连接螺栓，对每个螺栓的旋紧度要用力矩扳手检测，直至合格为止，最后螺母做止转焊接。

（9）拧紧螺栓时应注意采取严格的保证措施，以防极板变形。

3. 阳极板排的吊装和就位

阳极板排的吊装属于电除尘器安装危险性较大的作业，需要编制专项施工方案，以便确保吊装安全与质量。阳极板排吊装遵循的一般原则如下：

（1）阳极板排的吊装应在无风或微风时进行，风力超过 3 级应停止吊装。

（2）阳极板排吊起时应检查平面度，其值不大于 10mm。经检验合格后方可吊入电场，不合格件应先校正后才可吊入电场。

（3）当组装平台和阳极板排需要一起吊入电场时，待阳极板排稳固就位后，再将组装平台抽出。

（4）阳极板排吊入电场后可临时悬挂在顶梁上，在阳极板排就位时，应在极板悬吊梁的两端进行固定，以免发生位移和跌落。

4. 阳极系统的调整

（1）通用要求。调整阳极板排的垂直度和平面度，如阳极板变形弯曲，需要进行校正。校正的方法有冷校和热校。采用冷校时，要采用橡皮锤进行敲击，禁止使用铁锤。校正时，要敲击阳极板的凸面。采用热校时，要掌握好烘烤的位置和火候，要自然冷却后观察校正的效果，禁止浇水冷却。

调整阳极板排位置时，应将极板悬吊梁位于电场出气端的端面找成一直线，并与气流方向垂直。应注意极板悬吊梁两端与顶梁侧板间的距离，以使悬挂的阳极板边缘也能与烟气方向一致。

（2）电场内部组装阳极板排要求。安装时应注意整个电场的极板悬吊梁悬挂销轴保证在同一方向上。

紧固极板悬吊梁两端的螺栓时，位于电场出气端使用的扭矩应大于进气端使用的扭矩，扭矩的大小取决于螺栓的规格，常见参数见表 4-1。

表 4-1 极板悬吊梁螺栓扭矩

螺栓规格	电场出气端	电场进气端
M10	50Nm	15Nm
M12	80Nm	25Nm
M16	200Nm	55Nm

两端采用不同的扭矩，一方面是为了保证不使极板悬吊梁在振打冲击载荷作用下产生位移；另一方面是保证极板悬吊梁在热膨胀的作用下，只向扭矩小的一端伸长。螺栓拧紧后，将螺栓、螺母进行止转点焊。

每个电场的全部振打杆必须按要求调整到同一水平面，而不能随顶梁的弯曲而弯曲。此外，振打杆的下边缘到内部走台槽钢之间的距离符合图纸要求，该尺寸应以内部走台不存在弯曲处测量的值为准。全部振打杆的砧面应成一直线，并与气流方向垂直。此外，还应保证砧面与内部走台的槽钢腹板沿气流方向的距离符合图纸要求。

必须保证全部内部件重量都已作用到顶梁上以后才能调整振打杆。顶梁由于内部件的作用而发生的弯曲变形，可通过阳极板上的长孔进行调整。

在紧固振打杆螺栓时，应检查振打杆是否由于自重引起变形，或中部是否提升，如果是这样，应该调整振打杆成一直线，使振打杆的上边缘与两端成一直线，为便于调整和紧固螺栓，灰斗内需搭设脚手架。

阳极板、振打杆都调整合格后，用螺栓和弹性垫圈紧固阳极板，螺栓的拧紧力矩满足施工图技术要求。拧紧时，阳极板应自然悬垂，不能有相互托起的现象。当调好尺寸并用规定的扭矩拧紧后，需质量检验人员检验合格后方可点焊。撞击杆连接螺栓、螺母的点焊通常采用碱性焊条（506、507）点焊。

为了保证紧密接触，以利于振打力的传递，所有接触面（振打杆、阳极板、悬挂板）必须清除杂物，并保持接触面平整。因紧固的螺栓很多，必须细致安装和检查验收，保证所有螺栓都能按要求拧紧、点焊，防止遗漏。

5. 阳极振打系统的安装（侧部振打）

（1）轴承的安装。轴承的安装作为一个部件，不需要拆卸，并在振打轴装入除尘器之前就安装到轴上，对于两端均装有联轴节的振打轴来说，一般轴承和挡圈会事先在厂内装配到轴上。安装振打轴时，将轴承用螺栓临时固定到轴承支架上，振打轴系没有找正前不要拧紧螺栓。装有挡圈的固定轴承必须按图纸要求的位置安装。

（2）轴的安装。找好固定轴承的位置先固定好，用水平尺将振打轴调整到同一高度，调整采用轴承底部与轴承支架之间插入调整垫片来调整。在最终调整振打轴前，应将全部振打锤装配到振打轴上，使内部走台在冷态下充分地受载变形，如此可更好地保证调整精度。最终调整结束后，紧固全部固定螺栓，待极距调整和振打调整全部满足要求后，最后按照设计要求，对螺栓进行止转点焊。

（3）振打锤的安装。阳极振打锤是在厂内组装好发到现场，现场安装仅是将卡箍固定到轴上，卡箍上有定位销子，必须把销子自由地放入振打轴的孔中。在卡箍另一端与锤连接处的销轴上装有一个弹性销，安装时，应将弹性销的开口方向调整到指向振打轴，并使其在卡箍中均匀接触。

安装振打锤时，锤与其相邻的锤一般会要求错位角度。锤安装调整完成后，用70Nm的扭矩将卡箍螺栓拧紧。在拧紧卡箍螺栓的过程中，应用手锤轻轻敲击卡箍，使其能很好地与轴接触，拧紧后应将这些螺栓、螺母点焊固定。

振打锤安装和调整完成后，应重新安装固定轴承处的挡圈，先找好挡圈的位置，然后在挡圈的顶丝孔处用手电钻在锤轴上钻一个顶丝孔（孔深3～5mm），拧紧顶丝。

在振打传动调试和试运行时，首先需观察振打轴运转方向是否正确，严禁振打轴出现反转。检查所有的振打锤是否位于正常的位置，否则振打锤与振打杆发生干涉时会造成变形或损坏。

振打锤落在振打砧上的位置应距振打砧中心略靠下一些，以防止因热膨胀而引起阳极板排下降。

6. 阳极振打传动装置的安装

阳极振打传动装置（见图4-12）一般在厂内已组装好。在传动支架上装有一台减速电动

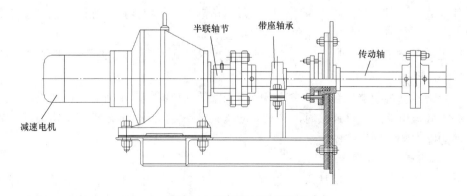

图4-12 阳极振打传动装置

机，一根带有轴承座的传动轴与减速电动机通过联轴节相连，传动轴的另一端有半联轴节，其与振打锤轴相连。密封装置与除尘器侧墙板直接焊接密封。

安装振打传动装置必须在振打锤轴调整完成以后进行。安装传动装置时，将密封装置安装到除尘器壳体侧墙板的正确位置上，找正后需要点焊固定。确保传动装置的传动轴与振打轴同心后，紧固振打传动装置上的全部螺栓和顶丝，焊接密封装置法兰，点焊密封装置的连接螺栓。密封装置内的盘根压盖不可紧得过死，以免造成不必要的力矩损失。

通常传动装置的传动轴与第一根振打轴的连接需要至少 120Nm 的扭矩。

7. 极距的检查

按图纸要求对异极距用专用量具进行 100%检测，允许偏差范围严格执行设计要求或施工技术规范。

（九）电除尘器电气安装

1. 电除尘器高压电源的安装

电除尘器高压电源设备及其辅件进场应满足以下要求：

（1）设备的技术文件应齐全，包括：设备出厂检验表、变压器出厂试验报告和产品合格证等；检查设备铭牌的技术参数符合设计文件要求。

（2）插接件、端子板等应无断裂变形，接触簧片弹性应良好。

（3）螺栓连接的导线应无松动，焊接连接的导线应无虚焊、碰壳、短路。

（4）印刷线路板应洁净、无腐蚀现象。

（5）元件、器件出厂时调整的定位标志应清晰、无错位现象。

（6）整流元件固定在冷却电极板或散热器上应牢固、不松动。

（7）变压器的油箱及绝缘子等无损伤及漏油现象。

（8）电源柜外壳必须坚固，防护等级与绝缘工艺满足现场使用要求。

高压电源吊装前，应测绘隔离开关进线口高度，通过调整集油槽高度，将高压电源高压引线出口与隔离开关调整至同一水平位置。

起吊高压电源柜时，起吊绳索应斜对称起吊，起吊时应保持高频电源柜垂直和平稳，避免与其他坚硬物发生碰撞，造成掉漆或器件的损坏。

设备安装时应预留周围空间，应使高频电源柜前门、侧门均可打开，打开角度应大于60°。

高频电源就位时，高压引线出口与高压隔离开关箱连接筒的对接，应采用夹具卡接或螺栓连接，其接触面应贴密封胶条，并在缝隙处打上玻璃胶。

设备就位后，通过在高频电源底脚四边采用角钢焊接限位挡片，加固高频电源与集油槽之间的支座。电源柜安装的垂直倾斜度不应超过 5%。

将风帽安装到顶部风机上方，调整风帽高度，风帽的下沿应低于风机排风口端面约20mm，螺栓应紧固。

低压断路器与熔断器配合使用时，熔断器应安装在电源侧。铜排与低压断路器、熔断式隔离开关等低压电器或元件连接时，接触面应压紧且不受应力。紧固件应采用镀锌制品，电气元器件的固定应牢固、完整。

2. 高压隔离开关安装

隔离开关安装，应按厂家技术要求进行，设备安装应牢固可靠、操作灵活、行程满足要求，分合准确到位，触点接触良好。隔离开关附设的联锁辅助开关或电磁安全闭锁装置，应调整行程位置，使其动作准确到位，接点接触良好，闭锁可靠。

隔离开关安装完毕后，应给动静触点涂抹上中性凡士林油，机械传动机构部分加上适量润滑油。

3. 照明安装要求

照明配电箱安装需牢固可靠，其垂直偏差满足规范要求。安装时应部件齐全、油漆完整、位置正确。箱盖开启灵活，箱内接线整齐，回路编号齐全、正确，管子与箱体连接用专用锁紧螺母。开关相线穿管时注意不可伤及芯线，导线应绝缘良好，且导线应留有适当余量。

照明配电箱应分别设置零线和保护地线（PE 线）汇流排，零线和保护线应在汇流排上连接，并应有编号。

照明装置的接线应牢固，电气接触良好，需接地或接零的灯具、开关、插座等非带电金属部分，应有明显标志的专用接地螺钉。

单相两孔插座，面对插座的右孔或上孔与相线相接，左孔或下孔与中性线相接，单相三孔插座，面对插座的右孔与相线相接，左孔与中性线相接。单相三孔、三相四孔及三相五孔插座的接地线或接零线均应接在上孔，插座的接地端子不应与零线端子连接。相线应经开关控制，并列安装的相同型号开关距地面高度应一致。

4. 上位机安装要求

上位机设备安装包括工控主机、显示器、UPS、打印机、智能管理器等，以上设备安装于主控室内，可在调试时就位。高、低压设备间和高、低压设备与智能管理器间的通信用通信电缆连接即可。

5. 盘柜安装

盘柜就位后一般从一侧第一个柜依次开始找正，对设计有母线桥连接的开关柜，则应从母线桥连接的盘柜开始，连接母线桥的两个盘柜之间中心误差不得超过 5mm；对于控制保护盘柜宜从成排盘的中间一块开始。盘柜安装允许偏差应符合表 4-2 规定。

表 4-2 盘柜安装允许偏差表 （mm）

检验项目		允许偏差	检验方法和器具
垂直度		<1.5	线垂检查
水平偏差	相邻两盘盘顶	<2	拉线检查
	成列盘顶部	<5	拉线检查
盘间偏差	相邻两盘边	<1	拉线检查
	成列盘面	<5	拉线检查
盘间接缝		<2	目测上下两点

开关式盘柜无特别说明一般采用焊接，焊接部位在盘柜底部四角，焊缝不宜过长（一般为 20～40mm），焊接应牢固，焊接完毕应在焊接部位补上油漆；控制保护盘柜宜采用螺栓连接固定（基础槽钢上攻丝）。

四、袋式除尘器安装工艺与方法

旋转喷吹袋式除尘器和喷吹脉冲袋式除尘器，在支座、灰斗、立柱和大梁、壳体及进出口烟箱、梯子平台方面的安装工艺与方法，参见电除尘对应该部分的安装工艺与方法。

（一）袋式除尘器安装工艺流程

袋式除尘器安装工艺流程如图 4-13 所示。

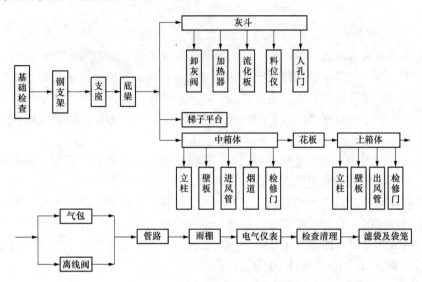

图 4-13　袋式除尘器安装工艺流程图

对于火力发电厂等大型袋式除尘器而言，除尘器壳体安装工艺与电除尘器壳体安装类似，不同的点是壳体内由花板将壳体分为上下两个部分，下部为滤袋室，上部为净气室，所以设计上分上箱体和中箱体，花板以下的滤袋室作用就相当于中箱体，花板以上的净气室相当于上箱体。

按照除尘器壳体"由下向上"安装的原则，安装顺序是下部壳体安装（滤袋室）、花板安装、上部壳体安装（净气室）。

另外，因支撑结构与现场安装条件的限制，火力发电厂等大型袋式除尘器的柱支撑和墙板支撑的安装位置与强度，需要特别予以注意，不能因位置偏差，产生滤袋接触支撑的现象，也不能忽略支撑安装的焊接质量与安装强度，存在质量与安全隐患。

（二）中箱体的安装

1. 中箱体立柱框架的安装

将各立柱分别安装在底梁上，保证立柱与底梁的垂直度不超差，柱间距不超差，相邻立柱对角线偏差不超差，全部立柱安装后框架四角立柱对角线偏差不超差。安装立柱后，再安装焊接顶部横梁。

2. 其他结构焊接件安装工艺流程

要按照从内到外、从下到上的安装规则进行。安装工艺流程如下：内侧壁板→风道底板→分室进风管上部→风道隔板→内侧板间顶部横梁→外侧壁板→进出口风管→旁路接管→其他附属安装。

中箱体安装，焊接要保证箱体的气密性，壁板安装时起加强作用的角钢要与立柱焊牢，使中箱体成为一个整体。

（三）上箱体的安装

对于行喷吹脉冲袋式除尘器，上箱体一般由几个小箱室组成，每个箱室由壳体、花板、面板等件组焊而成。与其连接的部件有：仓盖、压紧装置、提升阀、滤袋、袋笼、喷吹管、气包及脉冲阀等部件。箱体在制造厂组焊后，行喷吹管、气包都在厂进行预装。合格后做好标记。

上箱体安装时将各个箱体吊起按图纸位置要求都置放在中箱体上部，位置按图纸要求调整后，各个小箱体外侧底部（即花板）分别与中箱体顶端横梁进行气密焊，是在花板下部施焊即仰焊。如果只在花板上面施焊，将很难保证净气室和过滤室之间不漏气，这一点尤为重要。然后将各个箱体底部花板四周也要与中箱体顶部横梁都要进行气密焊。

上箱体与中箱体安装组焊后，要按图纸要求将各个小箱体之间进行密封焊接。上箱体组焊后，要焊仓盖压紧装置的螺杆，然后将各个仓盖安装在上箱体上，并用压紧装置紧固。

上箱体安装焊接要保证气密性要求和焊接质量，外观要求整齐，焊缝要平整，无焊瘤、无砂眼，焊缝无内部及外部缺陷。

（四）离线阀的安装

常用离线阀形式如图 4-14 所示，离线阀一般有提升阀或挡板阀两种形式，提升阀一般为气动，挡板阀一般为气动或电动。离线阀和气缸需要在制造厂进行预装。

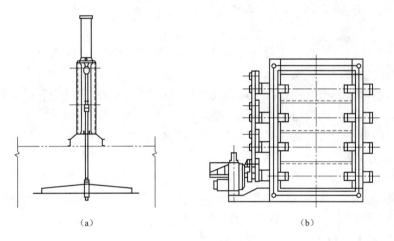

（a）   （b）

图 4-14　常用离线阀形式

（a）提升阀；（b）挡板阀

袋式除尘器如为平进平出气式，每个通道的进出口各设一个离线挡板阀。中间进气式的行喷吹，提升阀设在上箱体，中间进气式的旋转喷吹，挡板阀设在净气室内侧的壁板上。

大型袋式除尘器已经普遍采用烟气挡板门，来实现袋式除尘器离线检修的目的。烟气挡板门安装前首先检查烟道上的挡板门支架是否安全可靠，尺寸是否满足要求；同时检查烟道接口尺寸与挡板门是否匹配，烟道接口断面是否垂直。安装时将分段的挡板门水平安放于平台或方木支撑上，支撑点在挡板门四周的框架上。目测对接平整，将圆锥销打入销孔，拧紧连接板处的连接螺栓，检查并确定叶片转动灵活后，将连接板处焊合。调整所有的挡板门单元平整，并使其处于关闭状态。挡板门与反法兰应优选在地面组装、整体吊装的方式安装。吊装时应保证挡板门平稳，避免碰撞，同时吊点分布合理，起吊受力平缓，吊起后应以竖直状态调运并至安装位置与烟道对接，对接时必须确保挡板门支撑稳固、垂直。挡板门安装尺寸、位置调整到位后，按图进行焊接施工。

烟气挡板门安装需要注意的核心意图就是避免变形，不论在冷态，还是热态，确保安装后开启自如，关闭有效。为此，挡板门的吊装工艺、焊接工艺是需要注意的重要环节，对于挡板门能否完全关闭，过程检查与验收也非常重要，并且应以烟道内挡板门叶片的实际位置为准，不可仅依据传动机构指示的状态作为检查和验收的判断依据。

（五）行喷吹脉冲袋式除尘器清灰系统的安装

行喷吹脉冲袋式除尘器的脉冲阀与气包应进行气压检验。对于行喷吹，气包、脉冲阀、喷吹管与上箱体一般都是在制造厂进行预装，经检查合格后，分别进行编号，安装时，要按图纸要和编号进行总装配。

脉冲喷吹系统安装，按预先编号将各喷吹弯管放入上箱体内（放入前此滤袋和袋笼已装好，要用干净的地板胶或其他垫物把整个花板掩盖好，绝对不准脏物或其他物品落入滤袋内），按预装编号将组装好的脉冲气包放在上箱体上部。

在安装时要保证喷吹管各个喷嘴与花板孔同心，同时要保证喷嘴到花板之间的距离。喷吹管与连接弯管连接不能漏气气包下法兰与连接弯管的连接要保证气密性，脉冲阀与气包上法兰连接不能漏气。

（六）滤袋和袋笼的安装和技术要求

1. 安装前的检查

（1）滤袋的检查。检查滤袋的外观和尺寸是否符合设计要求，是否有破损、开线、扭曲的，发现应抽检出来，不能安装。

（2）袋笼的检查。检查袋笼的外观和尺寸是否符合设计要求，是否有挤压变形、开焊、弯曲、扭曲的，发现应抽检出来，不能安装。

（3）花板检查。检查花板孔周边情况，如有毛刺和其他问题，要及时处理。

2. 安装注意事项

（1）除尘器内外和滤袋堆放范围内禁止明火和焊接施工。

（2）安装调试人员禁止吸烟，禁带一切火种进入除尘器安装，禁止将尖锐的物品带入净气室。

（3）安装前对除尘器的净气室进行彻底的清扫，采用压缩空气吹扫，必要时用抹布擦洗。

（4）安装调试人员的工作鞋不许带有铁掌。

（5）将袋式除尘器的顶部清理好，吊到上面的滤袋和袋笼应摆放整齐。

（6）严禁任何物品遗失或落入滤袋内和净气室内。

（7）要有防雨、雪措施。如遇下雨或下雪应停止安装调试，关闭仓盖门，并将滤袋和袋笼妥善保管好，以防淋湿。

3. 滤袋安装

滤袋应分批分区安装。安装时，先将滤袋放入并通过花板孔，滤袋放入花板孔安装完毕后，不能存在扭曲和交叉。滤袋袋口应正确安装在花板上（将袋口曲卷成香蕉形，然后放入花板圆形口内），检查袋口唇部与花板圆孔是否接触均匀紧密，同时检查滤袋的直线度。当达不到要求时要重新安装滤袋。

4. 袋笼的安装

滤袋安完后，再分批次安装袋笼。安装前要检查袋笼是否有损坏和锐利的凸起，检查合格后将袋笼缓缓放入滤袋内，袋笼帽平滑坐在滤袋口的唇形部位上，可以站在袋笼帽上，以确认袋笼是否完全就位。

如果遇到袋笼不完全就位，一定不能用脚用力踹，这可能是滤袋和袋笼长度不匹配，查明原因，重新更换滤袋或袋笼。

（七）行喷吹袋式除尘器压缩空气气路系统安装

压缩空气系统是袋式除尘器清灰动力的来源。对于行喷吹脉冲清灰袋式除尘器，压缩空气母管压力一般为 0.5～0.7MPa，气源由空气压缩机提供，压缩空气经过减压后，提供到脉冲喷吹系统的空气压力一般为 0.2～0.5MPa，袋式除尘器在喷吹压力范围内可以实现定时、定阻和手动清灰，使除尘器在正常阻力下运行，从而延长滤袋的使用寿命。另外，在喷吹压力范围内，具体的气压数值可根据滤袋阻力和喷吹周期进行调整，新安装的滤袋，由于透气性好，可采取较低的喷吹压力。

压缩空气也是为提升阀气缸提供一定压力的动力来源，使提升阀实现往复运动。

压缩空气气路系统所提供的一定压力的压缩空气，通过空气炮防止和消除灰斗、管道分叉处的物料起拱、堵塞、黏壁，滞留等现象发生。

压缩空气系统管路的安装具体要求如下：

（1）安装应符合管路系统布置图的安装要求。

（2）各管道长度根据设计图纸或现场实际情况，适当配置。

（3）管子内部要清洁干净，除锈、除渣，管路系统连接要求密封，管路系统要求做保压试验，进行整体系统密封检测，不得有漏气现象存在。

（4）管路系统应在安装滤袋前进行吹扫、打压试验。

（5）安装、试验完毕后，调整减压阀使压力达到 0.2～0.4MPa，除尘器在调试及试运行阶段，需观测减压阀的工作压力，参数不符合要求时，及时进行调整。

（八）旋转喷吹袋式除尘器清灰系统安装

旋转喷吹袋式除尘器清灰系统的罗茨风机安装和其附属设备的安装，以及电气、控制、仪表安装依据相关标准、规范进行。旋转喷吹清灰装置安装工艺如下：主管道安装→减速齿轮箱安装→喷吹导管、五通及芯轴安装→旋转吹扫臂及拉杆安装→转动调整→气包安装→支管安装→脉冲阀安装→隔音罩安装。

旋转喷吹气包安装图如图 4-15 所示。

旋转喷吹清灰系统安装工艺与方法如下：

（1）用线坠测量气包支撑板中心对花板中心的同心度后，安装旋转喷吹驱动装置，通过调整螺栓进行调整，确保驱动装置的回转中心与花板中心重合。中心找正后，将固定套筒与气包支撑板点焊牢固。

（2）依次安装：喷射导管、芯轴、五通、旋转吹扫臂及 4 个拉杆。调整旋转吹扫臂与花板的距离。启动减速电动机检查心轴的圆周跳动，若圆周跳动不大于 2mm，即可安装定心板及底架。再次启动减速电动机，若无卡滞和异响即可完成固定套筒与气包支撑板的焊接；若跳动过大或有卡滞则需对机构进行调整。

图 4-15 旋转喷吹气包安装图

（3）安装气包时注意气包的安装方位以保证进气管路的安装。气包就位后采用支撑螺母进行调平、找正。气包固定后，可安装气包进气口到母管的支气管路，依次安装检修阀、止回阀、软管接头，保证止回阀安装位置和方向正确。

（4）气包安装完毕后可进行脉冲阀安装。脉冲阀安装时需对称预紧紧固螺栓，预紧力符合设计、规范要求。当脉冲阀的阀体材料是有色金属材料时，紧固螺栓需缓慢、均匀拧紧，防止受力不均匀对阀体产生损害。

（5）旋转喷吹机构安装时，需要复核各吹扫臂型号与安装位置，复核旋转喷吹机构旋转过程中，吹扫臂喷嘴对滤袋的100%覆盖，严禁吹扫臂装混装乱。

（6）旋转喷吹装置从气包出口到吹扫臂喷嘴的连接法兰面需使用硅胶增加密封的严密性。

（7）吹扫臂拉杆是调整旋转臂与花板相对尺寸的部件。拉杆长度可以通过根部的丝杠螺纹进行调整，通过人工对旋转臂的旋转、调整与测量，调整吹扫臂喷嘴到花板的间隙满足设计要求。人工旋转圈数不应少于2圈。

（8）旋转喷吹装置安装验收合格后，锁紧吹扫臂拉杆防松螺母，法兰连接螺栓与螺母点焊防松。

（9）旋转喷吹装置无负荷试运转必须确保2h连续运转无故障。试运转后需要复测吹扫臂喷口到花板的距离偏差，以及芯轴对花板中心的偏差，偏差超出设计要求需要调整，调整后需重新进行2h无负荷连续试运转。试运转时减速机温度不能超过40℃。

（10）与行脉冲喷吹的减压阀调试相同，旋转喷吹系统的压力释放阀，也需要在调试和试运行阶段进行观测与调整。

（九）回转反吹风袋式除尘器清灰系统安装

回转反吹风袋式除尘器清灰系统的增压风机、风门、风道和其附属设备安装，以及电气、控制、仪表安装依据相关标准、规范进行。回转反吹风清灰装置安装工艺过程如下：

环形风筒安装→支撑机构安装→轴承座、齿轮箱、大齿轮安装→套管、中间管、定位轴安装→进风管安装→气箱安装→传动机构安装→旋转风管安装→仪表安装。

回转反吹风清灰装置示意图如图4-16所示。

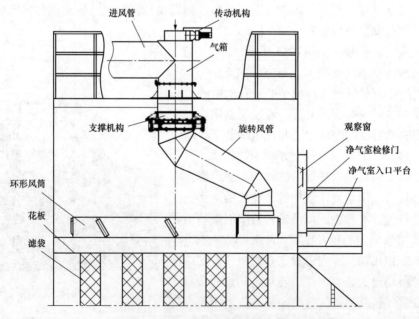

图4-16　回转反吹风清灰装置示意图

回转反吹风清灰装置安装方法如下：

（1）花板安装验收合格后，宜将环形风筒先预存于净气室内，待净气室安装完毕后，准备安装回转支撑机构时，同期调整、找正环形风筒。

（2）支撑机构安装时需做好安全防护以及对下部花板的成品保护措施，严禁以花板为支撑点调整支撑机构安装。净气室顶盖、支撑机构中心与花板中心偏差控制在标准或设计要求的范围内。

（3）支撑机构安装稳固后，按照装配顺序依次安装轴承座、齿轮箱、大齿轮、套管、中间管、定位轴。安装完毕需人工转动大齿轮，调整齿轮啮合精度，确保转动灵活、平稳，无刮擦、异响、摇摆、抖动等异常现象，齿轮传动精度满足设计与规范要求。

（4）进风管和气箱安装时宜预先进行预组装，预组装合适后进行安装，安装过程中严禁使用重锤敲打。

（5）传动机构安装应确保各传动部件同轴度符合设计要求，安装完毕后应盘动整个传动，确保转动灵活、平稳。

（6）旋转风管安装需做好安全防护以及对下部花板的成品保护措施，旋转风管出风口与环形风筒的间距应满足设计要求，滑套应紧贴环形风筒并滑动自如。

（7）回转反吹风清灰装置安装完毕后，需要做无负荷试运转试验，试验应 2h 连续运转条件下无异响、无故障。试运转后需要复测旋转风管出风口与环形风筒间距的偏差，偏差超出设计要求需要调整，调整后需重新进行 2h 无负荷连续试运转。试运转中轴承、齿轮箱温度不能超过 40℃。

五、湿式电除尘器安装工艺与方法

湿式电除尘器在支座、灰斗、立柱和大梁、壳体及进出口烟箱、梯子平台方面的安装工艺与方法，参见电除尘器对该部分的安装工艺与方法。

如果湿式电除尘器属于板式卧式湿电除尘器，则阳极、阴极的安装工艺与方法可以参见电除尘器的安装工艺与方法。

湿式电除尘器附属设备，如水泵、罐、水箱、过滤器及加碱系统等安装，可参考相关资料。

（一）湿式电除尘器安装工序

湿式电除尘器安装工序如图 4-17 所示。

（二）阳极模块安装

1. 阳极模块吊装

由于运输原因，模块到现场呈平放状态，吊装前竖立时应采取两辆吊车竖起，上部法兰应采取保护措施，以免受吊绳夹紧力而损坏，模块竖直后如有落地需要，地面需铺设木板。

2. 阳极模块在除尘器内部位置的确定

吊装前应以支撑梁上的方格内尺寸为基准，找出四边中心点，打标记。吊装时阳极模块应全部落位，模块与梁中心位置误差应符合设计要求。

3. 安装阳极导电板线

模块间接地线互相串联，模块与壳体间需配焊接线柱，并使用专用导电钢板串联，具体按电气专业的要求。

4. 上部密封

阳极模块调整完成，操作时应绝对保证无异物进入极管内，密封要求按相对应的施工厂家工艺要求为准。阳极模块安装时需要准备临时设施。

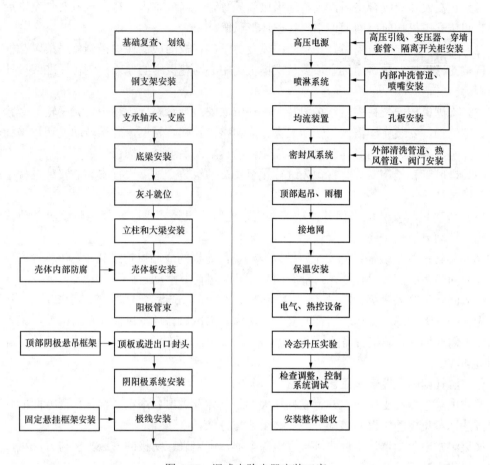

图 4-17　湿式电除尘器安装工序

（三）阴极安装

阳极安装定位后，上部壳体吊装定位，进行上部阴极大小梁及吊挂安装。安装时用吊链或千斤顶将阴极大梁顶到安装位置，安装阴极吊挂小梁，将梁安装到相应位置，单一挂架小梁预装到阴极大梁上。

安装上部吊挂绝缘箱前，注意电源端不得漏装导电线，测量阴极线安装点的距离，以分区为单位，每模块最边缘四角极管预装阴极线，调整悬挂架，以达到极线安装位置要求，固定锁死悬挂架。

阴极安装以模块分区为单位平行逐一安装。按照极管排列预装极线，极线上部固定，用专用模板放入极管卡牢极线，锁紧极线上部紧固件，下部安装极线专用模板锁紧并固定。

安装过程中，严禁漏装；不得碰撞极线，使极线损坏；不得遗漏工具，如手套、碎布等物品。阴极、阳极安装完毕后，再进行极管极线尺寸检查、调整。

（四）水系统、喷淋系统安装

水系统、喷淋系统严格按照施工图要求施工。水箱就位后，对应管道、阀门等与水泵连接后，即可就位水泵。水泵就位完成后，需及时完成对水泵基础的二次灌浆。

管道配置及安装时，为确保不锈钢管道与普通碳钢之间不受离子污染，需进行隔离，不锈钢的焊口，需做酸洗钝化处理。

喷淋系统安装时，喷嘴与喷淋管之间的连接必须确保密封性，不得有渗漏。严格控制喷嘴同阳极之间的间距。

喷嘴均需妥善保护，管路冲洗后才能安装喷嘴，以免喷嘴堵塞。喷淋金属软管安装时，需注意不要过度弯曲和扭曲，以保证软管的使用寿命。

给水系统的安装必须在电场内清理干净后进行。安装前必须对水泵、各类阀门、仪控仪表装置进行检查。确认水泵灵活可靠，无卡涩现象；阀门应转动灵活；仪控仪表完好无损，灵敏可靠。待喷淋系统及给水系统管路整体安装完毕后，先冲洗管道内部，再进行水压试验，试验压力为 1.0MPa。

（五）本体防腐施工

因防腐施工属于危险性较大的作业，防腐施工需严格按照国家、行业有关的规范、规程进行，本节仅就玻璃鳞片防腐做简单介绍。

1. 防腐施工具备的基本条件

（1）壳体内部焊接全部完成，且焊缝打磨符合防腐要求。

（2）壳体内部焊接预焊钢板全部完成，且焊缝满足强度要求。

（3）壳体外部、进出封头、灰斗底部等所有焊接完成。

（4）如湿式电除尘器本体有保温施工，必须将保温钉及保温支架焊接完成。

（5）封头内部焊接预焊接吊挂板全部完成，且焊缝满足强度要求。

（6）环境温度大于 5℃，防腐钢板表面温度小于 65℃，且空气湿度小于 85%。

2. 玻璃鳞片施工前的工作

（1）涂装作业应在表面处理验收合格。表面进行清扫，充分除去灰尘等杂质，然后定向涂刷鳞片涂料。

（2）底层涂料调配严格按照说明书进行，AB 双组分比例进行混合调配，把 B 组分按比例倒入 A 组分中，用搅拌器搅拌均匀，熟化 20min（20℃时），然后在运用期内用完。底层树脂涂料用多少配多少，鳞片涂料搅拌时，采用真空搅拌机搅拌。

（3）底层涂料用辊筒或刷子进行均匀的涂刷，用量约为 $0.2kg/m^2$，涂刷后确认有无淤积、流挂或厚度不匀引起的光泽变化。底漆涂刷干燥并清扫干净后，即可实施鳞片涂料施工。

（4）玻璃鳞片调配，一般取鳞片涂料 A 组分 100 份，加入规定量的固化剂和颜料，经真空搅拌机搅拌均匀，均匀的标志为混合料颜色一致，每次混合料量为 10kg，工料配制符合工艺规定。

（5）施工前确认刷完底涂后衬里面上是否有粉尘或其他异物等，衬里基材表面无漏抹，无表面滴落料，无明显的滴痕，无固化不良区域。

3. 玻璃鳞片衬里施工

（1）将调制好的混合料铲到托板上，用金属抹刀尽可能均匀地将其涂敷到待衬表面上。调好的混合料尽量减少在容器及工具上的翻动。

（2）用金属抹刀涂抹衬里，要沿基面一固定点，循序渐进的进行整体衬里施工。2 次涂抹的端部界面应避免对接，必须采取搭接方式。具体如图 4-18 所示。

（3）用辊筒蘸取少量苯乙烯轻轻滚压涂上的鳞片，调整表面。

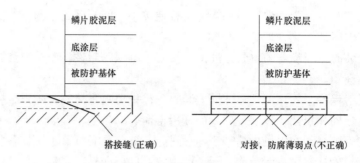

图 4-18　2 次涂抹搭接方式

（4）第一层鳞片充分硬化后进行以下的中间检查：

1）外观检查，通过目视、指触检查确认无鼓泡、伤痕、流挂痕迹、凹凸不平、硬化不良等缺陷。

2）漏电检查，使用高电压（8000kV）低周波电火花检测仪全面扫描衬里面，确认无漏电缺陷。

3）膜厚检查，使用磁石式或电磁式厚度计按每 2m² 测一处，确认衬里厚度。厚度不足处必须补足厚度。

4）凸部、表面伤痕、流挂痕迹、气泡等处在确保厚度的情况下用砂轮机磨平。对漏电、鼓泡、剥离等处要除去缺陷部后按修补要领修补。

4. 面漆施工

（1）应完成底漆涂刷、鳞片胶泥涂抹、鳞片胶泥层修补、局涂刷面漆。

（2）取预配好的适量面漆料，并加入规定量的固化剂，搅拌均匀后涂刷，面漆涂刷 1～2 道，涂刷方向应相互垂直，两道面漆的涂刷时间间隔 12h。最后一道面涂料中应含苯乙烯石蜡液。

（3）目视、指触检查外观有无鼓泡、伤痕、流挂、凹凸、硬化不良等缺陷。

（4）使用高电压漏电检测仪全面扫描衬里面，确认无孔眼缺陷。

（5）使用电磁式测厚仪按每 2m² 测一处确认衬里层厚度。

（6）使用木制小锤轻击衬里面，根据无异常声响确认衬里无鼓泡或衬里不实。

（7）按检查要求进行漏电、厚度、外观检查。全部合格后用刷子或辊筒涂上一层外涂层（含苯乙烯石蜡液，并应尽量减少填料的用量）。注意涂刷均匀。

（8）在施工的每一道工序完成后，均应经过检验，合格后方能进行下一道工序的施工。检验不合格的部分必须返修，并再次检验。同一部位的返修次数不得大于 2 次。

（9）衬里的保养和维护。

1）涂层施工后至能使用的这段时间称为保养期，保养期的长短视涂层固化是否完全，一般夏天应放 5 日以上，冬季应 10 天以上。

2）若提前使用，则可用加温办法加速其涂层固化过程，可 60℃固化 4h，80℃固化 2h。

5. 施工控制点及质量检查方法

（1）目视、指触检查外观有无鼓泡、伤痕、流挂、凹凸、硬化不良等缺陷。

（2）使用高电压漏电检测仪全面扫描衬里面，确认无孔眼缺陷。

（3）使用电磁式测厚仪按每 2m² 测一处，确认衬里层厚度。

（4）使用木制小锤轻击衬里面，根据无异常声响确认衬里无鼓泡或衬里不实。

（5）按检查要求进行漏电、厚度、外观检查。全部合格后用刷子或辊筒涂上一层外涂层（含苯乙烯石蜡液，并应尽量减少填料的用量）。注意涂刷均匀。

（6）在施工的每一道工序完成后，均应经过检验，合格后方能进行下一道工序的施工。检验不合格的部分必须返修，并再次检验。同一部位的返修次数不得大于 2 次。

第二节　安装技术要求

一、基础施工技术要求

（一）模板质量要求及允许偏差

（1）模板及支撑结构必须有足够的强度、刚度、稳定性，严禁产生不允许的变形。

（2）预埋件、预留孔洞模板安装：必须齐全、正确、牢固。

（3）施工缝、变形缝设置：必须符合设计要求和现行施工规范。

（4）预埋螺栓固定架安装：具有足够的强度、刚度、稳定性。

（5）预埋螺栓规格、数量：必须符合设计要求。

（6）模板与混凝土接触面：无黏浆、隔离剂涂刷均匀。

（7）模板内部清理：干净无杂物。

（8）模板接缝宽度不超过 2.5mm。

（9）上部结构插筋偏差：中心不超过 2mm，标高为+20mm。

（10）基础模板轴线位移不超过 5mm。

（11）基础标高偏差：支承面为−10mm，其他为±8mm。

（12）截面尺寸偏差为±5mm。

（13）全高垂直偏差不超过 5mm。

（14）预埋件、孔洞偏差：中心不超过 10mm，孔洞尺寸为+10mm。

（15）模板表面平整度不超过 5mm。

（二）混凝土质量要求及允许偏差

（1）混凝土组成材料的品种、规格、质量、裂缝；混凝土强度试块组数、强度评定；大体积混凝土温控措施；混凝土搅拌、施工缝留置、处理、养护；混凝土配合比及组成材料计量偏差；混凝土表面质量等，必须符合设计要求和 GB 50204《混凝土结构工程施工及验收规范》的规定。

（2）轴线位移不超过 8mm；截面尺寸偏差为+8～−5mm；全高垂直偏差不超过 8mm。

（3）预埋螺栓：同组螺栓中心与轴线的相对位移不超过 2mm；各螺栓中心之间的相对位移不超过 1mm；顶标高偏差为+10mm；垂直偏差不超过 8mm。

（4）上部结构插筋偏差：支承面为+10mm；其他为±8mm。

（5）预埋件、孔洞中心偏差不超过 15mm。

（6）混凝土表面平整度不超过 8mm。

（三）钢筋质量要求及允许偏差

（1）钢筋品种质量；接头的方式、部位同一截面受力钢筋的接头百分率与搭接长度；钢筋焊接；钢筋的规格、数量、位置；钢筋和箍筋弯钩角度及平直长度等，必须符合设计要求和 JGJ 18《钢筋焊接及验收规范》的规定要求。

（2）钢筋表面应平直、洁净，不应有损伤、油迹、油污、片状老锈和麻点等。

169

（3）钢筋加工的外观尺寸调直钢筋表面不应有划伤、锤痕。

（4）钢筋网、骨架的绑扎不应有变形；缺扣和松扣数量不超过 20%，且不应集中。

（5）弯起钢筋弯折位置偏差为 ±10mm；弯起点位移不超过 20mm。

（6）骨架和受力钢筋长度偏差为 ±10mm；骨架和受力钢筋高度偏差为 ±5mm；受力钢筋的间距偏差为 ±10mm；受力筋的排距偏差为 ±5mm。

（7）钢筋网网片长宽偏差为 ±10mm；网片对角线偏差为 ±10mm；网眼几何尺寸偏差（绑扎）为 ±20mm。

（8）主筋保护层偏差：梁、柱为 ±5mm；墙、板为 ±3mm；基础为 ±10mm。

（四）预埋件制作安装技术要求

（1）钢材品种和质量；焊接质量；埋件型号等，必须符合设计要求和 JGJ 18《钢筋焊接及验收规范》的规定

（2）制作：外观质量表面应无焊痕、明显凹陷和损伤；平整偏差不超过 3mm；型钢埋件挠曲不超过 L/1000 且不超过 5mm（L 为型钢埋件长度）；预埋件尺寸偏差为 −5～+10mm；螺栓及螺纹长度偏差为 +10mm，预埋管的椭圆度不超过 1%d（d 为预埋管直径）。

（3）安装预埋件：预埋件的安装中心位移不应超过 3mm；与模板的间隙紧贴；相邻预埋件高差不超过 4mm；标高偏差为 +2～−10mm；水平偏差不超过 2mm。

（4）安装预埋螺栓：中心位移不超过 2mm，垂直偏差不超过 5mm，外观长度偏差为 +10mm。

二、钢构架安装技术要求

（一）立柱安装

1. 采用调整螺母安装方式

采用带调整螺母的地脚螺栓支撑柱底板结构时，可参照图 4-19，并应符合下列要求：

（1）检查地脚螺栓垂直度及间距符合设计文件要求。

（2）柱底板表面如留有出厂时临时保护的油漆或油脂，安装前应清理干净，并划出纵横中心线。

（3）调整螺母受力均匀，并按设计文件要求锁定。

2. 采用垫铁安装方式

采用垫铁安装方式时，可参照图 4-20 施工，并应符合下列要求：

（1）基础表面应全部打出麻面，放置垫铁处应凿平。

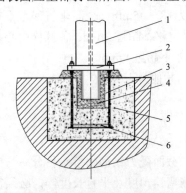
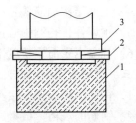

图 4-19　地脚螺栓二次灌浆图　　　　　　　图 4-20　垫铁安装图

1—立柱；2—底板；3—螺栓；4—二次灌浆；5—一次灌浆；6—预埋件　　　1—基础；2—垫铁；3—钢构架

（2）垫铁表面应平整。

1）每组垫铁不应超过 3 块，其宽度宜为 80～200mm，长度较柱脚底板两边各长出 10mm 左右，厚的应放置在下层。当二次灌浆间隙超过 100mm 以上时，允许垫以型钢组成的框架再加一组调整垫铁。

2）垫铁布置在立柱底板的立筋板下方，每个立柱下垫铁承压总面积根据立柱设计荷重计算，垫铁单位面积承压力不大于基础设计混凝土强度等级的 60%。

3）垫铁安装应无松动，在灌浆前与柱脚底板点焊牢固。

（二）钢构架安装应符合的要求

（1）支柱对接和构架组合应在稳固的组合架上进行，组合架应找平。

（2）构架组合时，应在立柱上划出 1m 标高线。1m 标高线以柱顶标高为基准，并在立柱和梁的端头划出中心线。

（3）钢构架组合安装为大六角头高强螺栓连接时，高强螺栓终拧后应用小锤（0.3kg）敲击检查是否有漏拧。扭剪型高强螺栓连接副终拧后，除因构造原因无法使用专用扳手终拧掉梅花头外，未拧掉梅花头的螺栓数不应大于该节点板螺栓数的 5%；对所有梅花头未拧掉的扭剪型高强度螺栓连接副应采用扭矩法或转角法进行终拧并做标记。

（4）焊接连接的钢构架组合安装时应先找正并点焊固定，且预留适当的焊接收缩量，复查尺寸符合要求后正式施焊，焊接时注意焊接方法和顺序，严控焊接变形。

（5）复查钢构架的柱间距及对角线尺寸，符合质量要求后固定地脚螺栓。

（6）钢构架吊装应保证结构稳定，必要时应采取临时加固措施。

（7）钢构架组合安装的允许偏差应符合 GB 50205《钢结构工程施工质量验收规范》的规定。

（8）平台、梯子、栏杆应与钢结构同步安装，焊接牢固；采用吊杆和卡具连接的构件应及时紧固。

（9）钢构架基础二次灌浆前，应清除基础表面的油污、焊渣等杂物。

（10）基础表面与柱脚底板的二次灌浆间距不应小于 50mm。

（11）钢构架和其他结构件表面不宜随意焊接，必须焊接的临时构件在施工结束后应清理干净，恢复原有状态。

（三）钢支柱检查

钢支柱检查测量要求如图 4-21 所示，检查技术要求如下：

（1）柱距偏差：柱距偏差为柱距的 1‰，极限偏差不超过 ±7mm。

（2）对角度偏差：当对角线尺寸 $L_0 \leqslant 20m$ 时，相互差值不超过 7mm；当对角线尺寸 $L_0 >$ 20m 时，相互差值不超过 9mm。

（3）各立柱的垂直度不超过 5mm。

（4）支柱顶部标高偏差：一锅炉厂房为基准，偏差为 ±5mm，各支柱顶水平标高相互差值不超过 3mm。

基础表面与柱脚底板的二次灌浆间距不得小于 50mm。

三、电除尘器安装技术要求

（一）支座安装技术要求

（1）支座安装示意图如图 4-22 所示，支座安装前应仔细核对设计文件，确认位移方向，确保其在膨胀方向上可自由膨胀。安装中检查滑动面应平整，无毛刺、焊瘤和杂物；划出纵横中心线，并进行编号。支座就位后，应及时进行找正，并固定牢固，有防倾倒措施。支座标高不足时，可用垫板进行调整；垫板厚度不应大于5mm，焊接牢固，尺寸正确。支座侧面用于穿装螺栓的手孔，待壳体立柱安装验收合格后均应用封板进行封堵。

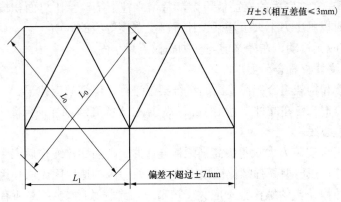

图 4-21　钢支柱检查图

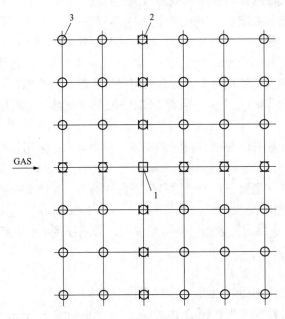

图 4-22　支座安装示意图

1—固定支座；2—导向支座；3—万向支座

支座底部临时固定设施，应在锅炉首次点火前拆除。

固定支座安装参照图4-23施工，根据图纸位置，临时点焊固定在钢构架上端面，待底梁安装完成后，满焊固定。

导向支座安装参照图4-24施工，按图纸方向，以固定支座为基准测量中心距和标高，测量合格后，将支座与钢构架上端面固定牢固；安装完成后仅允许上、下层之间单向滑动。

万向支座安装参照图4-25施工，以固定支座为基准，按图纸位置进行焊接固定；安装完成后可在水平面内任意方向滑动。

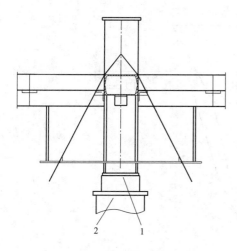

图 4-23　固定支座安装示意图

1—固定支座；2—钢构架

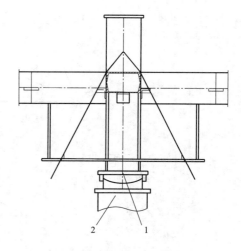

图 4-24　滑动支座安装示意图

1—滑动支座；2—钢构架

（2）支座安装检查。

1）按设计图纸检查各支座位置是否错放。若安装错误，则当电除尘器投运后热膨胀无法实现位移会造成事故。

2）所有固定支座和单、双向支座应在同一水平面上，相邻支座的中心距的偏差为±3mm，相邻支座的对角线偏差为±3mm，最远支座的对角线偏差为±6mm，支座表面平面度为1mm，各支座标高相互偏差不超过3mm。

3）认真检查单、双向支座是否装好滑板（聚四氟乙烯）、不锈钢底板。

（二）灰斗的安装

1．灰斗组合要求

（1）设备验收合格，按顺序编号。

（2）灰斗组合平台应稳定牢固，平整度满足组合要求。

（3）划出壁板中心线、管撑位置。

（4）灰斗组合时，宜按照倒喇叭口方式进行组合。

（5）壁板拼装时，先进行点焊，待调整尺寸符合要求后，再进行全面焊接。

（6）内衬钢板的壁板组合时，壁板焊缝验收合格后应及时进行钢板密封条封补。

（7）焊缝表面成型良好，无裂纹、咬边、气孔、夹渣等缺陷。

（8）灰斗组合焊缝应及时进行渗油试验。

（9）灰斗外形尺寸偏差如图 4-26 所示。

（10）灰斗组合允许偏差应符合表 4-3 中的规定。

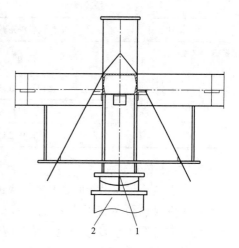

图 4-25　万向支座安装示意图

1—万向支座；2—钢构架

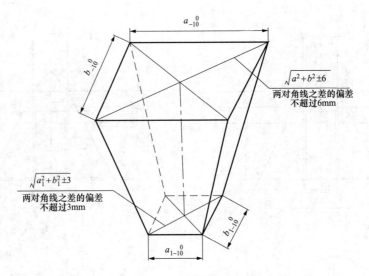

图 4-26　灰斗外形尺寸偏差

表 4-3　　　　　　　　　　　灰 斗 组 合 允 许 偏 差　　　　　　　　　　　（mm）

检验项目		质量标准	检验方法和器具
单片构件尺寸	单片构件外形尺寸	符合图纸要求	钢卷尺测量
灰斗组合外形尺寸	接口边长	0 −10	钢卷尺测量
	接口对角线差	≤10	
	平整度	≤3	水准仪测量
	灰斗上口、下口中心轴线垂直度	≤10	先垂线再钢卷尺测量

2. 灰斗安装要求

（1）小灰斗整体供货时，安装前应进行外观检查，对焊缝质量存疑时应做渗油试验复查。

（2）灰斗就位及找平找正后，及时与底梁进行焊接。

（3）灰斗阻流板及卸灰板安装时应注意安装方向和高度以及两侧的倾斜角，阻流板与灰斗壁的连接应两侧满焊，不影响阴阳极自由膨胀。

3. 伴热管路安装要求

（1）壁板组合前，应对管道进行吹扫，确保畅通及内部清洁。

（2）阀门安装位置应便于操作。

（3）伴热管道最高处应设有放气点，最低处应设有疏水点。

（4）伴热管道安装完成后应进行水压试验，试验压力应符合技术文件有关要求，无具体规定时应做不小于 1.25 倍工作压力的水压试验。

（三）立柱和大梁安装要求

1. 立柱安装应符合的要求

（1）复测底梁支座顶面标高，划出十字中心线。

（2）测量立柱的实际长度，配制相应厚度垫板，划出立柱底板中心线。

（3）立柱、横撑、斜撑宜在平台上组合，按照图纸的要求进行连接，各立柱间距偏差为柱距的 1/1000，且不大于 10mm；对角线差不大于 5mm。

（4）组装件或单根立柱就位后先初紧螺栓，调整立柱底板中心线与支座顶部中心线对中，同时调整立柱垂直度，用经纬仪观测：垂直度允许偏差为 1/1000 立柱长度，且不大于 10mm，用水平仪测立柱的水平标高后拧紧螺栓，标高允许偏差为±5mm。

（5）立柱焊接形式应符合技术文件要求，焊接无夹渣、咬边、气孔、未焊透等缺陷，焊缝成型良好。

2．大梁及纵梁安装要求

（1）大梁在吊装前应逐件检查顶梁的吊耳尺寸（同极距）、挠度及扭曲度。大梁的挠度为长度的 1/1000，且不大于 10mm，只允许上拱；扭曲度不大于 10mm。

（2）测量纵梁顶面和大梁就位处的标高及中心线，按要求调整后紧固螺栓并点焊固定。

（3）在立柱顶端上划出顶梁的安装位置，用水平仪或连通水管测量各点之间的水平高度偏差。根据测量结果，用垫板的方式使顶梁的安装位置在同一水平面。

（4）吊装顶梁，调整顶梁端部对齐，检查各尺寸无误后实施定位焊。

（5）大梁及纵梁吊装完后，整体框架找正允许偏差应符合表 4-4 中的规定。

表 4-4　　　　　　　　　　　　整体框架的允许偏差　　　　　　　　　　（mm）

检查项目	质量标准	检验方法和器具
立柱垂直度	≤1/1000 立柱长度，且≤10	经纬仪测量
立柱间距	≤1/1000 柱距，且≤10	钢卷尺测量
立柱标高	±5	水准测量
各立柱相互间标高差	2	水准测量
相邻两大梁纵向中心线间距	≤5	钢卷尺测量
大梁标高	±5	水准仪测量

（四）壳体及进出口烟箱安装要求

壳体墙板侧阻流板应在阳极板排调整好后安装，一侧用角钢与墙板分段焊接，另一侧对正边排阳极板的纵向中心，预留间隙应按照图纸要求执行，未要求时应预留 10mm。壳体立柱侧阻流板应在阳极板排调整好后安装，一侧用角钢与立柱分段焊接，另一侧对正边排阳极板的纵向中心，预留间隙为 10mm。

进出口烟箱组装时，各焊接均需采用连续焊接，不得有漏风现象。带有导流板和多孔板的进口烟箱，应先将导流板和多孔板在进口烟箱中组装完成，再进行进口烟箱的安装。进出口烟箱安装前可先在平台上组装，然后整体安装在壳体上。

（五）平台、梯子和栏杆的安装

平台、梯子和栏杆的安装构件应无裂纹、重皮和严重锈蚀、损伤等缺陷，焊缝成型良好；平台、梯子、栏杆的安装应与钢构架、壳体等同步进行，采用焊接连接的应及时焊牢，采用吊杆和卡具连接的应及时紧固。

平台、格栅、栏杆和围板等安装后应平直牢固；栏杆的立柱应垂直，间距均匀；栏杆焊缝应打磨平滑，弯头圆滑过渡。平台栏杆安装应符合表 4-5 中规定。

表 4-5   平台栏杆安装允许偏差   （mm）

检验项目	质量标准	检验方法和器具
栏杆柱距	间距均匀，符合设计	钢卷尺测量
栏杆柱子垂直度	≤3	水平尺测量
格栅平整度	≤3	水准仪测量
平台连接标高	≤5	水准仪测量

（六）阴极系统安装技术要求

1. 阴极悬吊系统安装要求

（1）瓷套管安装前应进行外观检查和耐压试验，合格后方可使用。

（2）阴极大框架吊装时，悬吊杆穿入大梁悬吊孔后，依次将瓷套管密封盖、垫板、球面垫、螺帽等套装在悬吊杆上。

（3）按照图 4-27 所示，瓷套管就位时底部垫上专用柔性耐高温垫板，上部安放压板来支承吊杆所传递的载荷，吊杆必须位于瓷套与防尘套的中间。

（4）同电场瓷套管标高允许偏差为 ±1mm，全部安装检查合格后，及时将大梁上的绝缘室清扫干净。

（5）瓷套管、防尘罩安装时，与悬吊杆中心线应重合，两中心的偏差不大于 10mm。吊杆距大梁底部悬吊孔四周应等距，偏差不应大于 5mm。罩与管、管与孔之间的最小距离应符合设计要求。

（6）全部安装检验完毕后，应及时将大梁内部清扫干净，并封闭人孔门。

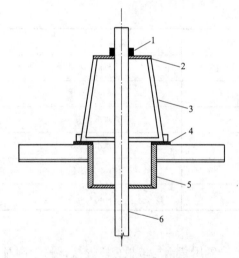

图 4-27 阴极悬吊装置示意图

1—螺母；球面垫圈；2—密封盖板；3—瓷套管；
4—垫板；5—防尘罩；6—吊杆

2. 阴极大框架拼装组合要求

（1）阴极大框架组合前，逐件检查槽钢、角钢是否发生弯曲、扭曲，变形部件应在组合平台上校正，使其平整度符合设计要求，一般不大于 10mm。

（2）拼接应在组合平台上进行，组合平台的平整度不大于 5mm。

（3）按设计文件要求进行拼接，上部横梁及下部定位角钢、槽钢要平行，安装校正后再进行焊接，焊缝及螺栓连接部位应牢固可靠。

（4）检查同一电场中的一组大框架，其阴极框架横梁标高应一致；同一小框架两矩形管中心偏差不为大于 3mm；竖直直线度不大于 3mm。

3. 阴极大框架安装要求

阴极大框架结构图如图 4-28 所示。

（1）阴极大框架吊装应在阴极悬吊装置安装完毕，阳极板吊装之前进行。

（2）阴极大框架应垂直，其垂直度为框架高度的 1/1000，且不大于 10mm。

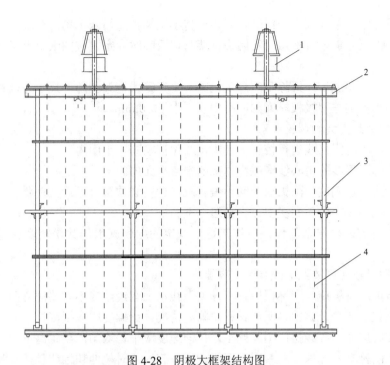

图 4-28　阴极大框架结构图

1—阴极悬吊装置；2—框架横梁；3—框架竖梁；4—阴极线

（3）同一电场两大框架悬挂同一阴极小框架所对应的型钢，应在同一水平面内，平面度不大于 5mm，间距极限偏差不大于 5mm。

（4）框架找正时应处于自由状态，检查各部尺寸符合要求后，对框架拼接处采取固定措施；检查验收完毕，将阴极框架与立柱或墙板临时固定牢靠，按图纸要求焊接阴极框架各拼接点。

（5）焊接完成后，应割去临时固定点，复检阴极框架各部尺寸；如因焊接变形引起尺寸超标时，应予以校正。

4.　单元式阴极小框架安装要求

（1）将左、右两半承击座框架用螺栓连成一整体，校正合格后进行焊接，焊接应符合设计要求。

（2）检查阴极小框架，严重变形部位应进行校正；对外形尺寸较大的阴极小框架应做适当的起吊加固。

（3）阴极小框架吊入电场后，依次将上、下层悬挂架与大框架连接，并调整框架平面度，小框架调整时应轻移慢动，防止晃度过大造成再次变形，平面度不大于 5mm。

（4）依次穿装阴极线应使用拉伸器调整其松紧度，以适度为宜。

（5）阴极小框架与阳极板排间的间距偏差不大于 10mm。

5.　笼式阴极小框架安装要求

（1）笼式阴极小框架宜采用电场内组装的方法，且应在阳极板吊装前安装完毕并验收合格。

（2）安装前检查两侧大框架是否垂直，各部件尺寸是否符合设计文件要求。

（3）按下、中、上的顺序和组装位置逐层将小框架预先吊入电场内存放。

（4）各部件尺寸调整合格后，将阴极框架与墙板临时固定，按图纸要求将小框架与大框架焊接牢固。

（5）全部焊接完成后，拆除临时固定设施，复查笼式框架各部件尺寸并调整。

（6）阴极小框架与阳极板排间的间距偏差不大于10mm。

6. 刚性阴极线安装和调校要求

（1）安装前应对阴极线进行校正，使阴极线保持在同一平面内。

（2）安装时阴极线的中心线应在小框架的中心平面内。

（3）鱼骨线和芒刺线与阳极板的间距偏差及平行度必须符合设计文件要求。

（4）锯齿线的每个齿斜面在上，直角边在下。

（5）锯齿线的调校拧紧工作，应按制造厂规定的顺序施工，其松紧度要符合制造厂的规定。

7. 柔性阴极线（螺旋线）安装和调校要求

（1）安装前所有螺旋线应逐根检查，凡发现线丝上有绞结或不必要的弯曲、明显刻痕、挤扁、重皮、裂纹或严重锈蚀等明显材料缺陷等情况，该螺旋线应报废。

（2）安装时应使用极线拉伸工具施工，拉伸速度应平稳均匀，至距离下钩200mm左右时，缓慢钩入阴极框架环内；严禁用手直接拉伸螺旋线；对拉伸超标或悬挂松弛的螺旋线应予以报废。

（3）每个供电单元应从电场或室左右两侧同时朝大框架中心对称安装。

（4）采取防潮措施保护螺旋线，在极板、极线安装验收完毕后应及时封顶。

（七）阳极系统安装技术要求

1. 阳极板排组合要求

（1）对阳极板进行表面检查、平面度检查。平面度偏差超标的应进行校正，单片极板组合应符合下列要求：

1）板面应光滑、平整，无毛刺、无明显伤痕及锈蚀。

2）平面度不大于5mm。

3）扭曲度不大于4mm。

（2）将检验校正好的单块阳极板按设计方向铺放在自动脱扣的起吊组合架上。

（3）阳极板排在组合后、就位前，宜采用悬吊直立检查，其方法如下：

1）板排组件与组合架放置在临时支架上进行平面度检查。

2）用拉钢丝法进行检查，钢丝应在同一平面内，以垂直和水平方向布置，测出规定测点，复查组合后的阳极板排，平面弯曲度不大于10mm，两对角线差不大于5mm。

（4）按图纸要求焊接限位装置。

2. 阳极板排安装要求

（1）阳极板悬挂框架吊装完毕后，以各电场大梁中心线为基准向两侧划出每排阳极板的位置。

（2）阳极板吊装应有防变形措施。

（3）阳极板吊装与阴极小框架吊装交替进行。

（4）吊装顺序宜先吊中间电场阳极板排，后吊两侧电场的板排，逐片定位并进行检查；

如电除尘器采用中间开口做通道则吊装顺序相反。

（5）阳极板与阴极小框架吊装就位后按定位尺寸及时调整，板排的垂直度可用调整上横梁座下垫铁厚度来解决。

（6）板排下端与灰斗阻流板的间隙应符合设计文件要求。

（7）极距检查合格后焊接定位板。

（8）当阳极板排两端用螺栓紧固时，紧固完毕的螺栓应有防松措施，不得有毛刺、尖角。

3. 旋转电极安装要求

（1）主动轴的安装要求。

1）安装主动轴时，宜预先套装密封装置等轴上零部件，密封装置宜在旋转阳极板转动装置调整完毕后临时就位，试转完后固定。

2）主动轴应按设计文件要求组装，两链轮中心距极限允许偏差为±2mm。

3）主动轴安装时应采用轴承传动侧固定，另一侧轴向可适当位移的安装方式。轴向调整好后安装在支承梁上，安装后主动轴水平度不大于2mm。

4）主动轴支座的水平度满足设计文件要求后，安装主动轴并调整水平度不大于2mm。

5）主动轴安装后转动应灵活，轴承螺栓、螺母应拧紧，并在轴承两侧安装限位。

（2）旋转阳极板与内部传动链条安装要求。

1）旋转极板应轻拿轻放，防止踩踏或重物挤压，禁止使用扭曲变形的极板。

2）组装内部传动链条时，连接应准确，链销遗漏、链节卡滞应及时处理。

3）对同一组旋转阳极传动装置配对的内部传动链条进行比选，采用总长度相同的链条。

4）旋转极板与内部传动链条连接方向应符合设计文件要求。

5）旋转极板与内部传动链条采用螺栓连接时应先预拧，待载荷分布均匀，极板调整完毕后，将所有螺母拧紧并进行止退焊接，拧紧力应符合设计文件要求。

6）旋转极板单独吊装时，减速机应先就位，每一组极板对称安装。

7）极板与链条整体吊装时，应对每根主动轴进行限位。

8）旋转极板吊装就位及试运转后进行静态测量，旋转阳极板排整体平面度不大于10mm。

（3）外部传动系统的安装应符合下列要求：

1）外部传动链条安装时，链条不得过度松弛，运行时不得剐蹭链罩。

2）驱动电动机同一根外部传动链条所连接的各链轮应处于同一平面内，平面度不大于2mm。

3）在外部链条对接时，相邻极板应有相位差。

（八）电除尘器电气安装技术要求

1. 电瓷部件的安装

（1）电除尘器所装设的各种瓷件，包括穿墙套管、阴极套管、瓷支柱、振打瓷轴、电缆终端盒等，安装前应按相关电瓷标准进行外观检查，外观应完好，若有破损等应更换。

（2）各种瓷件在安装前应做绝缘电阻测量和交流耐压试验，试验合格后方可安装。有条件时振打瓷轴还应做扭矩试验。交流耐压试验，应符合厂家规定。（一般规定：在常温条件下，1.5倍电场额定电压的交流耐压，1min不应击穿）。

注：高压石英套管或支持绝缘子、阴极、电轴耐压试验最好在模拟工况下进行，耐压试验时，加热 200~220℃模拟热态下进行，瓷轴应做抗压试验。

2. 接地装置

（1）电除尘器接地既是工作接地，又是保护接地，因此应设装专用地网线，必须严格按设计要求施工，接地电阻不大于 1Ω。

（2）电除尘器的阳极，整流变压器的正极（+），设备，台、盘、柜的外壳和电缆终端头等均必须可靠接地。应用单独明敷接地扁钢与接地干线直接连通，不得多台设备串联后再接地。

（3）每台电除尘器本体设备的接地点不得小于 6 点，每根接地线截面不得小于 160mm^2。

（4）高压硅整流变压器接地套管的引出线必须牢固、可靠地直接接地，禁止将引线先接至变压器壳体上的接地螺栓后，再经滚轮和轨道接入地网。除尘器顶部的变压器必须用不小于 25mm^2 多股裸铜线与除尘器地网线相连。

（5）壳体、平台、高压整流变压器装置外壳、操作盘外壳、人孔门及其他设备上，凡能偶然带电的金属部分，均应用软质铜编织线良好接地。

（6）直流高压电缆终端头应接地良好，接地线截面不得小于 10mm^2。

（7）接地装置的材料和规格应按设计要求严格选用。一般以镀锌扁钢做接地体，接地线最好能采用扁铜带或铜质编织线，螺栓应使用镀锌螺栓。明敷钢质接地线应涂黑漆防腐。

（8）所有接地线应焊接良好，螺栓紧固可靠。

3. 电源设备安装

电源设备应安装在周围无导电尘埃，且无腐蚀性的气体或蒸汽的环境中。

（1）电源设备及其辅件进场检查要求。

1）设备的技术文件应齐全，包括设备出厂检验表、变压器出厂试验报告和产品合格证等。

2）检查设备铭牌的技术参数符合设计文件要求。

3）插接件、端子板等应无断裂变形，接触簧片弹性应良好。

4）螺栓连接的导线应无松动，焊接连接的导线应无虚焊、碰壳、短路。

5）印刷线路板应洁净，无腐蚀现象。

6）元器件出厂时调整的定位标志应清晰，无错位现象。

7）整流元件固定在冷却电极板或散热器上应牢固。

8）变压器的油箱及瓷瓶等无损伤及漏油现象。

9）电源柜外壳必须坚固，防护等级与绝缘工艺满足现场使用要求。

（2）电源吊装前，应测量隔离开关进线口高度，通过调整集油槽高度，将电源高压引线出口与隔离开关调整至同一水平位置。

（3）电源柜吊装时应保持垂直和平稳，不得与其他坚硬物发生碰撞。

（4）设备安装时应预留周围空间，应使电源柜前门、侧门均可打开。

（5）电源就位时，高压引线出口与高压隔离开关箱连接筒的对接，应采用夹具卡接或螺栓连接，其接触面应贴密封胶条，缝隙处应进行密封处理。

（6）电源柜安装垂直度不应超过 1.5mm/m。

（7）设备就位后，应在电源柜底部安装限位挡片，加固电源与集油槽之间的支座。

（8）安装完成后设备保护及现场环境要求。

1）电源柜表面应保持清洁，无油渍、灰尘。

2）配电柜内应保持整洁，无散落紧固件和其他杂物。

3）进出设备电缆接线口应做好防火、防水措施。

（9）低压断路器与熔断器配合使用时，熔断器应安装在电源侧。

（10）铜排与低压断路器、熔断式隔离开关等低压电器或元件连接时，接触面应平整、搭接牢固且不受应力。

（11）紧固件应采用镀锌制品，电气元器件的固定应牢固、防松动。

（12）变压器接地必须牢固、可靠，且应采用不小于 $25mm^2$ 的多股铜芯导线与除尘器顶部的接地点相连。

4. 盘柜安装

（1）盘柜安装应按厂家技术要求进行，设备安装应牢固可靠、操作灵活、行程满足要求，分合准确到位，触点接触良好。

（2）隔离开关附设的连锁辅助开关或电磁安全闭锁装置，应调整行程位置，使其动作准确到位，接点接触良好，闭锁可靠。

（3）隔离开关安装完毕后，应给动静触点涂抹上中性凡士林油，机械传动机构部分加上适量润滑油。

四、袋式除尘器安装技术要求

（一）壳体及箱室安装技术要求

（1）安装前应对梁、柱、柱支撑、墙支撑、花板梁及其他重要承载构件的主要对接焊缝，进行超声波或射线探伤抽查；每批同类构件抽查10%，且不少于 3 件；被抽查构件中，每一类型焊缝按条数抽查5%，且不应少于 1 条；每条检查一处，总抽查数不应少于 10 处；内部缺陷分级及探伤方法，应符合现行国家标准的规定。严禁安装焊接不合格的重要承载构件。安装中完成的主要承载构件的拼接焊缝，按照设计规定的焊缝等级，应符合 GB 50205《钢结构工程施工质量验收规范》的规定。

（2）焊接施工应符合图纸和 JB/T 5911《电除尘器焊接件　技术要求》的规定。

（3）花板的组装和校正，应在精度满足要求的稳固平台进行。

（4）花板梁、花板安装标高偏差为 $\pm10mm$；花板板面平面度宜不超过 3mm；花板孔距偏差为 $\pm2mm$，花板与花板梁之间不宜采用调整垫片的方式进行找平，当必须采用调整垫片时，调整垫片接触面积应大于该处花板与花板梁有效接触面积的 70%。

（5）花板在存放、安装及焊接过程应有防止变形、损坏的保护措施，安装中各焊缝应严密不漏，花板上的焊渣、毛刺应及时清除干净。施工中严禁利用花板孔进行吊装作业；严禁在没有保护措施的条件下，直接在花板上进行焊接作业；严禁在花板上进行与花板施工无关的气割和铆工作业；安装滤袋前，花板孔边缘应确保无毛刺、无焊渣、无尖锐。花板安装就位后，安装壳体及箱室的后续部件时，应采取针对花板的有效保护措施。

（6）行喷吹脉冲袋式除尘器净气室的穿管侧墙对花板的垂直度允许偏差不超过 5mm；穿管孔中心水平连线对花板平行度允许偏差不超过 5mm。

（7）旋转喷吹脉冲袋式除尘器的顶梁标高允许偏差为 $\pm10mm$，顶梁平面度允许偏差不超过 2/1000，最大不超过 5mm；旋转喷吹装置安装中心对花板中心的同心度允许偏差不超过 3mm。

（8）回转反吹类袋式除尘器的顶梁标高允许偏差为 $\pm10mm$，顶梁平面度允许偏差不超过 2/1000，最大不超过 5mm；反吹风安装中心对风筒中心的同心度允许偏差不超过 3mm。

（9）壳体及箱室的墙板平面度偏差宜小于墙板高度的 1/1000，且不超过 20mm。

（10）进、出口喇叭烟箱不能整体吊装时，应编制专项施工方案。

（11）除尘器平台、梯子、栏杆安装宜与除尘器壳体及箱室进行同步安装。

（12）如除尘器设计有提升阀，则提升阀座和提升阀杆固定座的同心度偏差不超过 3mm。同心度调整好后，分别进行气密焊，焊接应采取防止焊接变形措施。安装提升杆时，提升杆与提升阀板的垂直度公差为±1.5mm。

（13）袋式除尘器安装极限偏差、公差和检验方法符合表 4-6 的规定。

表 4-6　　　　　　　　　袋式除尘器安装极限偏差、公差和检验方法

序号	项　目	极限偏差、公差（mm）
1	梁支座与柱顶平面支座中心线偏差	≤3
2	立柱纵、横向中心线	±2.5
3	立柱底板标高	±2.5
4	立柱垂直度	1/1000
5	横梁标高	±5
6	横梁中心距	≤±5
7	横梁对角线差	1/1000，且≤10
8	梁水平度偏差	≤5
9	花板梁对角线差	≤5
10	花板梁水平度偏差	≤3
11	灰斗中心线	±5
12	进、出口法兰纵、横向中心线	±10
13	灰斗出口标高	±10
14	灰斗上下口几何尺寸	±5
15	灰斗进出口法兰几何尺寸	±5
16	灰斗进出口法兰端面垂直度	2/1000
17	连接板安装	平整，位置正确，与构件紧贴

（14）焊件必须组对焊成时，壁（板）的错边量应符合以下要求：

1）管子或管件对口，内壁平齐，最大错边量不超过 1mm。

2）容器类部件，构件组对焊接允许错边量应按表 4-7 的规定取值。

表 4-7　　　　　　　　　　　　　　构件组对焊接允许错边量　　　　　　　　　　　（mm）

焊缝	壁厚 t	错边量
纵焊缝	t	$0.1t≤3$
环焊缝	≤6	$0.25t$
	$6<t≤10$	$0.2t$
	>10	$0.1t+1≤4$
单面焊缝跟部		≤2

（二）过滤装置安装技术要求

（1）滤袋、袋笼安装应在除尘器其他安装均已结束、喷吹系统吹扫完成、净烟气箱室内已清扫干劲，且检查合格的条件下进行。

（2）安装前应对滤袋几何尺寸及外观质量进行检查，《电力建设施工技术规范 第2部分：锅炉机组》。滤袋安装应符合相关技术文件的规定，滤袋在转运、安装和除尘器调试、试运中应有防止滤袋损坏的措施。

（3）袋笼安装时应逐一检查袋笼质量，对变形、脱焊的袋笼应剔除。

（4）滤袋、袋笼安装应在锅炉首次点火前完成，滤袋预涂灰应在锅炉点火前完成。

（5）雨、雪天气不宜进行滤袋、袋笼安装。

（6）严禁带火种进入安装区。

（7）严禁使用带棱角、尖刃的安装工具。

（8）安装人员宜穿着无扣连体工作服，工作鞋应选择软平底工作鞋；严禁穿钉有金属鞋掌、硬鞋掌的工作鞋进入安装区。

（9）净气室内堆放滤袋部位应铺干净、干燥的防水布，堆放滤袋空间宜为花板面积的1/3，严禁将滤袋堆压在袋笼上，及时妥善处理滤袋的包装材料。

（10）袋笼宜由人工传递的方式运入净气室，转运过程中应轻拿轻放；严禁拖拉、磕碰、抛掷等行为。

（11）在穿装袋笼前，已经安装在花板上滤袋的缝纫接缝应在该滤袋的一侧，滤袋不得扭曲、褶皱，安装中严禁坐、卧、踩、踏滤袋。

（12）袋笼应保持垂直于花板的状态缓慢穿入滤袋中；袋笼口卡压滤袋口时，应轻拿轻放，并确保卡压稳固，且滤袋口与花板结合严密。

（13）袋笼各节间的连接卡子、连接挂钩必须连接可靠，如果卡子、挂钩需要现场修复，需在袋笼制造厂家人员指导下进行。

（14）如果花板有备用量的开孔，备用孔需用厂家提供的专用装置进行封堵，并对封堵进行严密性检测。

（15）当多个滤袋区域相邻时，已经安装完毕的滤袋作业区域应做好防护措施，再进行相邻区域的滤袋、袋笼安装。

（16）滤袋、袋笼安装完毕后，应进行详细检查，不得存在交叉、搭接、错位、扭曲、破损、杂物。滤袋底部观察时，对有倾斜、间距过小的滤袋应进行调整。《电力建设施工技术规范 第2部分：锅炉机组》。

（三）清灰系统安装技术要求

1. 行喷吹脉冲袋式除尘器清灰装置安装

（1）安装前应逐一检查喷吹管的喷嘴内、外，确保无机械加工残留物。

（2）喷嘴中心与花板孔中心允许偏差不超过2mm，且各喷嘴中心线与花板垂直度允许偏差不超过5°；设计无明确规定时，各喷嘴与花板距离允许偏差不超过2mm。

（3）喷吹管安装后，应拆卸自如。

（4）喷吹装置气包每个出气口与喷吹弯管或集气管的连接采用软管连接时，应连接牢固，无泄漏。

（5）喷吹气包与喷吹管的连接，应为无应力连接。

（6）喷吹管定位准确后应紧固。

2. 旋转喷吹脉冲袋式除尘器清灰装置安装

（1）安装前应核对每套喷吹装置的旋转吹扫臂规格与型号，严禁吹扫臂混装。

（2）喷吹装置安装中心线允许偏差为±5mm，标高允许偏差为±10mm，喷吹装置中心在花板中心的定位心轴圆周跳动不超过2mm。

（3）喷吹装置各喷嘴中心与花板孔中心的允许偏差为±10mm，且各喷嘴中心线与花板垂直度允许偏差不超过5°；设计无明确规定时，各喷嘴与花板距离的允许偏差为±5mm。

（4）减速机应按照设备技术文件规定进行检查，安装完毕后应进行整体检查，确保其转动灵活平稳。

（5）联轴器找正允许偏差：径向不超过0.1mm，端面不超过0.05mm，联轴器保护罩安装牢固、美观，并且拆装方便。

（6）脉冲空气罐应保持垂直状态，管路安装符合相关规定，旋转部分能自由转动。

（7）旋转吹扫臂安装完成后，应核准各喷嘴对应的每圈滤袋；旋转喷吹脉冲装置旋转一周，各喷嘴必须100%覆盖相对应的每圈滤袋。

（8）旋转吹扫臂安装完成后应进行连续8h无负荷试转，试转后应复测吹扫臂喷嘴与花板的各项偏差，如有调整，需重新进行连续8h无负荷试转。试转后温升不超过40℃。

3. 回转反吹袋式除尘器清灰装置安装

（1）回转风筒在各个喷吹位置上，喷嘴中心与导流罩入风口中心允许偏差不超过10mm；回转风筒回转一周，圆柱度允许偏差不超过5mm，水平度允许偏差不超过3mm；各导流罩入风口圆度允许偏差不超过5mm。

（2）设计无明确规定时，反吹风喷嘴与花板距离允许偏差为±3mm。

（3）支撑机构中心与花板中心允许偏差不超过5mm。

（4）减速机应按照设备技术文件规定进行检查，安装完毕后应进行整体检查，确保其转动灵活平稳。

（5）联轴器安装应符合相关规定，联轴器保护罩安装牢固、美观，并且拆装方便。

（6）安装完成后应进行连续8h无负荷试转，试转后应复测反吹风喷嘴与导流罩入风口的各项偏差，如有调整，需重新进行连续8h无负荷试转。试转后温升不超过40℃。

4. 管道安装

管道安装按照GB 50236—2011《现场设备、工业管道焊接工程施工及验收规范》的有关规定执行。

五、湿式电除尘器安装技术要求

（一）阳极系统的安装技术要求

阳极单元模块安装应符合下列要求：

（1）按设计文件要求确定阳极单元安装方向及位置。

（2）阳极单元在吊装过程中禁止生拉硬拽，并有相应防变形措施。

（3）阳极单元吊装时整体吊离地面200mm后清理杂物，速度不超过0.5m/s。

（4）阳极单元全部吊装完毕，应整体调整阳极单元安装位置，阳极单元间距允许偏差为±2mm，垂直度允许偏差为2mm。

（二）阴极系统的安装技术要求

（1）阴极系统应在框架整体安装完成后进行。

（2）阴极系统吊杆应平直无裂纹、龟裂、压扁及分层等缺陷，且与螺母配合良好；阴极无毛刺及各种缺陷，搬运和安装时应避免设备表面磕碰、划伤、凸起、凹陷。

（3）阴极系统吊杆应安装垂直，支座水平，瓷套受力均匀，瓷套表面应无尘土、油污等附着物。吊杆与瓷套中心偏差为±3mm。

（4）瓷套耐压试验按 JB/T 5909《电除尘器用瓷绝缘子》执行。

（5）阴极大框架应按设计文件组合，间距、对角、框架的水平平面度为 2mm，对角线差为 5mm。

（6）依据设计文件核对同一电场阴极吊挂线数量、尺寸、位置、标高、挡距、对角线，不合适的应进行修整。

（7）阴极小框架安装应进行尺寸校核并记录，表面应平直、无毛刺、无裂纹、撞伤、龟裂、压扁及分层等外观缺陷。小框架、阴极线直线度不大于 3mm。

（8）调整相邻框架的间距，相邻方管中心偏差为±2mm。

（9）阴极系统安装应注意阳极单元、防腐衬里的保护。进行焊接作业时，阳极单元应有相应保护措施。

（三）阴阳极系统的检测与调整

（1）湿式电除尘器异极距偏差为±5mm。

（2）通过移动箱型梁中的瓷套座位置进行阴极框架的调整；通过瓷套上部阴极吊杆的螺栓、螺母调整整体阴极框架的水平及标高。

（3）整体阴极框架调整后进行单个阴极线的调整。极间距的安装偏差为±4mm。

（4）极间距调整合格后，将阴极单元各个联接部位焊牢。

（5）将瓷套座底板与箱型梁中的槽钢密封焊接。

（6）调整阳极单元整体平面度及垂直度。禁止用加热方法进行校正。阴极小框架上调整时应缓慢移动阴极框架，不得用力过猛。

（7）调整完毕验收合格，将所有定位件、固定件连接牢固，按设计文件要求对相应螺栓、螺母进行止退焊。

（8）拆除所有临时设施和脚手架，并对内部全面清理，不得遗留杂物。

（四）冲洗水及喷淋系统

（1）安装前应对水泵、各类阀门、热控仪表装置进行检查。确认水泵转动灵活、阀门开关无卡涩、热控仪表完好无损且校验合格。

（2）湿式电除尘器内部的冲洗水及喷淋系统，宜在顶盖安装前吊入设计位置，外部冲洗水管支撑件应留出足够的保温层空间。

（3）管道安装完成后，应进行水冲洗试验。喷嘴应在管路冲洗后安装。

（4）喷嘴与阳极板间距调整，应符合技术文件要求。

（5）管道安装应符合下列规定：

1）管道、管件、管道附件及阀门应检验合格。

2）管道及管道组件安装过程中，均应将管道内部清理干净，管内不得遗留任何杂物，施工过程应临时封堵。

3）管道坡度方向与坡度应符合设计要求。

4）管道开孔宜在管道安装前完成，开孔后应将内部清理干净，不得遗留钻屑或其他杂物。孔径小于 30mm 时，宜采用机械开孔。

5）支吊架应与管道同步安装。

6）管道安装完毕后，应按设计文件要求对管道系统进行水压试验。试验压力应符合设计文件的要求；如设计无规定，试验压力宜为工作压力的 1.25 倍，但不得大于任何非隔离元件如系统容器、阀门或泵的最大允许试验压力，且不得小于 0.2MPa。

（6）管道系统试验过程中，如有渗漏，应泄压消除缺陷后再进行试验。

（五）附属设备

1. 箱罐安装

箱罐安装应按以下要求执行：

（1）箱壁平整，无明显凹凸。

（2）拉筋焊接牢固。

（3）附件齐全、无损伤。

（4）圆筒形卧式箱罐箱壁的弧度应与其支座的弧度吻合。

（5）水位计应清洁、透明并设有防护罩。

（6）非承压容器应进行灌水试验，整体供货的箱罐应核查制造厂对焊缝的检验报告。

（7）直接置放在基础上的平底箱罐，箱底外部应在涂刷防腐层后方可就位安装，箱底应平整并与基础接触密实。

2. 辅机安装

辅机安装应符合下列规定：

（1）裸露的转动部分应装保护罩，保护罩应装设牢固、便于拆卸，不得与转动部分发生摩擦。

（2）设备基础应具备条件：

1）基础尺寸、中心线、标高、地脚螺栓孔和预埋件位置等应与设计文件相符。

2）设备就位前混凝土基础凿出毛面，表面无油污和其他杂物；放置垫铁的混凝土表面凿平，与垫铁接触密实；地脚螺栓孔内清洁，无杂物、无油垢。

（3）垫铁安装应安放在地脚螺栓的两侧和底座承力处，底座在地脚螺栓拧紧后不得变形，垫铁宜伸出底座边缘 10～20mm；各承力面应接触密实，无松动，调整结束后在垫铁侧面点焊牢固。

（4）安装地脚螺栓时，地脚螺栓末端不应触及孔底；螺母与垫圈、垫圈与底座应接触良好，并采取防松措施。

（5）附属机械安装时，纵、横中心线及标高应符合设计文件要求，允许偏差为 10mm，设备的水平结合面或底座的加工面应保持水平。

（6）二次灌浆前应进行检查，并符合下列规定：

1）附属机械找好水平和中心并最后固定。

2）基础垫铁安装完好并点焊牢固。

3）底座浇入混凝土的部分和地脚螺栓应清洁，无油垢和浮锈。

4）基础表面和地脚螺栓孔内应清洁，无杂物。

（7）基础混凝土二次灌浆和养护，应满足下列规定：

1）二次灌浆时对地脚螺栓四周及底座结构的空间应捣固密实且不得触动垫铁。

2）底座内侧孔洞的混凝土应比底座表面高，并不得有凹坑，底座外侧的混凝土应比底座底板表面低，但不低于底座底板高度的1/2。

（六）玻璃鳞片防腐施工技术要求

（1）基体要求。玻璃鳞片衬里区域的所有焊缝除设计文件上另有规定外，应满足下列要求：

1）焊缝应是连续的，不应有间断，焊缝与母材之间应圆滑过渡。

2）衬里侧焊缝、基体表面焊瘤、弧坑及飞溅的焊渣必须打磨平整光滑。

3）采用玻璃鳞片树脂衬里时，焊缝余高不应大于1.0mm。

4）角焊缝应打磨为凹形角焊缝，所有锐利的边角以及陡然突起的外廓应打磨圆滑；圆角半径应满足设计文件和防腐施工的要求，一般情况下，板材厚度大于或等于10mm时，阳角圆角半径不小于5mm，阴角圆角半径不小于10mm。

5）对于在形成空腔或局部小空间的结构，防腐施工难度大时，宜焊接封闭。

（2）施工前检查：

1）检查确认所有焊接施工已完毕，不得有遗漏，焊接质量满足标准规定。

2）检查所有防腐表面及焊接附件外观应无损伤和疤痕，冗余件应割除。检查防腐区域的阴阳角的圆角半径应满足相关标准的规定。

3）需要防腐的表面应平整，凹坑应经补焊并打磨齐平；表面的瑕疵和腐蚀坑以及临时焊接产生的弧坑直径不应大于2mm，深度不大于0.5mm。

（3）表面处理应符合下列要求：

1）大面积基体处理宜采用喷射或抛射除锈的方法，除锈等级应达到GB 8923.1《涂覆涂料前钢材表面处理 表面清洁度的目视评定 第1部分：未涂覆过的钢材表面和全面清除原有涂层后的钢材表面的锈蚀等级和处理等级》中的Sa2.5级。机械施工处理不到位的局部隐蔽区域，宜用手工工具处理至St3级。

2）基体表面附有较厚的氧化物、硅化物或有机物时，可采用机械方法除去；基体表面附有酸、碱、盐等杂物时，除锈前可用蒸汽或水冲刷除去，然后擦干。除锈处理后的基体表面应彻底清扫干净。

3）基体处理检验合格后，应按防腐技术要求刷底漆。

（4）底漆施工应符合下列要求：

1）使用前必须搅拌均匀，一次配料使用时间不应超过30min。

2）底漆涂覆可采用辊筒滚涂或毛刷刷涂。

3）底漆应涂覆均匀，厚度达到设计要求。

4）若设备面积较大，分区喷砂时，在已涂敷底漆未完全固化前，不得对临近区域基体表面实施喷砂作业，避免灰尘粘附到底漆表面。

（5）衬里涂料配置应符合下列要求：

1）每次准备的衬里涂料应控制在30～40min作业时间内用尽，涂料初凝时间应控制在40～50min。

2）配料桶在重复使用时，必须清理干净。

3）配置的衬里涂料颜色分布应均匀，若搅拌死角胶泥未着色或颜色偏浅，须将该部分胶泥料剔出，不得用于施工，可以在下一桶配制时使用。

（6）第一道鳞片衬里涂覆及滚压应符合下列要求：

1）鳞片衬里涂覆应在底漆施工完成 12h 后进行。

2）衬里涂料施工可采用抹刀或刮板，涂覆应均匀，单道鳞片衬里施工厚度为 $1^{-0.2}$mm。

3）衬里滚压必须在涂料初凝前进行，滚压应光滑均匀。

4）衬里施工过程中，施工表面应保持洁净。如有凸起物、施工滴落或其他污染物，应及时剔除并重新滚压光滑。

5）小面积衬里宜一次完成，避免搭接。大面积衬里施工需分区域进行时，不得直接搭接在已固化的衬里上，应将固化层打磨出一个斜面，搭接在斜面上。

6）衬里表面不得有胶泥流淌。如有则需调整黏度，同时将流淌痕迹滚压平整，已固化的部分打磨平整。

7）胶泥衬层中不得含有非衬里胶泥以外的夹杂物，若有应清除干净并重新滚压平整。

（7）第二道鳞片衬里涂覆及滚压应符合下列要求：

1）第二道与第一道施工技术要求相同。

2）施工时作业方向应与第一道施工方向相垂直。

3）鳞片衬里施工厚度为 1.0mm，检测厚度为 $2.0^{-0.2}$mm。

（8）重复以上鳞片衬里施工步骤直至设计厚度。

（9）衬里检测过程中发现的缺陷应及时进行修补，不同的缺陷修补应按如下方式进行：

1）可用砂纸打磨后填平补齐，滚压平整。

2）不平整度较大的可用砂轮机打磨，然后补齐并滚压平整。

3）对于需要多层修补的缺陷，单层修补厚度不应超过 1.0mm。

4）衬里修补应采用与原衬里相同牌号材料。

（10）局部纤维增强

1）设备结构的应力集中区、变形敏感区及衬层受力区的鳞片衬里表面应实施局部增强措施。纤维增强用树脂需采用与鳞片衬里胶泥相同的树脂配置。

2）将待局部纤维增强区的鳞片衬里表面打磨平整，用溶剂清洗干净后按涂胶浆—贴衬纤维毡（布）—涂胶—贴衬纤维毡（布）—涂胶（即两衬三胶）顺序实施。

（11）增强区增强面积为阴、阳角两侧各延伸 150mm。

（12）固化养护应符合下列要求：鳞片衬里施工完成后的固化养护期不少于 7 天。固化养护期内不得在衬里表面进行任何施工作业、踩踏或注水实验，除尘器外部也不得进行动火和敲击作业。不同温度下涂层表干、实干以及完全固化成膜的时间见表 4-8。

表 4-8　　　　　　　　不同温度下涂层表干、实干以及完全固化成膜的时间

基材温度	10℃	20℃	30℃
表干	10h	5h	3h
实干	12h	6h	4h
固化	12 天	6 天	3 天

第三节　安装质量控制要点

一、通用部分安装质量控制要点

（一）基础施工质量控制要点

在普遍使用商品混凝土的施工条件下，除尘器基础施工的质量控制要点关键在预埋螺栓的质量控制，预埋螺栓是整个除尘器安装的第一步，也是非常关键的一步。基础预埋螺栓时首先应熟悉图纸，了解图纸的意图，应制作安装模板。预埋螺栓用两套安装模板及钢筋定位在柱子的主筋和模板上，保证预埋螺栓不受土建浇注混凝土施工而移位。这样每组螺栓之间的间距、高低可控制在允许的误差范围内；同时，保护好螺栓丝扣，在混凝土浇筑时不被损坏。土建工程完工后，用经纬仪和水准仪对地脚螺栓的标高、轴线进行复查，并做好记录。

（二）钢支架质量控制要点

1. 钢支架制作质量控制

（1）制作中常见的质量问题。

1）在常见的钢支架的制作切割、下料过程中，由于操作方法不当或者操作不细致，造成翼缘板的尺寸不同、宽窄不一，且切割边缘出现较深裂痕；H 型钢的切割尺寸和牛腿的尺寸无法吻合或在对钢板进行拼接时，出现拼错边的现象等质量问题。因此，在进行具体的切割和下料工作时，必须严格按照国家法定的相关规范进行，明确其结构的切割参数，保证钢板切割工艺的精湛和准确。

2）构件组装时，若 H 型钢无组装胎架，组装前不矫正，易造成 H 型钢高度尺寸有偏差，腹板偏中心；翼腹板对接后，焊缝未矫平，有明显的凹凸。H 型钢组装时应有组装胎架；焊接 H 型钢的结构件时，当翼缘板和腹板要拼接时，按长度方向拼接，腹板拼接的拼接缝拼成"T"字形，翼缘板拼接缝和腹板拼接缝的间距应大于 200mm，拼接焊接应在 H 型钢组装前进行。

3）在焊接方面，焊缝不饱满，边缘有凹坑未熔合等，与母材不平齐，柱脚、牛腿的焊脚尺寸小于设计图纸的规定，角焊缝塌边现象严重，收弧处普遍低于母材，气孔较多；手工焊焊缝不直，宽窄不一，咬边现象严重。应严禁使用焊芯生锈的焊条、受潮结块的焊剂，焊丝使用前应清除油污铁锈。

4）钢构件除锈未达到等级要求；油漆前杂质未清除干净，污物多，高低不平；油漆不久就出现返锈、剥落，漆膜厚度不均，阳面厚度超厚等现象。除锈应采用机械抛丸除锈，除锈采用专用的除锈设备；严格控制油漆厚度，不能厚薄不均，防止阴面小于标准油漆厚度，油漆在涂刷过程中应均匀，不留坠。

5）构件在运输堆放过程中，出现死弯或缓弯，使构件变形、碰伤和污染。因此，构件在运输堆放过程中应有搁置件垫平堆放，防止构件变形及污染。

6）翼腹板拼接长度不符合要求。构件拼接时，排版要按规范要求，控制好拼接长度，防止过短拼接，尽量避免构件端面板的拼缝间隙。拼制 H 型钢，应控制角变形值和平整度。翼板拼接长度不应小于翼板宽度的 2 倍，翼缘板与腹板拼接焊缝应错开 200mm 以上，腹板拼接长度不小于 600mm。

（2）制作过程质量控制要点。

1）机加工质量控制。

针对机加工质量控制需要注意到以下几点：

a. 加工前，现场需要安排人员对施工的图纸进行查看和分析，并验证自身的加工设备是否能够符合加工的要求，并在加工前，了解图纸中所需要钢材的数量、尺寸、样式，在加工放样的过程中，更是需要仔细地核对，避免出现质量问题。

b. 加工下料的过程中应该考虑到钢材的硬化区，因为硬化区是有可能会发生变化的位置，若是在机械剪裁的过程中没有考虑到硬化区的存在，则会是钢材强度、韧度变弱，是钢材质量达不到施工的标准。为此，在剪裁的过程中，一定要将硬化区刨去。

c. 在加工方式上应该严格的按照规定和图纸进行，若是图纸中要求使用机械加工的方式进行，就不应采用气割的方式，以此确保钢材的整体质量。在加工的过程中，也应该将安装过程中可能出现了误差进行计算，若是施工条件能够应允许现场踏勘，则可以进入到施工现场进行测量，以此确保钢材能够更加地符合施工的现场要求。

2）焊接质量控制。在钢结构制作的过程中，焊接质量是直接影响钢结构使用的整体质量，为此，钢材在进行焊接的过程中，应该按照标准的焊接程序进行。在钢结构制作的过程中，应该严格按照焊接的具体标准和工艺文件进行施工制作。

在焊接的过程中，需要做好焊接的每一步记录，并严格地检查每一步的焊接质量，对焊接的缝隙和重要部位进行严格的检查。不合格的焊缝不得擅自处理，定出修改工艺后再处理，同一部位的焊缝返修次数不能超过 2 次。

3）防腐质量控制。钢结构制作的过程中，应该有效地做好防腐，并在已经合格的钢材中进行细致的检查，查看钢结构的外观是否出现裂痕锈蚀的缺陷。若已出现问题，则应该在标准的范围之内进行除锈，其方法如下：可以利用工业喷射的方式对钢结构进行除锈，可以达到对钢结构的表面的氧化部分进行疏松，并除去其他的污垢，在去除锈蚀的过程中，应该注意焊接中飞溅的焊点和焊渣。若是在钢结构出现了条纹的痕迹，就需要用工具清理表面，让钢结构的表面在清洁中呈现银灰色为止。

钢结构制作的过程中需要对钢结构进行涂漆，其作用是能够确保钢结构的使用寿命和颜色。在涂漆工作时，注意漆的型号、名称和颜色，并确保漆在使用保质期内，在使用漆时更加应该注意漆不能够存在结皮、结块等现象。

在进行涂漆之前，确保现场的钢结构都已经过除锈工作，保证钢结构的表面光洁没有污垢。在涂漆施工中，应保证施工的环境温度，不应过干，每一次涂漆之间的时间间隔需 7 天；若是遇到天气不理想的情况，应转移到室内进行，避免钢材表面出现质量问题。

每一次涂漆进行的时候，都需对涂漆进行检查，若是发现表面出现气泡、流淌等情况，需要及时进行补救，然后才能够进行下一次涂漆。每一次的涂漆工作人员都应该针对漆膜的厚度进行测量，确定厚度在标准范围之内。

2. 钢支架安装质量控制要点

钢支架安装前，应对构件的质量进行检查，构件的永久变形和缺陷超出允许值时，应进行处理。安装过程中要随时检查安装方案的合理性和落实情况，对安装测量、高强度螺栓的连接、安装焊接质量、涂装等进行检验验收。

钢柱安装要检查柱底板下的垫铁是否垫实、垫平，防止柱底板下地脚螺栓失稳；控制柱是否垂直和有无位移，安装工程中，在结构尚未形成稳定体系前，应采取临时支护措施。当钢结构安装形成空间固定单元，并进行验收合格后，要求施工单位及时将柱底板和基础顶面的空间用膨胀混凝土二次浇筑密实。最后，还要检查钢结构主体结构的垂直度和整体平面弯曲等。

（三）焊接质量控制要点

目前，在除尘器生产过程中大部分采用自动埋弧焊机，部分半自动气体保护焊，以及个别的手工施焊，而在除尘器安装过程中主要采用手工施焊。焊接质量问题较多存在于手工焊缝，这些问题有：漏焊、焊瘤、夹渣、气孔、没焊透、咬边、错边、焊缝尺寸偏差大、不用引弧板、焊接变形不矫正、飞溅物清理不净等。焊接质量控制因做到如下基本要求。

（1）施焊前应对焊条的合格证要进行检查，按说明书要求使用。

（2）焊工必须持证上岗。

（3）焊缝表面不得有裂纹、焊瘤。

（4）一、二级焊缝不得有气孔、夹渣、弧坑裂纹。

（5）一级焊缝不得有咬边、未满焊等缺陷。

（6）一、二级焊缝按要求进行无损检测，在规定的焊缝及部位要检查焊工的钢印。

（7）不合格的重要焊缝不得擅自处理，定出修改工艺后再处理。

（8）同一部位的焊缝返修次数不宜超过2次。

除尘器严禁存在漏焊现象时，除尘器壳体、灰斗、进出口烟箱以及烟道密封焊缝需要进行煤油实验的气密性检验。

（四）灰斗质量控制要点

对焊缝长度、宽度、厚度、偏心、弯折等偏差，应严格控制焊接部位的相对位置尺寸，合格后方准焊接，焊接时精心操作，防止灰斗尺寸超出允许偏差。

为防止裂纹产生，应选择适合的焊接工艺参数和施焊程序，避免用大电流，不要突然熄火，焊缝接头应搭接10～15mm，焊接中不允许搬动、敲击焊件。

注意的质量问题：需要重点控制灰斗棱边焊缝、灰斗内支撑焊缝、灰斗与底梁或壳体的连接焊缝的焊接质量。灰斗成形焊缝需进行煤油试验的气密性检验。

（五）壳体或箱室质量控制要点

除尘器壳体或箱室的质量重点是密封性，其密封性的优劣直接关系到除尘器的漏风率，甚至影响到除尘器运行时的烟气含氧量，这对除尘器的效率、阴阳极腐蚀、滤袋寿命等都将带来影响，因此除尘器壳体或箱室安装完毕后，需进行漏风检测，对于袋式除尘器必须做荧光粉检漏试验，如发现有漏点，应做好补焊措施，及时进行补焊，必要时需重新进行荧光粉检漏试验，直到检验合格为止。

在除尘器运行灰斗积灰状态下，除尘器壳体或箱室中间的支撑将承受较大张力，因此除尘器壳体或箱室中间支撑的制造、安装质量需要重点控制，确保在设计允许的储灰条件下，除尘器壳体或箱室不因为支撑质量问题，出现失稳现象。

二、电除尘器安装质量控制重点

（一）阳极板变形

阳极板是电除尘器的主要部件之一，对除尘效率影响很大。由于阳极是由1～1.5mm厚的薄钢板轧制而成，故在安装、运输、存放、现场二次搬运中也会产生微小变形。阳极板组合与吊装可以采取地面组合吊装和除尘器内组合两种方式来应对极板安装变形。

地面组合吊装是地面组合阳极板排，到安装位置校正阳极板的方式。地面组合时，对于变形太大，无法校正恢复的极板应禁止使用，吊装时因避免极板间碰撞。

除尘器内组合是先将阳极板悬挂梁吊装入除尘器内，然后在悬挂梁上吊装阳极板，阳极板排以自由悬挂的姿态进行组合，组合后进行调整。此种方式控制阳极板变形主要注意吊装阳极板时，已经挂装的板排转移时的磕碰。

（二）挡风板安装与校正

不论电场配置得如何理想，总有一部分细粒粉尘随气流被带出电场。为了减少粉尘带出量，在电除尘器内部安装了很多挡风板。挡风板由薄钢板轧制而成，形状不一，体积不大，极易变形。当所有设备安装完毕后，要按设计的部位、形状、方向和数量对其进行检查与校正，防止遗漏与疏忽，以保证除尘器对烟气的净化效果。

（三）阴、阳极间的异极距

阴、阳极板间距调整是电除尘器中的重点，而阴、阳极板（线）校直工作又是重要的技术难点，只有将存有缺陷的阴、阳极板（线）校直，异极间距方能保证。

通常配合极距调整，需自制专用工具，如图 4-29 所示。此工具是根据阴阳极通道内结构制作的极距 380mm 的通尺，通尺在相邻阴、阳极间扫过，不易通过处便可断定间距不均，需校正调整。

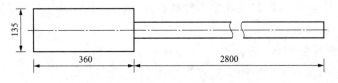

图 4-29　异极间距检测专用工具

对整片极板进行垂直度检查时，还应注意振打梁的水平度，检查异极间距的同时，还应注意检查阳极板排定位板的热膨胀间距。

阴极由挂满阴极线的小框架组成，有的阴极中间撑管和阴极线弯向阳极侧，需校回到自身平面内。阴极线按自上而下，撑管按先水平后垂直的顺序进行校正。校正工具可自制压工具和拉力工具，如图 4-30 和图 4-31 所示。凸轮与手柄为一体。变形为外凸时用压力工具，变形为里时用拉力工具。校正方法一般为冷态拉压法。

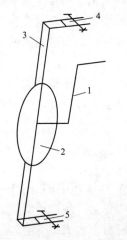

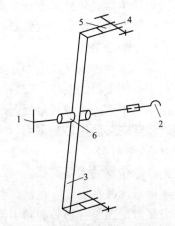

图 4-30　阴极调整压力工具示意图　　　　图 4-31　阴极调整拉力工具示意图

1—手柄；2—凸轮；3—框架；4—螺栓；5—方孔　　1—手柄；2—活头拉钩；3—框架；4—螺栓；5—方孔；6—螺母

电除尘器空载升压前，必须对电除尘器异极间距再彻底检查，发现不合格的，要及时校正，否则会影响电除尘器性能，严重时导致极板击穿。

（四）振打装置的可靠性

带粉尘的烟气通过电场时将出现粉尘沉降，一般出现两种情况，一种是大颗粒粉尘在相互碰撞过程中靠自重沉降落入灰斗，主要部位集中在进口喇叭和第一电场；另一种是沉积在阳极板上的粉尘通过振打剥落进入灰斗。若阳极振打系统及某个阳极振打锤出现故障，则该侧阳极板将无法清灰，造成整个电场电压值下降，电除尘器被迫停运。阴极系统中的阴极线产生电晕，也应该定期清灰，因此阴极振打系统的可靠性不容忽视，否则若阴极线上积灰过多将不能产生电晕，烟气粉尘电离受影响，进而影响除尘效率。

三、袋式除尘器安装质量控制重点

（一）花板及喷吹安装质量控制重点

1. 花板安装质量控制重点

花板用于悬挂滤袋和袋笼，将壳体分成上下两部分，形成滤袋室和净气室。花板是袋式除尘器安装的关键工序之一，必须保证花板平面度和同心度焊接气密性符合要求，保证气密性不漏风。

花板安装很大程度与花板支撑梁有关。花板支撑梁安装要保证两个方向的精度：一是支撑梁水平面的误差；二是支撑梁与支撑型梁之间的精度。支撑梁与支撑梁间定位尺寸非常重要，如果出错，除尘花板孔边缘与支撑梁间的安全距离就不能保证。

花板铺按横向进行，每个室的第一块和最后一块花板先铺。根据施工图要求，保证第一块花板的第一排孔中心定位尺寸，在横向方向上，保证第一块花板的第一个孔中心与最后一块花板的最后一个孔中心之间的孔距尺寸。在这些尺寸保证后，测量两块花板孔的对角线偏差，然后对这两块花板进行点焊接定位，再逐块铺设其余花板（调整花板位置时绝不允许用钢件撬花板孔）。

花板安装后，必须认真检查各相关尺寸。花板孔边缘光滑且不得有尖角、毛刺，套纱手套摸孔边缘时不得有勾丝现象。花板要求平整、光洁，不应有挠曲、凹凸不平等缺陷。

2. 喷吹安装质量控制重点

喷吹设备是决定袋式除尘器技术性能优劣的关键设备，一般制成零部件出厂，喷吹设备现场组合安装时每一步骤都必须达到各自的技术、精度要求，才能保障安装后设备运行平稳、阻力低、清灰效果好，保证喷吹的安装质量，必须确保同一喷吹管口对准花板孔中心偏差和距离，同时确保脉冲阀不漏风，启停动作顺畅。

（二）滤袋袋笼安装质量控制重点

安装前，应清除花板上的油渍、污渍和杂物，安装时应保护滤袋，远离尖锐物和火源，与孔板接合气密。

袋笼起到支撑滤袋作用，安装前应检查滤袋的平直度，焊点牢固、无脱焊、表面平滑，安装时注意保护滤袋不受损伤，袋底不互相碰触。

（三）预涂灰系统

袋式除尘器预涂灰的作用主要是在锅炉点火时对滤袋进行保护。锅炉点炉时，某些含有未完全燃烧的焦油的油烟，进入除尘器后将对除尘器滤袋表面产生黏结、糊袋，当其现象是临时性或间歇性的，则可以通过预涂灰解决。

预涂灰粉料应采用粉煤灰、石灰石粉或熟石灰粉，细度要求小于 200 目，水分含量小于 1%（质量分数）。预涂灰时袋式除尘器的风量不小于设计风量的 80%，在达到预定风量并记录各袋室的初始压差后，持续均匀进行投料。预涂灰粉料投送结束后，风机应维持预涂灰时的运行参数继续运行 20min 以上。

对于火力发电厂锅炉，配套袋式除尘器，预喷涂时滤袋每平方米过滤面积挂粉煤灰量不少于 1kg，且滤袋表面灰层厚度不小于 0.6mm，滤袋预涂灰后应经过实际效果检查，其涂灰效果应能满足滤袋保护的需要。滤袋表面预涂灰灰层厚度检查可以采用压印法，达到灰层厚度的滤袋表面，可明显压出手指的印迹。

对于工业锅炉配套袋式除尘器，覆膜滤袋预涂灰各袋室压差增加 50Pa 左右为宜，非覆膜滤袋，滤袋预喷涂后除尘器净气室与滤袋室压差增量宜在 200～500Pa 之间。同样，滤袋预涂灰后应经过实际效果检查，预喷涂效果应能满足滤袋保护的需要。

滤袋预喷涂后禁止进行清灰，直至除尘器正式投入运行，否则应重新进行预喷涂。

四、湿式电除尘器安装质量控制要点

湿式电除尘器安装质量控制重点，在符合干式电除尘器安装质量控制重点的内容以外，重点是控制腐蚀以及腐蚀引起的泄漏问题。因此，湿式电除尘器烟道、壳体、管撑、灰斗等部件，能在地面组合的尽量在地面组合，减少内部的焊接量。同时，湿式电除尘器烟道、壳体、管撑、灰斗等部件的焊接必须满焊、实焊，不能有缺焊、漏焊现象。

湿式电除尘器内部防腐施工前的表面处理，必须达到设计规定的要求，同时为更好的保证质量，应采用喷砂工艺进行彻底处理，处理好的表面应及时刷涂底涂，防止表面返锈。

防腐层不得有裂纹、空隙等缺陷，防腐施工后需 100%进行漏电检漏。对漏电、鼓泡、剥离等处要除去缺陷部位后按修补要领修补，修补处干燥后，重新进行漏电检漏。

第四节 调试与试运行

除尘器调试是指对已安装的除尘设备以及附属系统进行调试的过程，设备试运转过程是指对已安装、调试完毕的设备进行试运转的过程。本节主要针对火力发电等领域的大型除尘器，重点介绍了电除尘器、袋式除尘器、湿电除尘器的调试与试运行。

一、电除尘器调试与试运行

（一）总体要求

（1）建立电除尘器调试组织。应包括施工、调试和建设单位，设计、制造和配套电源厂家代表等有关人员参加。

（2）调试人员应认真阅读设备说明书及有关技术资料，熟悉设备、系统和设计，按照调试大纲的项目、方法和要求进行。

（3）调试原则：先手动，后电动；先点动，后连续；先低速，后中、高速；先空载，后负载。

（4）准备好调试工作中所需的工具、器材。

（5）为保护设备和人身安全，送电工作应有工作票。

（6）调试工作前，设备应具备的条件：

1）电除尘器本体及电气装置全部安装完毕，经检验验收合格，安装质量和工艺均符合制造厂和设计要求。

2）外部系统，如烟气系统的设备与烟道，除灰系统设备与管道、蒸汽、工业水、电源、压缩空气等均已安装完毕，并可正常供应和排放。

3）电除尘器经施工负责人作最后一次检查，确认全部施工人员离开现场，封闭全部人孔门，并悬挂"运行"安全标志牌。带有安全联锁的应把挂锁锁上各门孔，并将钥匙插回安全联锁盘。

（7）设备投运前，土建工程应具备下列条件：

1）设备的二次浇灌及抹面完毕，质量合格，养护期满，允许运行。

2）门窗及玻璃安全齐整、无损，地面按设计要求做完，沟盖板齐全、平整，墙壁平整无孔洞、污物，安全隔离网装完并符合要求。

3）照明、采暖、通风冷却装置以及排水管等全部装完并能正常投入运行。照明电源电压不得超过36V。

4）户外场地平整，正式道路施工完毕，场地排水畅通。

（二）调试内容

电除尘器安装完毕交付运行前，还要对其进行调试，以检验和保证设备安装质量，达到设计要求，调试内容包括：

（1）电除尘器电气元件的检查与试验。

（2）电除尘器本体安装后的检查与调整。

（3）电除尘器低压控制回路的检查与调试。

（4）电除尘器高压控制回路的检查与调试。

（5）电除尘器冷态空载调试。

（6）电除尘器热态负荷整机调试（168h 联动运行）。

（三）电气元件的检查与试验

（1）检查设备电气元件的安装是否与图纸相符。

（2）检查设备接地连接是否完好。

（3）检查高压隔离开关，操纵系统应灵活、方便、准确、到位。

（4）再次检查绝缘件是否完好无裂纹。

（5）检查各电动机外观和铭牌是否完好，铭牌上的参数是否与设计要求一致。检查其接线是否正确。

（6）检查电加热器的温控继电器整定值是否按设计要求整定。一般情况下，绝缘件加热恒温整定值一般在烟气露点以上 20～30℃。

（7）按电控设备使用说明书进行高压硅整流变压器的调试。

（8）对与硅整流变压器相连的电缆进行试验。

（四）本体安装后的检查与调整

本体的检查与调整应以阴、阳极系统为重点。

1．阴、阳极结构的检查与调整

（1）根据相关标准要求检查阳极板排和阴极线是否符合安装要求。

（2）检查阴极大框架、小框架各部位焊接是否良好，无漏焊现象。

（3）对阴、阳极各部位的尖角毛刺，焊接缺陷等进行处理。

（4）检查绝缘部件是否存在裂缝、破损等现象，并对有污渍的绝缘部件进行清理。

2. 阴、阳极间距的检查与调整

阴、阳极间距是影响电除尘器正常运行的主要参数之一，其尺寸上的误差将造成电除尘器性能的下降，因此必须严格控制。

（1）以最小允许异极间距尺寸（±10mm）为标准调整，所有涉及的尺寸均应检查到位。禁止采用加热方法对极间距进行调整。

（2）检查极间距时应选择若干点进行记录，一般以每个通道的首末两根阴极线为基准，根据电场高度选择若干点，测量后做好记录。

3. 阴、阳极振打系统的检查

（1）检查各部位的螺栓是否拧紧并焊接完好，并清理所有毛刺和焊渣。

（2）阴、阳极若采用侧部振打时，应检查锤头与振打砧之间的接触是否良好，振打锤头与振打砧的接触点应在振打砧中心线以下 5mm；水平方向偏差为 ±5mm。

（3）若采用顶部电磁振打时，振打高度调整应符合设计要求。

（4）转动件、电动机需灵活可靠，链条松紧适中，润滑到位。

4. 对其他部件的检查

（1）检查除尘器外观，保温、油漆等外部设备是否完好。

（2）与外部设备的接口的密封性是否良好。

（3）焊接部分焊接完整，无错焊、漏焊等现象，人孔门密封性良好。

（4）清理除尘器内部杂物，拆除除尘器外部临时设施。

（5）确认电场内无人。

（五）低压控制回路的检查与调试

（1）在电气元件检查及试验完毕后，即可对各系统进行通电检查和设备空负荷试运行。

（2）对所有低压控制回路的检查应结合电气厂家的使用说明书进行。

（3）对报警系统、振打系统、除灰系统、加热系统、温控设备等低压控制设备进行通电检查。

（4）通电前，需将各电气柜与电除尘器低压元件的连线从端子排处断开。

（5）通电后，启动各电气柜电源开关，各柜上电源电压表均应有指示。

（6）手动、自动启动报警系统，检查其瞬时、延时信号和跳闸功能是否正常。

（六）高压控制回路的检查与调试

（1）高压控制回路调试：控制插件和开闭环空载调试，装置自身极限参数的预整定。

（2）高压硅整流变压器控制回路在调试前检查以下内容：

1）按装置原理图检查内部及外部接线应正确。

2）单元及分立元件的检验应符合规程要求。

3）各调节旋钮应处于起始位置。

（3）高压硅整流变压器控制回路的调试应按调试大纲程序和要求进行，一般分开环和闭环两个步骤。

（4）高压硅整流变压器控制回路的开环调试方法和要求如下：

1）开环试验可在模拟台或控制柜上进行，装置控制插件各环节静态参数测量及调整。在控制柜上进行时，应断开主回路硅整流变压器全部接线，接入 2 个 220V 100W 的白炽灯泡作假负载。

2）送电后，测量电源变压器、控制变压器的二次电压值，应与设计值相符。

3）插入稳压插件，测量稳压直流输出电压值，做稳压性能试验，记录交流波动范围值，合格后可按说明书要求逐步插入其他环节插件。

4）测量记录各测点静态电压值，用示波器观测各测点实际波形与标准波形比较，其电压值在规定范围之内，波形应相似无畸变。

5）测量手动、自动调节升压给定值范围。

6）测量电压上升率、电压下降率调节范围值。

7）预整定闪络、欠压回路门槛电压值。

8）测量封锁输出脉冲宽度电压上升加速时间，欠压延时跳闸时间值。

9）测量触发器输出脉冲的幅值、宽度（或脉冲个数）检查与同步信号的相位应一致。

10）手动、自动升压检查，可控硅应能全开通。

（5）高压硅整流变压器控制回路的闭环调试方法和要求如下：

1）手动升压，利用高压静电电压表，在额定电压下校准控制盘面上的直流电压表的指示值。

2）升至额定电压后，校核直流电压反馈标样值，录取整流变压器本体可控调压工况下的伏安特性曲线。记录各主要测点数据及波形，直流输出波形幅值应对称。

3）加装接地线，人为进行闪络性能检查，记录在闪络工况时的各测点数据及输出波形。闪络封锁时间及条件，应符合装置的标称和闪络原理。

4）做闪络过度短路性能检查，逻辑执行回路应动作正确，记录交流输入电压，交流输入电流、直流输出电流值，应小于额定电流值，记录各主要测点的数据及波形。

5）无闪络短路特性检查，应先手动，后自动，人为直接短路，电流从零升到额定值，也可自动分阶梯段升至额定值，当手动与自动给定值最大时，其短路电流值不应大于出厂时的试验测量值。记录各有关测点数据。

（七）电除尘器冷态空载调试

1. 升压前的准备

（1）将低压柜的控制方式置于手动状态，利用就地操作箱分别启动每台振打转动装置，检查启动开关、振打传动装置、减速电动机运行是否正常。再在低压控制柜上进行启动，检查启动开关、运转信号指示是否正常。然后置于自动状态，各振打装置应能够按要求的程序进行自动运行。

（2）启动全部电加热器（若有），检查电加热器是否加热，温控器是否整定在安装文件要求的整定值上（一般要求应整定在高于烟气露点温度20°以上），是否正常工作。

（3）用高压表测量高压网路，其绝缘电阻应大于 200MΩ 以上。

（4）将整流变压器的低压抽头接到最高输出电压挡。

（5）对高压控制柜做假负载试验。将控制柜送上电源，接上电抗器，主回路输出与白炽灯泡连接，白炽灯应由暗变亮，一次电压表应指示 0～380V。然后再进行相反的调整。

（6）对除电场以外的高压网路进行短路和开路试验。将高压网路与电场断开，向硅整流变压器送电，当二次输出电压达到额定值以上，高压控制柜应能进行开路报警并切断主回路电源。将高压隔离开关切换到使高压输出对地短路，向硅整流变压器送电，当二次输出电流达到额定值以上，高压控制柜应能进行短路报警并切断主回路电源。

这种试验应在很小心的情况下进行，并利用手动缓慢的升压，最好在电控厂家的技术人员指导下进行。

（7）校正并确保二次仪表读数准确、无误。

2. 冷态升压运行

当以上工作全部完成并验证完好后，应进行空载试运行。空载试运行能够检查电除尘器及电气、机械设备的安装质量，并进行必要调试，为负载运行做准备。

冷态升压运行注意事项：

（1）空载试运行必须在当地正常的气象条件下进行，不能在雨天、雪天和大雾天进行。向电场送电前必须将全部绝缘材料的电加热装置通电加热至规定温度或加热 4h 以上。

（2）空载试运行时必须记录当地的气象条件如温度、湿度和大气压等。

（3）进行空载试运行时，必须有专人指挥和组织，制定空载试验方案和大纲。

（4）空载试运行由安装单位负责，供货方和用户配合进行，试运行完成后应对试运记录进行整理，并由安装单位、供货方和用户签字作为最终验收的依据。

3. 低压设备的空载试运行

（1）运行电除尘器进出气口阀门（若有）的启闭，反复几次，要求启闭正常灵活，仪表显示开度准确。运行完成后将全部阀门打开，在烟囱的自然拔风下使电除尘器内有气流。

（2）启动全部的振打传动装置并连续运行 4h 以上，应运转正常，具体要求见随机提供的资料或相关的产品说明书。

（3）启动全部的电加热装置并连续运行 4h 以上，应确认加热装置能正常加热，温控器能正常工作。

（4）启动全部的输灰设备和锁风设备并连续运行 4h 以上，应运转正常，具体要求见随机提供的资料或相关的产品说明书。

（5）如有其他低压设备如振动器、气体分析仪等，应按说明书进行试运行。

4. 高压设备带负载试运行（冷态）

高压设备带负载试运行主要是在电场未通工业烟气的情况下利用高压供电装置向电场供电，在供电之前，应保证高压网路已进行了正确的连接，全部的安全连锁触点已经闭合，确认所有的人员已离开电场和其他危险区域。

（1）参照 DL/T 514—2017《电除尘器》规定做空载升压试验。对电除尘器异极距为 150mm，二次电压 $U_2 \geqslant 55kV$ 为合格；异极距每增加 10mm 时，二次电压增量 $\Delta U_2 \geqslant 2.5kV$ 为合格。

以上要求是指当地的海拔高度在 1000m 以下、天气晴朗，当海拔高于 1000m，但不超过 4000m 时，从 1000m 起，海拔每升高 100m，二次电压值允许降低 1%。

（2）将整流变压器的抽头调到最高电压输出挡，合上高压电控柜内的主电源开关和控制电源开关，采用手动升压，每个电场应缓慢的升压。观察电场内有无电晕闪络情况，应以无闪络为合格。

（3）如二次电压已达到要求而二次电流还未达到供电装置的额定值，则应继续升压，一直升到二次电流达到供电装置的额定值，如二次电压也达到供电装置的额定值，则可判断安装质量为优。

（4）记录升压过程中的一、二次电流电压值，记录变压器的抽头设置情况。

（5）由于空载运行的负荷较大，当一台供电装置的额定电流容量不能满足要求时，可用两台供电装置并联供电。在两台供电装置并联供电时，必须注意同步升压，并注意两台电源的电压电流必须一致，在这一前提下，观察二次电压能否达到供电装置的额定值，如能达到，则也可判断安装质量为优。

注意，此方法不应长时间运行，并在电控厂家的技术人员指导下进行。

（6）一个电场进行完成后，再用同样方法分别进行其他电场的升压，直至全部电场都升压完成。

（7）全部电场升压完成后，启动全部的振打装置，观察各仪表的读数有无变化。应无变化为合格。

（8）全部电压升压完成后，观察整流变压器的工作状况，应无不正常的声响，无不正常的温升。检查高压网络不应有放电和漏电现象。

（9）全部升压完成并一切正常后，应分别绘制每个电场的伏安特性曲线。方法是，利用手动升压，从有起晕电流的点开始由低到高每隔 2kV 为一挡分别记录二次电压、电流值，直到能达到的最高电压或电流值。然后再从最高电压值开始由高到低每隔 2kV 为一挡分别记录二次电压、电流值，直到二次电流为零。

（10）以上工作完成后，应将高压电控切换到自动状态进行运行，观察电压、电流的自控系统工作情况，并进行必要的设定。

（八）电除尘器热态负荷整机调试（168h 联动运行）

当以上工作都进行完成并证明完好以后，应进行热态负载试运行。热态负载试运行能够检查电除尘器及电气、机械设备在工况条件下的运行性能，并进行必要的调试，使其达到保证指标。热态负载试运行一般由用户负责，安装单位和供货方配合进行，试运行完成后应对试运记录进行整理，并由安装单位、供货方和用户签字作为最终验收的依据。

1. 注意事项

（1）负载试运行前应提前 4h 将全部电加热装置进行送电加热。负载试运行前应将全部的振打装置和下游的输排灰装置启动运行。

（2）负载试运行前应先通烟气加热电场，当电场内部温度高于烟气露点后才能向电场内送电。

（3）进行负载试运行必须有专人指挥和组织，制定试运大纲，安全措施到位。

2. 负载试运行

（1）合上高压电控柜内的主电源开关和控制电源开关，采用自动升压，观察电压、电流的自控系统工作情况，并进行必要的设定。

（2）观察电压、电流值及有无闪络现象。由于粉尘介质和烟气介质与空负荷运行时的不同，因此二次电压、电流值会与空载运行有较大不同（一般是减小）。

（3）观察工况条件，如已达到要求参数时，应进行控制参数的调整：

1）尽可能增大二次电流值，在达到最大值后观察可控硅的导通角，如小于全导通的 50%（一般全导通为 180°，有些控制柜全导通显示 153°）时，则应将整流变压器的抽头降低一挡，反之也一样。

2）确定控制方式。一般的控制装置有多种控制方式可供现场选择，如火花跟踪控制方式、临界火花控制方式等。

3）调整振打装置的振打周期和振打频率。当阳极采用连续振打时，应注意调整到每一电场每一排收尘极板的振打不能同时进行。对不是连续振打的电场，应调整到当一边振打结束后立即启动另一边的振打，并使电场进气端的振打装置优先启动。在实际运行中应根据工况情况进行适当的调整，以最大可能地提高清灰效果，减少二次扬尘，节省能源消耗和延长振打装置的使用寿命。

4）按空负载试运行同样的方法做出负载时的伏安特性曲线，并记录正常工作状态下的一次电压、电流值。

5）应随时关注排放情况，如发现粉尘排放效果不理想，且确属电除尘器本身的原因应进行再调试，直至达到排放要求。

6）有条件的场合应使用示波器观察触发回路、输出回路的波形是否与供货厂家要求的一致，检查输入电源的波形是否有干扰成分等。

二、袋式除尘器调试与试运行

（一）调试应具备的条件

袋式除尘器调试应具备如下条件：

（1）本体设备及系统安装结束，工艺、质量等符合制造厂和设计要求。

（2）现场清洁，通道畅通，围栏齐备，照明充足。

（3）空气管路进行吹扫，并清理干净，净气室内部无积水、无杂物。

（4）确认电气设备经过调试符合要求，电气回路连接正确。控制柜已经过通电检查和调整，远方及就地操作灵活可靠，动作指示正确。

（5）试转现场附近严禁摆放易燃、易爆物品，并有完整的消防设施。

（6）袋式除尘器安装后已进行内部检查清扫，内部不留有任何杂物，临时加固用铁件应割除，并打磨光滑，已封闭人孔。

（7）袋式除尘器灰斗及仓泵均已安装完毕，进出口法兰和各类门孔严密、无泄漏。

（8）袋式除尘器密封性试验合格。

（9）灰斗加热装置在保温前必须进行试验，确认完好无误后应完成袋式除尘器外壳保温工作。

（10）袋式除尘器外壳及电气设备可靠接地。

（11）进出口烟道阀门、旁路阀、进风支管调节阀操纵机构灵活、位置准确。

（12）压缩空气已经送到气包，参数符合设计规定要求。气包内压缩空气温度大于 0℃。

（13）低压操作控制设备通电检查结束（报警系统试验、清灰回路检查、除灰回路检查、加热和温度检测回路检查）。

（14）现场设备系统命名、挂牌、编号结束。运行人员正式上岗，所需工具、图表齐全。

（15）系统内所有压力、温度、流量等指示表计校验合格，均能正常投入运行。

（二）调试流程

袋式除尘器调试流程如图 4-32 所示。

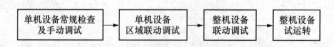

图 4-32　袋式除尘器调试流程

（三）单机设备常规检查及手动调试

1. 喷吹系统检查

对喷吹系统的气包、脉冲阀、气密性进行检查。检查动作是否运作灵活可靠。

2. 滤袋、滤袋系统检查

滤袋袋笼系统检查，主要检查滤袋袋笼安装是否正确，垂直度是否达到要求，与花板结合面的密封性、滤袋是否损伤等。

滤袋的检查：滤袋在安装之初虽已调好，但在运行几天后，还必须检查滤袋的漏泄情况，因为由于温度和压力的变化、安装的问题以及反复的清灰，可能使某些滤袋出现脱落的现象。

3. 预涂灰系统

预涂灰管路连接、密封性、清洁检查。

4. 电气单机设备电气测试及检查

（1）脉冲阀控制线路连接正确性、接地、绝缘检查，控制电磁阀检查。

（2）清灰系统控制仪表接线、接地、绝缘检查等。

（3）灰斗气化板、电加热接线、接地、绝缘检查。

（4）电气控制系统接线、接地、绝缘检查。

（5）I/O 接口的校对工作。

（6）电气仪表软硬件已完成调试和模拟调试并能可靠地投入使用。

（7）声光信号报警装置安装齐全，试验良好。

（8）除尘系统照明检查。

（四）单机设备区域联动调试

清灰脉冲阀动作试验：手动控制单个脉冲阀喷吹动作，机旁监视除尘器顶部脉冲阀清灰动作情况。保证每个脉冲阀能正常工作，控制准确。

1. 电控设备单机调试步骤

（1）检查袋式除尘器与电厂主接地网连接良好、牢固。

（2）袋式除尘器电气配电柜接线、接地、绝缘检查，每路输出线路绝缘检查，检查完毕后配电柜带电。

（3）袋式除尘器照明箱接线、接地、绝缘检查，照明箱带电后检查照明。

（4）袋式除尘器灰斗温度探头接线检查。

（5）袋式除尘器控制柜的接地、绝缘检查，所有 I/O 接口接线校对检查完成。

（6）袋式除尘器脉冲阀控制线路接线校对，绝缘检查。

（7）袋式除尘器控制仪表接线、接地、绝缘检查。

（8）袋式除尘器上位机工作站组装并与控制柜通过网线连接。

（9）压缩空气压力调节阀接线、绝缘检查，空气管路检查。

（10）袋式除尘器所有与电气配电柜连接的用电设备带电，准备下一步调试。

2. 袋式除尘器电气设备单机和区域联动调试

（1）检查压缩空气管路，压缩空气气源开始供气。

（2）上位机工作站和控制柜开始上电工作，显示器上袋式除尘器清灰系统范围内所有设备开始工作。

（3）检查压缩空气管路的压力。

（4）检查压缩空气管路压力，在上位机上输入压力设定值与压力变送器显示一致。

（5）检查脉冲喷吹回路的所有手动阀门已打开。

在上位机上手动操作每一个脉冲阀，和现场脉冲阀设备对应检查动作正常。

设定时间清灰模式，启动袋式除尘器整体清灰，检查脉冲阀清灰顺序正确。

（6）袋式除尘器旁路系统动作检查。

（7）在上位机上手动操作旁路阀，和现场阀门对应检查动作正常，限位信号反馈到上位机显示正常。

（五）整机设备联动调试及报警试验

1. 整机设备联动开机流程

整机设备联动开机流程图如图4-33所示。

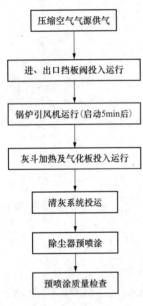

图4-33 整机设备联动
开机流程图

2. 报警试验

除尘系统在运转中，模拟轻故障发生，灯光显示，轻故障包括：

（1）除尘器压差报警。

（2）除尘器入口烟气温度高报警。

（3）压缩空气母管压力低报警。

3. 脉冲阀动作顺序验证与调整

大型袋式除尘器一般分为多个完全相同的脉冲喷吹部分，每部分的脉冲阀清灰在控制上完全独立，由各自的差压变送器来控制清灰，因此，设计合理的脉冲阀动作顺序是确保袋式除尘器清灰以及减少滤袋磨损的重要工作。

旋转喷吹脉冲袋式除尘器一个袋束区仅有一个脉冲阀控制喷吹，整台除尘器脉冲阀数量少，通常8～16个，因此脉冲阀喷吹控制比较简单，只需要控制不同袋束区的喷吹顺序和喷吹时间即可。调试中需要逐一确认各袋室旋转喷吹动作及其顺序的准确性。

行喷吹脉冲袋式除尘器一个袋室有众多脉冲阀控制喷吹，因此脉冲阀动作顺序控制复杂，调试过程中应按照规定好的清灰顺序进行喷吹测试，调试中需要逐一确认各脉冲阀动作及其顺序的准确性。

4. 脉冲喷吹运行方式的调试

一般清灰模式分为差压清灰模式、时间清灰模式和快速清灰模式（也有正常清灰模式、快速清灰模式、紧急清灰模式等），三种模式可以在上位机上选择。

差压清灰模式是袋式除尘器的主要运行清灰方式，根据袋式除尘器的差压变化启动或停止脉冲阀的喷吹，差压值、脉冲宽度、脉冲间隔三个参数可以在上位机上设定调整。在差压模式中分为低负荷和高负荷清灰两种类型，运行时，差压值首先达到低负荷设定值，此时开始喷吹清灰，喷吹一个周期后，差压值小于低负荷设定值，停止喷吹清灰，大于低负荷设定值，继续喷吹清灰；在低负荷清灰时如果差压值大于高负荷设定值，则清灰参数跳转为高负荷清灰参数，加强清灰强度，在此清灰过程中，直到差压值小于或等于低负荷差压设定值，停止清灰。

在一定时间内差压喷吹模式不能确保稳定的滤袋前后的烟气压差值，系统自动进入时间模式。

快速模式通常设定为手动模式，主要处理紧急状态下的滤袋前后的烟气压差值，确保设备稳定运行。

5. 全系统联动停止关闭顺序

全系统联动停止关闭顺序流程图如图 4-34 所示。

6. 整机联动试验

（1）锅炉引风机运行。

（2）清灰系统投运。

（3）将清灰系统控制设置为自动控制模式，清灰系统自动清灰工作 1 个周期以上，全部脉冲清灰阀均投入运行，然后停止清灰。

7. 荧光粉检漏试验

袋式除尘器检漏是在除尘器安装完滤袋后对其进行"萤光粉检漏"。

（1）荧光粉检漏的必备条件：引风机能正常运转，开度配合，空气压缩机能提供气源。

（2）做荧光粉检漏时，提升阀和旁路阀的状态：提升阀处于打开状态，旁路阀处于关闭状态，并将所有的人孔门都关闭。

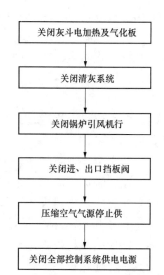

图 4-34　全系统联动停止关闭顺序流程图

（3）在主风机以设计风量 50% 以上运行，清灰系统停止运行的条件下，将荧光粉投入除尘器的进口烟道的开口处（一般从压力测试孔倒入，具体视现场情况而定）。

（4）荧光粉投入除尘器后，风机应至少保持继续运行 20min 以上，以确保荧光粉能均匀地分布在袋式除尘器的滤袋上。

（5）主风机关闭后，打开袋式除尘器的净气室人孔门，检查人员带着荧光镜进入各净气室检查。检查人员进入除尘器内部时衣服鞋帽、身体其他部分不能带有荧光粉，带有荧光粉者不得进入检查。用荧光镜仔细地检测净气室内的花板接缝处，滤袋与花板的接口点等。检测时，周围环境亮度越暗越能有助于泄漏检测工作的进行。

（6）检查发现有荧光粉处（在荧光镜下荧光粉显示为红色），仔细分析原因，并做好标记和记录。处理荧光粉泄露时，如需焊接应做好滤袋的保护措施。

8. 袋式除尘器预涂灰

袋式除尘器预涂灰操作，是在系统全部调试完成、锅炉点火启动前进行。

（1）预涂灰注意事项：

1）涂灰量与进口烟道风量有关，引风机挡板开度大风量大涂灰效率高。

2）中途清灰→涂灰时，时间越短越好，按先清后涂的顺序。

3）长时间燃油又遇停炉，停炉后必须立即清灰后再涂灰，保持到下次点火和运行前。

4）锅炉投煤燃烧并停止燃油助燃后，若滤袋差压达 800Pa 以上时可以清灰，此时可以不再进行涂灰。

（2）涂灰参数：

1）滤袋表面涂灰厚度大于 0.6mm。

2）涂灰量每平方米过滤面积不少于 1kg。

3）给灰速度 10m³/h，引风机开度 60%以上。

4）涂灰时间约 2h。

（六）整机联机试运行调试步骤

（1）单机试验和区域联动试验完成，准备下一步联机试运行调试。

（2）将袋式除尘器所需用的气源、水源供应到备用状态。

（3）将袋式除尘器所有用电控制箱和设备通过电气配电柜操作上电，使所有设备处于备用状态。

（4）在上位机上将运行参数、联锁参数、报警参数等参数设置按照表格中的数值输入作为设备运行的参数。

（5）在上位机上将状态设定中所有项选择为程控。

（6）在锅炉第一次点火之前对袋式除尘器进行预喷涂操作。

（7）在袋式除尘器设备运行前进行检查，包括进、出口挡板阀是否处于开启状态，旁路阀是否处于关闭状态，清灰系统是否处于预备状态，所有仪表在上位机上显示是否当前实时值。

（8）锅炉引风机投入运行。

（9）灰斗加热投入运行。

（10）选择清灰模式为"慢速模式"，清灰系统投入自动运行。

三、湿式电除尘器调试与试运行

湿式电除尘器因其除尘原理与干式电除尘器相同，只是电场空间内荷电微粒组分与清灰方式不同于干式电除尘器，由此带来调试与试运行中对设备安全要求的巨大差别，特别是对于阳极击穿、烧毁和防腐层保护是调试与试运行中需要重点控制与防范的内容。

（一）湿式电除尘器调试目的

通过对设备的调试，考核湿式电除尘器所有高压绝缘部件的耐压情况，看其是否符合要求，同时检查输出电流不超过额定值时，空载闪络电压能否达到设计值。确认水系统、热风吹扫系统是否运转正常，同时对除尘器本体、烟道、各人孔门等处的完整性及严密性进行检查，为设备可靠投入机组整套试运提供必要的保证。

（二）湿式电除尘器安全调试与试运行的技术要求

（1）空载升压试验

1）空载升压试验前应启动引风机，并开启至少一台脱硫浆液循环泵。

2）电场喷淋结束至开始空载升压试验的时间间隔不宜大于 10min，空载升压试验持续时间不宜大于 10min。

3）试验过程中如发现火花率高、闪络频繁、二次电压偏低等异常现象，应立即停运电场，并检查消缺

（2）湿式电除尘器启动前与停运后均应投运喷淋装置。喷淋装置非连续运行的湿式电除尘器，24h 内应至少对所有电场进行一次水冲洗。

（3）湿式电除尘器启动前，应确认湿法脱硫喷淋系统已投入运行；停运时，应先于湿法脱硫喷淋系统退出前停运。严禁在湿法脱硫喷淋系统未投运、锅炉投油燃烧时，对湿式电除尘器进行升压。

（4）湿式电除尘器严格控制清扫风机出口温度，严禁超出设计允许最高温度运行。

（5）湿式电除尘器运行中，发生电场闪络时，运行人员应及时停运闪络电场，必要时启动喷淋系统。

（6）湿式电除尘器运行中，要确保喷淋水系统正常运行和备用，喷淋水管道无泄漏，压力在规程规定范围内。

（三）湿式电除尘器调试范围及内容

湿式电除尘系统调试范围包括如下内容：

（1）湿式电除尘器电器元件的检查和试验。

（2）本体安装后的检查与调整。

（3）热风加热与吹扫系统测试。

（4）水系统测试。

（5）高压电源调试内容。

（6）湿式电除尘器空载升压试验。

（7）湿式电除尘系统热态负荷整机调试（168h联动运行）。

（四）湿式电除尘器调试方法与步骤

为了使湿式电除尘器长期稳定的运行，达到设计除尘效率，需专人负责该设备的运行和维护。负责人必须理解湿式电除尘器的原理、结构、设备参数和作用并做到能操作、维护并及时排除故障。设备在每次停机后都应进行一次检查，清理电场，校正变形大的极板极线，清洁绝缘子，测量绝缘电阻并排除调试过程中出现的故障。

1. 湿式电除尘器电器元件的检查和试验

（1）按设备电气图纸检查各元件接线，应与设计图纸相符。

（2）检查外壳及高压整流变压器接地是否完好并紧固。

（3）测量吸收塔接地网电阻，接地电阻应小于2Ω。

（4）在常温条件下，用2500V绝缘电阻表测量电场和高压回路，其绝缘阻值应大于500MΩ。用500V绝缘电阻表测量低压回路的绝缘电阻，应大于0.5MΩ。

（5）检查高压隔离开关，操动机构应操作灵便、到位准确，带有辅助接点的设备，接点分合灵敏。

（6）检查热风吹扫系统风机等装置上的电动机，外观应完好无损，其铭牌上的型号和参数应与设计相符，并对其接线进行检查。

（7）电除尘器加热器的温控继电器整定值，应先按高于环境温度20℃设置。

2. 本体安装后的检查与调整

（1）电除尘器安装完成，应做系统的检查和调整，并做好施工记录。调试前还应做仔细的检查，以保证设备能安全可靠的运行。

（2）阴阳极系统部件的检查和调整。阴极线应逐根检查质量，如发现缺陷，应及时修整或更换。检查阴极框架各部位的螺栓应拧好并做止转焊接，需焊接处无漏焊。

去除阴、阳极各部位的尖角毛刺，仔细检查壳体电场内部，除阴、阳极外，凡高低电位部位间距小于阴、阳极间距处均必须予以处理。

清洁瓷套、瓷轴等绝缘子。检查其无裂缝和破损的痕迹，且接触平稳、受力均匀。

对阳极模块接地进行检查，确认模块接地可靠。

（3）阴、阳极异极间距的检查与调整。阴、阳极异极距是电除尘最重要的安装尺寸之一，其尺寸误差直接影响设备运行参数和性能，必须严格控制。阴、阳极异极间距为阴极、阳极中心线间的距离，实际施工中为便于测量和控制，可将阴极线放电端（如芒刺线齿尖）到阳极板工作表面的距离作为阴、阳极异极间距进行检测和调整。

以最小允许异极间距尺寸进行检测，所有工作点（面）都要检测，凡通不过的部位进行调整。调整时，应小心缓慢动作。

异极距偏差应符合 DL/T 1589《湿式电除尘技术规范》和 JB/T 11638《湿式电除尘器》的要求：异极距极限偏差不大于±3mm。

（4）其他检查。检查设备外观，其外形、保温和油漆应符合设计要求。确认烟道连接的调节门、挡风、排水装置工作正常。确认各部件焊缝牢固可靠，无错焊、漏焊，人孔门密封性良好。拆除所有施工临地设施，如临时支撑、脚手架，并将产生的空洞加以补焊。

全面清理电场内杂物，包括焊条、铁丝、抹布和木板等，必须逐个通道检查清理，不允许有任何工具、杂物遗留。将支座临时定位拆除或将定位螺栓退到规定位置。

确认电场内无人，封闭人孔门。检查并确认电场安全联锁系统正常。

3. 热风加热与吹扫系统测试

热风吹扫风机及加热器单体试运完毕后，检查热风吹扫系统的管道安装完毕，保温箱温度测点正常后，打开保温箱热风管道阀门，启动热风吹扫风机及加热器，观察各保温箱温度变化，发现有个别保温箱温度较低，由此判断为保温箱漏风，建议处理漏风点。

4. 水系统测试

（1）水系统测试的一般要求。

1）高频电源处于断电状态。

2）安装工作完成，系统管路连接良好，阀门、挡板完好，动作灵活可靠，无卡涩、无泄漏。各部膨胀节安装完好，膨胀自由，无破损泄漏。水冲洗管道检查无腐蚀、裂缝、开孔、杂物、积浆、淤积、堵塞。

3）各段喷淋管路冲洗喷嘴安装牢固、齐全，各喷嘴喷射方向正确，无堵塞。

4）冲洗水系统检查：各箱罐外形完整、无变形，防腐涂鳞完整、无老化、无腐蚀，且衬胶黏接牢固、无起泡；各水箱内无异物；水系统中压力表、流量计已校准。

5）各段喷淋装置、喷嘴排列整齐，连接牢固，且完好无损、无堵塞现象，连接管道无破裂、无老化、无腐蚀。

6）系统启动前按阀门检查卡检查各阀门应已在正确状态。按一般辅机设备启动前检查合格，各相关设备电源正常，且已送上。各电动执行机构调节完好，动作灵活正常、无卡涩，就地开关位置指示正确，并处于远方操作位置。

7）相关的冲洗水系统已正常投运，补水供给良好可靠。各设备仪表齐全、良好，所有测量表计一次阀已开启正常。设备就地控制箱完好，各开关、按钮在正确位置，就地信号指示灯指示正确，无故障报警。

8）水系统调试时，需检查主管路流量计，并记录各个分区冲洗水量。

9）校验启泵状态下 10s，冲洗水泵出口流量低于设计流量时的报警。

（2）水系统调试主要内容：挡板、阀门的开关试验；联锁保护条件确认；报警信号确认；系统整套启动和调整；阀门传动试验检查。水泵的试运。

内部喷淋系统：进入设备本体人孔门；开启水系统；逐个电场人工观察喷嘴情况（冲洗

角度、覆盖范围）并做好记录，发现有偏差的安装错误及时进行纠正。

5. 高压电源调试内容

高频电源调试时，如需要对电场进行带电调试，则必须依照前述（二）湿电除尘器安全调试与试运行的技术要求进行，同时需要在试验前 6h 投入绝缘子电加热器。

（1）检查高压电源外壳是否有损伤，检查内部接线是否松动。合上控制电源，连上手操器检查母线主回路及预充电回路是否是断开状态，如果不是断开，更换控制器；启动风机检查风机正反转，如过反转，将控制电源任意两相颠倒即可。

（2）隔离开关电源侧刀打接地位置，合上动力电源，运行高频，等待短路报警。

（3）将二次电压设定值改为 10kV，随后依次增加 1～5kV，当二次电流显示值不为 0 时，记录该电压值，即为起晕电压。当二次电流由数值变为 0 时，记录击穿电压。

（4）将二次电压设定低于击穿电压的稳定值，二次电流设定改为 1000mA，依次增加 200mA，记录相应的二次电压值。

6. 湿式电除尘器空载升压试验

湿式电除尘器空载升压试验必须依照前述（二）湿电除尘器安全调试与试运行的技术要求进行。

（1）调试目的。为确保湿式电除尘器可靠运行，在电除尘器热态负载运行前，必须对其进行冷态空载试验，以检查电场（特别是阴阳极间距的安装质量）和电控部分的安装质量，电缆和电瓷件的绝缘性能以及电气控制性能及电气元件的可靠性。

（2）调试项目。

1）静态空电场升压试验。试验在常温、空气介质和设备静态的条件下进行，试验时，引风机和喷淋系统不启动，电场无烟气通过。

2）动态空电场升压试验。试验在常温、空气介质、无烟气通过的条件下进行，试验时，高、低压电气设备投入，引风机运行。

（3）试验条件。

1）电除尘器经过检查和调试，且调试达到要求。

2）非雨天、雾天、大风天气。

3）确认所有人都已离开电场、高压区域和脱硫塔内。

4）所有人孔门上锁并投入安全连锁，安全措施已落实。

5）湿式电除尘器空载试验前，脱硫系统需在非工作及试验状态。

6）试验前 6h 投入绝缘子电加热器。

（4）调试内容。

1）测定各电场起晕电压、击穿电压。

2）测定各电场不同二次电流下的电压值，并绘制伏安特性曲线。

（5）调试安全监护。试验有关人员和安全监察人员在人孔门和高压引入隔离开关处落实专人监察。确定试验总指挥统一指挥，明确各人职责，逐项实施。

（6）调试方法及要求。

1）电除尘器空载通电升压试验方法应符合 JB/T 6407—2007《电除尘器设计、调试、运行、维护 安全技术规范》中附录 A 的规定。一般应从单个供电分区分别开始，依次进行，其方法与要求见 2）～7）。

2）单台高压整流电源对相应电场进行升压调试，将高压隔离开关合上并锁定，投入电场，开启电源，重点监视电流反馈信号波形，操作选择开关置"手动升"位置，电流极限置限制最大的位置。按启动按钮，电流、电压应缓慢上升，直至二次电流达到限制值，升压过程中如有故障，应及时排除，使电源和电场都处于正常状态。

3）升压试验过程中，应做好数据记录，一般按二次电流值分 10 挡（或二次电压从起晕开始每上升 5kV）记录相对应的一、二次电压、电流值，绘制静态空电场伏安特性曲线。

4）空载通电升压并联供电的试验：高压硅整流变压器容量的选择是根据电除尘器在通烟气条件下的板、线电流密度和电压击穿值而定的，由于空载通电升压试验时空气电流密度大，以致单台高频电源对单个电场供电容量不足的问题，即二次电流达到额定值后锁定，二次电压无法升到电场击穿值。此时可以采用 2 台相同型号电源并联后对一个电场送电。并联送电、升压须同步进行。并联送电的二次电压取平均值，二次电流值为 2 台电源之和。

5）伏安特性曲线判定。如相同电场的伏安特性曲线相似，则判定电场空载试验合格。

6）静态空载升压试验结束后，待水系统调试完毕后进行动态空载升压试验：有条件的情况下，可连续运行 24h 后，全面检查各工作回路的运行情况，发现问题及时解决。

7）升压出现异常时，切断电源，停机检查。

7. 湿式电除尘系统热态负荷整机调试（168h 联动运行）

当以上工作都进行完并证明完好以后，应进行热态负载试运行。热态负载试运行能够检查电除尘器及电气、机械设备在工况条件下的运行性能，并进行必要的调试，使其达到保证指标。热态负载试运行一般由用户负责，安装单位和供货方配合进行，试运行完成后应对试运记录进行整理，并由安装单位、供货方和用户签字作为最终验收的依据。

同样，湿式电除尘系统热态负荷整机调试，必须依照前述（二）湿式电除尘器安全调试与试运行的技术要求进行。

第五节　调试需关注的重点问题

除尘器的调试工作对除尘器的经济运行和安全生产具有重要意义，因此做好除尘器的调试工作十分重要，在除尘器的安装工作完成后，一定要根据锅炉运行、风机参数、脱硫脱硝的运行、除尘器设计的具体情况进行除尘器的调试工作，在调试中发现问题、优化参数，及时解决，以确保除尘器能够经济、安全地正常使用。因此，把握除尘器调试中的重点问题，对调试工作具有重要作用，本节分别主要介绍电除尘器、袋式除尘器、湿式电除尘器在调试中需要关注的重点问题。

一、电除尘器调试需关注的重点问题

（一）振打、排灰系统调试

为确保电除尘器安全运行，在电除尘器投运前，必须对阴、阳极以及气流分布板振打装置进行单独试转，以检查传动和振打部件的工作情况，确认其处于良好的待运行状态。

调试中除振打周期、振打节拍、振打制度外，还需要关注振打力、振打加速度传递方面的内容。因此调试过程中，在连续振打一定时间后，对振打系统的复查就显得尤为重要。有关振打力、振打加速度传递优劣的检查，在复查中需要重点检查振打位置是否正确、振打承击杆是否卡涩、阳极板排是否悬吊自如等问题。解决好上述问题，可保障良好的振打力、振打加速度传递，使电除尘器发挥出更好的性能与经济效益。

排灰系统调试时需要重点关注灰斗高料位的调试，确保灰斗高料位报警信号真实，杜绝因为高料位报警信号的问题，产生除尘器堵灰、积灰的危害。

（二）气流分布均匀性试验

电除尘器气流分布是影响电除尘器除尘效率的重要因素，同时，在高负荷、高灰分状态下，也是影响除灰系统运行的重要因素，因此在调试阶段，对电除尘器开展气流分布均匀性试验，可促使除尘器在投运之初就具有良好的气流分布，这对电除尘器的运行、性能具有重要作用。气流分布均匀性试验中需要重点关注引、送风机风门开度、电动机电流、引风机入口风压、电除尘器入口及烟道各点静压。

目前，电除尘器在调试阶段基本很少做现场气流分布均匀性试验，安装根据设计要求进行，而设计的依据是气流分布均匀性模拟试验，由于模拟与实际的偏差，往往造成投产后的电除尘器气流分布均匀性差，进而影响电除尘器的性能，在环保排放限值要求越来越高的现状下，这一点应该值得重视。

（三）电加热系统调试

电除尘灰斗电加热系统中某个电加热器由于线路短路、断路或其他原因出现故障时，会造成该部位电加热失效。由于电加热器安装位置较高，且在灰斗保温层内，出现故障时，很难判断是哪一段电加热器出现的故障，因此处理和更换存在困难。通常故障部分处理需在停机时拆开保温才得以进行。因此在机组正常运行状态，电除尘灰斗电加热存在故障，会由于电除尘灰斗温度下降，引起灰斗下灰不畅，甚至造成输灰故障，严重时引起灰斗满灰，造成电除尘无法正常投运。

因此，在安装阶段对灰斗电加热的安装，以及安装后的通电试验与调试，可以非常好的保证灰斗电加热正常运行，在通电试验与调试合格后，再进行保温施工。同时，保温施工完成后，应该复测灰斗电加热的电阻与电流。

（四）旋转电极调试的关键问题

旋转电极式电除尘器及其核心部件均为传动部件，安装调试是一项复杂而细致的工作。确保旋转电极式电除尘器高效、稳定地运行，除了要求精良的设计、制作以外，更取决于安装、调试质量的好坏。

为保障旋转电极式电除尘器的运行可靠性，旋转电极电场其内件安装完毕后，需对旋转阳极系统、旋转阳极传动装置及阳极清灰装置三大部件进行试运转，试运转时间不少于 8h，阳极清灰装置试运转应与旋转阳极系统试运转同步进行。在试运行前必须做好以下几点：

（1）检查极板运行轨迹上是否有干涉，如灰斗壁上安装用的吊耳是否已经割除，内顶横梁是否与链条销轴干涉等。

（2）检查极板安装时主动轴的临时限位是否已经割除。

（3）检查极板驱动电机和清灰电机的控制安全联锁是否可运行。

（4）在调试、试运转期间，须设置人员检查电场内旋转电极主动轴和从动轴内链轮、链条啮合是否平稳，及时发现链条脱链等问题。

二、袋式除尘器调试需关注的重点问题

（一）袋式除尘器的保护控制与联锁

袋式除尘器的保护控制与联锁主要是进出口压差、清灰压力、烟气入口温度三个参数，

三个参数的报警值和风险性质见表 4-9。消灰气压属于低风险事件，一般进行报警处理。对于进出口压差、烟气入口温度属于高风险事件，在设置报警的同时，达到一定危险值后还需要与机组控制进行控制连锁，以确保除尘器系统、锅炉机组安全、稳定运行。

表 4-9　　　　　　　　　　　袋式除尘器报警参数和风险保护

序号	测量仪表	项目名称	参数值	风险性质
1	差压变送器	进出口压差	1500～2000Pa	报警
2	差压变送器	进出口压差	3000Pa	保护
3	压力变送器	清灰压力	0.2MPa	报警
4	热电阻	烟气入口温度	165℃	报警
5	热电阻	烟气入口温度	180℃	保护

通常袋式除尘器入口烟气温度超过 165℃时，除尘器控制和机组机控应进行报警，当袋式除尘器入口烟气温度超过 180℃时，除尘器投入喷水降温保护系统。当喷水降温无法降温时，机组应退出运行。机组应退出运行。不同材质的滤袋耐高温性能不同，因此袋式除尘器入口烟气温度保护限值，可根据滤料耐高温性能具体确定。

袋式除尘器压差报警通常在 1500～2000Pa 之间，当压差超过 3000Pa 时，除尘器与机组联锁，机组应运行调整必要时退出运行。

（二）旁路系统

袋式除尘器对入口烟气温度有明确要求，一般为 130～150℃。烟气温度太低会导致布袋在酸露点以下运行，酸性环境会对布袋造成腐蚀，影响滤袋使用寿命；烟气温度太高，会对滤料材质表面脆化，导致滤袋破损，当温度过高时甚至会发生胶联反应，造成除尘器阻力增大，影响机组运行。因此，袋式除尘器一般会考虑设计烟气旁路，除尘器旁路阀应用较多的为多组式立式提升阀，控制原理一般多为气动控制，旁路通风量能够满足机组 50%负荷。入口烟气温度在未达到除尘器投入运行要求时，烟气需通过旁路运行。对于旁路系统的使用需着重考虑以下几点：

（1）旁路的开启和关闭对于锅炉炉膛压力稳定性的影响。由于旁路的通流面积较小，除尘器主路的通流面积较大，烟气再由旁路向主路切换时会有一定压力的波动。切换时应先缓慢开启主路通道的阀门，主机侧人员观察炉膛压力，待主路全部开启后分步关闭旁路提升阀。

（2）旁路的严密性在除尘器热态运行前应仔细检查旁路提升阀的完整性，密封胶圈是否完好无破损，提升阀是否牢固对正。提升阀密封不严，将直接造成除尘器的短路，影响除尘器最终的使用效果；高速的携尘气流在通过较小缝隙时产生极强的冲刷力，会对阀体造成严重磨损。

（3）旁路设计的通道是否流畅，是否容易积灰。固定式行喷吹除尘器多为内置式旁路，旁路与净气室为同一通道，布置通顺，一般不易出现积灰情况。除尘器旁路采用阶梯式布置方式，如图 4-35 所示，锅炉 50%负荷烟气全部通过旁路运行时，测试旁路的前后差压达到了6kPa 左右，对机组安全运行存在极大的威胁。

（三）喷水降温系统

喷水降温系统是袋式除尘器入口烟气温度过高时采用的紧急降温措施。喷水降温装置由气路和水路共同组成，气路主要提供两个作用，其一为保证喷水降温的雾化效果，其二为在不使用喷水降温系统时防止喷枪堵塞。因喷枪设置在烟道内，且喷枪上喷嘴细小，烟气中烟尘浓度高，防止喷嘴堵塞是保证喷水降温系统正常使用的重要工作。机组运行时，气路应一直保持开启，保证有压缩空气喷入烟道内，防止喷嘴堵塞。喷水降温水源设计为厂用除盐水，除盐水设计初衷亦为防止在喷嘴、水管路中结垢，导致水喷射不畅，无法达到降温目的。

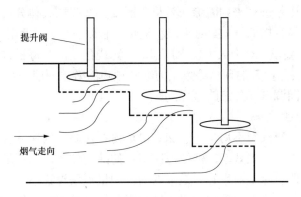

图 4-35　阶梯式布置旁路示意图

（四）进出口挡板系统

挡板门在袋式除尘器系统中扮演着重要角色，在设计时应考虑烟道内温度升高后的热胀冷缩问题；当锅炉热态运行后，执行机构在遇到高温烟气后会有一定的变形，若设计的尺寸不合理或者安装工作不到位；会造成挡板门开闭时发生卡涩，由于进气量的不同造成压力降偏差较大，进而影响到在大负荷工况时除尘器的运行。因除尘器系统的许多热工保护条件都与挡板门相关，挡板门开闭的灵活性直接影响机组和除尘器的稳定运行。针对该问题，调试人员应在挡板门安装完毕后，对挡板进行模拟开闭试验，查看挡板门开闭灵活性与严密性，开闭过程中有无卡涩，开闭时间能否满足设计要求。

（五）袋室差压异常

调试人员应在滤袋进行预涂灰前，对初始差压进行摸底，通知锅炉专业人员配合开启风机系统，记录各袋室的差压，作为日后特殊情况的评判标准。袋式除尘器热态投运后，每个袋室的差压应该是较为平均的，如某袋室差压较别的袋室差压过低，应考虑是否有短路或者滤袋破损等现象。焊接工作疏忽，花板两侧有沙眼，烟气便会对这些地方造成冲刷，长时间的冲刷会造成更大的破口，影响正常运行。袋室差压长期高居不下，单袋室差压长期大于 1600Pa，脉冲宽度、脉冲间隔的调整对差压下降不明显，此种情况的发生考虑有以下几种原因：

（1）差压变送器管路有堵灰，上位机的数值不能体现实际情况。

（2）可能是滤袋出现大面积的"糊袋"，滤袋的孔隙已经被封闭，机械的喷吹已经失去清灰作用。

（3）输灰系统异常导致的灰斗料位过高，淹埋滤袋，使滤袋过滤面积减小，增大了系统阻力。

滤袋上的粉尘积累到一定程度得不到清灰，会对花板造成非常大的负担，最后致使花板变形甚至塌落。所以在面对差压异常的情况时应及时做出正确的判断，发现问题尽早处理。

（六）除尘器预涂灰系统

由于锅炉点火启动时通常要长时间烧油，油烟经过滤袋时如果事先不对滤袋进行处理，就会对滤袋造成不可恢复的损伤。预涂灰系统将在滤料表面上先覆盖上一个灰层，来防止由于水汽、油烟而导致的糊袋、堵塞。因此，每次锅炉点火前需要对滤袋进行预涂灰，对滤袋进行有效保护。

由于滤袋在材料、克重、密度、厚度等方面种类众多，袋式除尘器在结构形式方面也有很大差别，再加上风机等运行参数的影响，不同用途的袋式除尘器预涂灰验收指标差别很大，因此不能仅用增加的压差进行来判断涂灰效果，需要具体问题具体分析，简单来看，实测滤袋表面涂灰层厚度是最直接的方式。对于煤粉锅炉（非重油点火、助燃），滤袋表面涂灰厚度大于 0.6mm 即可满足要求。对于火力发电厂锅炉，滤袋预喷涂时每平方米过滤面积投粉煤灰量不少于 1kg，且以实际检查的预喷涂效果为准，预喷涂效果应能满足滤袋保护的需要。

三、湿式电除尘器调试需关注的重点问题

（一）流场的均匀性

湿式电除尘器的气流分布不均匀，意味着电场内存在高、低速度区。相对来说低速区增加除尘效率，高速区降低除尘效率，但低速区增加的除尘效率，远不足以弥补高速区降低除尘效率，因而电除尘器总除尘效率必定是降低的。如果流场设置不当，除尘效率只能停留在低水平线上。另外湿式电除尘器受到电极长度的限制，以及较特殊的长高比，造成湿电除尘器的气流分布设计相比干式电除尘更有难度。

（二）喷淋系统

湿式电除尘器有一套喷淋洗涤系统来维持电极的正常运行，洗涤可分为连续喷雾和定期冲洗，不同功效的喷嘴具有不同的作用。设计上对喷嘴的喷射角度、喷水流量和雾滴大小的要求，都与电极的布置有关，而且也与喷淋制度相关。

喷淋不均匀，加上极板表面的几何形状凹凸不平的因素，水膜在沿板面流动的过程中，由于水的表面张力产生沟槽效应。电极越长，沟槽效应越明显。如果喷淋系统出现故障、电极变形，电极上就会出现干斑，并且失去水膜的保护，导致与烟气接触而加快腐蚀。同时，干斑还会长大，导致极板结垢，将会产生更严重后果。

因此，调试确保喷嘴的喷射角度、喷水流量和雾滴大小满足设计要求，是保障湿式电除尘器喷淋洗涤系统运行正常的重要工作。

（三）循环水系统

循环水系统包括循环水箱、循环水泵、补给水箱、补给水泵、碱溶液箱、加碱泵，自动过滤器和相关管件等。湿式电除尘技术应用时，需要配套近千个喷嘴喷水形成阳极上的水膜，喷嘴口径一般较小，通常 1～2mm，如循环水处理不当，很易造成喷嘴堵塞，喷嘴堵塞较多时，会影响对应的极板水膜形成，带来腐蚀问题。因此，循环水系统是湿式电除尘器的重要组成部分，其不仅用于灰水的收集与处理，更关系到喷淋系统的运行，其中自动过滤器调试、运行的好坏，直接关系到喷嘴的运行，尤其需要重点关注。

（四）紧急停运

由于湿式电除尘器在安全运行方面的特殊性，造成湿式电除尘器在一些特殊情况下，应当采取紧急停运措施，以便确保设备安全。湿式电除尘器在调试、运行中出现如下问题需要采取紧急停运措施：

（1）整流变压器及电抗器发热严重，电抗器温升超过 65℃，整流变压器温升超过 40℃或设备内部有明显的闪络、拉弧、振动等。

（2）高压绝缘部件闪络严重，高压电缆头闪络放电。

（3）供电装置失控，出现大的电流冲击。

（4）阻尼电阻起火。

（5）电气设备起火。

（6）电场发生短路。

（7）电场内部异极距严重缩小，电场持续拉弧，绝缘子结露严重爬电。

还有一些情况的发生，是能够通过处理解决的，所以未必需要湿式电除尘器紧急停运，这种情况就属于酌情考虑是否停运。酌情考虑的因素主要有：

（1）整流变压器，电抗器发热严重，已过正常允许值。

（2）阻尼电阻冒火，供电装置出现偏励磁。

（3）可控硅元件冷却风扇故障而元件发热严重。

（4）电缆接头，尤其是主回路电缆头、整流变压器、电抗器进线接头发热严重。

（5）开机时出现轻微爬电现象，运行一段时间后现象消失。

（6）灰水循环系统发生严重堵塞或爆管、严重泄漏时。

影响除尘效率的因素

除尘器的类型不同，影响其除尘效率的因素也千差万别，其中有共性的部分，如烟气流速、温度；粉尘浓度、黏度、粒径；除尘器气密性等，也有个性的部分，如清灰方式、粉尘比电阻、透气率等。本章将从设计、安装、配套设备、运行与维护四个方面，阐述影响电除尘器、袋式除尘器、湿式电除尘器效率的因素。

第一节　设　计　因　素

一、影响电除尘器效率的设计因素

（一）初始条件因素

1. 燃煤成分的影响

（1）S_{ar} 成分对电除尘器效率的影响。在燃煤成分中，对电除尘器性能造成影响的主要因素有 S_{ar}、水分和灰分。其中，S_{ar} 对电除尘器性能的影响最大。燃煤中 S_{ar} 对比电阻的影响如图 5-1 所示。

一般情况下，含 S_{ar} 量较高的煤，烟气中含较多的 SO_2，在一定条件下，SO_2 以一定的比率转化为 SO_3，SO_3 易吸附在尘粒的表面，改善粉尘的表面导电性。从图 5-1 中可以看出，当烟气温度在 $100\sim200℃$ 之间时，S_{ar} 含量越高，粉尘比电阻也就越低，有效驱进速度 ω 越大，这就有利于粉尘的收集，对电除尘器的性能起着有利的影响。而随着温度的上升，当烟气温度在 $300℃$ 及以上时，粉尘比电阻的差别不大。

有相关科研单位测试了国内某两种典型煤中 S_{ar} 含量与 ω 的关系曲线，如图 5-2 所示。图中的三条曲线分别对应的是飞灰中三种不同 Na_2O 含量时 ω 的变化曲线。需要指出的是，由于该曲线是以某两种典型煤种作为基准而获得的，因此曲线虽然用定量关系表示，但其反映的仅仅是一种定性关系。

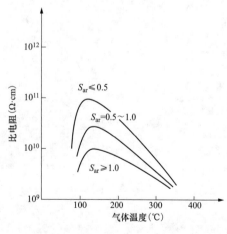

图 5-1　燃煤中 S_{ar} 对比电阻的影响

根据图 5-2 给出的信息可以得到如下结论：

1）随着 S_{ar} 含量的增加，曲线整体变化趋势呈现上扬的趋势，这表示煤中 S_{ar} 对电除尘除尘性能会产生有利的影响，即煤中 S_{ar} 含量的增加有利于加强电除尘器除尘性能。

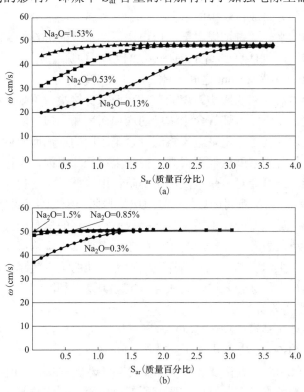

图 5-2　ω 与 S_{ar} 含量的关系曲线

（a）Na_2O 含量为 1.53%、0.53%、0.13%时，ω 与 S_{ar} 含量的关系曲线；

（b）Na_2O 含量为 1.5%、0.85%、0.3%时，ω 与 S_{ar} 含量的关系曲线

2）S_{ar} 对电除尘器除尘性能的影响与碱性氧化物的含量有直接关系，也就是说对电除尘器除尘性能的影响是 S_{ar} 和飞灰中的碱性氧化物（如 Na_2O、Fe_2O_3）共同作用的结果，其中当然还有产生负面影响的其他氧化物的作用（如 Al_2O_3、SiO_2 等）。

3）当煤中 S_{ar} 含量小于某一定值（在图 5-2 中此值约为 1%）时，一方面，ω 值较小，但是随着 S_{ar} 含量的增加，ω 增长的幅值较大，即 S_{ar} 含量的增加能明显地加强电除尘器除尘性能；另一方面，在 S_{ar} 含量较低的区域，碱性氧化物含量的增加也能显著地增加 ω 的均值，此时碱性氧化物对电除尘器的性能将起主导作用。

4）当煤中 S_{ar} 含量达到一定值（在图 5-2 中此值约为 1.5%）时，一方面，ω 值较大，但随着 S_{ar} 含量的增加，ω 变化较小甚至基本维持在某一恒定数值，也就是说 S_{ar} 含量的增加不能显著地增强电除尘器除尘性能；另外，碱性氧化物的含量对电除尘器除尘性能的影响也很小，此时 S_{ar} 对电除尘器的除尘性能将起主导作用。

（2）水分对电除尘器效率的影响。烟气中水分含量的影响是最为显著的。当燃煤水分越高时，烟气的湿度也就越大，这有利于飞灰吸附而降低粉尘表面电阻（$SO_3+H_2O=H_2SO_4$），粉尘的表面导电性也就越好。另外，水分可以抓住电子形成重离子，使电子的迁移速度迅速下降，从而提高间隙的击穿电压。总之，水分越高，则击穿电压越高、粉尘比电阻下降、除尘效率随之提高。在燃煤含水量很高的锅炉烟气中，尤其是烟温不高时，水分对电除尘

器的性能起着极其重要的影响。

烟气中水分由三部分组成：煤中的水分、过剩空气带入的水分、氢燃烧生成的水分。除褐煤外，氢燃烧生成的水分要占烟煤、无烟煤燃烧后总水分的 60%～70%。因此要特别关注 H_{ar} 的值，一般 H_{ar} 越高，则 H_2O 越高（$2H_2+O_2=2H_2O$）。研究证明，当水分在 9%以上时，粉尘的比电阻一般在 10^9～$10^{10}\Omega \cdot cm$ 之间，此时除尘性能较好。

（3）灰分对电除尘器效率的影响。煤的灰分高低，直接决定了烟气中的含尘浓度。对于特定的工艺过程来说，ω 将随着烟气含尘浓度的增加而增加。但电除尘器对含尘浓度有一定的适应范围，超过一定的范围，电晕电流将随着含尘浓度的增加而急剧减小。当含尘浓度达到某一极限值时，或是含尘浓度虽然不很高，但粉尘粒径却很细，且比表面积很大时，极易形成强大的空间电荷，此时会对电晕电流产生屏蔽作用，严重时会使通过电场空间的电流趋近于零，这种现象就称之为电晕封闭。为了克服电晕封闭现象，除了设置前置除尘设备以外，就电除尘器本身而言，最重要的技术措施是选择放电特性强的极配形式和能提供强供电的电源，同时要提高振打清灰力度。当然，要求相同的出口烟气含尘浓度排放时，其设计除尘效率的要求也高。烟气含尘浓度越高，所消耗表面导电物质的量也就越大，对高硫、高水分的有利作用削减幅度也很大，综合来讲，高灰分对电除尘是不利的。

2. 飞灰成分的影响分析

燃煤中的飞灰主要包括氧化钠（Na_2O）、三氧化二铁（Fe_2O_3）、氧化钾（K_2O）、三氧化硫（SO_3）、氧化铝（Al_2O_3）、二氧化硅（SiO_2）、氧化钙（CaO）、氧化镁（MgO）、五氧化二磷（P_2O_5）、氧化锂（Li_2O）、氧化钛（TiO_2）及飞灰可燃物等成分。由于 P_2O_5、Li_2O、TiO_2 对电除尘器性能的影响较小（在美国南方研究所的比电阻预测实验研究报告中，把 Li_2O 和 Na_2O 的含量之和作为一个影响因素，实验结果是，两者之和虽然很小，但其微小的变化，对粉尘比电阻的影响却很大），此处不予讨论，下面分别分析其他几个飞灰成分对电除尘器性能的影响。

（1）Na_2O 对电除尘器性能的影响。Na_2O 可增加飞灰体积导电，也有利于增大表面导电离子浓度，使比电阻下降，有利于除尘。有的低硫煤，若 Na_2O 含量在 2%以上时，不但不发生反电晕，除尘效率仍很高。

有相关科研单位测试了国内某两种典型飞灰中 Na_2O 含量与 ω 的关系，如图 5-3 所示，图中的三条曲线分别对应煤中三种不同 S_{ar} 含量时 ω 的变化曲线。

图 5-3 表达的关系为：

1）随着 Na_2O 含量的增加，曲线整体变化趋势呈现上扬趋势，表示飞灰中的 Na_2O 会对电除尘器除尘性能产生有利的影响，即飞灰中 Na_2O 含量的增加有利于增强电除尘器除尘性能。

2）Na_2O 对电除尘器除尘性能的影响与媒中 S_{ar} 的含量有直接关系，即对电除尘器除尘性能的影响是 Na_2O 和煤中的 S_{ar} 共同作用的结果。

3）当飞灰中 Na_2O 含量小于某一值（图 5-3 中其值约为 0.5%）时，一方面，ω 值较小，但是随着 Na_2O 含量的增加，ω 增长的幅度较大，即 Na_2O 含量的增加能明显地增强除尘性能；另一方面，S_{ar} 含量的增加能更为显著地增加 ω 值，此时 S_{ar} 对电除尘器的性能起着主导作用。

4）当飞灰中 Na_2O 含量达到一定值（图 5-3 中其值约为 1%）时，一方面，ω 值较大，但 Na_2O 含量的增加，ω 变化较小甚至基本维持在某一恒定数值，即 Na_2O 含量的增加不能显著地增强除尘性能；另一方面，S_{ar} 含量对除尘性能的影响也很小，此时 Na_2O 对电除尘器的除尘性能起着主导作用。

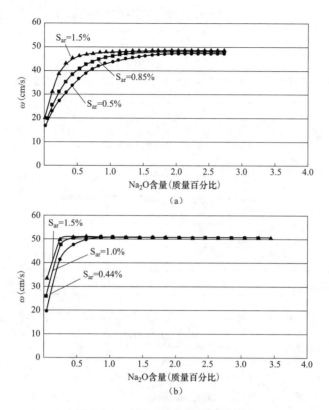

图 5-3　ω 与 Na_2O 含量的关系曲线

（a）S_{ar} 含量为 1.5%、0.85%、0.5% 时，ω 与 Na_2O 含量的关系曲线；

（b）S_{ar} 含量为 1.5%、1%、0.44% 时，ω 与 Na_2O 含量的关系曲线

（2）Fe_2O_3 对电除尘器性能的影响。此处 Fe_2O_3 是指铁的氧化物的总称，包括 FeO、Fe_2O_3、Fe_3O_4 等。铁的氧化物容易转换成液相，使得飞灰粒度变粗，它是触媒，有利于将 SO_2 转化 SO_3；而且它可使灰熔融温度降低，K_2O 通过它使飞灰体积导电增加，为有利因素。

有相关科研单位测试了国内某两种典型飞灰中 Fe_2O_3 含量与 ω 的关系，如图 5-4 所示，图中的三条曲线分别对应煤中三种不同 S_{ar} 含量时 ω 的变化曲线。

图 5-4 表述的关系为：

1）随着 Fe_2O_3 含量的增加，曲线整体变化趋势为上扬，表示飞灰中的 Fe_2O_3 会对电除尘器除尘性能产生有利的影响，即飞灰中 Fe_2O_3 含量的增加有利于增强电除尘器除尘性能。

2）Fe_2O_3 对电除尘器除尘性能的影响与煤中 S_{ar} 的含量有直接关系，即对电除尘器除尘性能的影响是 Fe_2O_3 和煤中的 S_{ar} 共同作用的结果。

3）当飞灰中 Fe_2O_3 含量小于某一值（图 5-4 中其值约为 4%）时，一方面，ω 值较小，但是随着 Fe_2O_3 含量的增加 ω 增长的幅值较大，即 Fe_2O_3 含量的增加能明显地增强电除尘器除尘性能；另一方面，S_{ar} 含量的增加能更为显著地增加 ω 值，此时 S_{ar} 对电除尘器的性能起着主导作用。

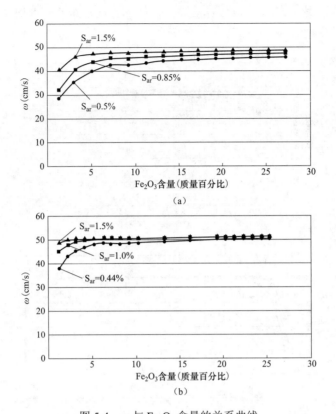

图 5-4 ω 与 Fe_2O_3 含量的关系曲线

（a） S_{ar} 含量为 1.5%、0.85%、0.5%时，ω 与 Fe_2O_3 含量的关系曲线；

（b） S_{ar} 含量为 1.5%、1%、0.44%时，ω 与 Fe_2O_3 含量的关系曲线

4）当飞灰中 Fe_2O_3 含量达到一定值（图 5-4 中其值约为 11%）时，一方面，ω 值较大，但 Fe_2O_3 含量的增加，ω 变化较小甚至基本维持在某一恒定数值，即 Fe_2O_3 含量的增加不能显著地增强除尘性能；另一方面，S_{ar} 含量对除尘性能的影响也很小，此时 Fe_2O_3 对电除尘器的除尘性能起着重要作用。

（3）K_2O、SO_3 对电除尘器性能的影响。K_2O 和 Na_2O 作用一样，对除尘是有利的，但 K^+ 较大且转变为玻璃相，并需通过 Fe_2O_3 起作用，因此它比 Na_2O 的作用小。有关研究表明，其对除尘性能的贡献率约为 Na_2O 的 20%。

SO_3 能与 H_2O 结合生成 H_2SO_4 并吸附在飞灰上，从而降低了飞灰的比电阻，有利于除尘。但飞灰中的 SO_3 与烟气中的 SO_3 区别很大，烟气中的 SO_3 对除尘性能的有利作用远远大于飞灰中的 SO_3 对除尘性能的有利作用，这是因为飞灰中的 SO_3 是将飞灰中不同种类硫化物分子中的硫，统一折合为 SO_3 分子式来表示的，所以它并不是单一的 SO_3，并且它是以固态形式存在，其活性或大部分活性已失去，因而其对除尘性能的影响较小。

（4）Al_2O_3 对电除尘器性能的影响。Al_2O_3 熔融温度高、导电性差，是飞灰高比电阻的主要因素之一，其含量越高，飞灰比电阻越高，粒子也偏细，不利于除尘。

有相关科研单位测试了国内某两种典型飞灰中 Al_2O_3 含量与 ω 的关系，如图 5-5 所示，图中的三条曲线分别对应煤中三种不同 S_{ar} 含量时 ω 的变化曲线。

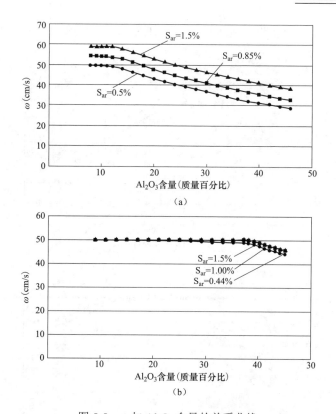

图 5-5 ω 与 Al_2O_3 含量的关系曲线

（a）S_{ar} 含量为 1.5%、0.85%、0.5%时，ω 与 Al_2O_3 含量的关系曲线；

（b）S_{ar} 含量为 1.5%、1%、0.44%时，ω 与 Al_2O_3 含量的关系曲线

图 5-5 表述的关系为：

1）随着 Al_2O_3 含量的增加，曲线整体变化趋势下滑，表示飞灰中的 Al_2O_3 会对电除尘器除尘性能产生不利影响，即飞灰中 Al_2O_3 含量的增加会导致电除尘器除尘性能的下降。

2）当飞灰中 Al_2O_3 含量大于某一值［图 5-5（a）中其值约为 13%，图 5-5（b）中其值约为 35%］时，Al_2O_3 含量的增加能明显地减小 ω 值，即 Al_2O_3 含量的增加能明显地降低电除尘器除尘性能。

3）当飞灰中 Al_2O_3 含量小于某一值［图 5-5（a）中其值约为 13%，图 5-5（b）中其值约为 35%］时，Al_2O_3 含量虽然增加，但 ω 下降较小或基本维持在某一恒定数值，即 Al_2O_3 含量的增加不能显著地降低电除尘器的除尘性能，此时 Al_2O_3 对电除尘器的除尘性能影响较小。

（5）SiO_2 对电除尘器性能的影响。SiO_2 熔融温度高、导电性差，是飞灰高比电阻的主要因素之一，其含量越高，飞灰比电阻越高，粒子也偏细，不利于除尘。

有相关科研单位测试了国内某两种典型飞灰中 SiO_2 含量与 ω 的关系，如图 5-6 所示，图中的三条曲线分别对应煤中三种不同 S_{ar} 含量时 ω 的变化曲线。

如图 5-6 表征的定性关系为：

1）随着 SiO_2 含量的增加，曲线整体变化趋势为下滑，表示飞灰中的 SiO_2 会对电除尘器除尘性能产生不利的影响，即飞灰中 SiO_2 含量的增加会导致电除尘器除尘性能的下降。

2）当飞灰中 SiO_2 含量大于某一值［图 5-6（a）中其值约为 40%，图 5-6（b）其值约为

53%] 时，SiO_2 含量的增加能明显地减小 ω 值，即 SiO_2 含量的增加能明显地降低电除尘器除尘性能。

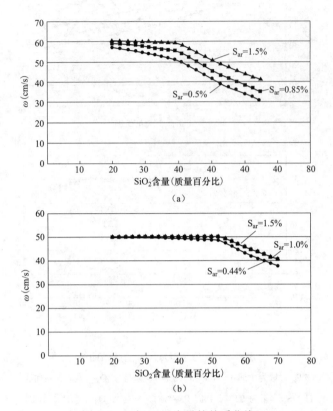

图 5-6 ω 与 SiO_2 含量的关系曲线

（a）S_{ar} 含量为 1.5%、0.85%、0.5% 时，ω 与 SiO_2 含量的关系曲线；

（b）S_{ar} 含量为 1.5%、1%、0.44% 时，ω 与 SiO_2 含量的关系曲线

3）当飞灰中 SiO_2 含量小于某一值［图 5-6（a）中其值约为 40%，图 5-6（b）其值约为 53%］时，SiO_2 含量虽然增加，但 ω 下降较小或基本维持在某一恒定数值，即 SiO_2 含量的增加不能显著地降低电除尘器除尘性能，此时 SiO_2 对电除尘器除尘性能影响较小。

（6）CaO 对电除尘器性能的影响。CaO 易和 SO_3 生成 $CaSO_4$，从而削弱 SO_3 的作用，并导致飞灰粒度减小，因此是不利因素。飞灰中 CaO 含量高时应注意系统漏风和加强电除尘器振打清灰效果。

有关科研单位测试了国内某两种典型飞灰中 CaO 含量与 ω 的关系，如图 5-7 所示，图中的三条曲线分别对应煤中三种不同 S_{ar} 含量时 ω 的变化曲线。

图 5-7 表征的定性关系为：随着 CaO 含量的增加，曲线整体变化趋势为下滑，表示飞灰中的 CaO 会对电除尘器除尘性能产生不利的影响，即飞灰中 CaO 含量的增加会降低电除尘器的除尘性能，但其对电除尘器的除尘性能影响相对较小。当 CaO 含量特别高时，飞灰有黏性和水硬性，不利影响就比较大。

（7）MgO 对电除尘器性能的影响。MgO 易和 SO_3 生成 $MgSO_4$，从而削弱 SO_3 的作用，并导致飞灰粒度减小，因此是不利因素。

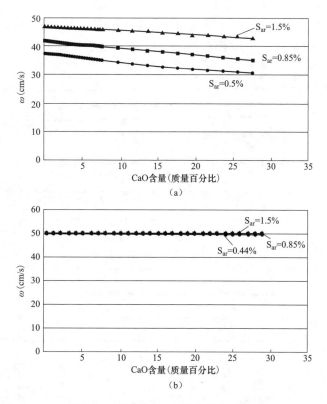

图 5-7 ω 与 CaO 含量的关系曲线

（a）S_{ar} 含量为 1.5%、0.85%、0.5%时，ω 与 CaO 含量的关系曲线；

（b）S_{ar} 含量为 1.5%、0.85%、0.5%时，ω 与 CaO 含量的关系曲线

有相关科研单位测试了国内某两种典型飞灰中 MgO 含量与 ω 的关系，如图 5-8 所示，图中的三条曲线分别对应煤中三种不同 S_{ar} 含量时 ω 的变化曲线。

图 5-8 表征的定性关系为：飞灰中的 MgO 会对电除尘器除尘性能产生不利的影响，但不论 MgO 含量如何改变，其对应的 ω 变化较小或基本维持在某一恒定数值，即飞灰中的 MgO 对电除尘器的除尘性能影响较小。

（8）飞灰可燃物对电除尘器性能的影响。飞灰可燃物（Cfh）可使飞灰比电阻下降，但在其被收集到极板后很容易返回。Cfh≤5%时，可视为有利因素；当 5%＜Cfh≤8%时，有时有不利影响；Cfh＞8%时，易造成二次飞扬，影响明显加大，对除尘不利。

通过以上分析可知，煤、飞灰成分中的 S_{ar}、Na_2O、Fe_2O_3、Al_2O_3 及 SiO_2 对电除尘器性能影响很大，其中 S_{ar}、Na_2O、Fe_2O_3 对除尘性能起着有利的影响，Al_2O_3 及 SiO_2 对除尘性能则起着不利的影响，而且对除尘性能的影响是煤、飞灰成分综合作用的结果。K_2O、SO_3、CaO、MgO 对电除尘器性能的影响相对较小。高 S_{ar} 煤时，S_{ar} 对电除尘器的性能起着主导的作用，而低 S_{ar} 煤时，S_{ar} 的影响相对减弱，而主要取决于飞灰中碱性氧化物的含量、烟气中水的含量及烟气温度等。

3. 煤、飞灰的其他性质对电除尘器性能的影响分析

（1）飞灰粒径。当粒径大于 1μm 时，粉尘驱进速度与粒径为正相关；当粒径为 0.1～1μm 时，粉尘的驱进速度最小；当粒径小于 0.1μm 时，粉尘驱进速度与粒径为负相关。总体来说，

PM$_{2.5}$电场荷电和扩散荷电均较弱,电除尘器对其除尘效率相对较低;且其黏附性较强,振打加速度不足时,清灰效果差,振打加速度较大时,易引起二次扬尘。

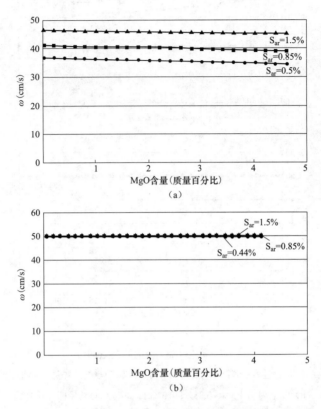

图 5-8　ω 与 MgO 含量的关系曲线

(a) S$_{ar}$ 含量为 1.5%、1%、0.44%时,ω 与 MgO 含量的关系曲线;

(b) S$_{ar}$ 含量为 1.5%、1%、0.44%时,ω 与 MgO 含量的关系曲线

(2)挥发分。挥发分的高低直接影响煤燃烧的难易程度,挥发分高的煤易燃烧,而燃烧的程度又将影响烟气及飞灰成分。

(3)发热量。发热量越低,煤耗就越大,因此烟气量越大。

(4)灰熔融性。灰的熔融温度与其成分有密切关系,灰中 Al$_2$O$_3$、SiO$_2$ 含量越高,则灰熔融温度越高;Na$_2$O、K$_2$O、Fe$_2$O$_3$、MgO、CaO 等有利于降低灰熔融温度。一般地,灰的熔融温度高,不利于除尘。

(5)灰密度。一般地,粒度小,堆积密度大。当真密度与堆积密度之比大于 10 时,电除尘器二次飞扬会明显增大,应给予注意。

(6)黏附性。由于飞灰有黏附性,可使微细粉尘凝聚成较大的粒子,这有利于除尘。但黏附力强的飞灰,会造成振打清灰困难,阴、阳极易积灰,不利于除尘。一般地,粒径小、比表面积大的飞灰黏附性强。

4. 烟气温度对电除尘器性能的影响分析

烟气温度对飞灰比电阻影响较大,图 5-9 为燃煤锅炉飞灰比电阻随温度变化的典型曲线图。

一般地，飞灰比电阻在烟气温度为 150℃左右时达到最大值，如果烟气温度从 150℃下降至 100℃左右，比电阻降幅最大可达一个数量级以上，同时烟气温度降低，烟气量减小，增大了比集尘面积，增加了电场停留时间，对除尘有利。

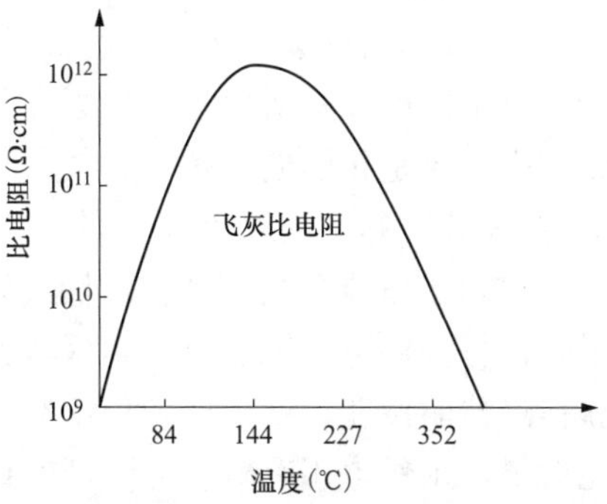

（二）结构设计影响因素

电除尘器设计对除尘效率的影响因素主要有极配类型、气流分布的均匀性、振打力大小及其分布的均匀性、阴极线半径、极板间距和阴极线间距、每台供电装置所负担的极板面积、阴极线表面粗糙度的影响。下面将对这些影响因素进行具体分析：

图 5-9 燃煤锅炉飞灰比电阻随温度关系的典型曲线图

1. 极配形式

针对不同的烟气条件，合理的选取极板、极线的结构以及它们的配置方式是电除尘器设计时必须首先解决的重大问题。在决定极配形式时，就电气性能而言，应把极板上产生的电流密度的均匀性作为主要指标来考虑。另外需考虑阴极线应具有不断线、起晕电压低、放电强烈、电流密度大等特点，且尽量不要出现电晕电流为零的"死区"。

2. 气流分布的均匀性

一般而言，烟道内气流速度为 15m/s 左右，而电场内流速仅为 1m/s 左右，两者相差 15 倍之多。因为速度的迅速转变，会使进入电场的烟气产生涡流、紊流，导致气流分布不均，这使得电场效应无法得到充分的利用，因为在高速区内造成的除尘效率的降低，不可能在低速区内得到补偿。

3. 振打加速度及其分布的均匀性

振打加速度的大小和分布，不仅取决于板、线的吊挂形式，振打锤的大小和摇臂的长短，还决定于安装水平，由于安装是在冷态条件下进行的，而运行时，烟温一般在 150℃左右，因此安装时，必须考虑到这种热膨胀的补偿，以保证运行时，锤头击中振打砧的中心部位。另外，紧固螺栓的松紧程度，极大地影响着振打加速度及其分布，这些必须在安装时加以注意。

4. 阴极线半径、极板间距和阴极线间距

极板间距和阴极线间距对电晕电流密度，电场强度和空间电荷密度的空间分布有影响。如果工作电压、阴极线的半径和间距都相同，加大极板间距会影响阴极线临近区所产生离子电流的分布，以及增大表面积上的电位差，这将导致电晕外区的电晕电流密度、电场强度和空间电荷密度的降低。如果工作电压、阴极线半径和极板间距都相同，增大阴极线的间距所产生的影响是增大电晕电流密度和电场强度分布的不均匀性。但是，应当注意到阴极线的间距有一个会产生最大电晕电流的最佳值。若使阴极线间距小于这一最佳值，会导致由于阴极线附近电场的相互屏蔽作用而使电晕电流减少。

增大阴极线的半径，会导致在开始产生电晕时，使电晕始发电压升高，而使阴极线表面的电场强度降低。若给定的电压超过电晕始发电压，则电晕电流会随阴极线半径的加大而减小。若极板上的平均电流相同，则在阴极线附近的空间电荷密度会随阴极线半径的增大而减小。当阴极线直径增大时，极板上之所以能保持平均电晕电流密度，是因为要产生电离，就必须升高其工作电压。由于电压较高，导致电离外区电场强度增大，加速了离子向极板的漂移。

5. 每台供电装置所负担的极板面积

每台供电装置所负担的极板面积影响火花放电电压。对 n 根阴极线的火花率与一根阴极线的火花率是相同的，因为 n 根阴极线中的任何一根产生火花都将引起所有阴极线上的电压瞬时下降。因此，n 根阴极线的最大工作电压应低于一根阴极线的工作电压。

实际上只要极板高度和阴极线间距已定，那么每根阴极线所对的极板面积也是确定的。于是，每台供电装置担负的阴极线数量就可以由所担负的极板面积来确定。为了使电除尘器获得最佳的性能，一台单独供电装置所担负的极板面积应足够少，即电场分组数增多，以避免对最佳工作电压有较大的降低。电场数增多一般可以使电除尘器的效率提高。电场数增多，一方面当个别电场停止运行时，对电除尘器性能没有大的影响，另一方面由于火花和振打清灰引起的粉尘二次飞扬也不严重。

6. 阴极线表面粗糙度的影响

阴极线的粗糙度是影响电除尘器电气性能的一个比较重要的因素。粗糙度系数用于表示圆形阴极线的粗糙度。阴极线粗糙度对电气性能的影响是由于对电晕始发电压、电晕线表面的电场强度以及电晕线附近空间电荷密度有影响。粗糙度系数的值一般为 0.5～1.0，其值变化 0.1 会导致电气特性有很大的差别。

二、影响袋式除尘器效率的设计因素

（一）初始条件对袋式除尘器效率的影响

1. 烟气的温度、湿度、成分的影响

（1）烟气的温度。袋式除尘器滤袋材质大多为化学纤维，各种化学纤维均有其规定的耐温性能，当使用温度超过滤料耐温时，纤维将发生软化、熔化或气化分解甚至燃烧，使滤料瞬间毁坏。滤袋损坏后，粉尘会通过破损的滤袋排放到大气中，降低除尘器的除尘效率。

（2）烟气中的湿度。烟气的湿度太高，一旦发生结露，会使滤袋表面沉积粉尘润湿黏结，尤其是对吸水性、潮解性粉尘，将导致清灰困难、滤袋压损增大，当烟气含有 SO_2 等酸性气体时，结酸露会引起强烈的酸性腐蚀。

（3）烟气成分。烟气中，如含有 SO_x、NO_x、HCl、HF 等酸性气体成分，当某一气体浓度或几种气体叠加浓度超过适用范围，并在低温条件下时，则以引起酸性腐蚀，导致异常的化学破袋，从而导致除尘效率降低。

2. 粉尘特性的影响

（1）粉尘粒径的影响。烟气中的粉尘颗粒物大小不一，且漂浮不定，其直径的大小都会在一定程度上影响袋式除尘器的除尘效率。除尘效率均随粒径增大而提高。

（2）粉尘黏结性的影响。若粉尘黏结性强，会使滤袋表面粉尘层清灰剥离困难，滤袋阻力增加，相对于增加了过滤速度除尘效率降低。

（二）结构设计因素对袋式除尘器效率的影响

1. 过滤速度对除尘效率的影响

袋式除尘器的过滤速度会在一定程度上影响其过滤的效果，一般来讲，随过滤速度的增大过滤效果降低。为有效发挥袋式除尘器的高效性，需对其过滤速度进行一定的调节，以在一定程度上满足袋式除尘器的经济性和过滤效率。过滤速度的调节与袋式除尘器的清灰方法、粉尘性质都具有一定的联系，且袋式除尘器的过滤速度又会根据不同的清灰方式具有不同的速度范围，因此在调节过滤速度的同时应根据实际情况进行有效的选择。

2. 气流分布均匀性的影响

随着袋式除尘器的大型化，对除尘器内部的气流分布要求越来越高，气流的均匀性影响滤袋过滤精度、压差均匀性。若气流分布不均，则滤袋间的过滤风速发生差异，过滤风速高的滤袋过滤精度下降，将使出口排放浓度增高，导致除尘效率降低。

3. 袋式除尘器的阻力对过滤效率的影响

对于袋式除尘器来说，阻力在一定程度上也会影响着系统的除尘效率和除尘周期。在整个系统运行过程中，袋式除尘器的总阻力是由结构阻力、滤袋阻力以及滤袋表面积聚粉尘阻力等构成的，而这些因素都会在一定程度上影响袋式除尘器的过滤效率。由此可见，增加袋式除尘器阻力可以提高其过滤效率，但也会使运行的阻力能耗升高。因此，需科学、合理地确定滤袋压差以提高袋式除尘器的除尘效率。

4. 清灰方式对袋式除尘器过滤效率的影响

袋式除尘器的清灰方式是影响其过滤尘效率的重要因素之一。滤袋刚清灰后的除尘效率降低，随着过滤时间（即粉尘层厚度）的增长，效率迅速上升。当粉尘层厚度进一步增加时，效率保持在几乎恒定的水平上。清灰方式不同，清灰效果也不相同，导致除尘器的除尘效率也不相同。

三、影响湿式电除尘器效率的设计因素

结构设计方面对湿式电除尘器除尘效率的影响因素，实际与干式电除尘器是相同的。在烟气参数方面，如温度、粉尘浓度等，湿式电除尘器也与干式电除尘器的影响因素相同。湿式电除尘器在影响除尘效率与干式电除尘器最大的不同点是不受粉尘特性的影响，如粉尘成分、比电阻值以及粉尘粒径对湿式电除尘器的效率影响不大。除与干式电除尘器影响除尘效率相同的因素以外，影响湿式电除尘器除尘效率的主要是烟气流向与冲洗水流向、烟气中液滴尺寸、酸雾滴浓度和停留时间。

（一）烟气流向与冲洗水流向的关系

在湿式电除尘器设计中，必须充分考虑烟气流向与冲洗水流向的匹配、出口除雾器的设置。立式系统当烟气向下流动、冲洗水同向流动时，必须安装除雾器以降低水分夹带。烟气向上流动、冲洗水逆向流动时，将减少水分夹带，有利于降低烟囱雨的发生。在卧式系统中，烟气流向与冲洗水呈垂直交叉的流向，末级电场采用间断冲洗将有利于降低水分夹带。

（二）流场均匀性

气流分布不均匀，意味着电场内存在高低速度区，低速区增加除尘效率，但高速度区是降低除尘效率，而低流速区的增加远不足以弥补高速区除尘效率的降低，因而总除尘效率低。湿式电除尘器的电场数量少，烟气流速高，一般粉尘在电场中停留时间 1.2s～3s。如果流场设置不当，除尘器的除尘器效率将难以达到好的状态。

（三）极配形式

湿式电除尘器处理的是 SO_3 雾气与烟气水分结合形成的一种带有极细微粒的酸雾。酸雾中 SO_3 的浓度越高，其形成的空间电荷效应越明显，影响湿电场的放电特性，将形成电晕闭塞，电晕闭塞的形成将导致电功率和净化效率的下降。为了克服电晕闭塞出现，极配形式（即收尘板和电晕线的几何形状的匹配）必须得当，并满足最佳的同极间距。空间电荷的量与进

入湿式电除尘器的浓度成正比，粒子的尺寸越小，气流流速越高，空间电荷效应变大。其结果是电晕电流显著下降，火花放电电压下降，导致除尘性能降低，因此在把握烟气条件中各种因素的同时，选择的极配形式能有效地减少空间电荷带来的消极影响。从理论上计算，管式湿式电除尘器与板式湿式电除尘器相比对一定的除尘效率而言，前者比后者流速可增加一倍。换言之，在流速相同的条件下，前者比后者效率高得多。

（四）喷淋系统和电极的匹配

所有的湿式电除尘器都有一套喷淋洗涤系统来维持电极的正常运行，洗涤可分为连续喷雾和定期冲洗，不同功效的喷嘴具有不同的作用。设计上对喷嘴的喷射角度、喷水流量和雾滴大小都与电极布置有关，也与喷淋制度联系在一起。电极的清洁程度与喷淋系统、烟气性质及电极长度有关，保持电极的清洁程度对保障湿式电除尘器的性能具有重要作用。

在水的表面张力作用下，喷淋的不均匀性、极板表面凹凸不平等因素使极板上的水膜在沿板面流动的过程中，产生沟槽效应，电极越长，沟槽效应越明显。目前采用的平板型或沟槽型极板长度为 8～10m，筛网型长度为 13m，但如果喷淋系统出现故障、电极变形，沟槽效应促使电极上就会出现干斑，失去水膜的保护且与烟气接触而加快腐蚀。同时，干斑还会长大，导致极板结垢，将会对除尘器产生严重后果。

（五）液滴尺寸对脱除效率的影响

脱硫塔内的湿烟气在通流过程中，烟气中的液滴会不断碰撞，汇合成大颗粒液滴。大颗粒液滴进入到湿电电场后会导致电晕提前放电，火花电压降低，除尘效率降低。需用除雾器把大颗粒液滴提前去除。

（六）酸雾滴浓度和停留时间对 SO_3 脱除率的影响

燃煤电厂锅炉烟气中含有 SO_3，SO_3 与烟气中水汽结合形成 H_2SO_4 蒸汽，当烟气冷却（如进入 WFGD 系统）时，在均质成核及以烟气中细颗粒为凝结核的异质成核作用下形成亚微米级的 SO_3 酸雾滴。

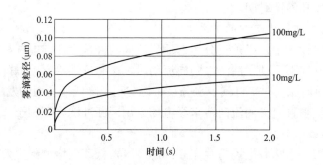

图 5-10　酸雾滴粒径与停留时间关系曲线

SO_3 酸雾滴从 FGD 入口至出口的过程中互相碰撞，酸雾滴随着停留时间的延长（从 0s 开始）逐渐长大，如图 5-10 所示。当 SO_3 酸雾滴浓度很低的时候（10mg/L），碰撞几率较小，到达 FGD 出口 SO_3 酸雾滴直径只有 0.05μm。当 SO_3 酸雾滴浓度较高时（100mg/L），碰撞后 SO_3 酸雾滴就可成长到 0.1～0.12μm。SO_3 酸雾滴密度越小，互相碰撞机会越小，越不易长大，越不易脱除。SO_3 酸雾滴在 FGD 中烟气停留时间越短，也不易长大，同时不易脱除。

（七）SO₃酸雾滴直径对除尘效率的影响

当烟气中 SO_3 酸雾滴浓度高，但雾滴直径非常小时，由于这些细小颗粒都不易充电，会在电极间形成一个不易充电的 SO_3 酸雾毯，导致湿式电除尘器前级电场的二次电流大幅降低（约 $100mA/m^2$），使除尘效率降低。

第二节　安　装　因　素

若要一个除尘器良好、高效、安全、可靠运行的话，除了设计因素外，其安装因素也是一个需要重视的环节。

除尘器安装的一个显著特点是周期长、零部件分散、结构复杂、质量要求高，不单是设备零部件的组合，它既要克服由于设备的局部制造、运输和存放中所引起的缺陷，又要保证各种技术指标的实现。

一、电除尘器影响除尘效率的安装因素

（一）漏风对设备性能的影响

造成电除尘器漏风的原因，一是设计上所允许（例如阴极悬挂的反吹风，为保持振打瓷轴清洁而设置的热风吹扫等）和结构上自身原因（包括人孔、振打轴穿孔、排灰机构的不严密等），二是在安装过程中由于施工质量原因。前者是允许的，后者是不允许的。

电除尘器的漏风率指标是指设备安装完毕后投运期间必须达到的保证值。超过设计值的漏风，对设备的性能保证值乃至使用寿命都会带来很大的影响。这主要是因为：

（1）漏风增加了电场风速。风速增加，减少粉尘在电场的停留时间，粉尘被捕集的概率下降，同时加剧了振打清灰中粉尘的二次飞扬。

（2）漏风降低电场温度。低温对电除尘器的正常运行十分不利（低低温电除尘器已做防腐处理的情况除外）。在低烟温条件下运行的常规电除尘器，粉尘的比电阻值将发生改变，烟温接近或达到露点温度，含尘烟气十分容易结露；绝缘子表面结露，使供电电压下降甚至送不上电；灰斗里的粉尘结露，在接近露点温度条件下运行的电除尘器材料表面，尤其是暴露在外面的人孔门、门框、振打小室以及大梁顶部、电场内侧壁和一些立体交角处极易腐蚀，缩短设备使用寿命。

从上述分析可知，保证设备的漏风率在额定范围内，不仅和电除尘器的结构设计有关，更重要的是取决于安装质量，特别是设备外壳焊接的严密程度。在现场条件下，除孔、洞、门等处的安装不严密以及密封材料选择不合适外，尚有一些施工时容易被人们忽视的部位。例如灰斗上口，进出口喇叭和壳体交接处，底梁上平面和一些施焊困难的位置。对于这些部位，施工单位应采取严格的措施来加以保证。穿过壳体的所有螺栓在拧紧后必须焊住。整个壳体在安装过程中必须施以气密性焊接，常规电除尘器的漏风率必须保持在 5% 以下。检查焊接气密性的方法很多，可以在施工过程中采用逐步煤油渗漏和整台除尘器（包括进出口烟道）在正压条件下的烟雾弹试验等。不论采用何种检查方法都必须在未保温的条件下进行，并配置专门人员检查和修补。

（二）热膨胀对设备性能的影响

运行中的电除尘器始终受到热烟气的冲击而存在一个热膨胀问题。随着工况条件的改变，瞬时温度有可能发生突变。这一因素除设计时已做充分考虑外，在安装施工中也应十分

重视，否则有可能影响设备的运行效果，严重时还会导致设备的损坏。

一般来讲，电场内部的温度高于电场两侧。当然烟气进入电场以后，一些薄壁件（例如极板、极线等）由于两侧面均受烟气的烘烤，自身的热膨胀很快，在较短时间内迅速伸长。而电除尘壳体（例如侧壁）尽管内壁同样受到热烟气的烘烤，但外部却和冷空气接触，热膨胀的速度比内部零件要慢，这样就有一个零部件相对膨胀的问题。在经过一段时间的试运行以后，才能使壳体及电场内一些薄壁零件的热膨胀处于相对稳定的工作状态。为了防止由于热变形所引起的零件变形和弯曲，在冷态条件下安装时应注意到这一因素和采取必要的措施。例如在阳极板的安装过程中，阳极板的下部和定位导向板之间的间隙需视工况条件（主要指烟温）和阳极板的长度来确定。所以阳极板必须抬高一个适当的高度来满足零件热膨胀的要求，以保持这一平衡状态。

在电场中振打锤头必须正确地打击在振打砧上，以获得良好的清灰效果。阴极振打机构已归属于整个高压部分，在热烟气影响下，将随着框架的伸长而伸长，所以不存在热膨胀的问题。但是阳极振打则不同，它和阳极部分分别归属于两个不同的系统，且材料厚度和布置方式不一，这样就有一个相对位移的问题。考虑到阳极振打锤在长期运行中销轴局部磨损，各个电场的工况恶劣程度不一，一般第一电场条件最恶劣（粉尘浓度大、粒度粗、温度高、振打次数多），因而在冷态施工时振打锤和振打砧中心之间必须有一个向下的偏移量。在常规的电除尘器中，偏移量一般可考虑为5mm。

不论何种结构的支承轴承，在冷态施工时按中心位置安装即可。

电除尘器的上部封板、大梁、烟道、管路直至相邻两电除尘器之间的公用走梯平台，都有一个热烟气条件下的膨胀问题，施工时应予以注意。

（三）地面组合对总体安装质量的影响

电除尘器施工质量的优劣和进度的快慢，从某种意义上来说，取决于地面零部件组合校正、调整质量的高低。电除尘器零件散、品种规格多，制造厂由于运输和其他原因不可能将产品成台发到现场，有些零部件也无法在厂内组装，而是散件发运。因而许多工作必须在施工现场进行，尤其是内部零件，不仅分散量大，而且要求高，这样大量细致的工作都必须在零部件起吊之前完成。例如阳极板排、阴极框架、振打系统、进出口烟箱、灰斗等的组合。下面仅以阳极板排地面组合校正为例，加以说明。

阳极板是电除尘器的重要零件之一，其安装质量对除尘器效率的影响很大，无论何种结构的阳极板被运输到现场以后，由于以下原因必须对每块极板做出检查和校正。

（1）进口或国产的阳极原材料都存在板厚方面的误差，国产的误差更大。另外，原材料是以成捆卷板的形式进货的，材料本身就存在着卷曲和轧制应力。这些因素尽管在阳极板轧制和开料过程中有所消除，但仍很难达到理想状态。

（2）阳极板是在专用轧机上通过多道平辊、校正辊、立辊和一些强制性措施制成的，这一过程造成阳极板纵向和横向变形，形成轧制应力集中，且各不同断面的变形情况又不相同。随着时间的推移，还会产生一定的问题，这是引起阳极板弯曲的主要原因。

（3）阳极板对一台确定的电除尘器来说其长度也是确定的。不论用何种方式切断，都会在长度和宽度方向发生回弹变形。回弹量的大小与轧制线长度、轧辊道数、剪切时压紧程度和剪切力有关。冲切时造成的变形，破坏了极板端部的对称度，加大了阳极板的旁弯。有些阳极板两端悬挂板和加强板系电焊焊固，也十分容易引起变形和局部应力集中。

（4）不合理的包装运输和存放方式会导致阳极板变形。成捆阳极板由于捆扎方式、松紧程度、自重、倾斜放置、运输过程中的振动、内部零件的相互摩擦等因素，都可能在原有变动的基础上增大变形量。另外在现场的二次搬运和起吊过程中也会发生变形。

综上所述，阳极板在地面组合时必须有专人负责做严格的检查，并在专用平台上进行认真的调整，以消除运输、堆放和其他原因所引起的扭曲、弯曲和变形以及自身应力的释放。现场需要制作专用校正架和专用工具，并在起吊过程中十分小心，以防碰坏。如果一块不合格的阳极板被吊入现场，在电场内部的校正工作量比地面校正要大好几倍。

设计时对电除尘器异极间距的公差值一般都要求控制在±5～±10mm 的范围内（主要根据电除尘器的阳极板高度而定），这一要求是十分严格的，又是电除尘器内部元件安装中工作量最大、工艺要求最高、循环作业比较多的一项工作，是保证除尘效率和安装质量的关键一环。阳极板表面的局部性锈蚀一般不会影响使用性能，但不允许钢板起皮和有明显的毛刺。在电场中安装阳极板，吊装顺序宜先吊中间电场阳极板排，后吊两侧电场的板排，逐片定位并进行检查；如电除尘器采用中间开口做通道则吊装顺序相反。阳极板的起吊可单块也可以多块进行，并使用专门起吊和检查工具。如属紧固式的阳极排，对螺栓的拧紧应有一定的拧紧力矩要求，并在安装过程中经常检查在拧紧过程中螺栓材料有无损坏。如属自由悬挂的阳极排，安装后出现较大幅度的晃动和错位现象，则可选取高度方向的适当位置增设导向定位装置。在整台电除尘器的施工过程中，阳极板的校正和调整工作十分关键，必须认真对待，一般在冷态下用木锤或有色金属锤进行。这些工作要由有经验和技术较强的施工人员来担任，并制作必要的测量工具。

（四）电场的清洁度对设备性能的影响

对于一台电除尘器来说，任何阴阳极之间的距离都被称为异极间距，这样实际上除正常电场外，还存在着许多不同形式的阴阳极之间距离，而这些实际上没有收尘的阴阳极间距往往会导致电除尘器不能正常运行。因此，电除尘器内部的一些毛刺、焊疤和杂物都必须清除干净。

在初试运行阶段，电场闪络有两种。一种是安装中某些残留物品和悬浮物以及零件外表面一些细小的夹角、毛刺。这种闪络经过一段时间后将会趋于平稳状态，称为假闪络。另一种是异极距实质性的超差和阴阳极之间的相对距离超过控制，或安装残留的较大物件（例如铁丝、焊条、木棍、壳体中残留的连接物），这种在运行中产生的闪络是不可克服的，将阻碍电场电压值的升高，对设备的性能带来影响。

电除尘器阴极对地必须绝缘，常用的绝缘件是工业陶瓷。在烟温小于 150℃的情况下，多采用工业陶瓷件作为阴极绝缘体，在干燥气体的条件下工业陶瓷的绝缘性能是很好的，但当表面潮湿和沾染油污时，其绝缘性能就会大幅度下降。有些电除尘器在启动阶段由于进入油污，污染阴极绝缘部分，无法正常投运。同时油污在极线表面会形成一种薄膜，影响电极的放电性能。

电场的清洁情况除安装期间应引起足够的重视外，安装结束后的检查是十分关键的，同时在运行期间也应加强维护和检查。

（五）振打安装对设备性能的影响

良好的清灰效果不仅取决于粉尘的性质、振打周期和电场温度，还和极板的结构形式、固定方法、板表面的振动频率、振幅等因素有关。从机理上来说，是十分复杂的问题。从安装角度出发，如何保证振打系统在长期运行中的可靠性是施工单位的重要任务。

振打机构是电除尘器内部唯一影响除尘效率的活动部件，尤其是阳极振打，不论何种振打方式，如果某一个锤头或某一个振打系统发生故障，则归属于该系统的阳极板排就无法清灰，进而造成整个电场的电压值下降，产生电除尘器的运行故障。为保证振打系统的可靠性，安装时应特别重视：

（1）振打锤打击在振打砧以下 5mm。

（2）所有该系统在电场内部的螺栓必须焊固。

（3）相邻两锤头的角度公差应严格控制，锤旋转方向正确无误。振打锤头和振打砧之间应保持良好的线接触状态。

（4）振打初轴（与传动减速机连接的轴）具有良好的密封，两轴连接必须保持垂直和同心，以减少传动轴的阻尼。

（5）电瓷转轴应擦洗干净，并检查相对绝缘距离。

（6）轴向中心高差用垫片调整。

（7）去净毛刺和杂物。

（8）手动振打轴，观察传动情况。

综上所述，影响电除尘器使用性能的因素很多，既有设计、制造上的原因，也有安装施工上的原因。可以认为，一台设计制造得很好的电除尘器，如果不精心安装是肯定得不到好效果的。因此在安装施工前，必须认真做出经济和技术上的分析，采用组合和散装相结合的施工方案，机具的选择应适合设备的特点。大量的经验表明，电除尘器的安装质量和施工速度在很大程度上取决于地面工作的严格程度和质量保证措施的落实。

二、袋式除尘器影响除尘效率的安装因素

（一）壳体、花板的密闭性影响

在安装过程中要严格保证壳体的密闭性，特别是滤袋室与净气室之间的密闭。密封性不好，将严重影响袋式除尘器的除尘效率。壳体密闭性的好坏，重点在于壳体焊接质量，焊缝如果存在漏焊、虚焊等焊接缺陷，在袋式除尘器热态运行时，由于热膨胀以及灰斗存灰后的重量载荷变化，都将引起漏焊、虚焊部位焊缝发生变形，加大泄漏的同时，造成原烟气与净烟气窜通，从而影响除尘效率。同时，由于原烟气不经过滤袋进入净气室后，因重力、惯性作用，促使粉尘不断在净气室、滤袋内沉积，严重时造成破袋或滤袋脱落，使危害进一步扩大。

因此袋式除尘器在安装过程中，要对焊缝进行煤油渗漏试验，滤袋安装完毕后必须对袋式除尘器进行荧光粉检查，保证滤袋室与净气室之间的隔离。

（二）滤袋安装质量影响

通常的袋式除尘器，依靠缝制于滤袋口的弹性胀圈将滤袋嵌压在花板孔内，通过花板将滤袋室与净气室严格区分。如果滤袋口的弹性胀圈未能与花板孔完全密合，出现了缝隙，就会导致含尘气流直接进入净气室，造成除尘器排放超标。另外，由于滤袋本身缝纫线的质量，以及安装中可能对滤袋的损伤，都可能出现含尘气流直接进入净气室的现象。因此，滤袋安装是袋式除尘器质量与性能的关键因素，安装时需严格按照标准、规范进行，安装完毕后进行荧光粉检查，确保每一条滤袋安装合格。

此外，滤袋与其他滤袋或物体间的接触，也是影响袋式除尘器除尘效率的一个不能忽视的问题。这种问题在袋式除尘器最初投入运行时反映不出来，随着运行时间的累计，当接触部位滤袋磨损破损后，会出现含尘气流直接进入净气室的现象。因此，滤袋安装完毕后，需要检查每一条滤袋是否存在相互间以及与结构间的接触，当发生接触时必须予以调整消除接触。

（三）减压阀安装与调整

对于行喷吹脉冲袋式除尘器，由于清灰气源为压缩空气，因此在确保喷吹压力时，会安装减压阀，将 0.6MPa 左右的气压降低至 0.2～0.4MPa。由于压缩空气系统参数的变化，以及减压阀的设计参数，当现场减压阀不能保证正常喷吹压力时，就需要对减压阀进行调整，以避免滤袋长期在高压吹灰状态下工作，造成滤袋损坏，进而造成含尘气流直接进入净气室，影响袋式除尘器的除尘效率。

三、湿式电除尘器影响除尘效率的安装因素

总体上讲，在不考虑除尘器内部水冲灰环节的话，湿式电除尘器影响效率的安装因素与干式电除尘器的因素相同。

不同于干式电除尘器的是湿式电除尘器需特别注意喷淋系统的安装，特备是喷嘴的安装角度、喷嘴对阳极的距离、喷嘴间的间距等，避免因喷嘴安装不到位，造成阳极表面无连续水膜、火花放电等故障，减低除尘效率。

第三节　影响除尘效率的配套设备因素

一、影响电除尘器效率的主要配套设备

（一）阴极线与阴极框架

阴极框架大多采用圆钢管或异型钢管焊制而成，它不但重量较轻，而且结构较为单薄，在长期高温和振打的作用下，极易产生变形或移位。当振打框架时，使振打锤偏离正常振打位置，导致振打加速度值下降，振打力传递削弱，严重影响供电状况和振打清灰效果，特别是在电除尘器开、停机频繁的情况下，因收尘极和放电极反复热胀冷缩而产生严重变形，造成极间距局部缩小，工作电压降低，此时，即使在较低电压情况下，闪络放电现象也频频发生。

因为极线断面积较小，其热容量亦小，冷却收缩较快，而框架构件断面积较大，热容量相应较大，冷却收缩较极线慢得多，因此，极线受拉并产生相当大的拉伸应力，严重时可达极线材料屈服极限，致使极线在框架上伸长而松弛。电除尘器开、停机越频繁，极线松弛现象越严重。因此，阴极线质量的好坏，也是影响电除尘器效率的一个重要因素。

（二）绝缘瓷轴、瓷套

由于瓷转轴、瓷支柱、石英瓶、石英板、石英套管或悬吊绝缘子等绝缘件表面积灰（尘）潮湿结露导致泄漏爬电；或沿面产生对地或接地构件放电等，不但使操作电压降得很低，电晕电流很大，而且显示仪表出现长时间不间断、范围不定、时小时大、速度缓慢的晃动。此时，即使振打电极，电压电流也无明显变化，更不可能恢复正常供电状态。

当绝缘件出现裂痕或损坏时，因沿裂纹（痕）放电而形成短路状态，其电压表持续稳定接近或处于"0"位，造成电晕电流大，除尘器性能下降。

（三）阻尼电阻

阻尼电阻可以吸收整流变压器二次回路的高次谐波成分，防止高压输出回路发生谐振，

有效保护整流变压器，阻尼电阻设置在整流变压器输出端与电除尘电场之间。阻尼电阻的额定功率一定要大于其阻值和二次额定电流平方的乘积，并且要留有一定的安全余量。

目前，在现场安装的阻尼电阻，有的安装在整流变压器输出端与高压隔离开关之间，也有的安装在高压隔离开关与电场的高压引入之间，从理论上讲，这两种接法都可以。但考虑到检修、更换阻尼电阻的方便和安全，阻尼电阻应接在整流变压器输出与高压隔离开关之间。阻尼电阻彻底断开将导致"输出开路"，电场将掉闸，这种情况十分明显，很好判断。但是当阻尼电阻末端或中间某处脱落，电阻丝末端接近"地"时，从该处对地产生电晕放电，表计反映结果与电场正常运行十分类似。检查设备时可注意听放电声，如果在阻尼电阻处有放电现象，要及时处理。

（四）供电电源

供电电源是电除尘器的核心设备。供电电源常见故障有：变压器匝间短路；绝缘油绝缘性能下降；硅堆击穿或烧毁；高压电缆头击穿；电抗器烧毁；绝缘材料耐电压性能下降或被击穿；主回路元件损坏和控制回路故障等。因此，供电电源质量的好坏直接影响电除尘器的性能。

可用示波器、万用表和绝缘电阻表等逐一检测，发现故障或元件损坏，须及时修复或更新合格产品，恢复供电电源正常工作。

若电压电流正常，但除尘效率明显偏低，或电压电流很低，而除尘效率却较高，均为控制显示仪表失灵所致；在巡回检查时，发现高压电缆因击穿漏电而表面打火，则是电缆积尘、潮湿或老化等原因所引起；至于二次电压和一次电流正常，而二次电流表无读数，不外乎是整流输出端避雷器损坏或放电间隙击穿、毫安表并联电容损坏造成开路、变压器至毫安表连接导线接地或毫安表指针被卡住等故障，须分别采取针对性措施进行修复、更换和适当处理。

（五）振打传动与振打装置

电除尘器收尘极、放电极和气流分布板振打，多采用分电场小功率电动机与摆线针轮减速器直联型传动装置，阴极也常用顶部电磁振打装置。常见故障主要是电动机发热和烧毁。电动机发热能听见嗡嗡叫声，伴有冒烟以至电动机停转现象；电动机烧毁则可听见爆炸声，有绝缘材料烧毁的浓烈气味和冒浓烟，致使供电线路开路（断开），有关控制指示仪表指针迅速降至"0"位。振打传动与振打装置的失效直接影响阴、阳极的清灰工作，进而严重影响除尘器的除尘效率。

（六）气力除灰设备

气力除灰设备是负责将除尘器收集的粉尘输送到灰库的系统，其运行的好坏不仅影响除尘器的性能，而且还是除尘器安全运行的重要保障，在除尘器发生运行事故中，很多是除灰系统运行故障，造成除尘器内部积灰，进而对除尘器产生损害，严重时发生除尘器灰斗脱落，甚至电场坍塌事故。

二、影响袋式除尘器效率的主要配套设备

（一）滤袋

滤袋作为袋式除尘器的核心部件，其性能和质量的好坏直接关系到袋式除尘器的运行效果和使用寿命。目前市场上有各种各样的滤料，其性能用途各有不同，即便是相同的材料，不同厂家生产的产品，性能上也会有很大的差别。过滤效率决定了袋式除尘器的出口排放浓度，只要滤料的质量合格，一般其过滤效率都能达到 99.9%以上，从而达到国家目前的排放标准。然而随着排放要求越来越严格，对滤料的过滤要求也逐渐提高。尤其是某些危险物粉尘收集或有特殊工艺要求的场合，其排放标准通常要求不允许超过，就需要一些经过特殊工艺处理的滤料才能保证。

滤袋滤料的品质直接影响袋式除尘器的除尘效率和寿命，在选择滤料时要考虑烟气特性和粉尘特性，烟气的湿度会影响到灰是否黏结在滤袋表面，另外颗粒的硬度直接影响滤料的使用寿命，对硬粒粉尘应选择较低的过滤速度。根据袋式除尘器运行环境和介质情况，选择合适的滤料，是保证袋式除尘器性能的关键。由于滤料价格较高，其成本在袋式除尘器中占了相当大一部分比例，如果质量得不到保证，使用寿命短，其损失是可想而知的，同时换袋还可能影响生产。选择滤袋时，首先要选用透气性能好、耐腐蚀、耐磨损、适合现场工艺要求（如温度、化学侵蚀等）的滤料，以高品质缝制技术加工而成的滤袋。如果滤料选用不恰当或加工质量差，易产生水解、酸解、超温、覆膜剥落、滤袋破裂等现象。

（二）袋笼

袋式除尘器袋笼也称除尘笼骨，是采用专用设备一次焊接成型，袋笼是滤袋的肋骨，袋笼的质量直接影响滤袋的工作状态与使用寿命。袋笼结构要求光滑平整无毛刺，有耐侵蚀、耐磨损、耐高温的特性。袋笼要求支撑环和纵筋分布均匀，并应有足够的强度和刚度，能承受滤袋在过滤及清灰状态中的气体压力，能防止在正常运输和安装过程中发生的碰撞和冲击所造成的损坏和变形。

袋笼质量造成滤袋损害的因素有磨损、腐蚀、刺破等，当滤袋因袋笼原因损坏后，袋式除尘器的除尘效率会因含尘气流直接进入到净气室而急剧下降。

（三）电磁脉冲阀

电磁脉冲阀是按照电信号控制阀体卸荷孔的开启和关闭，阀体卸荷时，阀后腔内压力气体排放，阀前腔内压力气体被膜片上阴压孔节流，膜片被抬起，脉冲阀进行喷吹。阀体停止卸荷时，压力气体通过阻尼孔迅速充满阀的后腔，由于膜片两面在阀体上受力面积之差，阀的后腔内，气体作用力大，膜片能可靠的关闭阀的喷吹口，脉冲阀停止喷吹。电信号是以毫秒计时，脉冲阀开启的一瞬间，产生强大的冲击气流，从而实现瞬间喷吹滤袋。

脉冲阀是脉冲喷吹袋式除尘器清灰的关键部件，其性能的好坏，不仅直接影响到袋式除尘器的清灰工作，而且影响到滤袋的使用寿命。

（四）花板

袋式除尘器花板主要是用来布置滤袋，花板孔间距与袋径、袋长、粉尘性质、过滤速度等因素有关。如孔与孔之间距离过密，滤袋底部相互碰撞磨损，在运行数个月内部分滤袋底部破裂，还会令滤袋室气流上升速度太快，导致烟尘排放量增加，滤料的局部过滤负荷太高。花板要求平整、光洁，不应有挠曲、凹凸不平等缺陷，其平面度偏差不大于花板长度的1/1000。花板是确保滤袋、袋笼安装的重要部件。

（五）离线阀

脉冲喷吹袋式除尘器使用过程中，清灰和检修是最主要的操作。无论是清灰操作还是在线检修设备都应通过离线阀不停机来实现。离线阀是必不可少的组成部分，便于控制各过滤室的出风及设备的离线检修。离线阀是袋式除尘器烟尘净化后净空气的排出通道，同时是除尘器每个过滤室的离线清灰和离线检修的控制开关。另外，可控制袋式除尘器各个滤袋室风量，使各个滤袋室处理风量均匀。

袋式除尘器离线阀如果故障将导致离线阀自动坠落关闭，全系统瞬间处于高温正压状态，使袋式除尘器设备处于不可控状态，这将严重影响除尘器的运行，甚至影响整个锅炉系统的正常运行。

三、影响湿式电除尘器效率的主要配套设备

湿式电除尘器配套设备的影响因素除与干式电除尘器相同的内容以外，主要还有喷淋系统与喷嘴、除雾器、热风加热系统、水循环系统的影响。

（一）喷淋系统与喷嘴

喷淋系统主要作用为有效清除湿式电除尘器内部的积灰，避免内部结垢和腐蚀。喷淋系统分为连续喷淋和间断冲洗方式。连续喷淋保证收尘效果，间断冲洗保证极板与极线洁净，不积灰。间断冲洗方式具体为降压在线冲洗，采用间隔、轮流冲洗各场室板线。

喷嘴是实现湿式电除尘器阳极形成水膜的关键部件，也是喷淋系统的核心零件。喷嘴的雾化粒径、喷雾角度、喷雾雾矩、喷口直径等都影响着湿式电除尘器的性能。

（二）除雾器

脱硫后的烟气在进入湿式电除尘器前需经过除雾器。除雾器的功能是把烟气夹带的雾粒、浆液滴捕集下来。除雾器的效率不仅与自身的结构有关，而且与雾粒的重度和粒径有关，也与喷嘴雾化粒径、吸收液黏度、喷雾爪力和喷嘴结构有关。把除雾器性能和雾粒直径配好，才能取得好的除雾效果。

如果除雾器除雾效果不好，烟气会夹带过多的浆液，湿式电除尘器会产生超标的现象。

（三）热风加热系统

湿式电除尘器的绝缘子如果结露，将影响除尘器的运行，热风加热系统的主要作用是为湿式电除尘器提供绝缘子加热风，以避免绝缘子结露。通常湿式电除尘器要求绝缘子室温度高于烟气露点20℃以上。

（四）水循环系统

湿式电除尘器水循环系统是清灰喷淋水的循环水处理系统，主要应用于湿式电除尘器的清灰系统。系统包括喷淋水系统和循环水处理系统。喷淋水系统由阳极板喷淋管路、阴极线喷淋管路和气体均布板喷淋管路三部分组成；循环水处理系统主要包括：循环水箱、循环水泵、自清洗过滤器、补充水箱、补充水泵、排水箱、排水泵、碱储罐、碱计量泵。喷淋水系统通过选择适合的喷嘴类型和喷嘴孔径，并经过合理的管道布置和喷嘴布置，可以确保极板极线的清洗效果。因此，水循环系统运行的好坏，影响到湿式电除尘器阴阳极的运行，由此对湿式电除尘器性能产生重大影响。

第四节　运行与维护因素

一、电除尘影响除尘效率的运行与维护因素

（一）运行电压和电流的影响

在一般情况下，电除尘器都希望运行在尽可能高的电压和额定电流值状态下，以期获得最高的除尘效率。当锅炉燃用劣质煤，运行条件差时，电除尘器的所有高压电源均应该发挥最高的作用，即要求所有高压电源都供给电场额定的电流值。反之，如果燃用优质煤，锅炉工况稳定，此时烟气容易处理，要达到同样的效率，末二级电场可能低电流运行（无闪烁运

行），这一方面可以节省电能，另一方面也可以提高电气元件以及放电零件的寿命。

（二）供电质量及供电区大小的影响

电除尘器的供电质量对除尘效率影响极大，为了获得最高的除尘效率就应该时时对电场施加最高的电能。这要求供电装置能自动调节输出电压和电流，使电除尘器在尽可能高的电压和电流状态下运行，采用火花跟踪的办法能达到上述目的。

（三）保持绝缘子和电场清洁

保持绝缘子清洁的重要性：绝缘子因为同电场相通，粉尘难免会沉积在表面上，一旦积灰严重，就容易产生电击穿。如果保温室内温度低于露点，绝缘子上就会结露，此时就会产生电弧，使之过热而破裂，绝缘子出现裂纹，会使电场的操作电压降低，严重时还会使供电中断，直接影响除尘器性能。

（四）避免阴极线肥大

阴极线越细，产生的电晕越强烈，但因在阴极周围的离子区有少量的粉尘粒子获得正电荷，便向负极性的阴极运动并沉积在阴极线上，如果粉尘的黏附性很强，不容易振打下来，于是阴极线的粉尘越积越多，即阴极线变粗，大大地降低了阴极放电效果，这就是所谓的阴极线肥大。阴极线肥大的原因大致有以下几方面：

（1）由于静电荷的作用，粉尘因静电荷作用而产生附着力，最大为 $280N/m^2$。

（2）在工艺生产设备低负荷或停止运行时，电除尘器的温度低于露点，水或硫酸凝结在尘粒之间以及尘粒与电极之间，使其表面溶解，当设备再次正常运行时，溶解的物质凝固或结晶，产生大的附着力。

（3）尘粒之间以及尘粒与电极之间有水或硫酸凝结，由于液体表面张力而黏附。

（4）由于粉尘的性质而黏附。

（5）由于分子力而黏附。

根据日本某专家的测试结果，推算出实际应用的电除尘器阴极接近极限肥大直径时，最大附着力可达 $3500N/m^2$，阳极最大可达 $16000N/m^2$，其主要原因是粉尘比电阻高、放电难，因而长时间保持由静电荷引起的附着力，振打时烟尘剥离量少，以致电极肥大量继续增加。

为了消除阴极线肥大现象，可适当增大电极的振打力，或定期对电极进行清扫，使电极保持清洁。

（五）建立合理的振打周期，防止电极积灰

振打周期对除尘效率有较大影响，合理的振打周期应该是粉尘堆积到适当厚度再进行振打，这样才能使粉尘成片状（或块状）从极板表面剥离并落入灰斗，由于各个电场粉尘浓度、粒度、黏度以及比电阻不同，粉尘的沉积速度和在极板上的附着力也不同，所以各电场的振打力和振打周期也不同，前者需要在设计时解决，而后者则在运行中确定，以确保电除尘器的效率。

二、袋式除尘影响除尘效率的运行与维护因素

（一）清灰制度的影响

袋式除尘器滤袋清灰制度直接影响清灰效果、压缩空气耗量和除尘器压损，从而影响除尘器的除尘效果。清灰制度包括清灰参数的设定和控制方式的选择。

清灰参数有喷吹压力、脉冲宽度、脉冲间隔、清灰周期等。在运行过程中注意调控修正清灰参数。对行脉冲清灰方式，喷吹压力需设置在 0.2～0.4MPa，这时滤袋尘饼呈片状剥落，

二次扬尘较小；当喷吹压力大于 0.4MPa 时，滤袋粉饼呈粉状崩落，二次扬尘较大，所以喷吹压力不宜太高。除尘器的阻力宜控制在 1000～1200Pa，过高会降低系统风量，增加风机运行能耗；阻力过低，说明尚未建立稳定的"一次粉尘层"，不能实现高效过滤。因此，喷吹压力、脉冲间隔及清灰周期等参数应随除尘器的阻力随时调整。

清灰控制方式，可采用定时清灰和定压清灰相结合的控制方式。

（二）压缩空气品质的影响

压缩空气中的油水杂质含量较高时，一方面，清灰过程中这些物质容易在滤袋表面冷凝，降低滤袋透气性；另一方面，会影响脉冲阀的正常工作，造成脉冲阀动作后不能正常闭合，气源压力下降，滤袋表面的粉尘清除效果不理想，造成袋式除尘器除尘效率降低。

（三）预涂灰的影响

预涂灰是袋式除尘器点炉之前必须完成的操作事项。启炉前让滤袋表面沉积一定厚度的飞灰，可吸附启炉过程中低温烟气产生的冷凝油污、水汽，避免滤袋直接黏附液态物质而发生糊袋现象，造成除尘器除尘效率的降低。

（四）启停炉次数的影响

袋式除尘器在启停炉过程中，内部温度经受高低变化，烟气中残余酸性物质以及水汽易在滤袋表面结露。同时在停炉过程中受环境空气湿度影响，滤袋残留粉尘中有些成分易潮解，引起糊袋、板结等，导致滤袋透气性下降，除尘效率降低。

三、湿式电除尘影响除尘效率的运行与维护因素

（一）保持绝缘子电加热系统（或密封风系统）运行有效

湿式电除尘器一般为正压运行，绝缘子装置易结露，导致火花放电。运行过程中需注意对绝缘子密封风系统及电加热系统的维护，保持绝缘子装置的绝缘电阻在正常使用范围。

（二）保持喷嘴无堵塞

喷嘴是湿式电除尘器喷淋系统的关键元件，如喷嘴出现堵塞，不仅造成清灰不利，还会导致阳极表面无法正常形成水膜层，使阳极板局部受烟气中酸雾腐蚀，降低使用寿命。使用过程中需注意喷淋系统管道压力，在检修时对堵塞的喷嘴进行及时清堵或更换，保证喷嘴正常工作。

除尘设备的典型故障及处理方法

第一节　电除尘器典型故障、原因分析及处理方法

　　电除尘器的各类故障通常都是在运行或通电试验情况下反映出来的，它是机、电高度一体化的设备。机、电互相影响，同一种现象，有可能是机械部分，也有可能是电气部分故障引起的。所以在分析问题时，应从机、电一体综合分析，而且还应结合系统工艺操作。粉尘的介质及相关设备是否正常进行综合分析，才能少走弯路，准确判断出故障原因之所在。以下介绍的故障原因仅是实践中遇到的典型例子,特别是计算机内部故障存在不可预见的情况，故表中介绍的实例难免存在局限性，其答案不可能是唯一的。电除尘器故障原因分析及处理方法见表 6-1。

表 6-1　　　　　　　　　　　　　电除尘器故障原因分析及处理方法

序号	故障现象	故障原因	排除故障方法
1	二次电流很小，二次电压正常	(1) 高压硅整流装置和控制系统不良。 (2) 接地电阻过高，回路循环不良。 (3) 阴极线针尖包灰	(1) 检查高压硅整流装置和控制柜，更换损坏和性能明显下降元器件。 (2) 改善接地网使接地电阻值在 1Ω 以下。 (3) 提高阴极振打力，采取连续振打或加大电磁振打器活塞的抬升高度
2	二次电流正常或偏大，二次电压升至较低电压便发生闪络	(1) 两极的局部距离变小。 (2) 有杂物挂在阳极板或阴极上。绝缘瓷件受潮漏电。 (3) 披屋内出现正压，含湿烟气从支撑绝缘子套管内排除。 (4) 电缆击穿或漏电	(1) 调整极间距。 (2) 清除杂物。 (3) 擦拭绝缘套管内壁，提高披屋温度。 (4) 防止出现正压或增加一台反吹风机。 (5) 更换电缆
3	一、二次电流，一次电压正常不动，二次电压指示摆动或停电后还有较高指示	(1) 二次电压表动圈螺丝松动。 (2) 受到前电场带电粉尘影响	重新校准
4	一、二次电流、电压均正常，但收尘效果不佳	(1) 气流分布不均匀。 (2) 灰斗阻流板脱落，气流发生短路。 (3) 靠出口处的排灰装置严重漏风，进口风量超标。 (4) 粉尘二次扬尘严重。 (5) 烟气条件变化	(1) 检查气流分布板孔眼是否被堵，局部分布板是否有脱落。 (2) 检查所有阻流板，并做适当处理。 (3) 加强排灰装置的密封性，处理漏风原因。

序号	故障现象	故障原因	排除故障方法
4	一、二次电流、电压均正常，但收尘效果不佳		（4）粉尘二次扬尘严重时，需：①调整振打制度、时间和周期；②改善气流分布；③加强密封，调节闸阀板和整个系统，减少漏风；④降低电场风速；⑤调整火花率控制。 （5）改善烟气条件
5	二次电流不稳定，表针急剧摆动	（1）阴极线折断，其残留段受风吹摆动。 （2）烟气湿度过大，造成粉尘比电阻下降。 （3）支持绝缘子对地产生沿面放电	（1）剪去残留段。 （2）进行适当的系统工艺处理。 （3）处理放电的部位
6	二次电压和一次电流正常，二次电流无读数	（1）毫安表并联的电容器损坏造成短路。 （2）变压器至毫安表连接导线在某处接地。 （3）毫安表本身指针卡住	查找原因，消除故障
7	二次电流大，二次电压升不高，甚至接近于零	（1）阳极板和阴极之间短路。 （2）支撑绝缘子内壁结露。 （3）绝缘瓷件对地短路。 （4）高压电缆或电缆终端接头击穿短路。 （5）灰斗内积灰过多，粉尘堆积至阴极框架。 （6）阴极线断线，线头靠近阳极。 （7）支撑绝缘子受潮爬电。 （8）反电晕	（1）清除短路杂物或剪去折断阴极线。 （2）擦拭绝缘子，提高披屋温度。 （3）修复或更换绝缘瓷件。 （4）更换损坏的电缆或电缆接头。 （5）清除灰斗积灰。 （6）剪断阴极线。 （7）提高披屋温度。 （8）加强振打；进行烟气调质
8	电源开关合不上，合上即跳闸	（1）高压瓷件破损。 （2）电场短路。 （3）灰斗满灰而短路	（1）更换破损高压瓷件。 （2）清除二极间异物，校正极板、极线。 （3）排除输灰系统及卸灰阀故障清除积灰
9	收尘效率不高	（1）控制系统不良。 （2）漏风率超过标准值。 （3）烟气参数不符合要求。 （4）振打力不够或过大。 （5）振打装置发生故障	（1）检查和更新损坏和性能明显下降的元器件。 （2）找出漏风原因并清除。 （3）改善烟气工艺状况。 （4）调整振打周期和振打强度。 （5）修复、排除故障
10	闪络过于频繁，收尘效率降低	（1）电场以外放电，如隔离开关、高压电缆及阻尼电阻等放电。 （2）电控柜火花率没有调整好。 （3）前电场的振打时间周期不合格。 （4）工况变化，烟气条件波动很大。 （5）抽头调整不当	（1）处理放电部位。 （2）调整火花率电位器及置自动状态。 （3）调整振打周期，停炉后，进电场检查，消除放电异常部位。 （4）调整工艺状况，改善烟气条件。 （5）调整抽头位置
11	运行几小时后爆块熔	（1）环境温度过高，使器件质量不稳。 （2）触发环节线路有接触不良。 （3）可控硅本身质量不过关。 （4）电网不稳引起过零漂移	（1）改善环境温度，更换器件。 （2）旋紧螺丝。 （3）更换可控硅。 （4）改善电网质量
12	一次电压、二次电压偏低；二次电流偏小。一次电流偏大很多，上升快，与二次电流上升不成比例	整流变压器匝间短路或硅堆存在开路或击穿短路	做开路试验，一次侧有电流出现，即变压器内部有器件损坏，偏励磁产生或短路。需吊芯维修，更换损坏器件

续表

序号	故障现象	故障原因	排除故障方法
13	电压上升，电流没有出来，到正常运行电压时，电压则开始下降，电流才出来且上升很快	（1）温度太高粉尘比电阻太高，造成反电晕。 （2）煤质及工艺操作不良	（1）要确保除尘器工作正常，降低工作温度。 （2）电厂一般改善煤质及工艺，使煤充分燃烧。 （3）提高阴阳极系统振打力
14	一、二次电压低，二次电流小，一次电流非常大，上升时一、二次电流不成比例，一次电流猛增与突变，可能爆快熔，变压器有明显的异常声音	（1）整流变压器低压包短路故障。 （2）整流变压器铁芯（包括穿芯螺栓）绝缘损伤，涡流严重	（1）更换低压包。 （2）重新做好铁芯绝缘
15	一、二次电流达到额定值时，一次电压在280～330V，二次电压在40～50kV，无闪络	（1）粉尘浓度低，电场近似空载。 （2）高压电缆与终端头严重泄漏	（1）降低振打高度。 （2）重做高压电缆与终端头
16	二次电压偏高，二次电流显著降低	（1）收尘极或电晕极的振打装置未开或失灵。 （2）电晕线肥大或放电不良。 （3）烟气中粉尘浓度过大	（1）检查并修复振打装置。 （2）分析肥大原因，采取必要措施。 （3）改进工艺流程，降低烟气的粉尘含量
17	二次电压和一次电流正常，二次电流无读数	（1）毫安表并联的电容器损坏造成短路。 （2）变压器至毫安表连接导线在某处接地。 （3）毫安表本身指针卡住	查找原因，消除故障
18	阳极板排热膨胀不畅造成电场短路或拉弧，运行参数下降，极板变形弯曲。在烟气温度过高时容易发生，有的在投运一段时间后才表现出来	（1）烟气温度偏离设计值很大。 （2）发现膨胀间隙不够采用现场切割时，由于施工条件差，切割深浅不一，侧面不光滑，割到肩坎上。现场发现少数新投运的电除尘器，在烟气温度不变情况下，逐渐显露出热膨胀不畅迹象，说明经过一段时间运行膨胀间隙在变小	（1）膨胀间隙的大小在设计时要充分考虑现场可能出现的情况，如出现异常时的最高烟气温度，力求避免此类现象。 （2）安装时从工艺及质量控制上要重视膨胀间隙的大小符合设计要求（实际中容易忽视），极板排导向杆与导向板的相对位置要准确。 （3）万一需现场再处理，处理要彻底，侧边要磨平，但也要避免开口过大、过深，使烟气局部短路严重，影响除尘效率
19	阳极板排移位，沿烟气垂直方向位移，使异极距改变，空载电压下降；沿烟气平行方向位移，影响电场放电的均匀。最终结果均使性能下降	极板排定位焊接及定位挡板焊接强度不够，造成脱焊后位移，定位销轴断裂，造成偏移	将阳极板重新定位，加强极板排定位及定位挡板焊接质量，更换断裂的定位销轴
20	阴极线断线，大多数的断线均会引起电场短路或拉弧	断线多发生在固定端，该处除机械强度较弱、应力比较集中外，还因松动产生电蚀并恶性循环有关，极线松动及安装精度低造成局部距离过小、电控特性对闪络的抑制过弱等，引起频繁拉弧的因素存在，也会使极线被电弧烧断。麻花线断线焊接质量关系很大，麻花线与两头横管焊接处应力集中造成该处疲劳断裂	停止运行，检修处理断线

序号	故障现象	故障原因	排除故障方法
21	阴极线松动及变形。极线变形引起异极距异常。极线松动会引起振打加速度的严重衰减，使极线积灰严重，松动的极线更容易发生脱落、断线现象	极线变形、弯曲，与安装工艺有关，考虑到框架与极线的不同步热膨胀，极线的一端其松紧程度应合适，受热后能够在腰孔里伸展，一旦伸缩受阻，极线就会弯曲。麻花线由于刚性差，更易发生弯曲、变形。将扭曲的框架校正后，部分极线不能回复原来状态，也会出现弯曲、变形	停机检修，检修处理松动、变形阴极线
22	顶部电磁振打线圈烧毁	（1）线圈质量差。（2）振打棒与外壳中间进入杂物，使棒活动受阻，线圈承受大电流。（3）振打线圈长期通电。（4）线圈对地击穿。（5）电气过负荷保护不起作用	（1）加强配用线圈质量。（2）消除杂物。（3）检查控制器长期输出导通角原因。（4）更换线圈。（5）检查保护器件是否容量太大
23	阴极振打瓷轴损坏	（1）振打高度太高。（2）安装时，振打棒、振打轴、承压绝缘于中心互相偏离太多。（3）瓷轴质量差	（1）调整振打高度。（2）调整中心线。（3）改善瓷轴制造工艺
24	阴极承压绝缘子断裂击穿	（1）承压绝缘子质量差。（2）安装时承压绝缘子下部支承法兰与顶板槽钢及支承法兰与绝缘上部平面接触不平，造成接触上，受力不均。（3）绝缘子内壁被油污严重污染，长期火花放电后造成套管闪络炸裂，烟气温度过高	（1）改善质量。（2）重新校平接触面。增加内壁顺扫风量，避免油污严重污染，改善烟气温度
25	振打加速度不够。阴、阳极振打清灰效果差，极线、极板积灰严重，导致电场参数异常，除尘效率下降	（1）安装、维护不当造成角度偏移，极线及框架松动，固定部位松动等使振打加速度衰减严重。（2）设计不合理。有时振打加速度的设计值比实际清灰所需的值要小，如有些振打结构不能满足实际需要，有些阴极线过长造成振打加速度过低等。（3）有些灰的比电阻很高；粘附性又强，就工业设计上尽可能高的振打加速度也难保证在电场投运下取得良好清灰效果。（4）振打杆变形，生锈或振高过调节过低	（1）加强振打装置的安装、维护质量。设计者应根据可能出现的最恶劣情况设计振打加速度大小，然后决定采用何种振打方案。（2）采用烟气调质等使粉尘比电阻下降，减少粉尘的静电吸附力。（3）可考虑采用停电场振打以消除原来较大的静电吸附力对振打清灰的影响，迫不得已也可采用停电场。（4）人工或机械（如电动刷子直接）清扫
26	绝缘子室、高压引入室的绝缘部件（高压电缆及阻尼电阻的支持绝缘子，阴极系统的支撑绝缘子、高压引入套管等）表面受水汽污染发生爬电，使电场投运不上或频繁跳闸	绝大多数情况是由绝缘部件表面水汽凝结，绝缘严重下降引起的，其影响的程度与影响时间取决于水汽、潮气浸入的程度及保温箱的温度。当人孔门、电加热管及温度测量装置等安装处漏风严重，可造成雨水直接侵保温箱室；有些为降低电缆终端头及阻尼电阻的环境温度而将高压引入室开口会使雨水、潮气大量被负压吸入，以上这些情况存在，当保温箱温度不高使吸入的水汽不能很快蒸发而凝结或与污染物结合粘附在绝缘子表面时，就会引起高压电的爬电、放电。保温箱温度在烟气温度低时主要靠加热源（电加热、热风加热）保持，在烟气温度上来后则主要靠烟气中所携带热量保持。保温箱的大小对温度的升高及保持影响很大	大量实践证明，对承受负压电场的保温箱与高压引入室防闪络爬电的重点是避免水汽凝结而不是烟气中冷凝物质的结露，故保温箱防止雨水直接侵入是最重要的，其次才是绝缘子室温度，对大绝缘子室来讲，要求室温高于烟气露点温度很不经济、较难实现且没有意义，但在烟气温度较低情况下（或未通入烟气时）完好的加热系统使室内保持一定温度（如50℃～60℃左右）对驱潮是有必要的，高压引入室不应该开口冷却。采用支撑加引入的高压支持瓷套管能使绝缘子室空间大为减少，有利于室内的加热与温度的保持

序号	故障现象	故障原因	排除故障方法
27	高压绝缘套管破裂，造成爬电或高压侧短路	（1）过去设计中常采用的。石英套管耐不住振打力的频繁冲击，破裂的故障率较高。 （2）绝缘套管内壁被油污严重污染，长期火花放电后最终造成套管闪络炸裂。 （3）瓷支承套管的制造质量差，安装时各点受力不均或多种不利因素共同作用下使瓷套破裂	（1）改为瓷支承套管，在烟气温度过高时采用刚玉支承套管，能使可靠性大为提高。增加必要的对内壁吹扫风量，避免油污严重污染。 （2）加强瓷套管伪制作质量与安装质量
28	灰斗堵灰，除造成电场短路外，还可能引起其他故障；封闭式中轴承进灰磨损严重；堵灰后灰的温度下降，长期堆积的灰容易吸潮并产生腐蚀物质使阴、阳极及外壳、灰斗腐蚀甚至烂断、烂穿部分积灰在灰斗疏通后可能堵在阴、阳极之间，造成电场长期性不完全短路；堵灰可使极板因两侧承受不同压力而弯曲、变形、上顶，也可能造成悬挂式极板脱钩；堵灰也会引起阴极小框架承力变形	（1）外界（以排灰阀为界）因素引起，如冲灰水箱水压力不足或过高、喷嘴堵塞、落灰管漏灰严重、保温差、气力输送管道堵塞、压力不足、气化板孔堵塞、程控故障、电动阀故障等。 （2）排灰阀故障。 （3）灰斗加热及保温不良，插板阀等处漏风，蒸汽加热泄漏，灰斗本身及人孔门漏风等引起灰在灰斗中受潮、温度下降使灰的流动性大为下降造成搭桥。灰斗角上存在的死角容易成为搭桥点。 （4）灰斗挡风板特别是其活动部分容易脱落造成排灰阀出口堵塞。 （5）运行及检修方式的影响，连续排灰方式常使灰斗排空，没有灰封容易造成漏风，但定期排灰常受到无可靠灰位信号、一些执行机构如电动阀不可靠及出灰能力差等综合制约而无法实现，有的设备蒸汽加热汽源不合理，无法使冷灰斗在电场投运前加热到足够温度，停机前灰斗存灰未排空而又没有可靠的保温措施使冷灰搭桥，电场用水冲洗后来不及烘干造成锈蚀，开机时铁锈大量剥离并在灰斗口结团造成堵塞等	从设计、制造、安装、维护等多方面重视出灰系统的可靠性。其中考虑干温两出的管道常引起堵灰，需特别注意。 落灰管的保温也应重视。加强灰斗及所加热管的焊接质量，在灰斗四角增加导流圆弧板，后级电场常由于灰量少自身携带热量少而造成冷灰斗堵灰，故需加强其加热与保温的设计，如改变以往蒸汽走向由前级电场后级电场改为由后到前，增加后级电场蒸汽加热管的数量与流量，加大灰斗保温范围等。为了避免灰斗出灰口的搭桥以致引整个灰斗堵灰，可都考虑在灰斗底部设置捅灰孔及设置人工振打部位避免落灰"搭桥"。实际中发现装设电动的仓壁振动器要慎重，因为过度振动会造成灰斗及插板阀等处变形、漏灰，有时候振动不但不能破坏"桥"。而且还会使落灰更加结实。一种从内部破坏其"桥"，形成的方法简单、实用，已在实际中取得良好效果。在有压缩空气气源时，在灰斗下部加装压缩空气吹扫管或气化板，也有利于避免灰斗底部结块、"搭桥"，造成堵灰
29	排灰阀故障，除造成灰斗堵灰外，还可能引起排灰电机烧毁，排灰阀转子叶片损坏	排灰阀故障大部分由排灰阀中掉入杂物如螺丝、螺母、电焊条等引起排灰阀卡死，有时将叶片打碎当电气保护不能正确动作时，引起电动机烧毁。排灰阀另一个常见缺陷是因为有些排灰阀采用滑动轴承，而滑动轴承（铜套）的加油孔很容易被堵死，一旦堵死后铜套将很快因干磨而局部磨损严重，轴下沉，造成叶轮卡死，崩裂间隙增大，漏灰严重。实践证明这类轴承很难适应电除尘器现场的需要	轴承安装前，应对滚（滑）动表面涂以相应润滑指以形成初步润滑条件，安装时轴承上油孔应与端盖油孔杯对准，注意中间不要有空气段混入
30	控制柜内空气开关跳闸或合闸后再跳闸	（1）电除尘器内有异物造成二极短路。 （2）阴极断裂或内部零件脱落导致短路。 （3）料位指示失灵，灰斗中灰位升高造成阴极对地短路。 （4）阴极绝缘子因积灰而产生沿面放电，甚至击穿。 （5）绝缘子加热元件失灵或保温不良，使绝缘支柱表面结露，绝缘性能下降而引起闪络。 （6）低电压跳闸或过流、过电压保护误动作	（1）清除异物。 （2）剪掉断线，取出脱落物。 （3）修好料位计，排除积灰。 （4）清除积灰，擦拭绝缘子。 （5）更换加热元件，修复保温。 （6）检查保护系统

序号	故障现象	故障原因	排除故障方法
31	运行电压低，电流很小，或电压升高就产生严重闪络而跳闸	（1）烟气温度低于露点温度，导致绝缘性能下降，发生在低电压下严重闪络。 （2）振打机构失灵，极板、极线严重积灰，造成击穿电压下降。 （3）阴极振打瓷轴密封不严，保温不良，造成积灰结露而产生沿面放电	（1）调整锅炉燃烧工况，提高烟温。 （2）修复振打失灵零件。 （3）清除积灰，修复保温
32	电压为正常值或很高，电流很小或电流表无指示。	（1）工艺变化，粉尘比电阻变大或粉尘浓度过高，造成电晕封闭。 （2）高压回路不良，如阻尼电阻烧坏，造成高压硅整流变压器开路	（1）烟气调质，改造除尘器。 （2）更换阻尼电阻
33	二次电流表指示极限值，二次电压接近零	（1）阴极线断线，造成二极短路。 （2）电场内有金属异物。 （3）高压电缆或电缆终端盒对地短路。 （4）绝缘子损坏，对地短路	（1）剪掉阴极断线。 （2）清除异物。 （3）修复或更换损坏的电缆和终端盒。 （4）修复或更换绝缘子
34	二次电流表指针周期性摆动	（1）阴极框架振动。 （2）阴极线折断后，残余段在框架上晃动	（1）消除框架振动。 （2）剪掉残余线段
35	二次电流表指针激烈振动	（1）高压电缆对地击穿。 （2）电极弯曲造成局部短路	（1）确定击穿部位并修复。 （2）校正弯曲电极
36	机械侧部振打电动机运行正常，振打轴不转	（1）保险片断裂。 （2）链条断裂。 （3）电瓷转轴扭断	更换损坏件
37	机械侧部振打电动机的保险片经常被拉断	（1）振打轴安装不同心。 （2）运转一段时间后，轴承耐磨套磨损严重，造成振打轴同轴度超差。 （3）振打锤头卡死。 （4）保险片安装不正确。 （5）锤头转动部分修饰	（1）按图纸要求，重新调整各段振打轴的同轴度。 （2）更换耐磨套，检查振打轴的同轴度。 （3）消除锤头转轴处的积灰及锈斑，调整锤头垫片直至锤头转动灵活。 （4）按图纸要求重新安装保险片。 （5）除锈
38	电压突然大幅度下降	（1）阴极线断线，但尚未短路。 （2）阳极板排定位销断裂，板排移位。 （3）阴极振打瓷轴保温箱积灰、结露。 （4）阴极小框架移位	（1）剪除断线。 （2）将阳极板排重新定位，焊牢固定销。 （3）检查电加热器及绝缘子室的漏风情况，排除故障。 （4）重新调整并固定移位的框架
39	进、出口烟气温差大	（1）保温层脱落。 （2）漏风严重	（1）修复保温。 （2）更换人孔门等漏风处的密封填料，补焊壳体脱焊或开裂部位
40	卸灰器不转	（1）卸灰器及其电机损坏。 （2）灰中有异物（振打零件、锤头、极线等）。 （3）积灰结块未消除	（1）修复或更换损坏部件。 （2）取出异物。 （3）清除块状积灰
41	灰斗不下灰	（1）有异物将出灰口堵住。 （2）由于灰的温度过低而结露，形成块状物	（1）取出异物。 （2）检查灰斗加热系统，保证正常运行

序号	故障现象	故障原因	排除故障方法
42	电压、电流全正常，但除尘效率不高	（1）电除尘器在设计时容量小。 （2）实际烟气流量超过设计值或振打不合适，二次扬尘严重。 （3）气流分布不均匀。 （4）冷空气从灰斗侵入，出口电场尤为严重。 （5）燃烧不良，粉尘含碳量高	（1）对电除尘器进行提效改造。 （2）改善锅炉燃烧情况，消除漏风因素，调整振打周期。 （3）调整气流分布。 （4）加强灰斗保温，各灰斗连续加热。 （5）改善锅炉燃烧工况
43	低电压下产生火花，必要的电晕电流得不到保证	（1）极距变化（因极板弯曲，极板不平呈波状，阴极线弯曲；锈蚀、氧化皮脱落，以及极板、极线黏满灰等）。 （2）局部窜气。 （3）振打强度过大，造成二次扬尘	（1）调整极距，清除积灰。 （2）改善气流工况。 （3）调整振打力，调整振打周期，减少二次扬尘
44	电流密度小时产生火花，除尘效率降低	（1）烟气含高比电阻粉尘较多。 （2）高压电流的电压峰值过高。 （3）运行初期电晕电压过高。 （4）高压供电的可控硅导通角过小	（1）控制粉尘的化学成分和比电阻。 （2）烟气调质。 （3）改变阴极线形状。 （4）降低硅整流变压器的输出抽头，或用二次电压输出较低的硅整流变压器
45	整流变压器内部放电	（1）整流变压器高压输出回路故障。高压输出回路连接有两种方式，一种为硬导线连接，如果在组装或吊芯检查时损伤导线，运行中发生断裂，就会在断裂处产生放电。另一种为插接口连接，如果在组装中或吊芯检查后插接位置不正，接触不良就会放电。 （2）高压测量电阻质量不过关，承受不了长期的火花放电与过电压冲击。 （3）高压线包绑扎质量差，线带与引出头发生位移，造成绝缘距离不够而放电。 （4）铁芯一点接地不良造成悬浮电荷对外壳放电。 （5）硅堆固定环氧板因发热碳化、老化等原因发生爬电。 （6）主绝缘局部存在薄弱点对地放电	（1）组装与吊芯检查时特别注意高压输出回路连接情况，避免损伤硬导线及插接口错位。 （2）检查高压测量电阻，一旦发现有电阻烧毁迹象时及时予以更换，避免故障扩大。 （3）加强绑扎工艺及吊芯时的检查与处理。 （4）重新良好接地。 （5）对绝缘损伤处进行恢复强度处理，必要时予以更换。 （6）进行加强绝缘处理，有条件时可进行耐压试验
46	烟尘连续监测仪无信号	（1）监测仪供电不正常，仪器未工作。 （2）输出信号衰减大。 （3）监测仪故障	（1）监测仪正常供电。 （2）检查输出阻抗是否匹配，调整其阻抗值或增加信号放大器。 （3）请供货厂家检查、修理
47	烟尘连续监测仪信号始终最大	（1）监测仪探头被严重污染。 （2）清扫系统损坏或漏风。 （3）仪器测试光路严重偏离。 （4）含尘气体浓度过大	（1）清除探头污染。 （2）检查清扫系统并及时维修。 （3）检查测试光路，按仪器说明书调整。 （4）检查除尘器是否发生故障，并及时处理
48	烟尘连续监测仪信号无法调至零点	（1）仪器零点调节漂移。 （2）仪器测试光路偏离	（1）按仪器说明书重新调节零点。 （2）检查测试光路，按仪器说明书调整

序号	故障现象	故障原因	排除故障方法
49	上位机控制系统检测信号失误	（1）有关信号采集和传输有误。 （2）信号源输出有误。 （3）高、低压柜向上位机输出有误。 （4）上位机对检测信号数据处理有误	（1）检查上位机的采集板、接口和有关信号传输电缆，及时修理、调试和更换。 （2）检查并处理有关信号源（如电压、电流、温度、料位、浓度、开关等信号）。 （3）检查、调整高、低压柜向上位机输出信号值。 （4）依据实际值重新计算设定
50	上位机控制系统不能正常启动	（1）上位机自身发生故障。 （2）计算机存在电脑病毒	（1）按计算机有关说明检查处理货请厂家处理。 （2）清除电脑病毒
51	振打器不工作，影响振打清灰效果	1）接线不正常，控制柜固态继电器和振打端子箱的二极管烧坏。 2）振打器的安装高度不合适，振打活塞杆露出高度过少或过多，造成振打活塞杆没有行程高度或振打线圈产生的磁力不足以提升振打活塞杆	1）如有烧坏，直接更换烧毁设备。并检测线路。 2）调整固定振打器的三个双头螺杆以调节振打活塞杆的露出高度
52	受同时振打的振打器有感应电流的通过，振打强度不是很大，只是轻微启动一下	（1）电磁振打控制是每个振打器都需要单独提供电源，电源从控制柜送至振打端子箱，再从端子箱分配到每个振打器，通过远距离的输送，路径过程中受各种干扰，积累了一定的感应电流，累积到一定大小的时候，就在某个振打器上产生作用，产生的电流不是很大，该振打器只轻微启动一下，表现为联打。 （2）振打器的工作过程就是将电能转化为磁能，再将磁能转化为动力势能，同时产生为动力加速度，动力势能再转化为重力势能，断电后振打活塞杆在重力势能的作用下做自由落体运动，消耗重力势能产生重力加速度进行工作。电磁振打器的线圈相当于纯电感的电阻器，通电后产生很大的感抗和阻抗，当然在振打端子箱中有相应的元器件去消除感抗和阻抗，在端子箱向每个振打器供电处接入二极管，主要是保护电磁振打器线圈，但无法消除线路各种干扰产生的感应电流	在受同时振打的振打器上再接入一个二极管，是反向接入的，在通过振打端子箱到振打器线圈的接线柱上接入二极管
53	控制柜的固态继电器和振打端子箱的二极管被烧坏。或二极管被击穿	若二极管被击穿，就出现串行或串列，很容易造成某个振打器在不停地工作，因为该振打器一直在导通，振打器都有可能被烧坏	选择二极管时要选型号大一些的，起到自身的保护作用，如果是二极管被击穿，直接更换二极管

第二节　脉冲喷吹袋式除尘器典型故障、原因分析及处理方法

脉冲喷吹袋式除尘器典型故障、原因分析及处理方法见表 6-2。

表 6-2　　　　　　　脉冲喷吹袋式除尘器典型故障、原因分析及处理方法

序号	故障现象	故障原因	排除故障方法
1	除尘器入口烟气温度高温报警	炉窑高负荷运行	开启降温措施或者旁路系统

续表

序号	故障现象	故障原因	排除故障方法
2	灰斗粉尘不能排出，高料位报警	（1）排出口粉尘堵塞。 （2）灰斗内粉尘拱塞。 （3）粉尘潮湿，产生附着而难于下落。 （4）外排灰系统故障	（1）清理堵塞粉尘。 （2）清除积灰拱塞。 （3）调高灰斗电加热器温度设定值。 （4）检查外排灰卸灰阀
3	阻力异常上升，高阻力报警	（1）清灰不良。 （2）粉尘湿度大、糊袋。 （3）气包压力降低。 （4）引风机风门开启过大	（1）检查清灰机构。 （2）检查压缩空气管路、气包是否漏气，提高气包压力。 （3）调整引风机风门，平衡风量与系统阻力
4	阻力太低	（1）清灰间隔太短。 （2）连接压力计的管路堵塞。 （3）引风机风门开启过小	（1）增加清灰间隔。 （2）检查压力计进出口及连接管路，疏通或更换。 （3）调整引风机风门，平衡风量与系统阻力
5	无压缩空气	气源关闭，压缩空气管路堵塞或漏气	检查气源，压缩空气管路，排除故障
6	氧含量异常升高	烟气管路系统及设备泄露	检查漏风点，补焊或更换密封条
7	风机排出口浓度显著增加	（1）滤袋破损。 （2）滤袋口与花板之间漏气。 （3）掉袋	（1）更换滤袋，检查袋笼消除毛刺。 （2）重新安装滤袋。 （3）重新安装滤袋
8	脉冲阀常开	（1）电磁阀不能关闭。 （2）小节流孔完全堵塞。 （3）膜片上的垫片松脱漏气	（1）检查、调整。 （2）疏通小节流孔。 （3）更换
9	脉冲阀常闭	（1）控制系统无信号。 （2）电磁阀失灵或排气孔被堵。 （3）膜片破损	（1）检修控制系统。 （2）检修或更换电磁阀。 （3）更换膜片
10	脉冲阀喷吹无力	（1）大膜片上节流孔过大或膜片上有砂眼。 （2）电磁阀排气孔部分被堵。 （3）控制系统输出脉冲宽度过窄	（1）更换膜片。 （2）疏通排气孔。 （3）调整脉冲宽度
11	电磁阀不动作或漏气	（1）接触不良或线圈断路。 （2）阀内有脏物。 （3）弹簧、橡胶件失去作用或损坏	（1）调换线圈。 （2）清洗电磁阀。 （3）更换弹簧或橡胶件

第三节　旋转喷吹袋式除尘器典型故障、原因分析及处理方法

当袋式除尘器开始发生难于确认的问题时，运行人员应和主管部门联系，确认和改正问题。下面是旋转喷吹袋式除尘器运行中可能出现的故障。

一、系统压差长期超过设定值

系统运行中，有时不管怎样清灰，也无法使系统压差恢复到规定压差的下限。这是因喷吹系统发生故障或者滤袋完全堵塞的缘故。

排除方法：

（1）检查气包压力是否达到设计值（0.085～0.1MPa）。

（2）检查气包内是否有积液，若有，打开排污阀排污。

（3）检查是否糊袋，若有，进行换袋。确定某室出现破袋后，关闭该室进出口风门，将

该室离线，确定破损的布袋，进行换袋。

二、压差减小而烟色恶化、检漏仪超标

多数是由于滤袋损坏、滤袋花板卡环损坏、旁路阀泄露等因素导致未经处理的烟气通过破损处串气。

排除办法：

（1）确定某过滤室出现破袋后，关闭该室手动调节阀及出口离线阀，将该过滤室离线，确定破损的布袋，按照要求进行换袋。

（2）若无滤袋破损，则检查旁路阀是否有故障。

三、卸灰故障

袋式除尘器上的灰斗若堵塞会引起严重的问题，导致灰斗内的存灰超过标准值。灰在冷的时候不容易流动。因此，灰斗保温、灰斗加热器、空气密封以及连续除灰对防止灰斗堵塞很有必要。不论什么原因（灰的冷却、内漏、卸灰系统运行故障，或者只是简简单单地用灰斗储灰），灰斗堵灰故障的紧急解决方法是打开灰斗人孔或卸料口把它们清掉。在打开灰斗人孔和卸料口进行强制排灰时，由于灰斗内的大量存灰快速外喷排出，容易将附近的人员埋没或烫伤造成人员伤亡，因此排放灰时，要求无关人员远离出灰口，操作人员做好安全防护措施，避免造成伤亡。

四、旋转喷吹系统故障

当冬季室外温度较低时，除尘系统长时间停机，启动旋转臂驱动电动机，传感器显示未转动，应立即停机。检查减速电动机齿轮箱润滑油是否凝结，若凝结应使用喷灯烘烤箱体。

五、其他典型故障

旋转喷吹袋式除尘器其他典型故障与处理措施见表 6-3。

表 6-3　　　　　　　　旋转喷吹袋式除尘器其他典型故障与处理措施

序号	故障现象	故障原因	排除故障方法
1	除尘器压降过高	滤袋清灰系统的故障	检查所有的清灰系统零部件及供气是否正常
		滤袋受潮	控制露点偏移
2	压降过低	差压表管堵塞	回吹表管
		差压表管破损或断开	检查和修理
		滤袋的过度清灰	减少清灰力度和/或周期时间
3	排放超标	破袋	更换滤袋
		袋子的透气性增加	测试布袋
		过滤室与净气室串气	检查和修理
4	杂音大或异常震动	除尘器前烟道阀门开度过小或关闭	检查阀门
		罗茨风机震动	检查和修理
5	产生噪声	布袋除尘器的压降增高	降低压降
		系统风机速度降低	提高速度
		烟道平衡不正确	重新对系统进行平衡
		管线堵塞	清除
		系统风机挡板位置不正确	检查并调整

序号	故障现象	故障原因	排除故障方法
6	腐蚀严重	刷漆材料或运用不当	用正确的残料重新粉刷
		保温不当	增加保温
		露点偏移	谨慎监测和控制过程
		停机不当	遵守正确的停机规程

第四节 湿式电除尘器典型故障、原因分析及处理方法

为了使湿式电除尘器长期稳定的运行，达到设计除尘效率，需专人负责该设备的运行和维护。负责人必须理解湿电的原理，结构，设备参数和作用并做到能操作、维护并及时排除故障。

湿式电除尘器常见故障主要包括本体、电气、绝缘子热风吹扫系统、水冲洗系统的故障，具体故障原因分析及处理方法见表 6-4 和表 6-5。

表 6-4　　　　　　　　　　　　湿式电除尘器本体及电气方面故障分析

序号	故障现象	故障原因	排除故障方法
1	二次电流大且二次电压偏低并无火花	(1) 高压电源与终端头严重漏电。 (2) 高压部分可能被异物接触	(1) 检查电场或绝缘子室无异物。 (2) 检查高压回路，更换元器件
2	二次电流正常或偏大，二次电压偏低	(1) 绝缘子室污染严重。 (2) 阴阳极积灰。 (3) 极距安装偏差大。 (4) 极板极线晃动，产生低电压下严重闪络。 (5) 接地不良导致的其他部位电压降高	(1) 检查热风系统。 (2) 清洁绝缘子。 (3) 调整极距、固定极板极线。 (4) 检修高频电源。 (5) 检修系统回路
3	电场闪烁严重	阴极线断裂或脱落	停运电场，必要时停机修复
4	二次电流不规则变动	电极积灰，极距变小而产生火花放电	清除积灰
5	二次电流周期性变动	(1) 阴极线下端脱开或断裂，残余部分混动。 (2) 工况变化大	(1) 换去断线。 (2) 安装检查，消缺
6	有二次电压而无二次电流或电流极小	(1) 阴阳极积灰严重。 (2) 接地电阻过高，高压回路不良。 (3) 高压回路电流表测量回路短路。 (4) 高压输出与电场接触不良	(1) 检查喷嘴是否堵塞或极板上水膜是否正常。 (2) 清除积灰使接地电阻达到规定要求。 (3) 修复短路。 (4) 检查接触部分，修复
7	火花率高	(1) 绝缘子脏。 (2) 变压器内部二次侧接触不良。 (3) 气流分布不均匀。 (4) 极距变小。 (5) 阻尼电阻断裂放电	(1) 清洗绝缘子。 (2) 检查变压器二次侧。 (3) 更换气流均布板。 (4) 调整异极距。 (5) 更换阻尼电阻
8	一、二次电流、电压均正常，除尘效率不高	(1) 烟气分布不均匀。 (2) 异极距超差过大。 (3) 烟气条件偏离设计工况	(1) 分布板清灰或更换分布板。 (2) 调整异极距。 (3) 调整参数。 (4) 根据修正效率曲线考核效率

序号	故障现象	故障原因	排除故障方法
9	控制回路及主回路工作不正常	（1）安全连锁未到位闭合。 （2）合闸线圈及回路断线。 （3）辅助开关接触不良	（1）检查安全连锁柜。 （2）更换线圈，检查接线。 （3）检修开关

湿式电除尘器绝缘子、水冲洗系统方面故障分析见有 6-5。

表 6-5　　　　　　　　　　湿式电除尘器绝缘子、水冲洗系统方面故障分析

序号	故障现象	故障原因	排除故障方法
1	因绝缘子表面结露导致绝缘子破损	（1）热风系统加热器故障。 （2）绝缘子温度计故障。 （3）绝缘子保温不良	（1）检查绝缘子加热器。 （2）检查绝缘子箱温度计。 （3）检查绝缘子保温箱保温情况
2	湿电内部部件清洗不良或腐蚀	（1）喷嘴堵塞。 （2）流量计故障。 （3）自动过滤器压损大。 （4）循环水泵故障或水路堵塞	（1）检修喷嘴。 （2）确认自动过滤器运行状态。 （3）确认循环水箱、泵运行状态。 （4）短时间（4h）用酸性循环水溶解堵塞物质
3	排水流量异常	（1）喷嘴堵塞。 （2）流量计故障。 （3）自动过滤器压损大。 （4）循环水泵故障或水路堵塞	（1）检修喷嘴。 （2）确认自动过滤器运行状态。 （3）确认循环水箱、泵运行状态。 （4）短时间（4h）用酸性循环水溶解堵塞物质
4	循环水 pH 值过高	（1）pH 计故障。 （2）碱计量泵故障。 （3）喷淋喷嘴堵塞	（1）检查 pH 计。 （2）检查碱计量泵。 （3）短时间（4h）用酸性循环水。溶解堵塞物质 （4）检查喷嘴是否堵塞
5	循环水 pH 值过低	（1）pH 计故障。 （2）碱计量泵故障。 （3）加碱管路堵塞	（1）检查 pH 计。 （2）检查碱计量泵。 （3）检查加碱管路，手动加碱
6	排水 pH 值过高	（1）pH 计故障。 （2）碱计量泵故障。 （3）喷淋喷嘴堵塞	（1）检查 pH 计。 （2）检查碱计量泵。 （3）短时间（4h）用酸性循环水溶解堵塞物质 （4）检查喷嘴是否堵塞
7	排水 pH 值过低	（1）pH 计故障。 （2）量泵故障。 （3）管路堵塞	（1）检查 pH 计。 （2）检查碱计量泵。 （3）检查加碱管路，手动加碱
8	碱罐液位低	NaOH 不足	检查液位计

注　负责湿电检修专工需熟悉湿式电除尘系统流程图，确认发生异常情况后，查找对策并进行处理。

除尘超低排放技术

超低排放是燃煤锅炉烟气采用多种污染物高效协同脱除的集成系统技术，其目标是使燃煤锅炉大气污染物排放浓度达到燃气机组排放限值，即烟尘、二氧化硫、氮氧化物排放浓度（基准含氧量 6%）分别不超过 5、35、50mg/m³。我国超低排放自 2014 年国家发展和改革委员会、中华人民共和国国家环境保护部、国家能源局三部委联合印发《煤电节能减排升级与改造行动计划（2014—2020 年）》开始，率先于火力发电领域的煤电锅炉开展，并取得巨大成果。实际伴随燃煤超低排放政策与技术的发展，要求更高的燃煤电厂烟尘、二氧化硫、氮氧化物排放限值，即 5、10、30mg/m³ 排放标准已经称为现实。

超低排放技术包含烟气中的烟尘、二氧化硫、氮氧化物治理技术，它是一系列技术构成的工艺环节。在超低排放工艺路线中，粉尘超低排放不同于二氧化硫、氮氧化物的超低排放，由于粉尘超低排放涉及工艺设备众多，比如 MGGH 热回收器（包含低温省煤器）、脱硫前除尘器、脱硫后除尘器、脱硫除雾器等，因此粉尘超低排放在整个超低排放工艺路线中占有较大的比重，并且直接影响着超低排放工艺路线的设计与选择。

实际脱硝、脱硫设施在脱除其自身污染物时，对烟气中的粉尘均有一定的脱除作用，特别是除尘器后的脱硫装置，一般能有 50% 以上的粉尘脱除效率。结合考虑除尘设备前端脱硝装置，以及除尘设备后端脱硫装置，制定合理合适的除尘超低排放技术路线是燃煤电厂实现粉尘超低排放的最佳选择。

本章介绍目前技术相对成熟的除尘超低排放控制技术，包括以袋式除尘技术为主的除尘超低排放技术、以湿式电除尘技术为主的除尘超低排放技术、以低低温电除尘器为主的除尘超低排放技术。

第一节 火电厂超低排放典型技术路线

燃煤机组脱硫技术主要包括炉内喷钙脱硫、湿法烟气脱硫和半干法脱硫等。为达到 SO₂ 超低排放，常规的脱硫改造技术为：当烟气脱硫系统的目标脱硫效率不大于 98.8%，可采用高效单吸收塔脱硫系统；当烟气脱硫系统的目标脱硫效率大于 98.8% 时，宜采用双塔双循环脱硫系统。

燃煤机组脱硝技术主要有低氮燃烧（LNB）、选择性非催化还原（SNCR）、选择性催化还原（SCR）和 SNCR/SCR。为达到 NOₓ 超低排放，常规的脱硝改造技术为：在不影响燃煤机组安全经济运行的前提下，尽可能通过 LNB 控制 NOₓ 排放浓度，并增设 SCR 装置。

燃煤机组除尘技术主要包括脱硫前端除尘和脱硫后端除尘，其中前端除尘包括干式电除尘和袋式除尘，脱硫后端除尘包括湿式电除尘和湿法脱硫一体化协同除尘。为达到烟尘超低排放，控制脱硫前端除尘器出口烟尘排放浓度不大于 $30mg/m^3$，对于受工程条件限制的机组，除尘器出口烟尘浓度也可按不大于 $50mg/m^3$（标准状态）设计。经过湿法脱硫后烟尘降低到 $20mg/m^3$ 以下，最终经过湿式电除尘器达到烟尘超低排放。当前端除尘器出口烟尘排放质量浓度不大于 $25mg/m^3$ 时，可直接采用湿法脱硫协同除尘来实现烟尘超低排放。

一、以袋式除尘器作为一次除尘且与湿法脱硫协同除尘的超低排放技术路线

以袋式除尘器作为一次除尘且与湿法脱硫协同除尘的超低排放技术路线为：燃煤锅炉→脱硝装置→空气预热器→袋式除尘器（标准状态下粉尘排放浓度不超过 $20mg/m^3$）→湿法脱硫（含高效除雾器协同粉尘，粉尘排放浓度不超过 $5mg/m^3$）→烟囱，如图 7-1 所示。

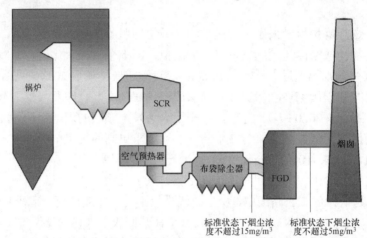

图 7-1　以袋式除尘器作为一次除尘且与湿法脱硫协同除尘的超低排放技术路线图

二、以电除尘器结合提效技术作为一次除尘且与湿法脱硫协同除尘的超低排放技术路线

以电除尘器结合提效技术作为一次除尘且与湿法脱硫协同除尘的超低排放技术路线为：燃煤锅炉→脱硝装置→空气预热器→烟气冷却器（可选）→电除尘器（含提效技术，标准状态下粉尘排放浓度不超过 $20mg/m^3$）→湿法脱硫（含高效除雾器协同除尘，标准状态下粉尘排放浓度不超过 $5mg/m^3$）→烟气换热器（可选）→烟囱，如图 7-2 所示。

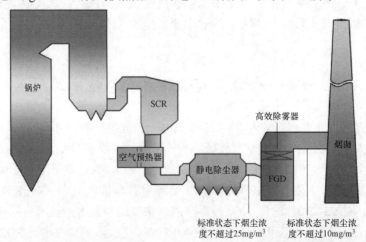

图 7-2　以电除尘器结合提效技术作为一次除尘且与湿法脱硫协同除尘的超低排放技术路线图

三、以湿式电除尘器作为终端除尘的除尘超低排放技术路线

以湿式电除尘器作为终端除尘的除尘超低排放技术路线为：燃煤锅炉→脱硝装置→空气预热器→除尘器（标准状态下粉尘排放浓度不超过 30mg/m^3）→湿法脱硫→湿式电除尘装置（标准状态下烟尘排放浓度不超过 5mg/m^3）→烟囱，如图 7-3 所示。

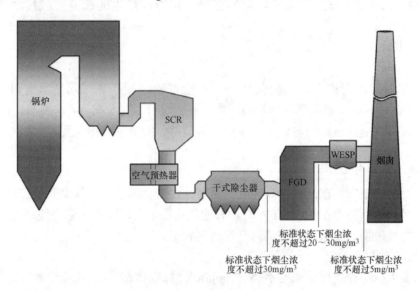

图 7-3　以湿式电除尘器作为终端除尘的除尘超低排放技术路线图

四、以低低温电除尘器作为一次除尘且与湿法脱硫协同除尘的超低排放技术路线

以低低温电除尘器作为一次除尘且与湿法脱硫协同除尘的超低排放技术路线为：燃煤锅炉→脱硝装置→空气预热器→烟气冷却器→低低温电除尘器（标准状态下粉尘排放浓度不超过 20mg/m^3）→湿法脱硫（含高效除雾器协同除尘，标准状态下粉尘排放浓度不超过 5mg/m^3）→烟气换热器（可选）→烟囱，如图 7-4 所示。

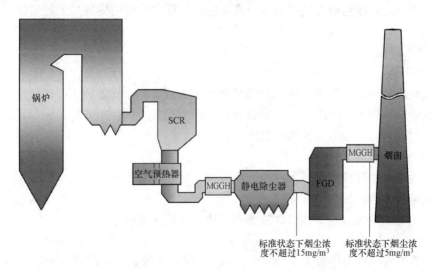

图 7-4　以低低温电除尘器作为一次除尘且与湿法脱硫协同除尘的超低排放技术路线图

第二节　火电厂除尘超低排放技术路线选择要点

一、以袋式除尘器作为一次除尘且与湿法脱硫协同除尘的超低排放技术路线的选择要点

（一）技术特点

1. 技术优势

袋式除尘器占地面积小，除尘效率高，一般可稳定保证袋式除尘器出口排放浓度在 $20mg/m^3$ 以下；袋式除尘器处理气体量范围大，不受煤种、飞灰成分、浓度和比电阻的影响；结构简单，使用灵活；运行稳定可靠，操作维护简单。脱硫后可不设置湿式电除尘器达到超低排放。

2. 技术不足

受滤袋材料的限制，在高温、高湿度、高腐蚀性气体环境中，除尘的适应性较差。运行阻力较大，平均运行阻力在 1500Pa 左右，有的袋式除尘器运行不久阻力便超过 2000Pa。除此之外，滤袋易破损、脱落，旧袋难以有效回收利用。

（二）选择要点

（1）当要求机组粉尘排放浓度不超过 $5mg/m^3$（标准状态），袋式除尘器出口粉尘浓度宜低于 $20mg/m^3$（标准状态），甚至可达到不超过 $15mg/m^3$（标准状态），可在脱硫塔改造中考虑协同脱除粉尘的能力，增加喷淋效果并设置高效除雾器进一步辅助粉尘脱除，保证脱硫塔总体脱除粉尘的效率不应低于 70%。

（2）当要求机组粉尘排放浓度不超过 $5mg/m^3$（标准状态），袋式除尘器的过滤风速宜小于 0.9m/min。

（3）当要求机组粉尘排放浓度不超过 $5mg/m^3$（标准状态），袋式除尘器的滤袋材质宜采用 PPS、PTFE 基布。

二、以电除尘器结合提效技术作为一次除尘且与湿法脱硫协同除尘的超低排放技术路线的选择要点

（一）技术特点

1. 技术优势

采用高频高压电源、脉冲高压电源等新型高压电源及控制提效技术时，可结合电除尘器本体进行设置。该技术路线均具有除尘效率高，压力损失小，使用方便，无二次污染，设备运行检修相对容易，安全可靠性较好的优点。

2. 技术不足

电除尘器结合提效技术的设备占地面积较大，除尘效率受煤种和飞灰成分影响，需要相应调整供电电源参数及振打清灰制度。另外，能否稳定实现电除尘器出口排放浓度在 $25mg/m^3$ 以下，供电电源的质量以及本体设计的优劣是决定性的关键因素。

（二）选择要点

（1）当要求机组粉尘排放浓度不大于 $10mg/m^3$（标准状态），电除尘器出口粉尘浓度宜低于 $25mg/m^3$（标准状态），脱硫塔改造中协同脱除粉尘以及高效除雾器的除尘能力，脱硫塔总体脱除粉尘的效率不应低于 60%。

（2）电除尘器供电电源采取高频电源+脉冲电源的电源配置方式，即前端电场是高频电源，后端电场是脉冲电源。

（3）电场之间需要增加径流式多孔收尘板或者收尘槽板，并配套振打装置。

三、以湿式电除尘技术为主的除尘超低排放技术路线的选择要点

（一）技术特点

1. 技术优势

对粉尘的适应性强，除尘效率高，适用于处理高温、高湿的烟气；无二次扬尘；无锤击设备等易损部件，可靠性强；能有效去除亚微米级颗粒、SO_3 气溶胶和石膏微液滴，可有效控制 PM2.5、蓝烟和石膏雨。

2. 技术不足

排烟温度需低于冲刷液的绝热饱和温度；在高粉尘浓度和高 SO_2 浓度时难以采用湿式电除尘器；必须要有良好的防腐蚀措施；湿式电除尘器冲洗水虽采用闭式循环，但要与脱硫水系统保持平衡。另外，在脱硫后增加湿式电除尘器，超低排放的总体投资造价较高。

（二）选择要点

（1）当要求机组粉尘排放浓度不超过 5mg/m³（标准状态），前端干式除尘器出口粉尘浓度不宜超过 30mg/m³（标准状态），不考虑脱硫系统协同脱除效率时，湿式电除尘器入口粉尘浓度宜不超过 30mg/m³（标准状态）；当考虑脱硫系统的协同脱除粉尘的能力，湿式电除尘器入口粉尘浓度以不超过 20mg/m³（标准状态）为佳。

（2）湿式电除尘器的设计风速宜不大于 3m/s。

（3）湿式电除尘器阴阳极系统均应选择防腐蚀性强的材料。

四、以低低温电除尘器作为一次除尘且与湿法脱硫协同除尘的超低排放技术路线的选择要点

（一）技术特点

1. 技术优势

采用烟气冷却器时，设置在电除尘器之前构成低低温电除尘器。该技术路线均具有除尘效率高，压力损失小，使用方便，无二次污染，设备运行检修相对容易，安全可靠性较好的优点。

2. 技术不足

低低温电除尘器设备占地面积较大，除尘效率受煤种和飞灰成分的影响较大。粉尘比电阻降低会削弱捕集到阳极板上粉尘的静电黏附力，从而导致二次扬尘有所增加。另外，解决烟气温度降至酸露点以下后的腐蚀、结露等问题，需要一定的投入。

（二）选择要点

（1）烟气冷却器在烟气冷却段出口的烟气温度高于烟气酸露点 15℃以上，烟气加热段出口烟气温度可加热到 70℃以上。

（2）当要求机组粉尘排放浓度不超过 5mg/m³（标准状态），前端低低温电除尘器出口粉尘浓度不宜超过 20mg/m³（标准状态），脱硫塔总体脱除粉尘的效率不应低于 70%。

（3）当要求机组粉尘排放浓度不超过 5mg/m³（标准状态），除尘器灰斗的材质宜采用 ND 钢或抗酸腐蚀性能不低于 ND 刚的不锈钢。

第三节　除尘技术超低排放典型工程案例

一、某电厂 2×350MW 热电机组低压脉冲旋转喷吹袋式除尘器超低排放工程

（一）工程概况

该工程为单系列辅机，每台锅炉配一台空气预热器，所以要求每台锅炉按照一台袋式除尘器设置。由于烟气均流的限制以及布置的原因，最终要求每台锅炉所配的除尘器的烟道进（出）口总数量为 4 个。

（二）技术路线

该工程技术路线为：燃煤锅炉→脱硝装置→空气预热器→低压脉冲旋转喷吹袋式除尘器（标准状态下粉尘排放不超过 15mg/m³）→脱硫装置（协同脱除标准状态下粉尘排放不超过 5mg/m³）→烟囱。

（三）技术方案

布袋除尘区的进出气方式采用水平进气、水平出气的方式，原烟气进入除尘器进风烟道，分别均流分配进入各过滤单元，烟气进入除尘区域后，大颗粒粉尘因重力作用落入灰斗，烟气通过滤袋外滤方式进行过滤。粉尘被阻留在滤袋外表面，净化后的烟气沿袋内向上流动，在上箱体汇集后从尾部出风喇叭口排出。

滤袋清灰采用脉冲喷吹方式，以压缩空气为动力，通过喷吹装置来实现。

低压脉冲旋转喷吹袋式除尘器主要技术参数表见表 7-1。

表 7-1　　　　　　　　低压脉冲旋转喷吹袋式除尘器主要技术参数表

序号	项　目	单位	技术参数及要求
1	袋式除尘器出口烟气含尘浓度	mg/m³	<15
	本体总阻力（正常/最大）	Pa	1100～1200
	本体漏风率	%	2
	壳体设计压力	kPa	+9.8/−9.8
2	仓室个数	个	4
3	总过滤面积	m²	35189
4	气布比	(m³/min)/m²	0.86
5	滤袋材料		PPS、PTFE 基布
6	滤袋名义尺寸	mm	φ130×8110
7	滤袋允许连续使用温度	℃	165
8	滤袋清灰方式		在线清灰
9	喷吹气源压力	MPa	0.085～0.1
10	机械开阀时间	s	0.2
11	平均耗气量	m³/min	40
12	清灰控制方式		DCS 程序控制
13	除尘效率	%	99.97（基于入口烟气浓度，47.9g/m³）

（四）投运效果

该机组为新建机组，目前已顺利完成 168h 整套试运。

二、某电厂 320MW 热电机组电除尘器+脱硫高效除雾器改造超低排放工程

（一）工程概况

该电厂原配套上海锅炉厂制造的型号为 SG-1000/170-M305 亚临界中间再热直流锅炉，经技术改造改为 1025t/h 亚临界压力控制循环锅炉，技改后型号为：SG-1025/16.96-M858，机组铭牌出力提高到 320MW。

机组原配套卧式双室四电场电除尘器，烟气脱硫形式采用石灰石—石膏湿法烟气脱硫工艺，烟气脱硝为低氮燃烧器+SCR 脱硝装置。

（二）技术路线

该工程技术路线为：锅炉→低氮燃烧器+SCR 脱硝装置→空气预热器→电除尘器（粉尘排放浓度不超过 25mg/m³）→石灰石—石膏湿法烟气脱硫（含高效除雾器协同脱除，粉尘排放浓度不超过 10mg/m³）→烟囱。

（三）技术方案

将电除尘器 1、2、3 电场供电装置更换为高频电源，4 电场更换脉冲电源，2、3、4 电场末端增加径流式多孔收尘板，达到电除尘器出口粉尘排放浓度不大于 25mg/m³（标准状态）。改造脱硫塔设备，吸收塔抬高 2m，将原有两级平板式除雾器全部拆除，更换为三级屋脊式除雾器，保证脱硫塔出口粉尘浓度低于 10mg/m³（标准状态）。

电除尘器主要技术参数表见表 7-2。

表 7-2　电除尘器主要技术参数表

序号	项　目	单位	数值
1	除尘器入口烟气温度	℃	130～175
2	除尘器入口烟气量	m³/h	2206800
3	除尘器入口烟气含尘浓度（标准状态）	g/m³	35
4	设计除尘器出口烟气含尘浓度（标准状态）	mg/m³	≤25
5	本体阻力	Pa	250
6	本体漏风率	%	2.0
7	总收尘面积	m²	39800
8	室数/电场数		2/4
9	通道数	个	26×2
10	比集尘面积/一个供电区不工作时的比集尘面积	m²/m³/s	65+3（导电滤槽）
11	烟气流速	m/s	≤1.1
12	阳极板形式及材质		C480　SPCC
13	同极间距	mm	400
14	导电滤槽	m×mm	14.7×300
15	阴极线形式及材质		芒刺线

（四）投运效果

该项目于 2017 年底投运，性能测试结果显示电除尘器出口粉尘排放浓度为 24.2mg/m³（标准状态），满足电除尘器粉尘排放不超过 25mg/m³（标准状态）的设计要求，脱硫后粉尘平均排放浓度为 7.5mg/m³（标准状态），满足当地不超过 10mg/m³（标准状态）的粉尘超低排放要求。

三、某电厂 600MW 湿式电除尘器改造超低排放工程

（一）工程概况

该电厂选用哈尔滨锅炉厂有限责任公司与三井巴布科克（MB）公司合作设计、制造的超临界本生（Benson）直流锅炉，型号：HG-1890/25.4-YM4。

机组原配套除尘器形式为电除尘器，烟气脱硫形式采用石灰石—石膏湿法烟气脱硫工艺，烟气脱硝为低氮燃烧器+SCR。

（二）技术路线

该工程技术路线为：锅炉→低氮燃烧器+SCR→空气预热器→电除尘器（标准状态下粉尘排放不超过 30mg/m³）→石灰石—石膏湿法烟气脱硫（协同脱除粉尘后标准状态下粉尘排放不超过 27mg/m³）→湿式电除尘装置（标准状态下粉尘排放不超过 2.7mg/m³）→烟囱。

（三）技术方案

新增设的湿式电除尘器装置的位置在湿法一级脱硫塔后与烟囱之间，根据本项目场地条件，湿式电除尘器跨在湿法脱硫进口水平烟道的上方，高位布置，烟气从一级吸收塔经湿式电除尘器进入净烟道。

湿式电除尘器主要技术参数表见表 7-3。

表 7-3　　　　　　　　　　　　湿式电除尘器主要技术参数表

序号	项　目	单位	卖方提供的内容
1	湿式电除尘入口粉尘浓度（标准状态）	mg/m³	27
2	湿式电除尘出口粉尘浓度（标准状态）	mg/m³	2.7
3	保证效率	%	90
4	本体阻力	Pa	300
5	本体漏风率	%	2
6	室数/电场数	个	6
7	阳极板形式、面积、材质		管式、17090、导电环氧 FRP
8	阴极线形式	m	芒刺线
9	比集尘面积	m²/m³/s	20
10	驱进速度	cm/s	
11	烟气流速	m/s	～3
12	每台除尘器所配变压器台数	台	6
13	每台炉电气总负荷	kVA	860

（四）投运效果

该项目于 2015 年初投运，于同年 7 月电厂委托华北电力科学研究院有限责任公司进行

性能测试，测试结果显示湿式电除尘器出口固体颗粒物浓度为 1.96mg/m³（标准状态），满足烟囱入口固体颗粒物浓度不超过 2.7mg/m³（标准状态）的设计要求。

四、某电厂 225MW 机组低低温电除尘器改造超低排放工程

（一）工程概况

该电厂一期工程安装 2×125MW 汽轮发电机组（经过改造增容为 140MW），二期工程安装 2×210MW 汽轮发电机组，经过改造目前实际出力 2×225MW。该工程采用低低温电除尘工艺，其装置在 BMCR 工况下进行全烟气除尘，除尘效率不低于 99.96%，电除尘出口粉尘含量低于 20mg/m³（标准状态）。

（二）技术路线

该工程技术路线为：锅炉→脱硝装置→空气预热器→MGGH→低低温电除尘器（标准状态下粉尘排放不超过 20mg/m³）→海水脱硫→MGGH（协同脱除粉尘后标准状态下粉尘排放不超过 5mg/m³）→烟囱。

（三）技术方案

该工程锅炉采用增设"MGGH"及"电除尘器整体改造"相结合的改造方案。MGGH 装置的换热形式为烟气—水换热器—烟气，前置换热器安装在除尘器前，将电除尘器入口烟气平均温度降低至 95℃；后置换热器利用热媒介质加热脱硫吸收塔出口低温烟气。前置换热器每台机组设两组，布置在除尘器前；后置换热器每台机组设一组，布置在脱硫吸收塔出口后的烟道上。

电除尘器进行拆除后新建电除尘器，采用双室五电场顶部振打电除尘器，在不增加占地面积条件下，除尘器内部增设导电滤槽，增加电除尘器整体收尘面积。

低低温电除尘器入口烟气特性及基本设计参数见表 7-4、表 7-5。

表 7-4　　　　　　　　　　　　每台除尘器入口烟气特性

序号	名　称	单位	数　值
1	除尘器入口烟气温度（投 MGGH）	℃	95
2	除尘器入口烟气温度（不投 MGGH）	℃	170
3	除尘器入口烟气量（标准状态下）	m³/h	860000（标准状态）
4	除尘器入口烟气含尘浓度（干烟气，标准状态）	g/m³	46.093

表 7-5　　　　　　　　　　　　每台除尘器基本设计参数

序号	项　目		单位	数值
1	设计效率	设计煤种	%	99.96
		校核煤种	%	99.96
		保证效率	%	99.96
2	本体阻力		Pa	250
3	本体漏风率		%	2.0
4	有效断面积		m²	400

序号	项　　目	单位	数值
5	长、高比		0.925
6	室数/电场数		2/5
7	通道数	个	34×2
8	比集尘面积/一个供电区不工作时的比集尘面积	m²/m³/s	130
9	烟气流速	m/s	0.824
10	阳极板形式及材质		C480　SPCC
11	同极间距	mm	400
12	导电滤槽	m×mm	14.7×300
13	总有效收尘面积	m²	47639
14	阴极线形式及材质		整体刚性芒刺线

（四）投运效果

该机组经测试，结果为 A 列低低温电除尘器出口粉尘浓度为 12.83mg/m³（标准状态），B 列低低温电除尘器出口粉尘浓度为 13.86mg/m³（标准状态），粉尘浓度均降到 15mg/m³（标准状态）以下，满足除尘器出口粉尘浓度不大于 20mg/m³（标准状态）的设计要求，实现机组小于 10mg/m³（标准状态）以下的粉尘超低排放要求。

第四节　非火电行业超低排放典型技术路线

按照中华人民共和国环境保护部《关于实施工业污染源全面达标排放计划的通知》（环环监〔2016〕172 号），工业污染源全面达标排放行业划分为钢铁、火电、水泥、煤炭、造纸、印染、污水处理厂、垃圾焚烧厂 8 个行业，对于除尘技术属于关键技术环节之一的工业烟气超低排放，非火电行业主要是钢铁、水泥、垃圾焚烧行业，进一步扩大到行业领域就集中在冶金、建材、垃圾与污泥焚烧三个方面。

在非火电行业超低排放技术领域，有些技术路线与火电厂超低排放技术路线是相同的。当脱硝技术采用中温 SCR 脱硝（320～450℃），脱硫技术采用 FGD 湿法脱硫时，非火电行业超低排放技术路线与火电厂超低排放技术路线没有太大本质区别。非火电行业与火电厂在超低排放技术路线上产生不同的原因主要是脱硝技术的差别和一体化减排技术，具有代表性的有：中低温脱硝技术、低温脱硝技术、脱硝除尘一体化技术、脱硝脱硫一体化技术、脱硝脱硫除尘一体化技术。

一、中低温脱硝技术的除尘超低排放技术路线

中低温脱硝技术多应用于烟气除尘以后的脱硝，由于脱硝前烟气内烟尘已经经过收尘处理，重金属对脱硝催化剂活性的影响得到很大的减缓。

目前中低温脱硝技术的已经比较成熟的应用于钢铁、水泥、建材、冶金等领域，根据 SCR 脱硝装置的布置位置不同，其比较典型的技术路线有两条：

（1）锅炉（或窑炉）→电除尘器→GGH→烟气补燃器→SCR 脱硝装置→GGH→湿法脱硫装置→湿式电除尘器（可选）→烟气冷凝器（可选）→烟囱，技术路线图如图 7-5 所示。

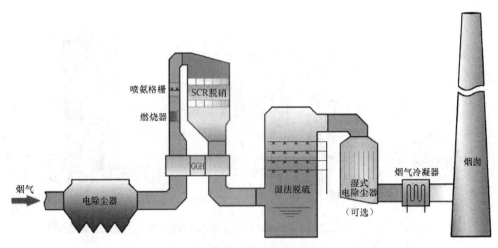

图 7-5　以中低温脱硝技术为主的除尘超低排放技术路线图

（2）锅炉（或窑炉）→电除尘器→湿法脱硫装置→湿式电除尘器（可选）→烟气冷凝器（可选）→GGH→烟气补燃器→SCR 脱硝装置→GGH→烟囱，技术路线图如图 7-6 所示。

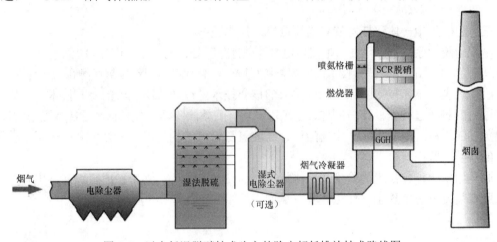

图 7-6　以中低温脱硝技术为主的除尘超低排放技术路线图

图 7-6 技术路线中，电除尘器前段还可以根据需要设置烟气余热利用装置，还有重要的目的是降低烟气温度，避免高温除尘器的诸多不利因素。至于是否设计余热换热器和高温除尘器，除工业工艺系统温度的影响外，也与处理烟气量的大小有直接的关系，在一些处理烟气量较小的系统内，不采用余热换热器，直接采用高温滤筒除尘器，也可很好地体现超低排放的经济性。

二、低温脱硝技术的除尘超低排放技术路线

随着低温脱硝技术的发展，将烟气脱硝装置布置于脱硫、除尘之后，减少烟尘中毒化元素以及 SO_3、SO_2 对脱硝催化剂的影响，可更加有效地延长脱硝催化剂的使用寿命，此种超低排放技术路线广泛地被应用于非火电行业，并且随着技术进步的发展，未来也有向火电行业发展的趋势。

目前在非电力行业应用比较成熟的技术路线为：锅炉（或窑炉）→电除尘器→CFB 半干法烟气脱硫→布袋除尘器→GGH→烟气补燃器→SCR 脱硝装置→GGH→烟囱，技术路线图如图 7-7 所示。

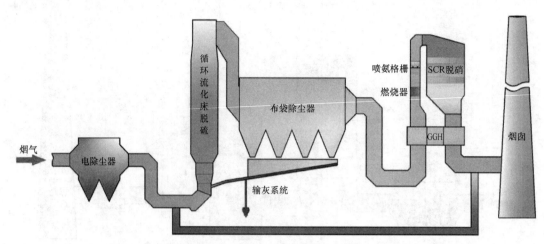

图 7-7　以低温脱硝技术为主的除尘超低排放技术路线图

图 7-7 技术路线中，干式除尘的选择在不同行业与工厂中会有所不同，除尘技术主要以电除尘器、袋式除尘器（过滤式除尘器）、电袋复合除尘器为主，有些预除尘场合会配套旋风除尘、惯性除尘器。

三、脱硝除尘一体化技术的除尘超低排放技术路线

早期的脱硝除尘一体化技术是在除尘器内进行分区处理的技术，即在除尘器内部设置除尘区和脱硝区，随着除尘器滤料技术的发展，脱硝除尘一体化技术已经发展成融合为一体的技术。

脱硝除尘一体化技术的除尘超低排放的核心技术是过滤式除尘器的滤芯技术，滤袋、滤筒等过滤滤芯通过特殊设计与制造，使其外层具有高效的除尘性能，而内层具有脱硝的性能。为避免 SO_3、SO_2 与氨反应产生硫酸铵、硫酸氢氨对滤芯的影响，该技术多应用于干法脱硫之后的除尘与脱硝。

脱硝除尘一体化技术的除尘超低排放典型的技术路线为：锅炉（或窑炉）→电除尘器→干法脱硫装置→脱硝除尘一体化装置→烟囱，技术线路如图 7-8 所示。

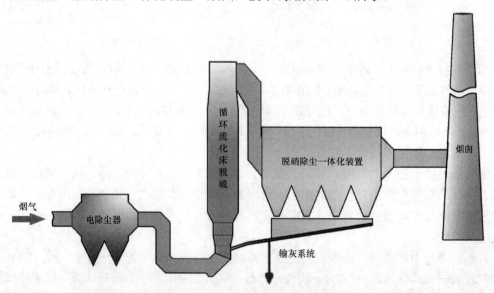

图 7-8　以脱硝除尘一体化技术为主的除尘超低排放技术路线图

图 7-8 技术路线中，前端的干式除尘器一般采用电除尘器，过滤式除尘器有袋式除尘器和滤筒除尘器。脱硝除尘一体化技术滤袋或滤筒结构与原理如图 7-9 所示。

图 7-9 脱硝除尘一体化技术的袋式除尘器中，烟气中粉尘首先被复合滤袋/滤筒的外表面过滤阻隔，并通过清灰作用掉落到灰斗内被收集，NO_x 在复合滤袋/滤筒内层催化剂催化下与脱硝剂发生反应被还原成为 N_2，从而实现脱硝除尘一体化。

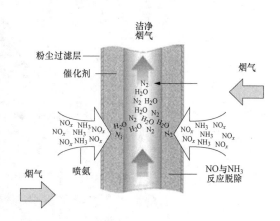

图 7-9　脱硝除尘一体化技术滤袋/滤筒结构与原理图

四、脱硝脱硫一体化技术的除尘超低排放技术路线

脱硫脱硝一体化技术也主要分为干法、半干法、湿法三种，大的技术分类主要有固体吸附/再生法、气/固催化法、高能电子活化氧化法、液相催化/氧化法。具体的技术类型有金属络合物吸收法、氧化吸收法、活性炭吸附法、金属氧化物催化吸收法、高能等离子体活化氧化法等。

脱硝脱硫一体化技术的除尘超低排放典型的技术路线为：锅炉（或窑炉）→干式除尘器（标准状态下粉尘排放不超过 $50mg/m^3$）→脱硫脱硝一体化装置（标准状态下粉尘排放不超过 $30mg/m^3$）→烟囱，如图 7-9 所示。

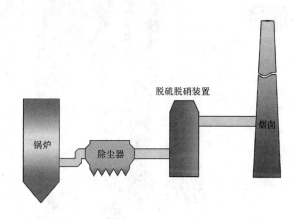

图 7-10　以脱硝脱硝一体化技术为主的除尘超低排放技术路线图

图 7-10 脱硝脱硫一体化技术的除尘器中，依据具体工艺选择可分为干式和湿式，干式除尘器多为电除尘器、袋式除尘器、滤筒除尘器；湿式除尘器多为湿式电除尘器。

五、脱硝脱硫除尘一体化技术的除尘超低排放技术路线

脱硝脱硫除尘一体化技术可分为脱硝脱硫除尘一体化装置和脱硝脱硫除尘集成环保岛装置。一体化装置是在一个装置内同时完成脱硝脱硫除尘的烟气处理工艺，集成环保岛装置是将脱硫工艺与脱硝除尘一体化技术集成到一个环保岛内的烟气处理工艺。由于具体的工艺千差万别，种类很多，图 7-10、图 7-11 仅给出典型的除尘超低排放技术原理。

图 7-11 脱硝脱硫除尘一体化装置中，烟气通过装置下部的均流紊流装置，进入中部的旋

流洗涤区域，此过程中完成烟气除尘和脱硫脱硝的处理，最后经过上部的高效除雾装置，控制最终的粉尘和液雾的排放。

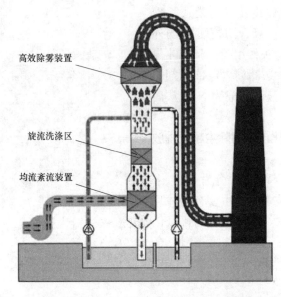

图 7-11　脱硝脱硫除尘一体化装置的除尘超低排放示意图

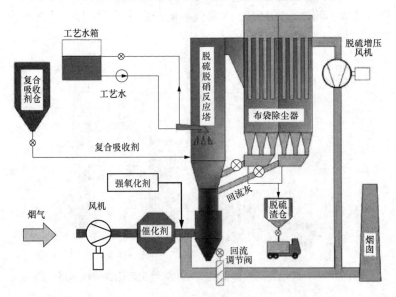

图 7-12　脱硝脱硫除尘集成环保岛的除尘超低排放示意图

　　图 7-12 脱硝脱硫除尘集成环保岛技术是将脱硝、脱硫、除尘集成在一个环保岛内进行，实际的脱硝、脱硫、除尘烟气处理工艺仍然各自具有一定的独立性。

典型工程实例

第一节　电除尘器案例

一、工程概况

某热电厂 2×350MW 新建工程，采用超临界海水直流冷却燃煤发电供热机组，同步建设脱硫和脱硝设施。该期工程锅炉烟气污染物排放标准按照《煤电节能减排升级与改造行动计划（2014—2020 年）》（发改能源〔2014〕2093 号）要求执行 GB 13223—2011《火电厂大气污染物排放标准》中燃气轮机组排放限值的要求（即在基准氧含量 6% 条件下，烟尘、二氧化硫、氮氧化物排放浓度排放限值分别不高于 5、35、50mg/m³）。工程采用高效的双室五电场低低温电除尘器，并配有高频电源，以利于节能和提高除尘效率。

二、设计条件

（一）工程煤质资料

工程煤质资料见表 8-1。

表 8-1 工 程 煤 质 资 料

项目	符号	单位	设计煤种	校核煤种
（1）工业、元素分析				
收到基水分	M_{ar}	%	32.1	22.6
空气干燥基水分	M_{ad}	%	16.4	7.5
收到基灰分	A_{ar}	%	17.85	23.10
干燥无灰基挥发分	V_{daf}	%	49.46	43.27
收到基碳	C_{ar}	%	36.52	39.45
收到基氢	H_{ar}	%	2.57	2.6
收到基氧	O_{ar}	%	9.83	11.04
收到基氮	N_{ar}	%	0.74	0.64
收到基全硫	$S_{t.ar}$	%	0.38	0.57
收到基低位发热量	$Q_{net.ar}$	kJ/kg	13020	13760
（2）灰熔融性				
变形温度	DT	℃	1400	1120
软化温度	ST	℃	1440	1160

项目	符号	单位	设计煤种	校核煤种
半球温度	HT	℃	1460	1180
流动温度	FT	℃	1490	1200
（3）灰成分				
二氧化硅	SiO_2	%	56.93	52.3
三氧化二铝	Al_2O_3	%	20.46	14.90
三氧化二铁	Fe_2O_3	%	5.86	15.12
氧化钙	CaO	%	8.86	8.33
氧化镁	MgO	%	1.43	2.34
氧化钾	K_2O	%	1.3	2.75
氧化钠	Na_2O	%	0.62	0.89
二氧化钛	TiO_2	%	0.48	0.92
三氧化硫	SO_3	%	2.98	2.00
二氧化锰	MnO_2	%	0.08	0.04
其他		%	1	0.41
（4）可磨性与磨损特性				
哈氏可磨性指数	HGI		51	63
冲刷磨损指数	Ke		1.75	3.10
（5）飞灰比电阻				
测试温度20℃		$\Omega \cdot cm$	1.7×10^{10}	3.5×10^9
测试温度80℃		$\Omega \cdot cm$	2.06×10^{11}	6.8×10^{10}
测试温度100℃		$\Omega \cdot cm$	5.19×10^{11}	4.9×10^{11}
测试温度120℃		$\Omega \cdot cm$	5.4×10^{11}	8.4×10^{11}
测试温度150℃		$\Omega \cdot cm$	7.07×10^{11}	1.2×10^{12}
测试温度180℃		$\Omega \cdot cm$	6.8×10^{11}	8.5×10^{11}
（6）微量元素				
干燥基砷含量		μg/g	12	8
干燥基汞含量		μg/g	0.02	0.025
干燥基氟含量		μg/g	76	79
干燥基氯含量		%	0.015	0.01
干燥基磷含量		%	0.014	0.012
（7）游离二氧化硅 SiO_2		%	2.03	1.76

（二）工程煤耗量（一台锅炉耗煤量）

工程煤耗量（一台锅炉耗煤量）见表8-2。

表 8-2　　　　　　　　　工程煤耗量（一台锅炉耗煤量）

项目	单位	设计煤种	校核煤种
小时耗煤量	t/h	235.7	224.1

（三）灰渣量

灰渣量见表8-3。

表8-3 灰渣量 （t/h）

项　目	设计煤质		校核煤质	
	1×350MW	2×350MW	1×350MW	2×350MW
渣量	6.39	12.78	7.87	15.74
灰量	36.17	72.34	44.57	89.14
灰渣总量	42.6	85.2	52.4	104.8
石子煤量	1.18	2.36	1.12	2.24

注　1. 灰渣分配比按灰占85%，渣占15%。
　　2. 石子煤量按燃煤量的0.5%计。

（四）低低温电除尘器入口烟气参数及性能要求

低低温电除尘器入口烟气参数及性能要求见表8-4。

表8-4 低低温电除尘器入口烟气参数及性能要求

序号	名　称	单位	数　值	
			设计煤种	校核煤种
1	电除尘器入口烟气量（BMCR工况，湿基，标准状态，实际氧）	m^3/h	1290000	1200000
2	电除尘器入口烟气量（BMCR工况，干基，标准状态，实际氧）	m^3/h	1110000	1150000
3	过量空气系数		1.31	1.31
4	电除尘器入口烟尘浓度（标准状态，干基，6%含氧量）	mg/m^3	32857.1	44285.7
5	电除尘器入口烟气温度	℃	92	92

三、技术方案

该项目在除尘器前设有烟气换热器，使得除尘器入口烟气温度降至92℃，烟气体积流量大约减少10%，飞灰比电阻也大大降低，可以在保证除尘效率的前提下降低除尘器的投资。该项目每台炉配2台双室、五电场低低温电除尘器，总宽度47m，总长度29.5m，出口烟尘排放浓度不大于20mg/m^3（标准状态）。

低低温电除尘器主要技术参数见表8-5。

表8-5 低低温电除尘器主要技术参数

序号	项　目		单位	技术参数
1	设计效率	设计煤种	%	99.94
		校核煤种	%	99.95
	保证效率		%	99.95
2	本体阻力		Pa	200
3	本体漏风率		%	2
4	噪声		dB（A）	85

序号	项　　目	单位	技术参数
5	有效断面积	m²	317.2×2
6	长、高比		1.48
7	室数/电场数		2/5
8	通道数	个	26
9	单个电场的有效长度	m	4.5
10	电场的总有效长度	m	22.5
11	比集尘面积/一个供电区不工作时的比集尘面积	m²/m³/s	135.43/121.88
12	驱进速度/一个供电区不工作时的驱进速度	cm/s	5.61/6.24
13	烟气流速	m/s	0.83
14	烟气停留时间	s	27.09
15	阳极系统		
	阳极板形式及材质		C480/SPCC
	同极间距	mm	400
	阳极板规格：高×宽×厚	m×mm×mm	15.25×480×1.5
	单个电场阳极板块数	块	243
	阳极板总有效面积	m²	71370
	振打方式/最小振打加速度	—	机械侧部振打/150g
	振打装置的数量	套	20
16	阴极系统		
	阴极线形式及材质		管状芒刺线/Q235+不锈钢芒刺
	沿气流方向阴极线间距	mm	500
	阴极线总长度	m	71370
	振打方式/最小振打加速度	—	顶部振打/50g
	振打装置的数量	套	40
17	壳体设计压力负压	kPa	9.8
	正压	kPa	9.8
18	每台除尘器灰斗数量	个	10
19	灰斗		
	灰斗加热形式		蒸汽加热
20	整流变压器		
	数量	台	20
	整流变压器形式（油浸式或干式）/质量	/t	油浸式/2
	每台整流变压器的额定容量	kVA	115.2
	整流变压器适用的海拔高度和环境温度	m、℃	1500，−25～+45

四、主要性能保证措施

（一）保证灰的流动性

酸冷凝沉积率是影响露点腐蚀的一个重要因素，增加灰的流动性有利于降低酸的冷凝沉积率。由于烟气温度降低，SO_3 黏附在粉尘上并被碱性物质吸收中和，收集下来的灰的流动性变差，因此需保证灰的流动性。增加灰的流动性主要从以下几个方面考虑：

（1）该项目采用灰斗斜壁与水平面的夹角不小于 65°。相邻壁交角的内侧，作成圆弧型，圆角半径为 200mm，以保证灰尘自由流动。

（2）增大灰斗加热面积，该项目的设计灰斗具有良好的保温措施，灰斗的加热采用蒸汽加热方式。灰斗壁温保持不低于 120℃，且要高于烟气露点温度 5～10℃，以防止灰结露堵塞灰斗。

（3）采用良好的保温和加热措施，该项目为防止绝缘子室结露，绝缘子设有恒温控制的加热装置，并采用热风吹扫措施。

（4）选择合适的灰硫比，保证灰的流动性。灰硫比宜大于 100，经过计算该项目的设计煤种和校核煤种的灰硫比在 450～550 之间，符合要求。

（5）严格控制漏风。优于常规电除尘器的漏风率（≤2.5%）的指标，该项目采用漏风率小于或等于 2%。

（6）温度越低灰的流动性越差，根据电厂的烟气温度特性，烟气温度一般最低不宜低于 85℃。该项目设计烟气温度为 92℃。

（二）采用耐腐蚀材料

虽然低低温高效电除尘器和常规电除尘器的结构形式和收尘机理一样，但是由于要考虑低温腐蚀问题，其材质选型上也有一些不同之处，主要有以下几个方面：

（1）灰斗材质选择。作为电除尘器的储灰装置，灰斗需要一定时间存灰，因灰温度较低，且硫酸雾含量较高，因此需考虑灰斗的腐蚀问题。该项目灰斗壁全部采用 ND 钢板+碳钢的结构形式，且厚度为 2mm+4mm。

除了选择防腐蚀材料，还需要保证灰斗的温度和灰的流动性，该项目采取运行性能更加稳定的蒸汽加热方式。

（2）人孔门材质选择。低低温电除尘器的所有人孔门均采用双层结构，双层人孔门内门采用 ND 钢，人孔门周边 1m 范围内的壳体钢板采用 ND 钢。

（3）降低二次扬尘。从工程概况中可以看到随着烟气温度降低，粉尘比电阻下降，粉尘黏附力有所降低，二次扬尘会适当增加，特别是末电场的二次扬尘，需采取适当的措施。

1）适当增加电除尘器容量。通过加大流通面积，降低烟气流速，设置合适的电场数量，来控制振打二次扬尘。该项目烟气流速选为 0.83m/s。

2）设置合理的振打周期。末电场不产生反电晕时无需振打，阳极板积灰厚度 1～2mm 振打一次，其时间一般可为 12h 以上。

3）设置合理的振打制度。该项目在设计时将考虑采用末电场各室采用不同时振打方式；最后 2 个电场不同时振打；末电场阴、阳极不同时振打。

4）其他辅助方法。该项目出口处设置槽形板，使部分逃逸或二次飞扬的粉尘进行再次捕集。

第二节 袋式除尘器案例

一、工程概述

该公司 2 号锅炉容量为 300MW，于 1998 年 10 月并网发电，锅炉为哈尔滨锅炉（集团）股份有限公司生产的四角喷燃亚临界自然循环汽包炉，配套电除尘器，设备自 1998 年投入运行，由于设备老化、磨损及国家对环保要求的提高等多方面原因，已难以满足环保要求，为此，业主方决定对电除尘器及附属设备系统进行改造，以实现达标排放的目标。

二、锅炉设计燃料特性

锅炉设计燃料特性见表 8-6。

表 8-6　　　　　　　　　　　锅 炉 设 计 燃 料 特 性

项目	符号	单位	设计煤种	校核煤种（1）	校核煤种（2）	实际煤种
煤质分析						
碳	C	%	56.18	60.98	51.91	
氢	H	%	2.70	2.84	2.16	
氧	O	%	4.34	3.62	1.06	
全硫	S	%	0.48	0.47	1.20	1.5～2.0
氮	N	%	1.20	1.14	1.3	
全水分	W	%	8.2	7.35	8.5	8.78
空气干燥水分	W	%	1.09	1.25	1.06	
灰分	A	%	26.9	23.6	30.87	37.41
挥发分	V	%	13.55	16.72	10.10	
低位发热量	Q	kJ/kg	21401	23282	19687	16865
可磨性系数	H（K）		66（1.25）	65.20（1.24）	57.6（1.1）	
灰熔特性						
变形温度	DT	℃	1355	1320	1320	
软化温度	ST	℃	1365	1345	1340	
流动温度	FT	℃	1420	1405	1400	

三、袋式除尘器工艺参数选型计算

（一）处理风量确定

依据设计院提供的除尘系统入口烟气量和与电厂签订的技术协议，最终确定除尘系统处理风量按煤质计算的风量设计，即处理风量为 220000m³/h，此风量为 140℃工况下风量。

（二）初定过滤风速

该项目采用脉冲行喷吹布袋除尘技术，此技术过滤风速一般在 1～1.2m/min，依据入口粉尘浓度、性质、过滤材料的特性、寿命，系统阻力的保证值等做适当调整。依据以下经验公式计算，即

$$\nu(\text{m/min}) = 0.305 \times A \times B \times C \times D \times E \times F$$

式中　A——物料系统，粉煤灰，$A=8$；

　　　B——尘源系数，燃煤发电锅炉，$B=1$；

　　　C——粉尘分散度系数，粉煤灰平均粒径为 20μm 左右，$C=1$；

　　　S——气体含尘浓度系数，含尘浓度为 45g/m³（标准状态），$D=0.90$；

　　　E——温度系数，工况温度为 140℃，$E=0.65$；

　　　F——磨损系数，$F=0.64$。

$$\nu = 0.305 \times 8 \times 1 \times 1 \times 0.9 \times 0.65 \times 0.62 = 0.9\text{m/min}$$

该项目电厂对除尘系统阻力要求小于 1200Pa，常规除尘系统阻力为小于 1500Pa，鉴于此需适当调低过滤风速。另外，电厂技术协议要求除尘系统过滤风速小于 0.9m/min。考虑灰量大暂定本项目除尘系统的过滤风速 $\nu=0.87$m/min。

（三）过滤面积确定

过滤面积计算公式为

$$A(\text{m}^2) = Q\nu$$

式中 Q——处理风量，$Q=2200000$m³/h；

　　　ν——过滤风速，$\nu=0.87$m/min。

$$A = 2200000 \div 0.87 \div 60 = 42145(\text{m}^2)$$

（四）滤袋数量初定确定

滤袋数量计算公式为

$$N_\text{d}=A/S$$

式中　A——过滤面积，$A=42145$m²；

　　　S——单个滤袋面积，滤袋规格为 $\phi165 \times 8000$mm。

$$S=3.14 \times 0.165 \times 8 \approx 4.15 (\text{m}^2)$$

$$N_\text{d}=42145 \div 4.15=10155 （个）$$

（五）脉冲阀规格、数量确定

该项目采用脉冲行喷吹布袋除尘技术，此技术对于大型袋式除尘器一般采用 3in（1in=25.4mm）淹没式脉冲阀，而此脉冲阀依据以往经验每个阀可对 50~65m² 滤袋进行有效的清灰。按此计算每个脉冲阀所带滤袋数量为

$$N=S_\text{f}/S$$

式中　S_f——单个阀所带滤袋数量，$S_\text{f}=50$~65m²；

　　　S——单个滤袋面积，$S=4.15$m²。

$$N=（50~65） \div 4.15=12~16 （个）$$

依据此单个阀可带滤袋数量 12~16 个，从现场场地要求 22.5m×37m（长×宽）、除尘器整体成本等方面的综合因素考虑，最终选择单个阀带滤袋数量为 15 个。

依此计算整个除尘系统所需的脉冲阀数量，即

$$N_\text{f}=A/（N \times S）$$

式中　S——单个滤袋面积，$S=4.15$m²；

N——单个阀所带滤袋数量，N=15；

A——过滤面积，A=42145m²。

$$N_f=42145÷（15×4.15）=677（个）$$

依据此脉冲阀数量 677 个、现场场地要求 22.5m×37m（长×宽）、除尘器四个通道结构，每个通道设置 14 个大气包（11 阀/气包）、2 个小气包（11 阀/气包）；

脉冲阀数量=（14×11+2×7）×4=672（个）。

每个脉冲阀带 15 条滤袋。

滤袋总数=672×15=10080（条）。

（六）滤袋数量、过滤面积、过滤风速修正

依据最终选定的脉冲阀数量 672 个和单个阀所带滤袋数量 15 条，最终修正整个除尘器系统的滤袋总数如下：

$$N_d= N_f×N$$

式中　N_f——整个除尘器脉冲阀数量，N_f=672 个；

　　　N——单个脉冲阀所带滤袋数量，N=15 条。

$$N_d=672×15）=10080（条）$$

整个除尘系统滤袋数量最终为：10080 条。

依据此最终滤袋数量，修正整个除尘系统的过滤面积：

$$A= N_d×S$$

式中　N_d——整个除尘系统滤袋数量，N_d=10080 条；

　　　S——单个滤袋面积，滤袋规格为 ϕ165×8000mm，S=4.15m²。

$$A=10080×4.15=41832(m²)$$

整个除尘系统过滤面积最终圆整为：41800m²。

依据此最终过滤面积，修正整个除尘系统的过滤风速，即

$$v=Q/A$$

式中　Q——处理风量，Q=2200000m³/h；

　　　A——过滤面积，A=41800m²。

$$v=2200000÷41800÷60=0.877（m/min）$$

整个除尘系统过滤风速最终确定为：0.877m/min。

（七）进、出口阀规格数量的确定

该项目除尘器需实现在线分室检修，每个室需可独立离线出来检修，因此每个室的进出口需设置相应的关断阀。除尘器进入过滤室的入口处流速依据以往经验和气流分布计算，一般控制在 5～6m/s。

依此计算单室进口阀口总截面面积，即

$$S_r=Q_s/ v_r$$

式中　Q_s——单通道的处理风量，$Q_s=Q/4=2200000÷4=550000(m³/h)$；

　　　v_r——阀口流速，$v_r≤15m/s$。

$$S_r=550000÷15÷3600=10.18(m²)$$

鉴于除尘器结构和安装要求，阀门高度需小于 2.7m，阀门宽度需小于 3.5m，按此选定阀门高度为 3.3m。

通过圆整后，最终确定进、口挡板阀的尺寸为 2.7m×3.3m。

（八）滤袋材质选型

1. 电厂脉冲袋式除尘器对滤料的一般要求

耐高温：一般能在 120～160℃的烟气温度中长时间使用。

耐折：滤袋经过折叠、运输、储藏和使用中的反吹清灰不损坏。

耐磨：一般燃煤电厂锅炉的烟气含尘浓度较高，烟尘成分主要是 SiO_2、Al_2O_3、Fe_2O_3、MgO 等物质，对滤料和设备都产生一定的磨损。

耐氧化：国内燃煤锅炉由于过量空气系数比较高，烟气中的含氧量和氮氧化物也较高，对滤料也有氧化腐蚀作用。

耐酸腐蚀：因为烟气中含有水蒸气和酸性气体，在停炉检修或局部保温不好时，由于温度的降低，可能出现结露，产生腐蚀。

在烟气的工况条件下：长期使用性能稳定，不因经纬向的膨胀和收缩使滤袋变形，透气性能要好，过滤阻力小。

2. 各种用于高温滤料的纤维特性比较表

各种用于高温滤料的纤维特性比较表见表 8-7。

表 8-7   纤 维 特 性 比 较 表

纤维种类	操作温度（长期/瞬间，℃）	水解稳定性	耐酸性	耐碱性	耐磨能力	抗张强度
诺梅克斯 NO	204/240	中	中	优	优	良
玻璃纤维 FG	260/290	良	优	差	差	优
莱登 PPS	160/190	优	优	优	优	中
P84（HT）	260/300	中	良	中	良	良
泰氟纶（TF）	260/280	优	优	优	中	优

综合以上选择滤料的要求以及本项目的燃煤燃烧后的烟气情况，最终选用采用 PPS 滤料。其性能如下：

基料：PPS 基布；

滤料结构：有底衬针刺毡；

表面后处理：热稳定处理、耐腐蚀处理；

质量：$550g/m^2$；

透气度：$145\pm25L/dm^2/min@200Pa$；

断力强度：经向 800N/5×20cm，

　　　　　纬向 1000N/5×20cm；

最高连续运行温度：连续运行不超过 165℃；

最高极限温度：190℃；

热稳定性：在 200℃最高温度下连续运行；

在 200℃下热收缩率：＜1.5%。

3. 系统工艺参数表

系统工艺参数表见表8-8。

表 8-8　　　　　　　　　　　　　系 统 工 艺 参 数 表

序号	项　　目	单位	参数
1	除尘系统数目	套	1
2	正常处理烟风量	m³/h	2200000
3	允许入口烟气温度	℃	<165
4	正常入口粉尘浓度（标准状态）	g/m³	43
5	允许入口粉尘浓度	g/m³	<50
6	过滤风速	m/min	0.99
7	设计效率	%	>99.9
8	出口烟尘浓度	mg/m³	<50
9	漏风率	%	≤2%
10	仓室数	个	12
11	设计过滤面积	m²	41800
12	滤袋规格	mm	$\phi165×8000$
13	滤袋材质		PPS
14	滤袋间距	mm	210（中心间距）
15	滤袋滤料单位重量	g/m²	550
16	滤袋数量		10080
17	脉冲阀数量	只	672
18	脉冲阀规格型号		3英寸淹没式
19	袋笼材质		20号冷拔钢丝
20	喷吹气源压力	MPa	0.6
21	每套除尘系统灰斗数	个	12
22	接口尺寸	mm	400×400
23	进口手动调节阀尺寸	mm	2700×3300
24	进口手动调节阀数量	个	4
25	出口离线阀尺寸	mm	2700×3300
26	出口离线阀数量	个	4

四、脉冲清灰系统设计计算

（一）脉冲清灰系统压缩空气耗量计算

压缩空气耗量为

$$Q=1.5nq/T$$

式中　　n——除尘系统脉冲阀数量，n=672；

　　　　q——每个脉冲阀的一次喷吹量，q=0.52m³（标准状态）；

　　　　T——清灰周期，按15s间隔，同时8个脉冲阀动作计算（滤袋寿命后期）。

$$T=672÷8×15÷60=21（min）$$
$$Q=1.5×672×0.52/21=24.96（m^3/min）$$

最终除尘系统脉冲清灰压缩空气的耗量为：25（m^3/min）（标准状态）。

（二）喷吹管设计

1. 喷吹管直径

喷吹管直径与脉冲阀的出气管相当或更大，这样有利于气流通过脉冲阀后，在喷吹管内的能量损耗不至于过大。该项目选用较脉冲阀口径更大的ϕ102×2.5的无缝管。

2. 喷吹管喷嘴

喷嘴孔径截面积之和a与喷吹管截面b之比c等于50%～60%，即

$$c=a/b=50\%～60\%$$

式中：$b=π×R^2$；$R=$（102−5）/2=48.5（mm）

$b=3.14×48.5^2=7386.065$（mm）

$a=b×c=7386.065×0.6=4431.639$（mm）

每个喷吹管有15个喷嘴，平均单个喷嘴孔径为

$$d=2×(a/15/π)^{0.5}$$
$$d=2×(4431.639÷15÷3.14)^{0.5}=19.4（mm）$$

因喷吹管适当放大，因此喷嘴孔径也相应适当放大，最终圆整后喷嘴沿长度方向分配为三个梯度，见表8-9。

表8-9 沿长度方向分配三个梯度

喷嘴i	1	2	3	4	5	6	7	8	9	10	11	12	13	14	15
直径	26	22	22	20	20	20	20	20	20	20	20	20	20	20	20

3. 喷吹管中心与花板之间的高度

$$H=\phi/（2×\tanα）+D/2−L_1−L_2$$

式中 ϕ ——滤袋袋口直径，ϕ=160mm；

$α$ ——射流扩散角，$α$=14.5°；

D ——喷吹管直径，D=102；

L_1 ——滤袋上沿预留高度，L_1=100mm；

L_2 ——滤袋袋口卡环高度，L_2=15mm。

$$H=155÷（2×\tan14.5°）+102÷2−100−15=245（mm）$$

最终圆整后确定喷吹管中心，距花板顶面的高度为250mm。

4. 气流分配器容积校核

$$V=q×p_N/p_S/X$$

式中 q ——每个脉冲阀的一次喷吹量，q=0.52m^3（标准状态）；

p_S ——气流分配器内压力，p_S＝0.4MPa；

p_N ——标准大气压，p_N＝0.1MPa；

X ——喷吹时喷出气体的总量占气流分配器内全部气体的百分比，X=50%。

$$V=0.52×0.1÷0.4÷0.5=0.26（m^3）$$

气流分配器一，长度2750mm采用ϕ406×8的无缝管制作：

$$V_S=0.35m^3$$

$$V_{S1} \geqslant V$$

气流分配器二，长度 1800mm 采用 ϕ406×8 的无缝管制作：

$$V_S=0.23m^3$$

$$V_{S2} < V$$

基本满足要求。

5. 脉冲清灰系统制作、安装要求

清灰系统采用脉冲行喷吹方式，并能实现离线清灰功能。脉冲阀采用进口 3in 淹没式，寿命要求 100 万次，每根喷吹管吹 15 个滤袋，单个除尘室设计 56 个脉冲阀，分两排排列。

第三节 湿式电除尘器案例

一、某公司 5 号机组湿式电除尘器改造工程

（一）工程概况

该公司 5 号机组为 670MW 燃煤汽轮发电机组，锅炉容量为 2101.8t/h，原配套除尘器形式为双室四电场电除尘器，烟气脱硫形式为海水 WFGD。该工程于 2015 年初进行除尘改造，改造采用湿式电除尘器技术。

湿式电除尘器技术主要设计原则为：

（1）采用板式湿式电除尘器技术。

（2）湿式除尘器入口烟尘含量不超过 80mg/m³（标准状态）时，保证烟囱入口烟尘浓度低于 10mg/m³（标准状态）。

（3）湿式电除尘器布置于脱硫塔至烟囱之间，湿式电除尘器下部设置水循环系统。

（4）上游干式电除尘器、湿法脱硫出现异常时，湿式电除尘器能正常运行。

（5）灰斗及排灰口的设计保证灰水能自由流动排出灰斗。灰水连续排出，但灰斗荷载按灰斗最大可能的储存量设计。

（6）湿式电除尘阳极板喷淋应保证水膜均匀，阴极系统连续冲洗，进口喇叭分布板应设置自动冲洗装置。

（7）距壳体 1m 处最大噪声级不超过 80dB。

（8）湿式电除尘器设备年利用小时按 7500h 考虑。

（9）装置设计使用寿命为 30 年。

该项目湿式电除尘器工程于 2015 年底完成 168h 整套试运。经测试，各项指标均满足设计要求。

（二）湿式电除尘器系统相关参数

1. 湿式电除尘器性能参数

湿式电除尘器性能参数见表 8-10。

表 8-10　　　　　　　　　　湿式电除尘器性能参数

编号	性　　能	单位	参数
1	湿式除尘器入口烟气量（实际氧、标准状态、干基）	m³/h	2350000

编号	性　　能	单位	参数
2	入口最高烟气温度	℃	35
3	脱硫液滴携带（标准状态）	mg/m³	150
4	湿式电除尘器入口含尘浓度（标准状态）	mg/m³	≤80
5	湿式电除尘器出口含尘浓度（标准状态）	mg/m³	≤10
6	湿式电除尘器出口液滴浓度（标准状态）	mg/m³	≤20
7	湿式电除尘器效率	%	87.5
8	湿式电除尘器 SO_3 脱出效率	%	≥80
9	湿式电除尘器 $PM_{2.5}$ 脱出效率	%	≥80
10	湿式电除尘器本体阻力	Pa	<120
11	改造整体新增烟气阻力（包括烟道、除尘器本体及除雾器所带来的阻力）	Pa	<500
12	湿式电除尘器本体漏风	%	≤2

2. 湿式电除尘器设计基本参数

湿式电除尘器设计基本参数见表 8-11。

表 8-11　　　　　　　　　湿式电除尘器设计基本参数

编号	湿式电除尘器　设计值（1台锅炉）	单位	参数
1	除尘器台数		2
2	室数		1
3	电场数		2
4	阳极板形式/材质		465 板/SUS316L
5	阴极线形式/材质		针管式/SUS316L
6	阴极线安装方式		悬吊方式
7	通道	个	2×60
8	极间间距	mm	300
9	集尘面积	m²	14000
10	绝缘方式		支承绝缘子
11	电源台数	台	8
12	整流变压器数量（单台炉）	台	8
13	水系统循环水量	t/h	232
14	外排废水量（单台炉）	t/h	15
15	补水量	t/h	15
16	间歇冲洗频率		连续冲洗
17	NaOH（30%）耗量	t/h	0.150
18	运行电耗（1台锅炉）	kW	<960

（三）工艺系统构成

湿式电除尘器工艺系统主要包括烟气系统、水冲洗系统、绝缘子热风吹扫系统及供电系统等。5 号机组湿式电除尘器系统工艺流程如图 8-1 所示。

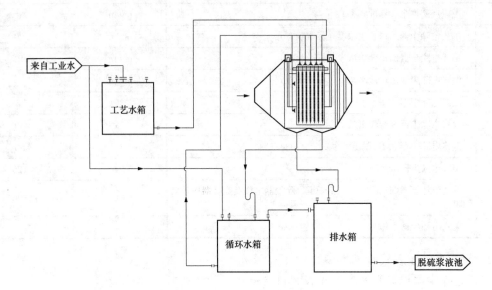

图 8-1　某公司 5 号机组湿式电除尘器系统工艺流程

1. 烟气系统

湿式电除尘器烟气系统包括进口烟道、气流均布装置、湿式电除尘器本体烟道（含阴阳极系统、外壳、防腐和接地等）、出口烟道、除雾器等。

由于 5 号机组脱硫至烟囱间的空地狭小，不满足两级湿式电除尘器并排布置，在工程设计中结合场地实际情况，5 号机组湿电采用上下两级叠加布置来解决了场地受限的问题。在改造中首先对脱硫顶部出口进行加固加高改造，使烟气能顺利分成较均等的两股烟气，然后烟气在入口烟道内通过导流板及多孔板来调整气流的均匀性。

阳极板形式为沟槽型，阴极线形式为针刺线。阴阳极系统整体采用 SUS316L 材质。

湿电出口烟道除雾器布置在湿式电除尘器出口水平支管烟道上，用于降低烟气雾滴含量。每台机组安装两个湿电出口烟道除雾器。

2. 水冲洗系统

水冲洗系统由喷淋水系统和循环水处理系统组成，喷淋水系统通过选择适合的喷嘴类型和喷嘴孔径，并经过合理的管道布置和喷嘴布置，可以确保极板极线的清洗效果。循环水处理系统将喷淋收尘后的水进行加碱中和处理，经过滤后循环喷淋使用，使得排放水量降到最低值，实现了循环水利用的最大化。

喷淋水系统由喷淋管路和气流均布板冲洗管路两部分组成。阳极板及阴极线的喷淋是在湿式电除尘器正常工作状态下连续喷淋，主要清除阳极板和阴极线上附着的粉尘和 SO_3 雾滴，其分为两条供水支路，一条来自工艺水箱，另一条来自循环水箱。气体均布板喷淋管路主要是清除气体均布板上的粉尘，其供水来自工艺水泵。喷淋系统中收集粉尘的喷淋水汇集到灰斗内，通过管道分别流入循环水箱和排水箱。

循环水处理系统主要包括：湿电循环水箱、湿电循环水泵、湿电自清洗过滤器、湿电工艺水泵、湿电排水箱、湿电排水泵、湿电碱储罐及湿电加碱泵等。

进入排水箱的废水 pH 值为 2～5，为了达到循环利用和排放标准，配置了湿电碱储罐和加碱装置，排水箱中的水经过加碱中和后，通过湿电排水泵输送至电厂锅炉房捞渣机或高效澄清器。而循环水箱的水经过中和处理后，作为湿式电除尘器的喷淋水循环使用。

喷淋循环水使用一段时间后，水中固体含量增加，为保证除尘效果，需将部分废水通过排水箱排至废水预澄清系统。

3. 绝缘子热风吹扫系统

湿式电除尘绝缘子热风吹扫系统把大气转化为正压高温空气通入湿电的绝缘子室，防止绝缘子表面结露，保证湿电的稳定运行。每台炉湿电设一套热密封风吹扫系统，每套系统包含两个热风母管分别通向顶部和中部的绝缘子热密封风母管，采用 2 运 1 备的方式。具体设计参数见表 8-12。

表 8-12　　　　　　　　　　　　设　计　参　数

项目	数量（台）	规　格　型　号
风机	3	风量为 2062m^3；风压为 4447Pa；电动机功率为 5.5kW
电加热器	3	功率为 90kW

4. 供电系统

该工程上下两级湿式电除尘器系统共有 8 个供电分区，8 个供电分区配备 8 台高频电源，进行连续运行控制。

（四）性能保证

1. 除尘效率、含尘浓度

除尘效率不小于 87.5%，在除尘入口含尘浓度不低于 80mg/m^3（标准状态）条件下，除尘出口含尘浓度不超过 10mg/m^3（标准状态）。

2. 压力损失

湿式电除尘器本体阻力损失（含两级除雾器）不大于 500Pa。

3. 电耗、水耗

电源总负荷不大于 960kVA。

4. 气流均布性

气体通过分布板后速度场相对均方根偏差小于 0.20，且流速最大、最小偏差不超过 15%。

5. 其他

湿式电除尘出口烟气凝结水 pH 值大于或等于 6。

6. 使用寿命

湿式电除尘器的设计使用寿命为 30 年，阳极板寿命 15 年，阴极线、喷嘴寿命 10 年。每年运行 7500h。

（五）湿式电除尘器系统的 CFD 模拟设计

为了保证系统流程的均匀性，系统设计中 CFD 主要模拟工作如图 8-2～图 8-5 所示。

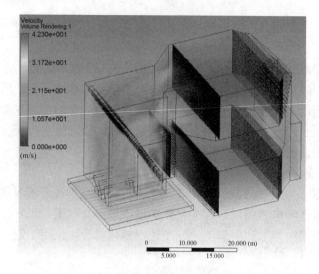

图 8-2　速度流场迭代云图（ISO）

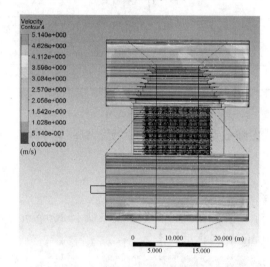

图 8-3　本体入口（速度流场）

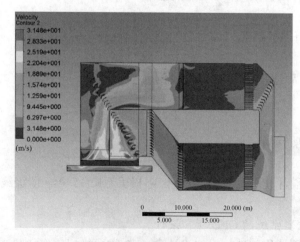

图 8-4　入口中心立面剖视图（速度流场）

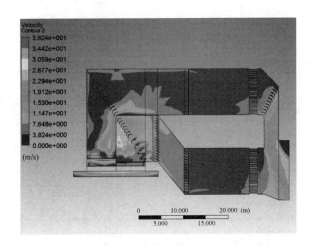

图 8-5　出口中心立面剖视图（速度流场）

二、某电厂二期 3 号、4 号机组（2×300MW）湿式电除尘器改造工程

（一）工程系统概况

该电厂 3 号、4 号机组分别于 2003 年和 2004 年建成投产。两台机组脱硫系统与 2016 年进行提效改造，设计方案为双塔双循环工艺，采用石灰石-石膏湿法脱硫技术，3 号、4 号机组保留原吸收塔并各自新建一座二级吸收塔。在除尘改造工程采用湿式电除尘器技术，脱硫吸收塔出口的烟气流入湿式电除尘器，经湿式电除尘器对烟气进行除尘除雾净化处理后，最终经烟囱排入大气。

该工程于 2016 年初进行除尘改造，改造采用塔上管式湿式电除尘器技术。

湿式电除尘器技术主要设计原则为：

（1）湿式电除尘器布置于脱硫二级塔上，采用管式湿式电除尘器技术。

（2）湿式电除尘器出口烟尘排放浓度低于 $5mg/m^3$（在设计条件下）。

（3）湿式电除尘器出口与临时烟囱相连。

（4）设置水冲洗系统。

（5）设置绝缘子热风吹扫系统。

（6）除尘改造新增设备的使用寿命为 30 年。

该项目湿式电除尘器工程于 2016 年 12 月完成 168 整套试运。经某环监测技术公司测试，3 号机组湿式电除尘器出口粉尘浓度为 $1.82mg/m^3$（标准状态），4 号机组湿式电除尘器出口粉尘浓度为 $2.15mg/m^3$（标准状态），均满足设计要求。

（二）湿式电除尘器系统相关参数

湿式电除尘器主要设计参数见表 8-13。

表 8-13　　　　　　　　　　　　湿式电除尘器主要设计参数

编号	湿式电除尘器设计值	单位	数值
1	入口处理烟气量（湿烟气）	m^3/h	1517538
2	运行温度	℃	50

编号	湿式电除尘器设计值	单位	数值
3	入口粉尘浓度（标准状态）	mg/m³	≤30
4	出口粉尘浓度（标准状态）	mg/m³	≤5
5	保证除尘效率	%	83.3
6	供电分区（1台锅炉）		6
7	同极间间距	mm	300
8	阳极形式及材质		蜂窝式，导电玻璃钢
9	阳极有效长度	m	4.5
10	阴极线形式及材质		芒刺线，2205
11	绝缘方式		绝缘子
12	冲洗层数	层	2
13	本体阻力	Pa	≯250
14	高频电源	台	6

（三）工艺系统构成

该改造工程设计范围包括 3 号、4 号机组湿式电除尘器及以下子系统：湿式电除尘器本体（钢结构、阳极系统、阴极系统、气流均布装置、楼梯平台、起吊系统等）；水冲洗系统；绝缘子热风吹扫系统；除尘器配电系统；除尘器控制系统；湿式电除尘器出口烟道等。该发电厂 3 号、4 号机组湿式电除尘器系统工艺流程如图 8-6 所示。

1. 烟气系统

湿式电除尘器烟气系统主要为烟气所通过的设备结构件，包括与脱硫相接的进口喇叭、气流均布装置、壳体、阴极系统、阳极系统、出口喇叭、除雾器及相应的烟道膨胀节等。

3 号、4 号机组湿式电除尘器对称布置在脱硫二级塔顶部，湿式电除尘器为圆形结构，烟气下进上侧出，烟气经脱硫塔顶部喷淋层后，进入湿式电除尘器本体，经入口气流均布装置，进入荷电收尘区域，在荷电收尘区进行粉尘、雾滴的收集后，烟气从出口烟道接入临时烟囱并排入大气。

湿式电除尘器壳体材质采用碳钢钢板，玻璃鳞片防腐，壳体上设有人孔门，上下部设有阴、阳极的支撑框架。为保证进入湿式电除尘器收尘区域的烟气良好的均布效果，该工程进行了 CFD 数值模拟实验，在湿式电除尘器入口处设置导流板及均布孔板来合理调整气流的均布性。

湿式电除尘器在脱硫后饱和烟气状态中运行，运行温度 50℃左右，材料选择上阴阳极系统均选择了在低温潮湿环境中可长期耐酸性腐蚀和氯腐蚀的材料。阳极系统是湿式电除尘器的主要工作区，主要由阳极模块、阳极密封、阳极接地组成。阳极模块由多列极管组成，各极管的间距、直线度、平行度和垂直度都有严格的公差要求，场内将极管拼装为模块形式，整体发运至现场。阳极管材质采用 CFRP。阴极系统采用 2205 不锈钢材料，主要由阴极上下框架、阴极线及附件组成。其中，阴极线采用螺旋针管形式，固定于上下端的悬挂框架上，框架通过绝缘箱支撑。高压直流电加在阴极线上，构成湿式电除尘器的电场。

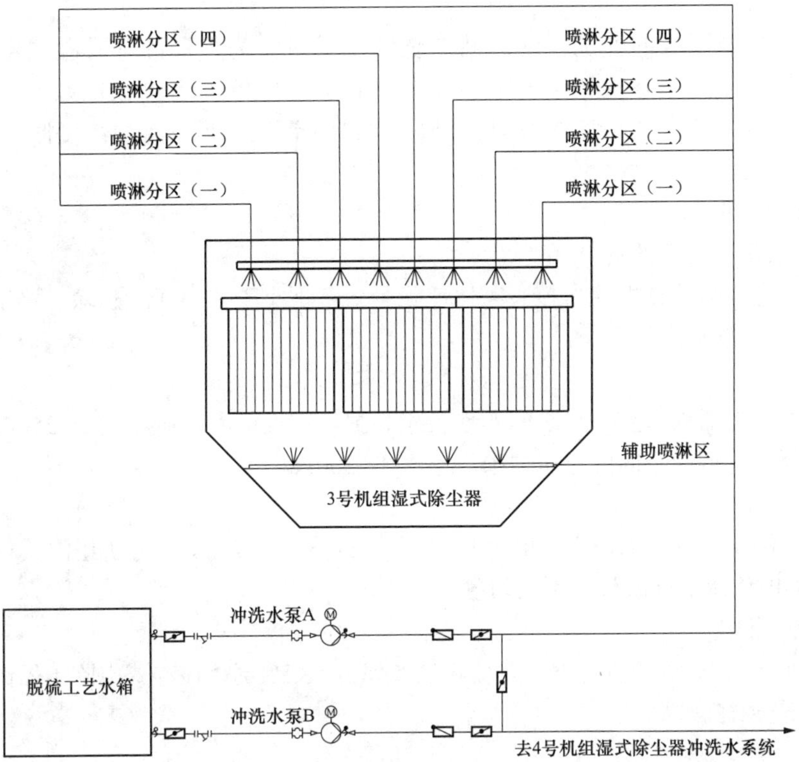

图 8-6　该发电厂 3 号、4 号机组湿式电除尘器系统工艺流程

3 号、4 号湿式电除尘器采用间歇喷淋系统，喷淋水量较小，在湿式电除尘出口设置槽型除雾器以减少液滴的二次携带。

2. 水冲洗系统

湿式电除尘器内部设置上下两套喷淋装置，整套水冲洗系统设备包括水泵、管道、阀门、管件等。

上部喷淋装置布置于阳极模块上方，用于每个供电分区内的阳极模块的清灰冲洗，并结合高频电源供电分区采用间歇喷淋方式。同时，每个喷淋区间设置有分区隔板，以此来避免相邻分区之间喷淋时发生短路。下部喷淋装置为辅助清灰系统，可在上部喷水期间或上部两次喷水间隔间频繁开启，增加烟气水雾携带量，使阳极管壁均匀覆盖水雾，起到辅助清灰作用。

湿式电除尘器供水从脱硫除雾器冲洗水箱接口位置接出，新增冲洗水泵，并安装阀门进行控制，废水排至吸收塔内，作为脱硫系统补水，由脱硫系统统一处理。

3. 绝缘子热风吹扫系统

在脱硫后湿烟气环境中，为防止绝缘子的爬电现象及导电现象的发生，需要在绝缘子室内部的干燥，该工程采用内部绝缘子电加热器和外部电加热热风吹扫方式的组合方式。每套绝缘子热风吹扫系统设置 2 台清扫风机，一运一备。每套密封空气系统出口设 2 台止回阀、2 台手动关断门和电加热器，一运一备。密封空气压力比烟气最高压力高于 500Pa，风机设计有足够的容量和压头，风机配有消音器，以减少噪声污染。

4. 供电系统

湿式电除尘器阳极的冲洗采用间断冲洗的方式时，为保证冲洗时湿式电除尘器的安全性，每台机组湿式电除尘器按 6 个供电分区设计，设置 6 台高频电源，与水冲洗系统配合开启或关闭。当其中一个供电分区故障，仍能保证出口烟气含尘浓度低于 5mg/m³（标准状态）。

（四）性能保证

1. 除尘效率、含尘浓度

湿式电除尘器装置在性能考核时需保证除尘效率不小于 83.33%，且除尘器出口含尘浓度低于 5mg/m³（标准状态）。

2. 压力损失

从湿式电除尘器入口到出口之间的设备压力损失在性能考核时不大于 250Pa。从湿式电除尘器入口至临时烟囱之间的总压力损失不大于 300Pa。

3. 气流均布性

气流分布的要求满足 DL/T 514《电除尘器》的规定。3 号、4 号机组湿式电除尘器系统在 100%BMCR 负荷下气流分布不均匀度小于 20%。

4. 电耗、水耗

在 BMCR 至 75%负荷情况下，满足除尘效率为 83.3%时，该湿式电除尘器的电耗、水耗见表 8-14 和表 8-15。

表 8-14　　　　　　　　　　　　　3 号机组湿式电除尘器消耗量

项目	主要消耗量	
	100%BMCR（效率）	75%BMCR（效率）
电耗（kW）	419	408
水耗（t/h）	4.2	4.0

表 8-15　　　　　　　　　　　　　4 号机组湿式电除尘器消耗量

项目	主要消耗量	
	100%BMCR（效率）	75%BMCR（效率）
电耗（kW）	423	415
水耗（t/h）	4.3	4.1

5. 噪声

湿式电除尘器本体及辅助设备的最大噪声级不超过 85dB（距设备 1m 处），该工程噪声源主要是风机运转产生的噪声。风机下采用减振支座，风机进口设置消音器。

（五）湿式电除尘器系统的 CFD 模拟设计

为了保证系统流程的均匀性，系统设计中 CFD 主要模拟工作如图 8-7～图 8-9 所示。

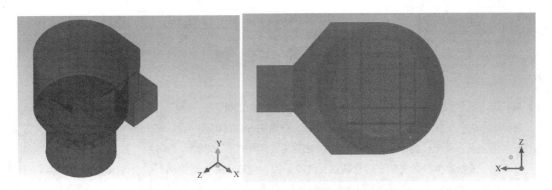

图 8-7 湿式电除尘器数值模拟物理模型视图

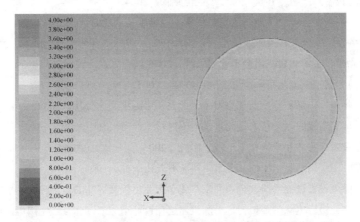

图 8-8 湿式电除尘器入口横截面速度云图（锅炉 BMCR 工况）

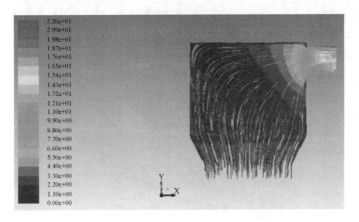

图 8-9 湿式电除尘器出口中心轴向截面处速度流线图

参 考 文 献

[1] 祁君田. 现代烟气除尘技术. 北京：化学工业出版社，2008.

[2] 向晓东. 现代除尘理论与技术. 北京：冶金工业出版社，2002.

[3] 原永涛. 火力发电厂电除尘技术. 北京：化学工业出版社，2008.

[4] 何银虎. 最新除尘设备安装、运行调试、故障处理与检修维护及应用选型综合技术手册. 吉林：吉林电子出版社，2005.

[5] 孙熙. 袋式除尘技术与应用. 北京：机械工业出版社，2004.

[6] 张殿印，王纯. 除尘工程设计手册. 北京：化学工业出版社，2003.

[7] 田园. 除尘设备设计安装运行维护与标准规范操作指南. 吉林：吉林音像出版社，2003.

[8] 姜凤有. 工业除尘设备. 北京：冶金工业出版社，2006.

[9] 陈鸿飞. 除尘与分离技术. 北京：冶金工业出版社，2007.

[10] 国电太原第一热电厂. 除灰除尘系统和设备. 北京：中国电力出版社，2008.

[11] 胡源. 炉窑排烟高温袋滤除尘技术. 北京：中国建材工业出版社，2008.

[12] 余云进. 除尘技术问答. 北京：化学工业出版社，2006.

[13] 王晶，宇振东. 工厂消烟除尘手册. 北京：科学普及出版社，1992.

[14] 胡传鼎. 通风除尘设备设计手册大全. 北京：化学工业出版社，2003.

[15] 中国环境保护产业协会电除尘委员会. 电除尘器选型设计指导书. 北京：中国电力出版社，2013.

[16] 黎在时. 电除尘器的选型安装与运行管理. 北京：中国电力出版社，2005.

[17] 全国环保产品标准化技术委员会环境保护机械分技术委员会，福建龙净环保股份有限公司. 电袋复合除尘器. 北京：中国电力出版社，2015.

[18] 全国环保产品标准化技术委员会环境保护机械分技术委员会. 浙江菲达环保科技股份有限公司. 电除尘器. 北京：中国电力出版社，2011.

[19] 刘后启，林宏. 电收尘器. 北京：中国建筑工业出版社，1987.